Information

Security

Information

Security

Security

高等学校信息安全专业“十二五”规划教材

王丽娜　郭迟　叶登攀　李鹏　编著

信息隐藏技术实验教程

WUHAN UNIVERSITY PRESS
武汉大学出版社

图书在版编目(CIP)数据

信息隐藏技术实验教程/王丽娜,郭迟,叶登攀,李鹏编著.—武汉:武汉大学出版社,2012.9(2022.1 重印)
高等学校信息安全专业“十二五”规划教材
ISBN 978-7-307-10184-5

Ⅰ.信…　Ⅱ.①王…　②郭…　③叶…　④李…　Ⅲ.信息系统—安全技术—高等学校—教材　Ⅳ.TP309

中国版本图书馆 CIP 数据核字(2012)第 208483 号

责任编辑:黎晓方　　责任校对:刘　欣　　版式设计:马　佳

出版发行:**武汉大学出版社**　(430072　武昌　珞珈山)
(电子邮箱:cbs22@whu.edu.cn 网址:www.wdp.com.cn)
印刷:武汉邮科印务有限公司
开本:787×1092　1/16　印张:26.25　字数:666 千字
版次:2012 年 9 月第 1 版　2022 年 1 月第 3 次印刷
ISBN 978-7-307-10184-5/TP · 449　定价:48.00 元

高等学校信息安全专业规划教材

编　委　会

序　言

人类社会在经历了机械化、电气化之后，进入了一个崭新的信息化时代。

在信息化社会中，人们都工作和生活在信息空间（Cyberspace）中。社会的信息化使得计算机和网络在军事、政治、金融、工业、商业、人们的生活和工作等方面的应用越来越广泛，社会对计算机和网络的依赖越来越大，如果计算机和网络系统的信息安全受到破坏将导致社会的混乱并造成巨大损失。当前，由于敌对势力的破坏、恶意软件的侵扰、黑客攻击、利用计算机犯罪等对信息安全构成了极大威胁，信息安全的形势是严重的。

我们应当清楚，人类社会中的安全可信与信息空间中的安全可信是休戚相关的。对于人类生存来说，只有同时解决了人类社会和信息空间的安全可信，才能保证人类社会的安全、和谐、繁荣和进步。

综上可知，信息成为一种重要的战略资源，信息的获取、存储、传输、处理和安全保障能力成为一个国家综合国力的重要组成部分，信息安全已成为影响国家安全、社会稳定和经济发展的决定性因素之一。

当前，我国正处在建设有中国特色社会主义现代化强国的关键时期，必须采取措施确保我国的信息安全。

发展信息安全技术与产业，人才是关键。人才培养，教育是关键。2001 年经教育部批准，武汉大学创建了全国第一个信息安全本科专业。2003 年，武汉大学又建立了信息安全硕士点、博士点和博士后流动站，形成了信息安全人才培养的完整体系。现在，设立信息安全专业的高校已经增加到 80 多所。2007 年，“教育部高等学校信息安全类专业教学指导委员会”正式成立。在信息安全类专业教指委的指导下，“中国信息安全学科建设与人才培养研究会”和“全国大学生信息安全竞赛”等活动，开展得蓬蓬勃勃，水平一年比一年高，为我国信息安全专业建设和人才培养作出了积极贡献。

特别值得指出的是，在教育部的组织和领导下，在信息安全类专业教指委的指导下，武汉大学等 13 所高校联合制定出我国第一个《信息安全专业指导性专业规范》。专业规范给出了信息安全学科结构、信息安全专业培养目标与规格、信息安全专业知识体系和信息安全专业实践能力体系。信息安全专业规范成为我国信息安全专业建设和人才培养的重要指导性文件。贯彻实施专业规范，成为今后一个时期内我国信息安全专业建设和人才培养的重要任务。

为了增进信息安全领域的学术交流，并为信息安全专业的大学生提供一套适用的教材，2003 年武汉大学出版社组织编写出版了一套《信息安全技术与教材系列丛书》。这套丛书涵盖了信息安全的主要专业领域，既可用做本科生的教材，又可用做工程技术人员的技术参考书。这套丛书出版后得到了广泛的应用，深受广大读者的厚爱，为传播信息安全知识发挥了重要作用。2008 年，为了反映信息安全技术的新进展，更加适合信息安全专业的教学使用，武汉大学出版社对原有丛书进行了升版。2011 年，为了贯彻实施信息安全专业规范，给广大信息安全专业学生提供一套符合信息安全专业规范的适用教材，武汉大学出版社对以前的教材进行了根本性的调整，推出了《高等学校信息安全专业规划教材》。这套新教材的最大特点首先是符合信息安全专业规范。其次，教材内容全面、理论联系实际、努力反映信息安全领域的新成果和新技术，特别是反映我国在信息安全领域的新成果和新技术，也是其突出特点。我认为，在我国信息安全专业建设和人才培养蓬勃发展的今天，这套新教材的出版是非常及时的和有益的。

我代表编委会向这套新教材的作者和广大读者表示感谢。欢迎广大读者提出宝贵意见，以便能够进一步修改完善。

编委会主任，中国工程院院士，武汉大学兼职教授

沈昌祥

2012 年 1 月 8 日

前 言

信息隐藏是一门新兴的学科。信息隐藏技术，即将秘密信息隐藏在不易被人怀疑的普通文件（即载体文件，这里主要用图像作为载体文件）中，使秘密信息不易被别有用心者发现，当然他们就不易对消息进行窃取、修改和破坏，从而保证了消息在网络上传输的安全性。为了增加安全性，人们通常将加密和信息隐藏这两种技术结合起来使用。信息隐藏主要包括信息隐秘书写和数字水印两部分内容。

近年来国际上提出了一种新型的版权保护技术——数字水印（digital watermark）技术。利用人类的听觉、视觉系统的特点，在图像、音频、视频中加入一定的信息，使人们很难分辨出加水印后的数字作品与原始数字作品的区别，而通过专门的检验方法又能提取出所加信息，以此证明原创作者对数字媒体的版权。数字水印技术通过将数字、序列号、文字、图像标志等信息嵌入到媒体中，在嵌入过程中对载体进行尽量小的修改，以达到最强的鲁棒性，当嵌入水印后的媒体受到攻击后仍然可以恢复水印或者检测出水印的存在。水印与原数据（如图像、音频、视频数据）紧密结合并隐藏其中，成为不可分离的一部分。数字水印主要应用领域包括：数字产品版权保护、原始数据的真伪鉴别、数据侦测与跟踪等。

本书是对应武汉大学出版社出版的“高等学校信息安全专业“十二五”规划教材”的《信息隐藏教程》一书的配套实验教程。全书共分十章，主要内容包括图像载体的基本知识，伪随机数发生器，载体信号的时频分析，图像信息的伪装技术，时空域下的信息隐藏，变换域隐秘技术，数字水印模型，视觉感知和基于视觉感知的数字水印，水印攻击和性能评价，视频水印。书中完成了大量的实验。

郭迟完成第 1 章第 2 节、第 2 章第 1、2、3、5、6 节、第 3 章第 3 节、第 5 章第 2、3 节、第 7 章第 3、4 节、第 8 章、附录三。李鹏完成第 2 章第 4 节、第 5 章第 4 节、第 6 章、第 9 章、附录四。李巍完成第 1 章第 1、3、4、5 节、第 3 章第 1、2 节、第 5 章第 1 节、第 7 章第 1、2、5、6 节、附录五。王霞仙完成第 4 章、附录一、附录二。叶登攀完成第 10 章、附录六。王丽娜总体指导、设计及审校。

由于水平有限，不足之处恳请广大读者批评指正。

作 者

2012 年 8 月

目　录

第1章　图像载体的基本知识

到目前为止,被认为成熟的信息隐藏算法基本上都是以图像作为载体的。我们学习信息隐藏,也是从图像载体下的信息隐藏出发,然后才能不断深入。只有了解了载体本身的特点,才能进一步学习和运用具体的隐藏算法。本章主要介绍图像的文件格式、图像的类型、图像的颜色模型和图像的存储方式以及利用 MATLAB 对图像进行类型转换和颜色模型转换的有关知识。这些都是我们在今后的实验中涉及和必须清楚认识的。

简而言之,图像就是用各种观测系统以不同形式和手段观测客观世界而获得的,可以直接或间接作用于人眼而产生视知觉的实体。人类的大部分信息都是从图像中获得的。图像是人们从出生以来体验到的最重要、最丰富、信息量获取最大的对象。就图像本质来说,可以将图像分为两大类:模拟图像和数字图像。一幅二维(2-D)平面图像可用一个二元函数 $I=f(x, y)$ 来表示。(x, y) 表示 2-D 空间坐标系中一个坐标点的位置,f 则表示相应实际物体在该点的某个性质的度量值,所有点的度量值的有序集合构成图像 I。例如,对于一幅灰度图像,f 表示灰度值,即相应物体在每个坐标点的明暗程度。一般认为,$I=f(x, y)$ 所表示的图像是连续的,如一幅照片、一幅绘画等。为了能用计算机对图像 I 进行处理,则将 f、x、y 的值域从实数域映射到整数域。离散化后的图像就是数字图像。离散化的方法就是从水平和竖直两个方向上同时进行采样。这些采样点称为像素(pixel)。因此,通常用二维矩阵来表示一幅数字图像,矩阵的各个元素代表一个像素的色彩信息。作为信息隐藏的载体,涉及的图像都是数字图像。数字图像以其信息量大、处理和传输方便、应用范围广等一系列优点已成为现代信息化社会的重要支柱,是人类获取信息的重要来源和利用信息的重要手段。随着计算机科学技术的飞速发展,数字图像处理技术在近年来得到了快速发展,并得到广泛应用。

1.1　图像的基本类型

1.1.1　图像类型的引入

图形图像文件可以分为两大类:一类为位图(Bitmap)文件,另一类为矢量(Vector)文件。前者以点阵形式描述图形图像,后者是以数学方法描述的一种由几何元素组成的图形图像。位图文件在有足够的文件量的前提下,能真实细腻地反映图像的层次、色彩,缺点是文件体积较大。一般说来,适合描述照片。矢量类图像文件的特点是文件量小,并且能任意缩放而不会改变图像质量,适合描述图形。位图的映射存储模式是将图像的每一个像素点转换为一个数据,并存放在以字节为单位的一、二维矩阵中。当图像是单色时,一个字节可存放 8 个像素点的图像数据;16 色图像每两个像素点用一个字节存储;256 色图像每一个像素点用一个字节存储。以此类推,就能够精准地描述各种不同颜色模式的图像画面。所以位图文件较适合于内容复杂的图像和真实的照片(位图正符合作为信息隐藏载体的最基本要求)。但位图也有缺点:随着分辨率以及颜色数的提高,位图图像所占用的磁盘空间会急剧增大,同时在放大图像的过程中,图像也会变得模糊而失真。

图像离不开色彩。大家都知道,在物理光学中,红、绿、蓝(Red,Green,Blue,即 RGB)被称为光学三原色。大千世界的自然景色丰富多彩,但任何色彩(严格地说是绝大多数色彩)都可以用红、绿、蓝这三种颜色按一定的比例混合而得。例如:

红+绿+蓝→白色

红+绿→黄色

红+蓝→品红……

由此,我们可以用一个由 R,G,B 为坐标轴定义的单位立方体来描述这样一个符合视觉理论的颜色模型(图 1.1(c))。坐标原点代表黑色,(1,1,1)代表白色,坐标轴上的顶点称为基色(Primitive Colour)点。立方体中的每一种颜色由一个三元组(R,G,B)表示,每一个分量的数值均在[0,1]区间。

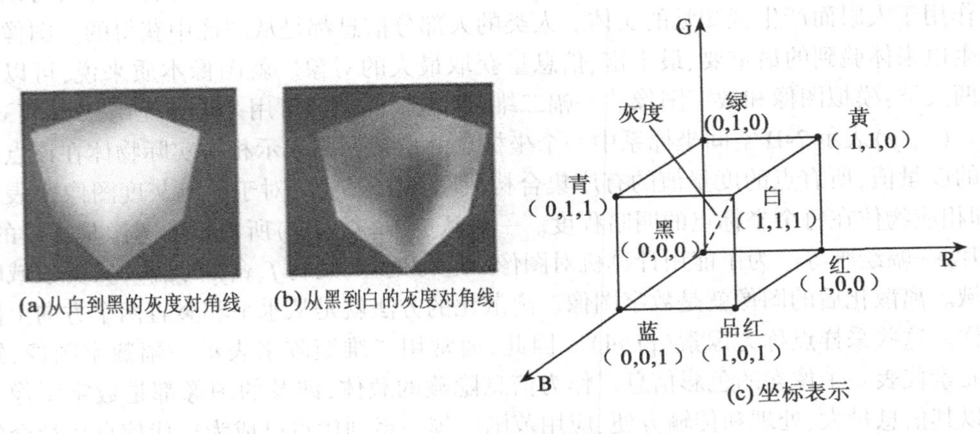

(a)从白到黑的灰度对角线 (b)从黑到白的灰度对角线 (c)坐标表示

图 1.1 RGB 颜色模型

那么,位图中的颜色是如何在矩阵中体现的呢?我们首先引入一个重要概念:调色板。调色板是包含不同颜色的颜色表,每种颜色以红、绿、蓝三种颜色的组合来表示,图像的每一个像素对应一个数字,而该数字对应调色板中的一种颜色,如某像素值为 1,则表示该颜色为调色板的编号为 1 的颜色。调色板的单元个数是与图像的颜色数相一致的,256 色图像的调色板就有 256 个单元。有些图像(如 RGB 图像)的每个像素值直接用 R、G、B 三个字节来表示颜色,不需要单独的调色板。值得注意的是,对于 16 色或 256 色图像并非全部的图像都采用相同的 16 种或 256 种颜色,由于调色板中定义的颜色不同,不同图像用到的颜色是千差万别的,所谓 16 色或 256 色图像,只是表示该幅图像最多只能有 16 种或 256 种颜色。不同的图像有不同的调色板。

一个图像的调色板所含有的色彩个数取决于数字图像的量化方式。将像素点上的灰度值离散为整数,称之为量化。量化的结果反映了图像容纳的所有颜色数据。量化决定使用多大范围的数值来表示图像采样之后的每一个点,这个数值范围确定了图像能使用的颜色总数。例如,以 4 个 bit 存储一个点,就表示图像只能有 16 种颜色。数值范围越大,表示图像可以拥有更多的颜色,自然就可以产生更为精细的图像效果。通常所说的量化等级,是指每幅图像样本量化后一共可取多少个像素点(离散的数值)或用多少个二进制数位来表示。量级越高,图像质量就越高,存储空间要求就越大。图1.2就是我们在本书中将大量使用到的lenna图像的二维矩阵。

lenna图像

Array Editor: woman

File Edit View Web Window Help

Numeric format: shortG　Size: 256 by 256

	1	2	3	4	5	6	7	8	9	10
1	125	79	111	98	111	79	125	98	91	112
2	98	112	91	112	79	111	112	79	112	79
3	98	125	98	111	112	98	79	111	112	111
4	106	98	79	112	79	125	98	94	98	79
5	79	125	98	91	98	98	79	111	112	125
6	98	111	112	98	94	111	112	79	98	79
7	112	79	111	94	98	79	111	112	91	112
8	111	112	98	111	112	91	112	79	98	91
9	106	98	79	112	79	98	111	112	111	112
10	111	112	111	91	112	111	94	111	79	98
11	79	98	125	98	112	91	98	112	111	94
12	111	94	111	98	91	112	111	79	112	111

lenna图像的二维矩阵

图1.2　位图的二维矩阵表示

矢量文件只存储图像内容的轮廓部分,而不存储图像数据的每一点。例如,对于一个圆形图案,只要存储圆心的坐标位置和半径长度,以及圆形边线和内部的颜色即可。该存储方式的缺点是经常耗费大量的时间做一些复杂的分析演算工作,但图像的缩放不会影响显示精度,即图像不会失真,而且图像的存储空间较位图文件要少得多。所以,向量处理比较适合存储各种图表和工程设计图。

总体来看,位图文件是记录每一个像素的颜色值,再把这些像素点组合成一幅图像,而矢量图文件是依靠保存图形对象的位置、曲线、颜色的算法来生成的。位图占用的存储空间较矢量图要大得多,而矢量图的显示速度较位图慢。

我们针对的对象基本上是位图。前文已述,位图都可以看做一个二维数据矩阵,根据其图像调色板的存在方式及矩阵数值与像素颜色之间的对应关系,我们定义了4种基本的图像类型:二值图像、索引图像、灰度图像、RGB图像。下面一一介绍其性质。

1.1.2　二值图像

二值图像顾名思义就是图像像素只存在0,1两个值,也叫做二进制图像。一个二值图像显然是纯黑白的。每一个像素值将取两个离散值(0或1)中的一个,0表示黑,1表示白。二进制图像能够使用无符号8位整型(uint8)或双精度类型(double)的数组来存储。

图1.3　二进制的lenna图像

uint8类型的数组通常比双精度类型的数组性能更好,因为uint8数组使用的内存要小得多。在MATLAB图像处理工具箱中,任何返回一幅二进制图像的函数都使用uint8逻辑数组存储该图像。图1.3给出了二进制的 lenna 图像。

1.1.3 索引图像

索引图像是一种把像素值直接作为 RGB 调色板下标的图像。一幅索引图包含一个数据矩阵 data 和一个调色板矩阵 map，数据矩阵可以是 uint8，uint16 或双精度类型的，而调色板矩阵则总是一个 $m\times3$ 的双精度类型矩阵（其中，m 表示颜色数目），该矩阵的元素都是[0,1]范围内的浮点数。map 矩阵的每一行指定一个颜色的红、绿、蓝颜色分量。索引图像可以把像素值直接映射为调色板数值，每一个像素的颜色通过使用 data 的数值作为 map 的下标来获得：数值 1 表示 map 的第一行，数值 2 表示 map 的第二行，依此类推。

图 1.4 是 MATLAB 自带的 woman 信号构成的图像的像素索引矩阵和调色板矩阵。woman 图像是一幅典型的索引图像。其图像矩阵大小为 256×256，表示由 65535 个像素点构成。调色板矩阵大小为 256×3，表示有 256 种颜色。我们看到图像索引矩阵的（1，1）单元的内容为 125，也就是说这一点像素的颜色就是调色板矩阵的第 125 行所定义的颜色。可以看到调色板矩阵的第 125 行为[0.60536 ，0.60536， 0.60536]，表示 RGB 三个分量的比重都比较重且在图像中的地位相同，对照图 1.1 的 RGB 色彩模型可以推断出这一点是灰白色的。图 1.4 左下的 woman 图像证实了这一推断。

图像矩阵中的数值与调色板的关系依赖于图像矩阵的类型：如果图像矩阵是双精度类型的，那么数值 1 将指向调色板的第一行，数值 2 将指向调色板的第二行，依此类推；如果图像矩阵是 uint8 或 uint16 类型的，那么将产生一个偏移量：数值 0 表示调色板的第一行，数值 1 表示调色板的第二行，依此类推。

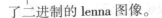

	1	2	3	4	5	6	7	8	9	10
1	125	79	111	98	111	79	125	98	91	112
2	98	112	91	112	79	111	112	79	112	79
3	98	125	98	111	112	98	79	111	112	111
4	106	98	79	112	79	125	98	94	98	79
5	79	125	98	91	98	98	79	111	112	125
6	98	111	112	98	94	111	112	79	96	79
7	112	79	111	94	98	79	111	112	91	112
8	111	112	98	111	112	91	112	79	98	91
9	106	98	79	112	79	98	111	112	111	112
10	111	112	111	91	112	111	94	111	79	98
11	79	98	125	98	112	91	98	112	111	94
12	111	94	111	98	91	112	111	79	112	111

	1	2	3
123	0.59851	0.59851	0.59851
124	0.60194	0.60194	0.60194
125	0.60536	0.60536	0.60536
126	0.60877	0.60877	0.60877
127	0.61218	0.61218	0.61218
128	0.61557	0.61557	0.61557
129	0.61896	0.61896	0.61896
130	0.62234	0.62234	0.62234
131	0.62572	0.62572	0.62572
132	0.62908	0.62908	0.62908
133	0.63244	0.63244	0.63244
134	0.63579	0.63579	0.63579
135	0.63913	0.63913	0.63913
136	0.64247	0.64247	0.64247
137	0.64579	0.64579	0.64579
138	0.64911	0.64911	0.64911
139	0.65243	0.65243	0.65243
140	0.65573	0.65573	0.65573
141	0.65903	0.65903	0.65903
142	0.66232	0.66232	0.66232
143	0.66561	0.66561	0.66561

图 1.4 索引图像

在实际操作中应该注意到，调色板通常应与索引图像存储在一起；装载图像时，调色板将和图像数据一同自动装载。在 MATLAB 中以下三条对索引图像的操作语句是我们今后会大量使用的：

读取索引图像：[data,map]=imread(filename,permission)；

显示索引图像：image(data),colormap(map)；

存储索引图像：imwrite(data,map,filename,permission)；

其中，data 为像素索引矩阵，map 为调色板矩阵，filename 为图像文件路径，permission 为图像文件格式，例如[data,map]=imread('c:\woman.bmp','bmp')。

1.1.4　灰度图像

灰度图像是包含灰度级(亮度)的图像。灰度就是我们通常说的亮度。与二值图像不同，灰度图像虽然在感观上给人感觉仍然是“黑白”的，但实际上它的像素并不是纯黑(0)和纯白(1)那么简单，所以相应的其一个像素也绝不是 1bit 就可以表征的。

在 MATLAB 中，灰度图像由一个 uint8，uint16 或双精度类型的数组来描述。灰度图像实际上是一个数据矩阵 I，该矩阵的每一个元素对应于图像的一个像素点，元素的数值代表一定范围内的灰度级，通常 0 代表黑色，1，255 或 65535(不同存储类型)代表白色。

图 1.5　灰度 lenna 图像

数据矩阵 I 可以是双精度、uint8 或 uint16 类型。灰度图像存储时不使用调色板，因而 MATLAB 将使用一个默认的系统调色板来显示图像。二值图像可以看成是灰度图像的一个特例。联系到后面我们将阐述的 YCbCr 颜色模型，我们可以发现所谓灰度图像的像素值就是 YCbCr 中每个像素的亮度分量值。二者与 RGB 像素有同样的转换关系。图 1.5 是一幅灰度 lenna 图像。

1.1.5　RGB 图像

需要说明一点的是，RGB 图像显然是符合 RGB 颜色模型的，但不是说只有 RGB 图像才符合 RGB 颜色模型，事实上前面我们已经看到，我们一般意义上说的图像都是符合这一颜色模型的。所谓 RGB 图像仅是一类图像的总称。这类图像不使用单独的调色板，每一个像素的颜色由存储在相应位置的红、绿、蓝颜色分量共同决定。RGB 图像是 24 位图像，红、绿、蓝分量分别占用 8 位，理论上可以包含 16M 种不同颜色，由于这种颜色精度能够再现图像的真实色彩，所以又称 RGB 图像为真彩图像。

在 MATLAB 中，一幅 RGB 图像由一个 uint8，uint16 或双精度类型的 $m \times n \times 3$ 数组(通常称为 RGB 数组)来描述，其中，m 和 n 分别表示图像的宽度和高度。

在一个双精度类型的 RGB 数组中，每一个颜色分量都是一个[0,1]范围内的数值，颜色分量为(0, 0, 0)的像素将显示为黑色，颜色分量为(1, 1, 1)的像素将显示为白色。每一个像素三个颜色分量都存储在数据数组的第三维中。例如，像素(10,5)的红、绿、蓝色分量都存储在 RGB(10,5,1)，RGB(10,5,2)，RGB(10,5,3)中。

为了更好地说明在 RGB 图像中所使用的 3 个不同颜色分量的作用效果，我们在 MATLAB

中创建一个简单的 RGB 图像,该图像包含某一范围内不中断的红、绿、蓝颜色分量。同时,提取每一个颜色分量各创建一幅灰度图像来加以对比,输入命令为:

```
>>RGB=reshape(ones(64,1) * reshape(jet(64),1,192),[64,64,3]);
>>R=RGB(:,:,1);
>>G=RGB(:,:,2);
>>B=RGB(:,:,3);
>>subplot(141),imshow(R),title('红色分量');
>>subplot(142),imshow(G) ,title('绿色分量');
>>subplot(143),imshow(B) ,title('蓝色分量');
>>subplot(144),imshow(RGB) ,title('原始图像');
```

四幅图像的显示结果如图 1.6 所示。

红色分量

绿色分量

蓝色分量

原始图像

图 1.6 RGB 颜色色谱的分层显示

注意到图 1.6 中每一个单独的颜色项对应的灰度图像都包含一个白色区域,这个白色区域相应于每一个颜色项的最高值。例如,在红色分量中,白色代表纯红色数值浓度最高的区域。当红色与绿色或蓝色混合时将会出现灰像素。图像中的黑色区域说明该区域不包含任何红色数值,即 R=0。

我们再来看一个将输入的 RGB 图像分层,并将图像的指定层加强的实验。对应的函数为 rgbanalysis. m,代码如下:

```
%文件名:rgbanalysis. m
%程序员:郭迟
%编写时间:2004.2.8
%函数功能:将输入的 RGB 图像分层,并将图像的指定层加强
%输入格式举例:[imageRGB, imageR, imageG, imageB, result] = rgbanalysis('c:\lenna.jpg','jpg',1)
%参数说明:
%image 输入的原始 RGB 图像的地址
%permission 为图像文件类型
%level 为要加强的层:1 为 R,2 为 G,3 为 B
%imageRGB 为输出的 RGB 图像的 RGB 矩阵
%imageR 为 R 层分量的矩阵
%imageG 为 G 层分量的矩阵
%imageB 为 B 层分量的矩阵
```

```
%result 为色彩加强的 RGB 矩阵
function [imageRGB,imageR,imageG,imageB,result]=rgbanalysis(image,permission,level);
%读取图像信息并转换为 double 型
imageRGB=imread(image,permission);
imageRGB=double(imageRGB)/255;
result=imageRGB;
%对图像进行分层提取
imageR=imageRGB(:,:,1);
imageG=imageRGB(:,:,2);
imageB=imageRGB(:,:,3);
%显示结果
subplot(321),imshow(imageRGB),title('原始图像');
subplot(322),imshow(imageR),title('R 层灰度图像');
subplot(323),imshow(imageG),title('G 层灰度图像');
subplot(324),imshow(imageB),title('B 层灰度图像');
%对相应的层进行颜色加强
if level ==1
    imageR=imageR+0.2;
end
if level ==2
    imageG=imageG+0.2;
end
if level ==3
    imageB=imageB+0.2;
end
result(:,:,1)=imageR;
result(:,:,2)=imageG;
result(:,:,3)=imageB;
%通过图像写回保存将超出范围的像素值自动调整为最大
imwrite(result,'temp.jpg','jpg');
result=imread('temp.jpg','jpg');
%显示结果
subplot(325),imshow(result),title('色彩增强的结果') ;
```

图 1.7 是执行[imageRGB,imageR,imageG,imageB,result]=rgbanalysis('c:\lenna.jpg','jpg',3)的图像结果,图 1.8 是相应的矩阵表示。可以看到,对 B 层进行颜色加强后,lenna 图像明显出现了我们常说的"颜色泛蓝"的现象。

最后,通过 MATLAB 要想在一幅 RGB 图像中获得某个特定像素(x,y)的颜色,可以键入如下命令:>>RGB(x,y,:);

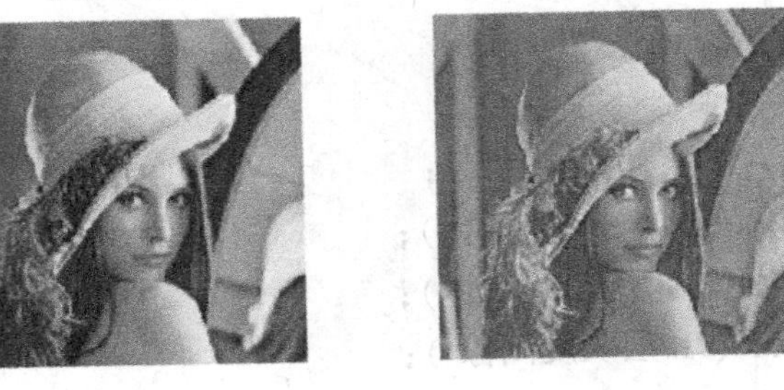

图 1.7　lenna 的分层显示及蓝色加强

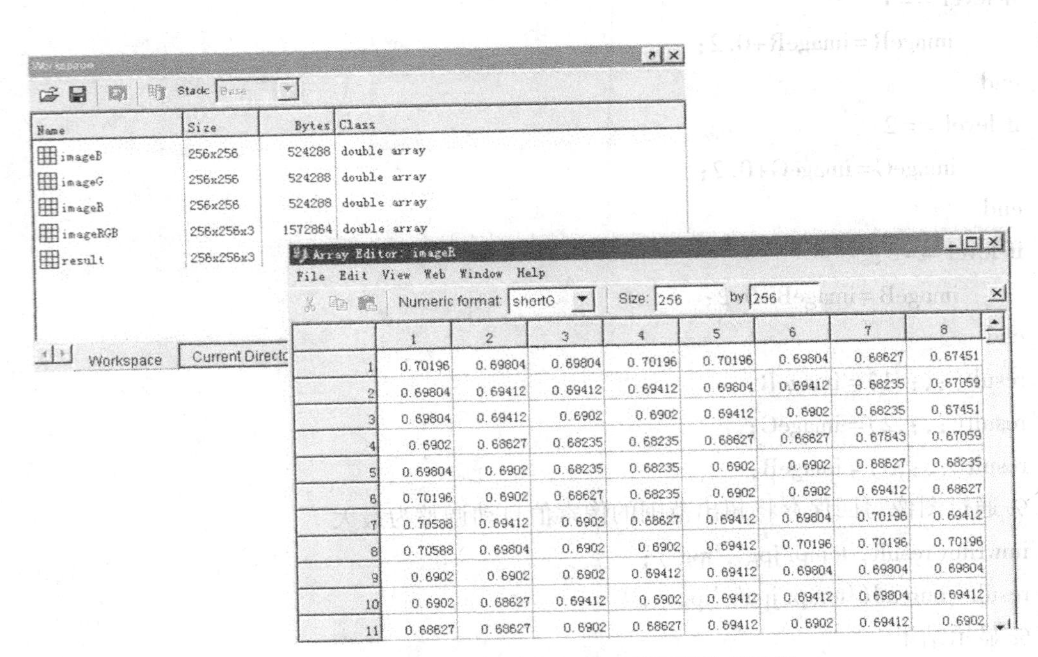

Name	Size	Bytes	Class
imageB	256x256	524288	double array
imageG	256x256	524288	double array
imageR	256x256	524288	double array
imageRGB	256x256x3	1572864	double array
result	256x256x3		

	1	2	3	4	5	6	7	8
1	0.70196	0.69804	0.69804	0.70196	0.70196	0.69804	0.68627	0.67451
2	0.69804	0.69412	0.69412	0.69412	0.69804	0.69412	0.68235	0.67059
3	0.69804	0.69412	0.6902	0.6902	0.69412	0.6902	0.68235	0.67451
4	0.6902	0.68627	0.68235	0.68235	0.68627	0.68627	0.67843	0.67059
5	0.69804	0.6902	0.68235	0.68235	0.6902	0.6902	0.68627	0.68235
6	0.70196	0.6902	0.68627	0.68235	0.6902	0.6902	0.69412	0.68627
7	0.70588	0.69412	0.6902	0.68627	0.69412	0.69804	0.70196	0.69412
8	0.70588	0.69804	0.6902	0.6902	0.69412	0.70196	0.70196	0.70196
9	0.6902	0.6902	0.6902	0.69412	0.69412	0.69804	0.69804	0.69804
10	0.6902	0.68627	0.69412	0.6902	0.69412	0.69412	0.69804	0.69412
11	0.68627	0.68627	0.6902	0.68627	0.69412	0.6902	0.69412	0.6902

图 1.8　lenna 的图像矩阵信息和 R 层矩阵数值示例

1.2　图像类型的相互转换

有些时候，图像类型的转换是非常有用的。例如，如果用户希望对一幅存储为索引图像的彩色图像进行滤波时，那么应该首先将该图像转换为 RGB 格式，此时再对 RGB 图像使用滤波器，MATLAB 将恰当地滤掉图像中的部分灰度值。如果用户企图对一幅索引图进行直接滤波，那么 MATLAB 只能简单地对索引图像矩阵的下标进行滤波，这样得到的结果将是毫无意义的。再比如在变换域的数字水印算法中，对于索引图像的载体必须将其先转换为 RGB 图像再加水印，否则将破坏载体。在 MATLAB 中，各种图像类型之间的转换关系如图 1.9 所示。其图像处理工具箱中所有的图像类型转换函数如表 1.1 所示。

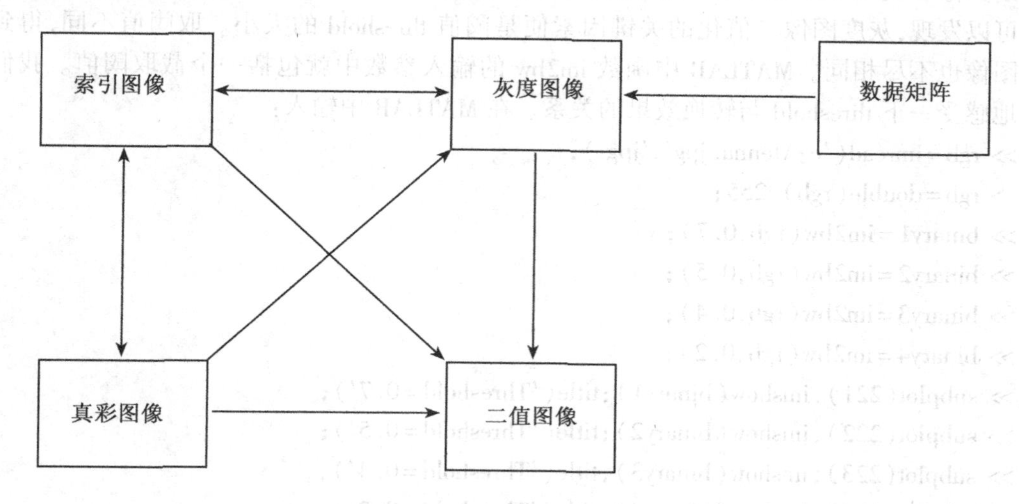

图 1.9　图像类型转换的关系

表 1.1　MATLAB 图像类型转换函数及其功能

函　　数	功　　能
dither	使用抖动方法，根据灰度图像创建二进制图像或根据 RGB 图像创建索引图像
gay2ind	根据一幅灰度图像创建索引图像
grayslice	使用阈值截取方法，根据一幅灰度图像创建索引图像
im2bw	使用阈值截取方法，根据一幅灰度图像、索引图像或 RGB 图像创建二进制图像
ind2gray	根据一幅索引图像创建一幅灰度图像
ind2rgb	根据一幅索引图像创建一幅 RGB 图像
mat2gray	通过数据缩放，再根据矩阵数据创建一幅灰度图像
rgb2gray	根据一幅 RGB 图像创建一幅灰度图像
rgb2ind	根据一幅 RGB 图像创建一幅索引图像

表 1.1 中几乎所有的函数都具有类似的调用格式：函数的输入是图像数据矩阵（如果是索引图像，那么输入参数还包括调色板矩阵），返回值是转换后的图像（包括索引图像的调色板）。

1.2.1　灰度图像的二值化方法

所谓灰度图像的二值化方法实际上解决的就是将灰度图像转换为二值图像这一问题。转换的方法可用伪 C 语言描述为：

设 $(x,y)_G$ 为灰度图像 G 的像素

```
float threshold; //定义一个转换阈值
if ((x,y)G>=threshold)
  (x,y)B=1;
else
  (x,y)B=0;
```

则图像 B 为 G 的二值转换图。

可以发现,灰度图像二值化的关键因素便是阈值 threshold 的大小。取阈值不同,得到的转换图像也不尽相同。MATLAB 中函数 im2bw 的输入参数中就包括一个截取阈值。我们先直观地感受一下 threshold 与转换效果的关系。在 MATLAB 中输入:

```
>> rgb=imread('c:\lenna.jpg','jpg');
>> rgb=double(rgb)/255;
>> binary1=im2bw(rgb,0.7);
>> binary2=im2bw(rgb,0.5);
>> binary3=im2bw(rgb,0.4);
>> binary4=im2bw(rgb,0.2);
>> subplot(221),imshow(binary1);title('Threshold=0.7');
>> subplot(222),imshow(binary2);title('Threshold=0.5');
>> subplot(223),imshow(binary3);title('Threshold=0.4');
>> subplot(224),imshow(binary4);title('Threshold=0.2');
```

得到结果如图 1.10 所示。

Threshold=0.7

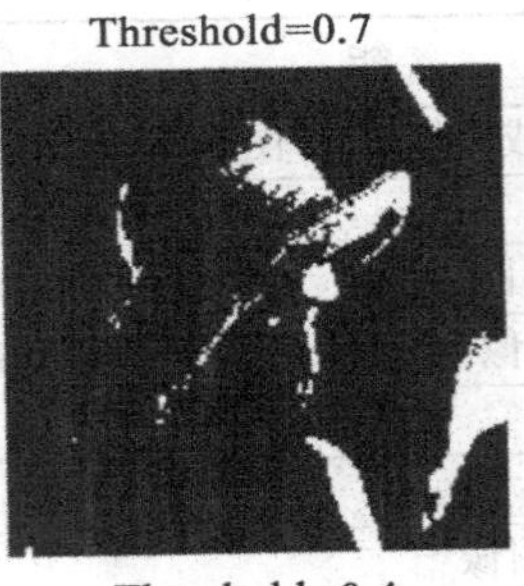

Threshold=0.5

Threshold=0.4

Threshold=0.2

图 1.10　灰度图像二值化阈值的作用

可以发现,当转换阈值取 0.4 时,二值化的效果是最好的。这仅是就一幅 lenna 图像在简单比较后得出的结论,只是一个个案。那么,对于普遍情况又是如何确定阈值的呢?这里,我

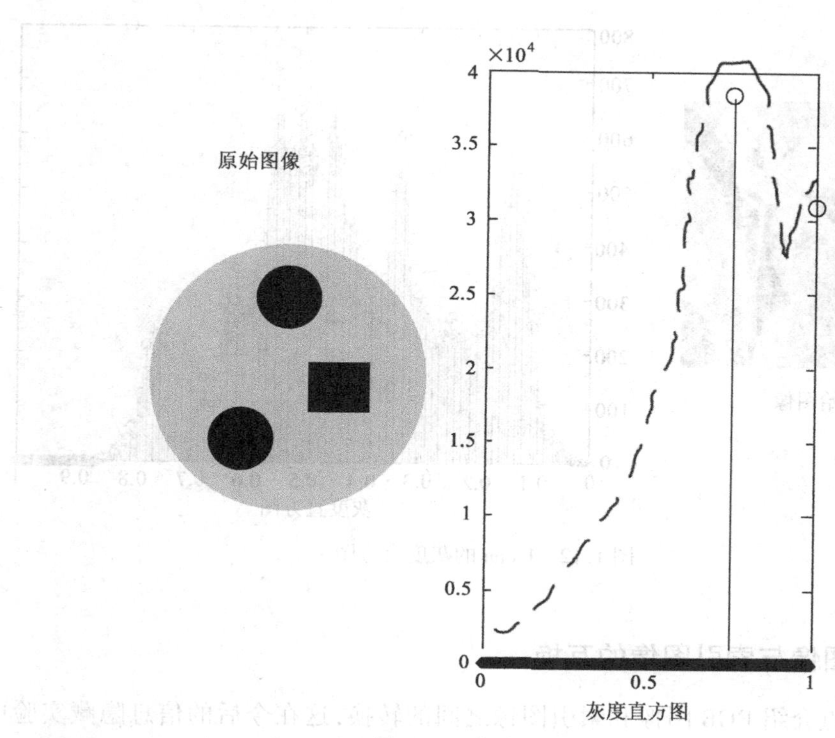

图 1.11　灰度直方图

们介绍一下最简单的全局阈值法(global threshold method)。

全局阈值法是与灰度直方图紧密联系的。灰度直方图的横坐标表示图像的灰度,纵坐标表示该灰度在图像全体像素中出现的频度。图 1.11 是一个简单图像的灰度直方图。

对照发现,原始图像只有两个灰度,所以灰度直方图呈现了两个峰值。在二值化的时候,如果将阈值取在两峰之间,自然可以得到良好的二值化效果,否则转换出来的图像就是漆黑一片。在图 1.11 中,我们很容易理解将几个黑色的图形称为对象,将灰色的大圆称做背景。灰度直方图明显地区分了对象与背景。事实上,大多数的图像都有一定数量的对象和背景。也就是说,对象和背景部分的灰度区域集中了大量的像素,从而使灰度直方图呈现峰(modal)与谷(bottom)交替出现的情况,我们称这一现象为灰度直方图的多峰性(multi-modal)。将二值化阈值取在两个主要的峰之间,就可以保证较好的转换效果。这个阈值就是全局阈值。lenna 的灰度直方图如图 1.12 所示。

全局阈值法是最简单的灰度图像二值化方法。由于其只能设立一个绝对阈值,显然它并不是一个优秀的二值化方法。有兴趣去了解其他二值化方法的读者可以参考有关图像图形和模式识别方面的资料。此外,用 MATLAB 的 imhist. m 函数可以方便地画出一幅灰度图像的灰度直方图。

由于 RGB 与索引图可以转换为灰度图像,所以它们也可以转换为二值图像。这里我们就不赘述了。很容易想到,非二值图像二值化是可以由一个映射关系去描述的,但反之,则不是一个映射,也是无法实现的。

灰度直方图

图 1.12　lenna 的灰度直方图

1.2.2　RGB 图像与索引图像的互换

下面我们重点介绍 RGB 图像和索引图像之间的转换，这在今后的信息隐藏实验中会用到。RGB 图像转换到索引图像使用的函数是 rgb2ind，该函数的一般使用格式为：

[data, map] = rgb2ind(rgbimage, tol) 或

[data, map] = rgb2ind(rgbimage, n)

引入 tol 和 n 两个参数是因为 RGB 图像的色彩非常丰富，而索引图像无法全部显示，故利用这两个参数控制转换的图像色彩数量。tol 是一个(0,1)区间的实数，相应转换的索引图像的调色板矩阵包含 $\left(\frac{1}{tol}\right)^3$ 种色彩。n 是一个[0, 65535]的整数，直接表示转换后的索引图像的色彩数量。图 1.13 是将 lenna 图像(RGB)转换为索引图像的效果，取 tol=0.1。

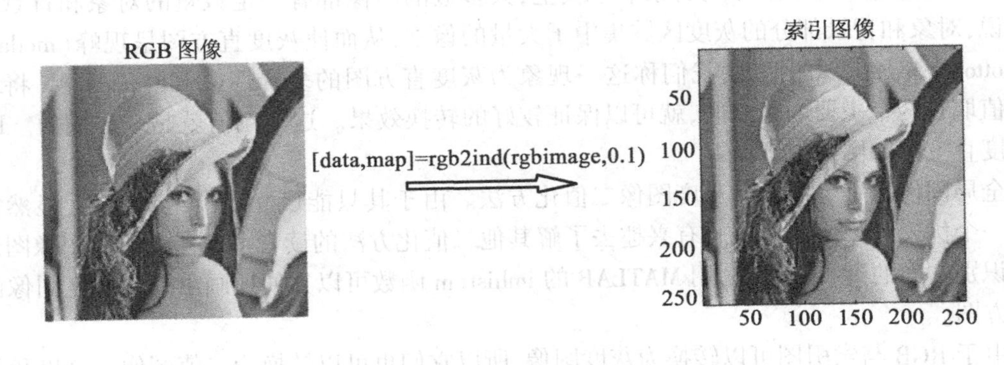

图 1.13　RGB 图像转换为索引图像

索引图像转换为 RGB 图像使用的函数是 ind2rgb。该函数使用就非常简单了。使用格式为：

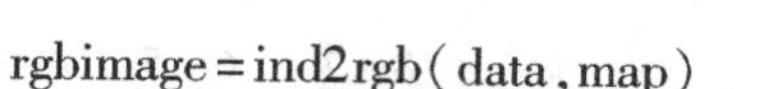

MATLAB 自带的 wbarb 信号用 load 命令得到的图像是一个典型的彩色索引图像。图 1.14是将它转换为 RGB 图像的效果。

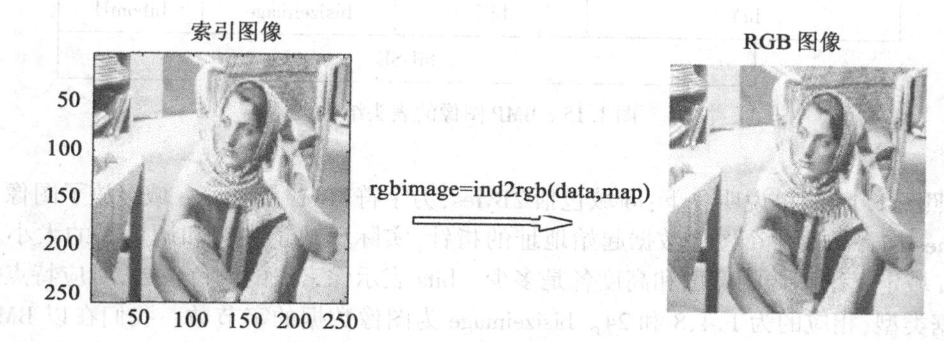

图 1.14　索引图像转换为 RGB 图像

比较图 1.13 和图 1.14 可以发现，索引图像转换为 RGB 图像色彩不会失真，而 RGB 图像转换为索引图像一般会出现色彩丢失而导致图像效果变差。

1.2.3　其他转换

由于将 RGB 图像转换为灰度图像与提取 RGB 图像各像素的亮度分量是一样的，所以灰度图像与 RGB 图像的互换我们将在后面的 RGB 颜色模型与 YCbCr 模型互换中阐述。

另外，还可以使用 MATLAB 的一些基本语句实现某些转换操作。例如，在灰度图像矩阵 I 上连接自身的三个拷贝构成第三维，就可以得到一幅 RGB 图像，如 RGB = GRAY(3, I, I, I)。

除了以上的标准转换方法外，还可以利用某些函数返回的图像类型与输入的图像类型之间不同这一特点进行类型转换。例如，基于区域的操作函数总是返回二进制图像，用这些函数可以实现索引图像或灰度图像向二进制图像的转换。

1.3　数字图像的基本文件格式

图像格式与图像类型不同，指的是存储图像采用的文件格式。不同的操作系统、不同的图像处理系统，所支持的图像格式都有可能不同。在实际应用中常用到以下几种图像格式。

(1) BMP 文件

BMP 文件是 Microsoft Windows 所定义的图像文件格式，最早应用在 Microsoft 公司的 Microsoft Windows 视窗系统中。BMP 图像文件的特点是：

① 每个文件只能存放一幅非压缩图像；

② 只能存储四种图像数据：单色、16 色、256 色、真彩色；

③ 图像数据有压缩或不压缩两种处理方式；

④ BMP 图像文件的文件结构可分为三部分：表头、调色板和图像数据。表头长度固定为 54 个字节。图 1.15 给出一种定义的表头格式。

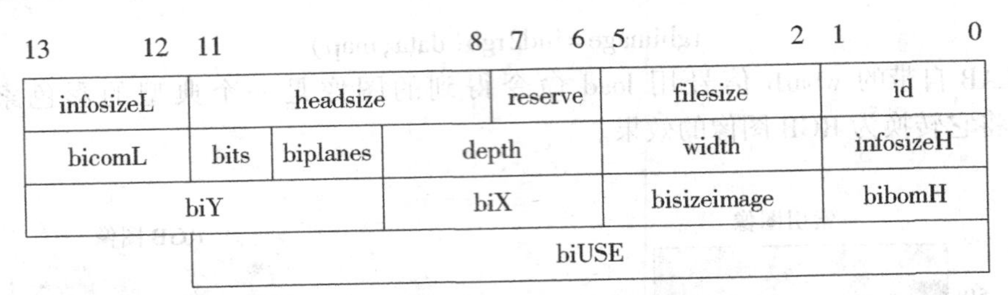

图 1.15　BMP 图像的表头结构

对照图 1.15 简单说明一下：id 域包括 2Bytes，为字符“BM”。filesize 域存放了图像文件的大小。headsize 域是一个图像数据起始地址的指针，实际反映了表头和调色板的大小。width 和 depth 域定义了图像的宽度和高度各是多少。bits 表示像素点的颜色位数，对应特点②中的 4 种数据类型，相应的为 1，4，8 和 24。bisizeimage 为图像数据的字节数。我们在以 BMP 图像为载体的信息隐藏实验中曾经遇到过这样一个问题，就是隐藏信息的开头几个字总是不能有效地提取出来。后来发现这就是由于对 BMP 文件格式不了解导致的。所以，若要以 BMP 文件为载体做信息隐藏，请务必回避这 54 字节的表头（起码应该回避前两个字节，即 id 域）。对于空域隐藏，则从第 55 个字节开始存放信息。当然，MATLAB 的 imread 函数所读取的就是数据部分，所以在 MATLAB 上做相关实验则无需考虑上述问题。

⑤ 调色板的数据存储结构较为特殊，其存储格式不是固定的，而是与文件头某些参数有关。只有真彩色 BMP 图像文件内没有调色板数据，其余不超过 256 种颜色的图像文件都必须设定调色板信息。

⑥ 以真彩色（24 位）BMP 文件为例子，其数据部分的排列顺序是以图像左下角为起点，每 3 个连续字节表示一个像素点的颜色信息。这三个字节分别指示 B，G，R 的分量值。如某像素对应的三个字节内容为 FF0000H，则意味着它是一个纯蓝点。

需要强调的是，大家不要将 BMP 文件格式与前文所述的位图类型混淆了。一个是图像类型，一个是文件格式，尽管二者有相似的英文表示。

（2）GIF 文件

GIF（Graphics Interchange Format）文件是由 CompuServe 公司为了方便网络用户传送图像数据而制定的一种图像文件格式。GIF 图像文件经常用于网页的动画、透明等特技制作。GIF 文件有这样一些特点：文件具有多元化结构，能够存储多张图像；调色板数据有通用调色板和局部调色板之分；图像数据一个字节存储一点；文件内的各种图像数据区和补充区多数没有固定的数据长度和存放位置，为了方便程序寻找数据区，就以数据的第一个字节作为标识符，以便程序能够判断所读到的是哪种数据区；图像数据有两种排列方式：顺序排列和交叉排列；图像最多只能存储 256 色图像。GIF 图像文件结构一般由 7 个数据单元组成，它们分别是：表头、通用调色板、图像数据区以及 4 个补充区。表头和图像数据是文件不可缺少的单元，通用调色板和其余的 4 个补充区是可选内容。GIF 图像文件可以有多个图像数据区，而每个图像数据区存储 1 幅图像，通过软件处理和控制，将这些分离的图像形成连续的有动感的图示效果。

（3）TIFF 文件

TIFF（Tag Image File Format）文件是由 Aldus 公司与微软公司共同开发设计的图像文件格式。它有这样一些特点：善于应用指针的功能，可以存储多幅图像；文件内数据区没有固定的排列顺序，但规定表头必须在文件前端，标识信息区和图像数据区在文件中可以随意存放；可制定私人用的标识信息；除了一般图像处理常用的RGB模式外，TIFF图像文件还能够接受CMYK，YCbCr等多种不同颜色模式；可存储多份调色板数据；调色板的数据类型和排列顺序较为特殊；能提供多种不同压缩数据的方法，以方便使用者的选择；图像数据可分割成几个部分分别存档。TIFF图像文件主要由三部分组成：表头、标识信息区和图像数据区。文件内固定只有一个表头，且一定位于文件前端。表头有一个标识参数指出标识信息区在文件中的存储地址，标识信息区有多组标识信息用于存储图像数据区的地址。每组标识信息长度固定在12个字节，前8个字节分别代表标识信息的代号（两个字节）、数据类型（两个字节）、数据量（4个字节），最后4个字节则存储数据值或标识参数。文件末尾有时还存放一些标识信息区内容容纳不了的数据，例如，调色板数据就是其中一项。

（4）PCX文件

PCX文件是由Zsoft公司在20世纪80年代初期设计的，专用于存储该公司开发的PC Paintbrush绘图软件所产生的图像画面数据。目前PCX文件已成为较为流行的图像文件。PCX图像文件具有这样一些特点：一个PCX图像文件只能存放一张图像画面；PCX图像文件有多个版本，能处理多种不同模式下的图像数据；4色和16色PCX图像文件有可设定或不设定调色板数据的两种选项；16色图像数据可由1个或4个bit Plane（颜色的RGB等级）来处理。

（5）JPEG格式

它是由Joint Photographic Expert Group制定的图像压缩格式，其正式名称为“连续色调静态图像的数字压缩和编码”，是一种基于离散余弦变换（DCT）或离散小波变换（DWT）的图像压缩编码标准。JPEG压缩技术十分先进，它采用最少的磁盘空间来得到较好的图像质量。此图像格式原理将在第3章中讨论，这里就不再阐述了。

（6）PSD格式

这是由Adobe公司开发的图像处理软件Photoshop中自建的标准图像文件格式，由于Photoshop软件被广泛地应用，因而这种格式也很流行。

（7）PCD格式

这是由KODAK公司开发的Photo CD专用存储格式，由于其文件特别大，所以不得不存在CD-ROM上，但其应用领域特别广。

（8）PNG格式

PNG能存储32色的位图文件格式，其图像质量远胜过GIF。与GIF一样，PNG用无损压缩方式来减少文件的大小。目前，越来越多的软件开始支持这一格式，在不久的将来，它可能会在整个Web流行。PNG可以是灰阶的（16位）或彩色的（48位），也可以是8位的索引色。PNG用的是高速交替显示方案，显示速度很快，只需要下载1/64的图像信息就可以显示出低分辨率的预览图像。与GIF不同的是PNG格式不支持动画。

在这些图像格式中，我们使用最多的就是BMP，JPEG和PNG三种，它们的文件格式是必须要掌握的。

1.4　图像存储方式和图像文件格式的相互转换

MATLAB中最基本的数据结构是数组（矩阵）。在MATLAB中，大多数图像用二维数组

（矩阵）存储，矩阵中的一个元素对应于要显示图像的一个像素。例如，一个由100行和200列的不同颜色的点组成的图像可以用一个100×200的矩阵来存储。前面已经讨论了也有一些图像，如RGB图像，需要用三维数组来存储，第一维表示红色像素的分量值，第二维表示绿色像素的分量值，第三维表示蓝色像素的分量值。

在默认的情况下，MATLAB将图像中的数据存储为双精度型（double），即64位的浮点数。这种存储方法的优点在于使用中不需要数据类型转换，因为几乎所有的MATLAB工具箱函数都可使用double作为参数类型。然而对于图像存储来说，此种方式表示数据会导致巨大的存储量，所以MATLAB还支持图像数据的另一种类型——无符号整数型（uint8），即图像矩阵中的每个数据占用一个字节。MATLAB工具箱函数往往不支持uint8类型。uint8的优势仅仅在于节省存储空间，在涉及运算时要将其转换成double型。我们在今后的实验中一般都使用double型矩阵进行操作，这既方便调用图像函数，又与图像像素值的范围一致。

在处理图像时，MATLAB通常使用64位的双精度类型，即64位的浮点数。但是，为了减少内存需求，提高系统运行速率，MATLAB还提供了两个重要的数字类型uint8和uint16，用以支持8位和16位的无符号整数类型。在MATLAB中，数据矩阵中包含uint8数字类型的图像称为8位图；同理，数据矩阵中包含uint16数字类型的图像称为16位图。

利用MATLAB提供的image函数，可以直接显示8位图像或16位图像，而不必将其转换为双精度浮点类型。然而，当图像是uint8或uint16类型时，MATLAB对矩阵值的解释有所不同，这主要依赖于图像的具体类型。

使用MATLAB一些基本函数可以对图像存储类型进行转换。例如，double函数可以将uint8或uint16数据转换为双精度数据。存储类型间的转换将改变MATLAB理解图像数据的方式。如果用户希望转换后得到的数组能够被正确地理解为图像数据，那么在转换时需要重新标度成偏移数据。例如，如果将一个uint16类型的灰度图像转换为uint8类型的灰度图像，那么函数im2uint8将对原始图像的灰度级进行量化，换句话说，所有0～255之间的原始图像数值都将变为uint8图像数据中的0，而256～511之间的数值都为1，以此类推。当使用一种位数较少的类型描述数字图像时，通常有可能丢失用户图像的一些信息。例如，一个uint16类型的灰度图像能够存储65536种不同的灰度级，但是一个uint8类型的灰度图像却只能存储256种不同的灰度级。一般这种信息的丢失不会产生严重的后果，因为256种灰度级仍然超过人眼所能分辨的色彩数目。在使用double函数时应注意量化问题，如将一个uint8矩阵转换为double型矩阵，正确的操作是：

doublematrix＝double（uint8matrix）/255。

1.4.1 8位和16位索引图像

如果图像数据矩阵的类型是uint8或uint16，则其值在作用于颜色映射表的索引之前，必须进行值为1的偏移，即值0指向矩阵map的第一行，值1指向第二行，依此类推。并且因为image函数自动提供了这种偏移，所以不管图像数据矩阵是双精度浮点类型，还是uint8或uint16类型，显示的方法都相同。

但是当用户在进行类型转换时，由于偏移量的存在，必须将uint8或uint16的数据加1，然后才能将其转换为双精度浮点类型。例如：X64＝double（X8）＋1或X64＝double（X16）＋1；相

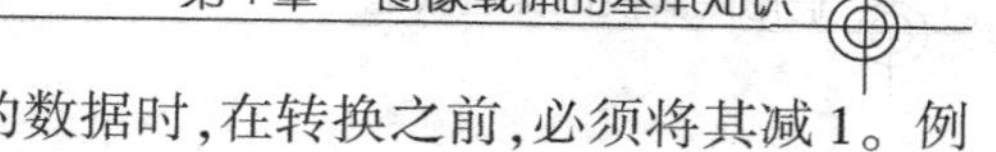

反,若将双精度浮点类型转换为 uint8 或 uint16 类型的数据时,在转换之前,必须将其减 1。例如:X8=uint8(X64-1)或 X16=uint16(X64-1)。

1.4.2 8 位和 16 位灰度图像

在 MATLAB 中,双精度浮点类型的图像数组中的数值的取值范围通常为[0,1],而 8 位和 16 位无符号整数类型的图像的取值范围分别为[0,255]和[0,65535]。

在 MATLAB 中,将一个灰度图像从双精度转换为 uint16 的 16 位无符号整数类型,必须首先将其乘以65535。例如:I16=uint16(round(I64 * 65535))。

与此相反,将一个灰度图从 uint16 的 16 位无符号整数类型转换为双精度的浮点类型时,必须首先除以65535。例如:I64=double(I16)/65535。

1.4.3 8 位和 16 位 RGB 图像

8 位 RGB 图像的颜色数据是[0,255]之间的整数,而不是[0,1]之间的浮点值。所以,在 8 位 RGB 图像中,颜色值为(255,255,255)的像素显示为白色。不管 RGB 图像是何种类型,MATLAB 都通过以下代码来显示,即 image(RGB)。

将 RGB 图像从双精度的浮点类型转换为 uint8 无符号整数类型时,首先要乘以 255,即 RGB8= uint8(round(RGB64 * 255))。

相反,如果将 uint8 无符号整数类型的 RGB 图像转换为双精度的浮点类型时,首先要除以 255,即 RGB64= double(RGB8)/255。

另外,如果将 RGB 图像从双精度浮点类型转换为 uint16 无符号整数类型时,必须乘以 65535,即:RGB16= uint16(round(RGB64 * 65535))。

同样,如果将 uint16 无符号整数类型的 RGB 图像转换为双精度浮点类型时,首先要除以 65535,即:RGB64= double(RGB8)/65535。

1.4.4 其他相互转换的方法

MATLAB 图像处理工具箱还提供了图像存储类型间的转换函数,这些函数包括 im2double,im2uint8 和 im2uint16,这些函数可以自动进行原始数据的重新标度和偏移。这三个函数的调用格式非常简单,输入参数为图像矩阵,输出为转换后的图像。例如,以下命令将一个描述双精度 RGB1 图像的矩阵(数据范围为[0,1])转换为一个 uint8 类型的 RGB2 图像矩阵([0,255]范围内):RGB2=im2uint8(RGB1)。

1.4.5 图像文件格式的相互转换

图像格式间的转换可以间接利用图像读写函数来完成:首先使用 imread 函数按照原有图像格式进行图像读取,然后调用 imwrite 函数对图像进行保存,并指定图像的保存格式。例如,将一幅图像由 BMP 格式转换为 PNG 格式,则可以这样实现:首先使用 imread 读取 BMP 图像,然后调用 imwrite 函数来保存图像并指定为 PNG 格式:

```
bitmap=imread('mybitmap.bmp','bmp');
imwrite(bitmap,'mybitmap.png','png')。
```

1.5 其他的颜色模型

1.5.1 颜色模型

在计算机图形学领域定义的颜色模型,就是在某种特定上下文中对于颜色的特性和行为的解释方法。我们前面对色彩的讨论都是基于通过红、绿、蓝三原色混合而产生其他颜色的成色机制上。RGB 颜色模型最便于在诸如视频监视器或打印机等硬件设备上表示颜色。但在具体的图形应用中,我们还会用到其他的一些颜色模型。

(1)HSV 模型

HSV 模型是面向用户的,是一种复合主观感觉的色彩模型。H,S,V 分别指的是色调(彩)(hue)、色饱和度(saturation)和明度(value)。所以在这个模型中,一种颜色的参数便是 H,S,V 三个分量构成的三元组。

HSV 模型不同于 RGB 模型的单位立方体,而是对应于一个圆柱坐标系中的一个立体锥形子集,如图 1.16(a)所示。在这个锥形中,边界表示不同的色彩。H 分量表示颜色的种类,取值范围为 0°~360°,相应的颜色从红、黄、绿、蓝绿、蓝、紫到黑变化,且它的值由绕 V 轴的旋转角决定,每一种颜色和它的补色之间相差 180°。S 分量的取值范围也是 0~1,表示所选色彩的纯度与该色彩的最大纯度的比例。相应的颜色从未饱和(灰度)向完全饱和(无白色元素)变化,当 S=0.5 时表示所选色彩的纯度为 1/2。V 分量取值范围同样是 0~1,从锥形顶点 0 变化到顶部 1,相应的颜色逐渐变亮,顶点表示黑色,顶部表示色彩强度最大。

对于多数图像,128 种颜色、8 种色饱和度和 16 种明度就足够了。按这一参数范围,HSV 颜色模型可以提供 $128\times8\times16=16384$种颜色,即要求用 14 位存放一个像素的色彩。

有必要澄清一下的是,HSV 模型中的明度(Value)并不是我们通常说的亮度。一个像素的明暗可以认为是由 V 和 S 共同构成的:在图 1.16(a)中任何一个由 V 和 S 构成的剖面三角形的斜边才是明暗亮度的体现。

(2)YCbCr 模型

YCbCr 模型又称为 YUV 模型,是视频图像和数字图像中常用的色彩模型。在 YCbCr 模型中,Y 为亮度,Cb 和 Cr 共同描述图像的色调(色差),其中 Cb,Cr 分别为蓝色分量和红色分量相对于参考值的坐标。YCbCr 模型中的数据可以是双精度类型,但存储空间为 8 位无符号整型数据空间,且 Y 的取值范围为 16~235,Cb 和 Cr 的取值范围为 16~240。

在图像数字信号的处理中,我们都要用到 YCbCr 模型。这是因为利用该模型可以达到数据压缩的目的。在目前通用的图像压缩算法中(如 JPEG 算法),首要的步骤就是将图像颜色空间转换为 YCbCr 空间。人类具有对色差的细微变化的感觉比对亮度变化的感觉迟钝的视觉特性。利用这一特性对色差信息进行间隔取样、编码就可以达到压缩数据的目的。也就是说,对亮度信息的每个像素进行编码,而对色差信息沿扫描方向取 2 个或 4 个像素的均值进行编码。通过这种方式,两个色差信息的数据量将降为原来的 1/2 或 1/4,总体的图像数据量就可以降低为原来的 2/3 或 1/2。其相应的采样处理方法被称为 YCbCr422 或 YCbCr411。详细的图像压缩方法请参见第 3 章的相关内容。

(3)NTSC 模型

NTSC 模型是一种用于电视图像的颜色模型。NTSC 模型使用的是 Y.I.Q 色彩坐标系,其

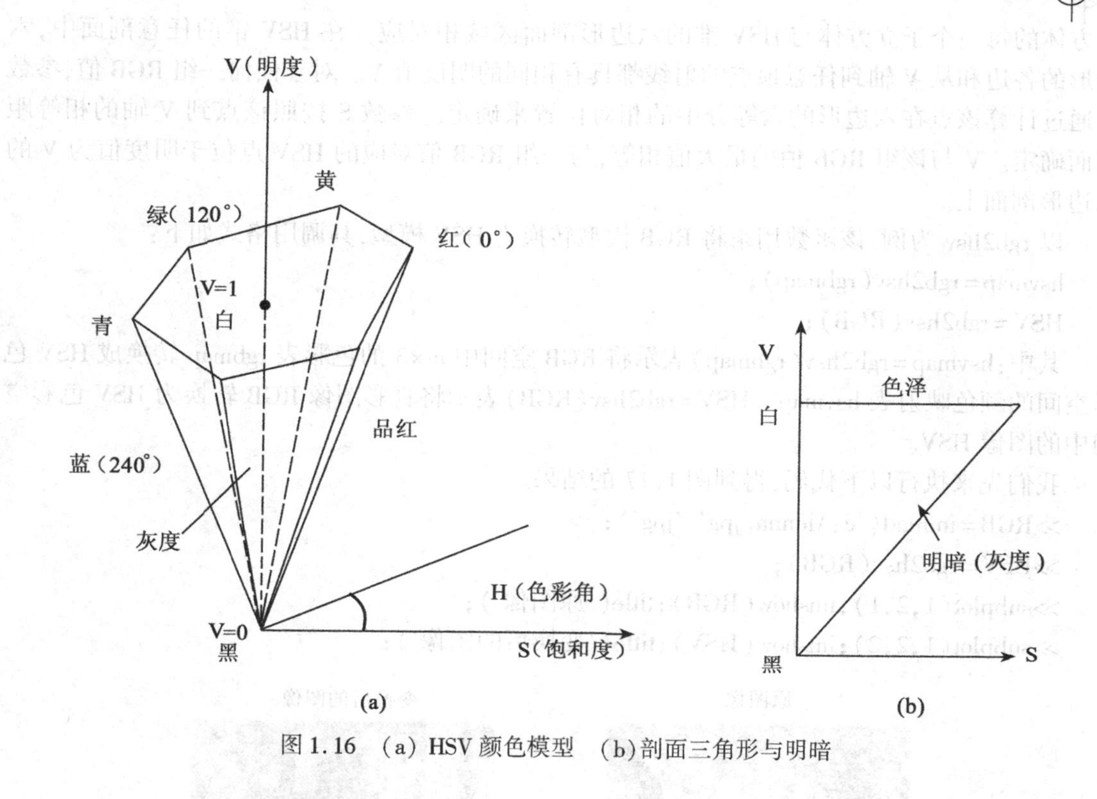

图 1.16　(a) HSV 颜色模型　(b) 剖面三角形与明暗

中，Y 为光亮度，表示灰度信息；I 为色调，Q 为饱和度，均表示颜色信息。因此，该模型的主要优点就是将灰度信息和信息区分开来。

1.5.2　颜色模型之间的转换

1.5.1 节我们简单地介绍了各种颜色模型，本节我们将介绍它们之间的相互转换关系。与 1.2 节一样，我们的侧重点也是在 MATLAB 的操作上。表 1.2 列出了 MATLAB 中的用于颜色模型转换的函数。我们选择用得较多的两个转换加以介绍。

表 1.2　颜色模型转换函数及其功能

函 数 名	函 数 功 能
hsv2rgb	HSV 模型转换为 RGB 模型
ntsc2rgb	NTSC 模型转换为 RGB 模型
rgb2hsv	RGB 模型转换为 HSV 模型
rgb2ntsc	RGB 模型转换为 NTSC 模型
rgb2ycbcr	RGB 模型转换为 YCbCr 模型
ycbcr2rgb	YCbCr 模型转换为 RGB 模型

(1) RGB 颜色模型与 HSV 颜色模型的转换

RGB 立方体从黑色（原点）到白色的立方体对角线与 HSV 锥的 V 轴相对应。同时，RGB

立方体的每一个子立方体与 HSV 锥的六边形剖面区域相对应。在 HSV 锥的任意剖面中，六边形的各边和从 V 轴到任意顶点的射线都具有相同的明度值 V。对于任何一组 RGB 值，参数 H 通过计算该点在六边形的六等分中的相对位置来确定。参数 S 按照该点到 V 轴的相等距离而确定。V 与该组 RGB 值的最大值相等，与一组 RGB 值对应的 HSV 点位于明度值为 V 的六边形剖面上。

以 rgb2hsv 为例，该函数用来将 RGB 模型转换为 HSV 模型，其调用格式如下：

```
hsvmap=rgb2hsv(rgbmap);
HSV=rgb2hsv(RGB);
```

其中：hsvmap=rgb2hsv(rgbmap)表示将 RGB 空间中 $m\times3$ 的色彩表 rgbmap 转换成 HSV 色彩空间的颜色映射表 hsvmap。HSV=rgb2hsv(RGB)表示将真彩图像 RGB 转换为 HSV 色彩空间中的图像 HSV。

我们先来执行以下代码，得到图 1.17 的结果。

```
>>RGB=imread('c:\lenna.jpg','jpg');
>>HSV=rgb2hsv(RGB);
>>subplot(1,2,1);imshow(RGB);title('原图像');
>>subplot(1,2,2);imshow(HSV);title('变换后的图像');
```

原图像

变换后的图像

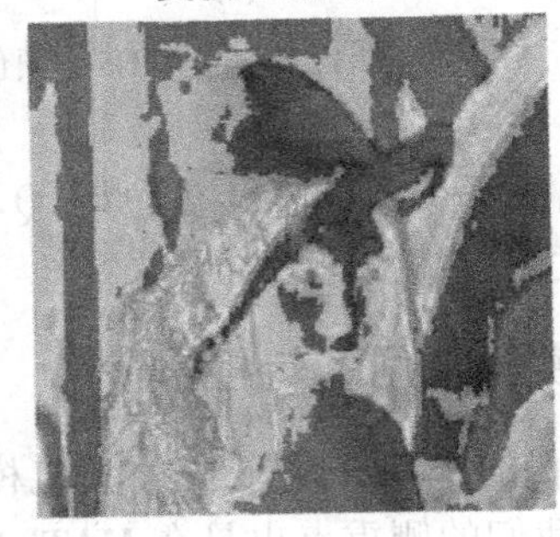

图 1.17　RGB 模型转换为 HSV 颜色模型

有很多关于 MATLAB 中颜色模型的书都是用上述方法来体现 HSV 模型下的图像效果的(后面的图 1.18 是一样的)。事实上，我们认为这是一种非常无意义的做法。因为 imshow 函数本身是在 RGB 颜色空间下的图像显示函数，用该函数去查看一个非 RGB 颜色模型的图像就好比在时域中去看待频域函数一样，所看到的结果当然是错误的。所以我们不能因为在图 1.17 中看到 HSV 模型的图像效果很奇怪而去否定该模型。事实上，无论是 RGB 模型还是 HSV 模型以及 YCbCr 模型都同样能清晰地刻画一幅图像，且各有其优势和特点。图 1.17 只是能帮助我们感性地理解一下罢了。

(2)RGB 颜色模型与 YCbCr 颜色模型的转换

RGB 颜色模型与 YCbCr 模型的转换是通过如下线性变化完成的：

$$\begin{bmatrix} Y \\ Cb \\ Cr \end{bmatrix} = \begin{bmatrix} 0.299 & 0.587 & 0.114 \\ -0.169 & -0.3316 & -0.50 \\ 0.50 & -0.4186 & -0.0813 \end{bmatrix} \begin{bmatrix} R \\ G \\ B \end{bmatrix}$$

以 rgb2ycbcr 函数为例，该函数是用来将 RGB 模型转换为 YCbCr 模型的，其调用格式如下：

```
ycbcrmap=rgb2ycbcr(rgbmap);
YCbCr=rgb2ycbcr(RGB);
```

其中：ycbcrmap=rgb2ycbcr(rgbmap)表示将RGB空间中的色彩表rgbmap转换为YCbCr空间中的颜色映射表ycbcrmap。YCbCr=rgb2ycbcr(RGB)表示将真彩图像RGB转换为YCbCr空间中的图像YCbCr。

图1.18是将lenna图像转换为YCbCr模型下看到的效果。具体操作如下：

```
>>RGB=imread('c:\lenna.jpg','jpg');
>>YUV=rgb2ycbcr(RGB);
>>subplot(1,2,1);imshow(RGB);title('原图像');
>>subplot(1,2,2);imshow(YUV);title('变换后的图像');
```

图1.18　RGB模型转换为YUV颜色模型

接下来，我们来看一下YCbCr模型与灰度图像的关系。前面我们不止一次地提到，灰度图像就是YCbCr的Y分量，灰度图就是亮度图等，其实那只是一个简单的等价。事实上，灰度图像与图像亮度是两个不同的概念。就好比我们说一个对象物是亮或者暗与说一个对象物是黑还是白是不同的一样，前者是亮度的概念，后者讨论的是颜色的范畴。但由于“亮度”这个东西不太容易直观地感受到，我们往往需要借助于颜色去表现。于是，将YCbCr的Y分量的亮度数值人为地与RGB颜色模型（见图1.1）的灰度对角线相对应，将亮度值体现为RGB模型下的颜色值，就构成了灰度图像。这种对应关系也就构成了我们在1.1.4节中提到的“默认的系统调色板”。当然，我们在以后的章节中并不严格区别灰度与亮度。

其他转换函数的使用方法与上述两个函数相似，我们就不一一赘述了。最后，计算机图像所包含的知识是相当丰富的，大家如果想进一步深入了解，可以查阅有关计算机图形学和数字图像处理等方面的书籍和文章。

第2章 伪随机数发生器

有关随机数发生器的研究已有一段漫长的历史。最早的随机数生成方法基本上是由手工完成的。20世纪40年代以来,随着计算机的开发与应用,通过数学方法得到的随机数发生器成为这一领域研究的重点。一个良好的随机序列在生物系统识别、计算机模拟、随机抽样与决策、数值积分、自动控制等科技工程诸多领域有着广泛的应用。在信息安全领域,随机序列的作用是相当巨大的。本章将从伪随机数发生器的一般原理入手,总结归纳一系列伪随机数产生和统计检测的方法。同时结合信息隐藏学对随机序列的要求,重点针对如何得到服从指定概率分布的随机数序列、如何得到与初值密切相关的随机数序列、结合通信学和密码学上的知识构造随机数发生器以及如何利用产生的随机数序列控制信息隐藏算法等几个问题展开研究。

2.1 伪随机数发生器概述

从“随机”一词的本意上看,所谓随机数就是在其产生前任一时刻都是不可捉摸的,不受外界影响的数。假设一个序列中的所有数字都符合这个要求,那么显然其序列的随机性能是良好的。换句话说,对一个真随机数序列可以这样定义:

①能通过所有正确的随机性检验。

②序列的产生是不可预知的。

③在完全相同的操作条件下得到的序列是不重复的。

在自然界中确实拥有作为随机数发生器能产生满足这样定义的现象与实例,如布朗运动等。我们将这样的随机数称为真随机数(Real random number)。

事实上,在实际运用中去得到上述的随机序列是很困难的,即使得到所花费的代价也相当的大。而且为了便于其他研究的需要,随机数序列也必须服从一定的概率分布。于是人们便试图利用计算工具与数学方法去快速、大规模地产生随机数。这其中最为普遍的算法模式便是迭代:

$$X_{i+1}=f(E,X_i) \tag{2.1}$$

$E=\{\varepsilon_1,\varepsilon_2,\cdots,\varepsilon_n\}$是一个参数组,用以控制序列的性能。对于序列的第一个数X_1,我们引入一个数X_s,使得$X_1=f(E,X_s)$。我们称X_s为序列种子(seed)。由于通过这种方法得到的随机数序列并不能完全符合前面的定义,所以我们将其称为伪随机数(Pseudo random number)序列。

因为服从任何概率分布的随机数都可以通过服从(0,1)均匀分布的随机数适当转换过来,所以利用迭代算法生成服从(0,1)均匀分布的随机数至关重要。下面是几个满足该概率分布要求的伪随机数发生器。

(1)线性同余伪随机数发生器:

$$x_{i+1} = (ax_i + c)(\text{mod } m)$$
$$R_j = x_j/m$$

其中,R_j 为最终归一化的随机数,下同。

(2)平方取中伪随机数发生器:

$$x_{i+1} = (x_i^2/10^k)(\text{mod } 10^{2k})$$
$$R_j = x_j/10^{2k}$$

(3)菲波那契(Fibonecci)伪随机数发生器:

$$x_{i+2} = (x_i + x_{i+1})(\text{mod } m)$$
$$R_j = x_j/m$$

(4)小数开方伪随机数发生器:

$$x_{i+1} = 10^n \cdot \sqrt{x_i - a}$$
$$x_{i+1} = x_{i+1} - \lfloor x_{i+1} \rfloor$$
$$R_j = x_j$$

当代计算机的创始人约翰·冯·诺依曼(J. von. Neumann)曾经说过,任何试图以算法生成随机数的人都将处于一种两难的境地。所谓两难就是指随机性与算法确定性之间是不可能完全统一的。具体的一个确定算法往往是通过一个迭代方程(组)来表现的,由其产生的随机序列具有周期性,连续两个数字之间也存在关联。所以,我们必须有意识地根据需要提高伪随机序列的随机性才能达到模拟真随机序列的效果。结合真随机数的定义,我们需要从以下几个方面重点解决伪随机数性能的问题:

①序列能否在一定置信度条件下通过所有正确的随机性检验;

②序列能否按照要求服从一定的概率分布;

③在不知道 X_n 的情况下能否保证一定不知道 X_{n+1};

④在怎样的种子和参数控制下才能使序列保持较长的周期且不退化;

⑤不同种子控制下的序列能否不重复且能否尽可能地不相关。

2.2 服从均匀分布的伪随机数

2.2.1 线性同余伪随机数发生器

目前应用最为广泛的均匀分布伪随机数发生器就是线性同余伪随机发生器(Linear Congruential pseudo random number Generator, LCG)。LCG 的迭代描述公式为:

$$x_{i+1} = (ax_i + c)(\text{mod } m) \tag{2.2}$$

式(2.2)中有三个参数 a,c,m。其中 m 是一个素数,a 是 m 的一个原根,$c \in [0, m)$。我们将 a,c,m 分别叫做乘数、增量和模。假设存在一个最小正整数 T,使得对于任意一个 i 有 $x_{i+T} = x_i$ 成立,则 T 为该伪随机数的周期。在一个周期内 T 个模 m 的非负整数的取值是两两不同的,所以最大的周期 $T_{\max} = m$。显然,我们希望 T 越大越好,这也就意味着 m 应该是一个大素数。

同时由 Eular 定理可得:

$$a^i \begin{cases} \equiv 1 \ (\text{mod } m) & i = m-1 \\ \neq 1 \ (\text{mod } m) & i = 1,2,\cdots, m-2 \end{cases} \tag{2.3}$$

如果设 $c=0$，由初等数论知识可知：

$$x_{m-1} \equiv a\ x_{m-2} \equiv a^2 x_{m-3} \equiv \cdots \equiv a^{m-1} x_1 \equiv x_1 (\bmod\ m)$$

所以此时伪随机数序列的周期 $T=\varphi(m)=m-1$。如果 m 很大时，序列周期也会很大，这是符合我们的要求的。基于这一思想，我们得到了线性同余伪随机发生器的最一般应用式：

$$x_{i+1} = ax_i (\bmod\ m) \tag{2.4}$$

式(2.4)又称为乘同余发生器(Prime modulus multiplicative LCG)。

对式(2.4)作如下归一化处理：

$$R_j = x_j/m \qquad j = 1,2,\cdots \tag{2.5}$$

经式(2.5)便得到了服从 U(0,1) 的伪随机序列 $\{R\}$。

MATLAB 中的 rand. m 函数就是利用前述算法编制的，但由于一些知识产权方面的原因，我们无法知道其乘数、增量、模以及缺省定义的序列种子是什么。为了更好地掌握由 LCG 生成的随机数的性质，便于后续研究的开展，我们重新编写了一个随机数生成函数，并为了与后续编写的函数相统一，将其命名为 randU1. m。

在 randU1. m 中，我们根据计算机机器字长取模 $m=2^{31}-1$，乘数 $a=630360016$，系统缺省的序列种子设为 1 973 272 912。函数代码如下：

```
%文件名:randU1.m
%程序员:郭迟
%编写时间:2003.11.20
%函数功能:本函数为线性同余伪随机数发生器
%输入格式举例:randmtx=randU1(10,10,10000,0,1)
%参数说明:
%row 为随机数矩阵的行数
%col 为随机数矩阵的列数
%seed 为种子
%k1,k2 为生成的随机数落在的范围,k1=0,k2=1 表示生成的随机数为 0 到 1 之间的数
function randmtx=randU1(row,col,seed,k1,k2)
%如果不输入种子将采用默认的种子
if nargin < 3
     seed=1973272912;
end
m=2^31-1;
a=630360016;
randmtx(1,1)=mod(a*seed,m);
for i=2:row*col
      randmtx(1,i)=mod((a*randmtx(1,i-1)),m);
end
randmtx=reshape(randmtx,row,col);
if nargin<4
```

```
        randmtx = randmtx/m;
        return
    end
    randmtx = randmtx/m;
    %将数据放缩到要求的区间
    randmtx = randmtx * (k2-k1)+k1;
```

2.2.2 小数开方伪随机数发生器

小数开方伪随机数发生器的基本原理是基于以下定理：

定理 若 x 为无理数，a，n 为整数，则 $y=10^n \cdot \sqrt{x-a}$ 也是无理数。

将上述定理运用到式(2.1)中不难推导出：若当某一 x_i 是一个无理数时，则其后由迭代产生的数都将是无理数，那么该序列的每一个数显然可以保持较长的位数，从而避免了序列的退化。在不限定取值位数的条件下，该方法产生的序列周期 $T \to \infty$。图2.1是小数开方算法的流程图。编写函数randU2.m实现小数开方法伪随机数发生器，函数源代码如下：

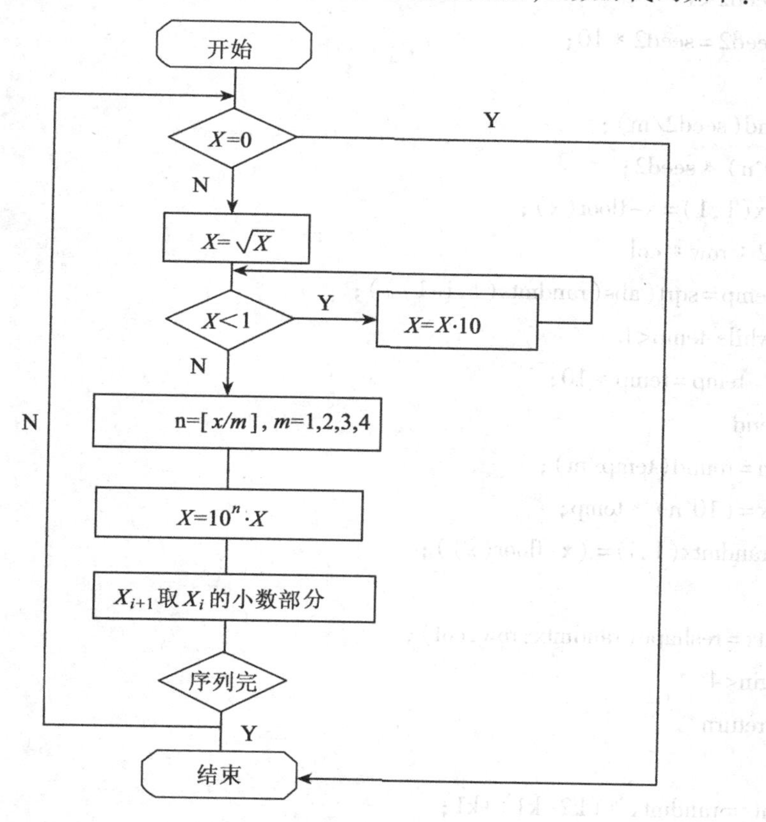

图2.1 小数开方算法流程图

```
%文件名:randU2.m
%程序员:郭迟
%编写时间:2003.11.20
```

```
% 函数功能:本函数小数开方伪随机数发生器
% 输入格式举例:randmtx=randU2(10,10,10000,0,1)
% 参数说明:
% row 为随机数矩阵的行数
% col 为随机数矩阵的列数
% seed 为种子
% k1,k2 为生成的随机数落在的范围,k1=0,k2=1 表示生成的随机数为 0 到 1 之间的数
function randmtx=randU2(row,col,seed,k1,k2)
  if nargin < 3
      seed=11;
  end
m=4;
seed2=sqrt(seed);
while seed2<1
      seed2=seed2 * 10;
end
n=round(seed2/m);
x=(10^n) * seed2;
randmtx(1,1)=x-floor(x);
for i=2 : row * col
      temp=sqrt(abs(randmtx(1,i-1)));
      while temp<1
         temp=temp * 10;
      end
      n=round(temp/m);
      x=(10^n) * temp;
      randmtx(1,i)=(x-floor(x));
end
randmtx=reshape(randmtx,row,col);
if nargin<4
      return
end
randmtx=randmtx * (k2-k1)+k1;
```

2.2.3 对所生成的随机序列的统计检验

在2.1节结束的时候,我们提出了一些关于随机序列性能的判定依据。综合这些判定依据,一言以蔽之,我们要解决的问题就是用算法构造的伪随机数能否满足"随机"的定义。这就需要运用统计学上的诸多方法对序列进行检验。一些简单的随机序列的检验手段,如表

2.1 所示。

表 2.1 随机序列的检验手段

名 称		统计量形式	拒 绝 域	目 的
独立性检验	数值独立性检验	$Q=\sum_{i=1}^{k}\sum_{j=1}^{r}\frac{\left(n_{ij}-n\cdot\frac{n_i}{n}\cdot\frac{n_j}{n}\right)^2}{n\cdot\frac{n_i}{n}\cdot\frac{n_j}{n}}$	$(-\infty,\chi_\alpha^2(k-1)(r-1)]\cup[\chi_\alpha^2(k-1)(r-1),\infty)$	验证 r_i 与 r_{i+1} 是否相关联
	游程检验	$Zr=\frac{r-E(r)}{\sqrt{D(r)}}$	$(-\infty,Z_{\frac{\alpha}{2}}]\cup[Z_{\frac{\alpha}{2}},\infty)$	验证{R}中的数在中值 0.5 两侧分布的关系是否独立
均匀性检验	对期望 μ 与方差 σ^2 的估计	$U=\frac{\bar{x}-E(X)}{\sigma/\sqrt{n}}$ $V=\frac{S^2-E(S^2)}{\sqrt{D(S^2)}}$	$(-\infty,Z_{\frac{\alpha}{2}}]\cup[Z_{\frac{\alpha}{2}},\infty)$	验证{R}的期望与方差是否满足(0,1) 均匀分布的要求
	符号检验	$S=\frac{n_+-Np}{\sqrt{Np(1-p)}}$	$(-\infty,Z_{\frac{\alpha}{2}}]\cup[Z_{\frac{\alpha}{2}},\infty)$	验证{R}在中值 0.5 两侧分布的数量是否均匀
	频率直方图	\	\	体现概率密度函数的形态
	分布拟合优度检验	$\chi^2=\sum_{i=1}^{m}\frac{(v_i-np_i)^2}{np_i}$	$[\chi_\alpha^2(m-1),\infty)$	验证{R}估计的概率分布函数与实际概率分布函数能否一致

对于一个服从(0,1)均匀分布的随机序列,我们将检验分成两个大的部分:独立性检验和均匀性检验。如果我们将随机序列 $R=\{x_1,x_2,\cdots,x_n\}$ 看做一组随机变量 $\{X_1,X_2,\cdots,X_n\}$ 的样本,前者解决的则是通过该样本能否证明这一组随机变量是相互独立的。如果能,也就意味着我们用伪随机发生器得到的随机序列中任意两个数尽管存在迭代的关系,但也是"无关联的"。后者主要是解决序列各样本值分布是否满足各随机变量的概率分布特点,即在(0,1)区间上是否均匀的。

我们使用 randU1. m 函数生成长度为 10000 的随机序列{R}作为样本,记为 randmatrix。

(1)数值独立性检验

由于伪随机数发生器的算法是一个迭代关系函数,所以对于任意一对 x_i 与 x_{i+1} 是有着紧密的内在联系的。但是不是每一对 x_i 与 x_{i+1} 都存在同样的内在联系呢?如果是,则无法满足随机数的定义中随机数产生是不可预测的这一要求。我们将{R}中奇数项的随机数组成序列{Z},偶数项的随机数组成序列{Y},设 $(z_1,y_1),(z_2,y_2)...(z_{5000},y_{5000})$ 为取自随机变量 (Z,Y) 的容量为5000 的样本,显然 y_i 是由不同 z_i 迭代生成的。将 Z 和 Y 的可能取值范围(0,1)按标度 0.1 分为 10 个区间,设样本观察值落入区域 $i\times j$ 的频数记为 $n_{ij}(i=1,2,\cdots,10\quad j=1,2,\cdots,10)$,则对于随机变量 Z,样本观察值落于其 10 个区间的频数 n_i 有:

$$n_i=\sum_{j=1}^{10}n_{ij} \tag{2.6}$$

同理,样本观察值落于随机变量 Y 的 10 个区间的频数 n_j 有:

$$n_j=\sum_{i=1}^{10}n_{ij} \tag{2.7}$$

各频数统计值如表 2.2 所示。

表 2.2　　数值独立性检验的统计频数表

	1	2	3	4	5	6	7	8	9	10	n_j
1	55	45	43	40	42	53	59	50	36	62	485
2	44	52	49	57	45	55	51	63	58	50	524
3	47	41	42	66	59	57	62	54	47	40	515
4	48	50	40	43	32	57	52	34	37	50	443
5	51	43	58	53	63	40	63	40	44	58	513
6	46	67	57	59	48	33	41	51	52	55	509
7	53	50	37	60	43	48	47	51	66	53	508
8	65	52	46	48	51	59	62	60	40	54	537
9	48	38	46	67	50	34	53	57	43	55	491
10	61	43	53	61	38	48	48	47	42	34	475
n_i	518	481	471	554	471	484	544	503	450	524	\

由数理统计知识可知，统计量为：

$$Q = \sum_{i=1}^{10}\sum_{j=1}^{10}\frac{\left(n_{ij} - n\cdot\frac{n_i}{n}\cdot\frac{n_j}{n}\right)^2}{n\cdot\frac{n_i}{n}\cdot\frac{n_j}{n}} \backsim \chi_\alpha^2(10-1)(10-1)$$

假设随机序列 $\{R\}$ 各数值是独立生成的，则 Q 应该服从自由度为 $(10-1)\times(10-1)$ 的 χ^2 分布。

假设的形式化表示为：

H_0：随机变量 X,Y 是独立的 $\leftrightarrow H_1$：随机变量 X,Y 不是独立的。

检验拒绝域：$(-\infty, \chi_\alpha^2(81)]\cup[\chi_\alpha^2(81),\infty)$。

取显著性水平 $\alpha=0.05$，利用 MATLAB 中 χ^2 累积分布函数，输入：>>chi2inv(0.95,81)，计算得，$\chi_{0.05}^2(10-1)(10-1)=103.0095$。又由表 2.2 计算得 $Q=220.1853>\chi_\alpha^2(81)$，故而应该拒绝零假设，即认为线性同余伪随机数发生器在随机数独立生成方面的性能是不好的。

（2）游程检验

游程（Runs）检验是指根据游程数所采取的二分变量的随机性检验。一个游程就是指某序列中位于一种符号之前或之后的另一种符号持续的最大主序列。或者说是指某序列中同类元素的一个持续的最大主集。游程检验可用来检验样本的随机性，这对于统计推断是很重要的。此外还可以用来判断两个总体的分布是否相同，从而检验出它们的位置中心有无显著差异。

例如，我们取长度为 26 的二值序列{01100010010001100100001010}计算游程。将其相邻元素差的绝对值记做一序列 run={1010011011001010110000111}（长度 25），run 中 1 的个数再加上二值序列首元素记做的一个游程，就得到输入的二值序列游程数为 14。

将输入的随机序列 $\{x_i\}$ 看做是随机变量 $\{X_i\}$ 的样本，以下是游程检验的思路。假设的形式化表示为：

H_0:是独立的↔H_1:不是独立的

检验拒绝域:$(-\infty, Z_{\frac{\alpha}{2}}] \cup [Z_{\frac{\alpha}{2}}, \infty)$

对于统计量 $Zr=\frac{r-E(r)}{\sqrt{D(r)}}$,将随机序列中大于0.5的数记为+,小于0.5的数记为-。则+的个数记为 n_+,-的个数记为 n_-。那么:

$$E(r)=\frac{2n_+n_-}{n_++n_-}+1 \tag{2.8}$$

$$D(r)=\frac{2n_+n_-(2n_+n_--n_+-n_-)}{(n_++n_-)^2(n_++n_--1)} \tag{2.9}$$

$$Zr=\frac{r-E(r)}{\sqrt{D(r)}} \backsim N(0,1) \tag{2.10}$$

取显著性水平 $\alpha=0.05$,我们编写了一个游程检验的函数 runstest.m,函数代码如下:

```
%文件名:runstest.m
%程序员:郭迟
%编写时间:2004.1.12
%函数功能:本函数将完成对输入的[0,1]随机序列的游程检验
%输入格式举例:[r,zr]=runstest(a);
%参数说明:
%randomnum 为输入序列
%r 为游程数
%zr 为检验结果
function [r,zr]=runstest(randomnum)
if size(randomnum(1,:))<=20
    error('输入序列太短');
end;
%序列二值化,大于等于0.5的取1,表示+
logic=(randomnum>=0.5);
run=abs(diff(logic));%计算等差绝对值
%计算+,-的数量及游程数
n=length(logic);
n1=sum(logic)+1;
n2=n-n1;
r=sum(run);
%计算统计量值
u_r=(2*n1*n2)/(n1+n2)+1;
std_r=sqrt((2*n1*n2*(2*n1*n2-n1-n2))/(((n1+n2)^2)*(n1+n2-1)));
zr=(r-u_r)/std_r;
%计算显著性水平0.05下的正态上α/2分位点值
sz=abs(norminv(0.025,0,1));
if abs(zr)<sz
```

```
    disp('接受独立假设');
else
    disp('拒绝独立假设');
end
```

输入：>>[r,zr] = runstest(randmatrix)，得到游程数 r = 5067。检验值 $Z_r = 1.3228 < Z_{\frac{\alpha}{2}} = 1.9600$。故应该接受假设。

(3)对期望 μ 与方差 σ^2 的估计

我们知道，对于服从 $U(0,1)$ 分布的随机变量 X，其期望 μ_0 与方差 σ_0^2 是存在且可求的，即：

$$\mu_0 = E(X) = \int_0^1 x \frac{1}{1-0} \mathrm{d}x = \frac{1}{2} \tag{2.11}$$

又有

$$E(X^2) = \int_0^1 x^2 \frac{1}{1-0} \mathrm{d}x = \frac{1}{3} \tag{2.12}$$

$$\sigma_0^2 = D(X) = E(X^2) - (E(X))^2 = \frac{1}{12} \tag{2.13}$$

我们将随机序列 $\{x_1, x_2, \cdots, x_n\}$ 看做一组独立同分布的随机变量 $\{X_1, X_2, \cdots, X_n\}$ 的样本，则均有 $E(X_i) = 0.5$，$D(X_i) = 1/12$。由林得贝格-列维(Lindeberg-levy)中心极限定理可知：

$$\lim_{n\to\infty} P\left\{\frac{\sum_{i=1}^{n} X_i - n\mu}{\sigma\sqrt{n}} < x\right\} = \frac{1}{\sqrt{2\pi}} \int_{-\infty}^{x} \mathrm{e}^{-\frac{t^2}{2}} \mathrm{d}t \tag{2.14}$$

这里，$E\left(\frac{\sum_{i=1}^{n} X_i - n\mu}{\sigma\sqrt{n}}\right) = 0$ 且 $D\left(\frac{\sum_{i=1}^{n} X_i - n\mu}{\sigma\sqrt{n}}\right) = 1$，因此，当 n 充分大时，则有：

$$\frac{\sum_{i=1}^{n} X_i - n\mu}{\sigma\sqrt{n}} \backsim N(0,1) \tag{2.15}$$

下面，我们先对随机序列均值 μ 进行检验。检验假设：

$$H_0: \mu = \mu_0 \leftrightarrow H_1: \mu \neq \mu_0$$

对式(2.15)分子分母同除以 n，且由式(2.11)、式(2.13)可得到统计量：

$$U = \frac{\bar{x} - E(X)}{\sigma/\sqrt{n}} = \sqrt{12n}(\bar{x} - 0.5) \backsim N(0,1) \tag{2.16}$$

拒绝域：$(-\infty, Z_{\frac{\alpha}{2}}] \cup [Z_{\frac{\alpha}{2}}, \infty)$

取显著性水平 $\alpha = 0.05$，利用 MATLAB 中的正态逆积分布函数，输入：>>norminv(0.025, 0,1)，得到标准正态上 $\alpha/2$ 分位点值 $Z_{\frac{\alpha}{2}} = 1.9600$。利用 MATLAB 中均值函数，输入>>mean (randmatrix)，得到 $\bar{x} = 0.5000445$，继而计算出 $|U| = 0.0154 < Z_{\frac{\alpha}{2}}$，故可以接受 $\{R\}$ 总体均值 0.5 的零假设。

接下来我们对随机序列方差 σ^2 进行检验。检验假设：

$$H_0: \sigma^2 = \sigma_0^2 \leftrightarrow H_1: \sigma^2 \neq \sigma_0^2$$

我们注意到，对于服从任意分布的随机变量 X 存在期望 μ 与方差 σ^2，设其样本均值为 $\bar{x}$，

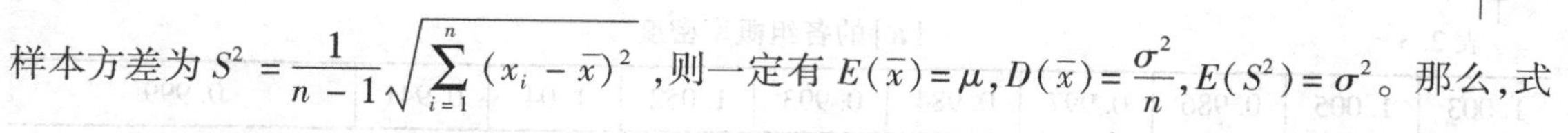

样本方差为 $S^2=\frac{1}{n-1}\sqrt{\sum_{i=1}^{n}(x_i-\bar{x})^2}$，则一定有 $E(\bar{x})=\mu, D(\bar{x})=\frac{\sigma^2}{n}, E(S^2)=\sigma^2$。那么，式(2.15)也可以写为 $U=\frac{\bar{x}-E(X)}{\sqrt{D(\bar{x})}}$。由于我们可以求得对于服从(0,1)均匀分布的随机变量，有 $D(S^2)=\frac{1}{180n}$。所以同理可得方差检验的统计量为：

$$V=\frac{S^2-E(S^2)}{\sqrt{D(S^2)}}=\sqrt{180n}\left(S^2-\frac{1}{12}\right)\backsim N(0,1) \tag{2.17}$$

拒绝域仍然是 $(-\infty, Z_{\frac{\alpha}{2}}]\cup[Z_{\frac{\alpha}{2}},\infty)$

取显著性水平 $\alpha=0.05$，利用 MATLAB 中的统计方差计算函数，输入：>>var(randmatrix)，得到{R}的统计方差 $S^2=0.082934$。计算得 $|V|=0.5358<Z_{\frac{\alpha}{2}}=1.96$，故也应接受总体方差 1/12 的零假设。

(4)符号检验

虽然我们得到的序列{R}有均值 0.5，但仍不能保证其分布在中值两侧的比重是相同的。这就需要对{R}进行符号检验。符号检验的对象也是前面游程检验中用到的+，-符号序列。我们将+的个数记为 n_+，-的个数记为 n_-，则有 $n_++n_-=10000$。如果居于中值两侧的数在分布上无显著差异，则 $P\{n_+>n_-\}\approx 1/2$。因此作假设：

$$H_0: P=1/2 \leftrightarrow H_1: P\neq 1/2$$

n_+ 与 n_- 都是服从二项分布 $B(n,p)$ 的。我们取 n_+ 为研究对象，则由二项分布的特点可以知道，对于服从 $B(n,p)$ 的随机变量 X，有：

$$E(X)=np, D(X)=np(1-p) \tag{2.18}$$

所以，当 H_0 成立时，根据林得贝格-列维中心极限定理可取统计量：

$$S=\frac{n_+-np}{\sqrt{np(1-p)}}=\frac{2n_+-n}{\sqrt{n}}\backsim N(0,1) \tag{2.19}$$

拒绝域仍然是 $(-\infty, Z_{\frac{\alpha}{2}}]\cup[Z_{\frac{\alpha}{2}},\infty)$

取显著性水平 $\alpha=0.05$，经计算得到：$n_+=5025$，$|S|=0.5<Z_{\frac{\alpha}{2}}=1.96$。故可以接受序列在中值两侧分布无差异的零假设。

(5)频率直方图

前面的均匀性检验我们均是利用参数检验的思想展开的。频率直方图可以直观地表明一个随机变量概率密度函数的形态。绘制频率直方图的基本方法是：

① 将随机序列 $\{R\}=\{x_1,x_2,\cdots,x_n\}$ 从小到大排列成 $\{R^*\}$；

② 分(0，1)区间为 10 等份，每份称为一组，长度记为组矩 $h=0.1$；

③ 统计 $\{R^*\}$ 落入各组的数量 n_i，计算频率 $f_i=n_i/n$；

④ 求“频率—组矩”比例 $y=f_i/h=n_i/nh$，y 即看做各组中的概率密度；

⑤ 作频率直方图。

用以上方法计算得到的关于{R}的各组概率密度，如表 2.3 所示，频率直方图如图 2.2 所示。直观上可以看到，该随机序列基本满足 $U(0,1)$ 的概率密度分布。

表 2.3　{**R**}的各组概率密度

1.003	1.005	0.986	0.997	0.984	0.993	1.052	1.04	0.941	0.999

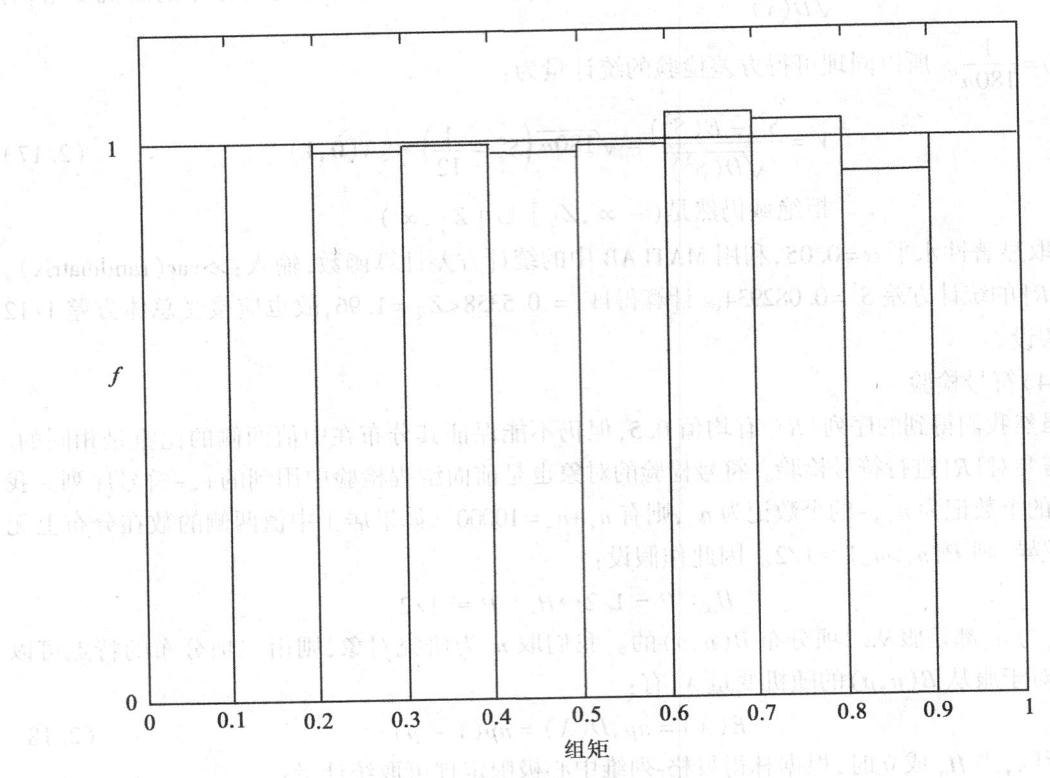

图 2.2　频率直方图

(6)分布拟合优度检验

最后,我们用皮尔逊(Pilson)χ^2 拟合检验法验证以序列{R}为样本的总体 X 的分布函数 $F(x)$ 就是 $U(0,1)$ 的分布函数 $F_0(x)$。检验假设:

$$H_0: F(x) \equiv F_0(x) \leftrightarrow H_1: F(x) \neq F_0(x)$$

$$F_0(x) = \begin{cases} 0, & x \leqslant 0 \\ x, & 0 < x < 1 \\ 1, & x \geqslant 1 \end{cases}$$

我们仍将(0,1)分为 10 个等长区间,由前面的统计可以知道{R}落入各区间的实际频数。根据契比雪夫(Chebyshev)大数定理,当零假设成立时,理论频数 np_i(1000)与实际频数 v_i 的差异不应太大。所以,我们利用皮尔逊统计量得到:

$$\chi^2 = \sum_{i=1}^{10} \frac{(v_i - np_i)^2}{np_i} \backsim \chi_\alpha^2(9) \tag{2.20}$$

拒绝域为$[\chi_\alpha^2(9), \infty)$

取显著性水平 $\alpha=0.05$,输入:>>chi2inv(0.95,9)得到$\chi_\alpha^2(9)=16.9190$。计算得到$|\chi^2|=8.33<\chi_\alpha^2(9)$,故应接受均匀性假设。

(7)关于统计检验的几点说明

① 无论是线性同余伪随机数发生器还是小数开方伪随机数发生器,在实际工作中已经被人们大量的应用。所以,我们这里研究的目的仅仅是综合阐述一些对随机数统计检验的方法,并不是去肯定或否定某一种伪随机数发生器。

② 在实际操作中对于随机数的检验实际上是对种子的检验。因为同一伪随机数发生器由不同种子产生的序列其性能有着很大的差异。选择一个良好的种子对随机数的构成有着极其重要的作用。所以,在实际研究中,当我们确定了发生器和种子之后,应该进行周期检验和利用上述方法进行独立和均匀性检验,在通过检验后才能使用该序列。这才是统计检验真正的目的。

③ 有关随机数统计检验的方法远不止以上几种。在一定程度上说上述的几种检验方法是最基础与最简单的。如独立性检验中还有顺序相关检验,复杂的游程检验还应该考虑各个长度不同的游程分布情况,均匀性检验中还有 K-C 检验等,都能从与上述检验不同的角度验证同一事实。

2.3 服从其他概率分布的伪随机数

前面我们讨论了服从均匀分布的伪随机数的产生及检验方法。但在实际应用中,如在 Picv 等人提出的利用 HVS 掩蔽特性的基于离散余弦变换(DCT)的数字水印算法中,由于 DCT 系数特点所决定,最初的数字水印本身就是一个服从正态分布的随机数矩阵。所以,我们不仅要求能够得到均匀分布的随机序列,还要求得到任意分布的随机序列,这才能适应信息隐藏学科的需要。本节我们将讨论任意分布的随机序列与均匀分布的随机序列之间的关系以及如何得到指定分布的随机序列。

2.3.1 构造的一般思路

设两个随机变量 X 和 Y,其概率密度函数分别为 $f(x)$ 和 $g(y)$,并且 $f(x)$ 与 $g(y)$ 分别在区域 (a,b) 与 (c,d) 内可积,令:

$$\int_a^x f(t)\,\mathrm{d}t = \int_c^y g(t)\,\mathrm{d}t \tag{2.21}$$

结合概率密度函数的实际意义,式(2.21)实际上就是对于 (a,b) 内的任意一个 x,都有 (c,d) 内的一个 y,使得概率 $P(x)=P(y)$。就给出了 X 与 Y 的一个映射关系。即定义了一个定义域为 (a,b),值域为 (c,d) 的关于随机变量 X,Y 的单调函数 $Y=f(X)$。

若 X 为服从(0,1)均匀分布的随机变量,则式(2.21)可写为:

$$x = \int_c^y g(t)\,\mathrm{d}t$$

考虑到概率密度函数为 $g(y)$ 的随机变量 Y 的分布函数为 $G(y)$,则式(2.21)可进一步写为:

$$x = G(y)$$

也即有:

$$y = G^{-1}(x) \tag{2.22}$$

式(2.22)就是由均匀分布的随机数构造其他分布随机数的理论公式。

我们在得到了均匀分布的随机序列后,利用指定概率分布的分布函数 $G(x)$ 的反函数

$G^{-1}(x)$按式(2.22)关系进行反推就可以得到符合要求的随机序列，即一般思路是：

① 产生均匀分布随机序列 $X\{x_1,x_2,\cdots,x_n\}$；

② 令 $y_i=G^{-1}(x_i)$；

③ 则随机序列 $Y\{y_1,y_2,\cdots,y_n\}$ 即为所求。

2.3.2 构造服从指数分布和正态分布的随机序列的算法

对于指数分布，其概率密度函数为：$f(x)=\lambda e^{-\lambda x}(x\geqslant 0)$，则其分布函数为：

$$F(x)=\int_0^x \lambda e^{-\lambda x}dx = 1-e^{-\lambda x}\quad (x\geqslant 0)$$

对于均匀分布的随机序列 $X\{x_1,x_2,\cdots,x_n\}$ 所对应的服从指数分布的随机序列 $Y\{y_1,y_2,\cdots,y_n\}$，有：

$$x_i = 1-e^{-\lambda y_i} \tag{2.23}$$

求 $F(x)$ 的反函数，即得到：

$$y_i=-\ln(x_i)/\lambda \tag{2.24}$$

为服从 $E(\lambda)$ 的随机序列。

这里，有这样一个问题。对于像指数分布、Gamma 分布、Erlang 分布等概率分布函数，其反函数是可求的(概率分布函数可积)。但并不是所有的概率分布函数都是可积的，也就是说并不是所有的概率分布函数的反函数都可以显式表达出来，在这种情况下如何构造服从指定分布的随机序列呢？下面我们就以构造服从正态分布的随机序列为例，重点解决这一问题。

我们已经知道，服从 $N(\mu,\sigma^2)$ 分布的概率密度函数为：

$$f(x)=\frac{1}{\sqrt{2\pi}\sigma}e^{\frac{-1}{2\sigma^2}(x-\mu)^2}$$

其概率分布函数为：

$$F(x)=\frac{1}{\sqrt{2\pi}\sigma}\int_{-\infty}^x e^{\frac{-(t-\mu)^2}{2\sigma^2}}dt$$

代入 $x_i=F(y_i)$，由林得贝格—列维中心极限定理，参照式(2.16)得到：

$$\frac{y_i-\mu}{\sigma}=\sqrt{\frac{12}{n}}\left(\sum_{i=1}^n x_i-\frac{n}{2}\right) \tag{2.25}$$

实验得到，取 $n=12$ 即可达到很好的精度，同时计算也较为简便。故而，对于序列 Y，满足：

$$y_i=\left(\sum_{i=1}^{12}x_i-6\right)\sigma+\mu \tag{2.26}$$

即得到服从 $N(\mu,\sigma^2)$ 的特性。

在 MATLAB 中，randn.m 函数就是依照式(2.26)编写的产生正态分布随机数的函数。

2.3.3 正态分布随机序列的统计检验

与服从均匀分布的随机序列一样，我们除了在理论上得到其算法的合理性推导外，还必须从统计的角度证明各个随机变量样本是否与随机变量的概率特性相一致，从而确定算法的好坏。同样地，我们可以将前面用到过的算法稍加改变加以使用，在此就不赘述了。由于正态分布的随机序列在信息隐藏各算法中的作用较大，这里，我们引入一个新的统计检验方法——正

态概率纸检验法，对这一类随机序列加以检验分析。

正态概率纸是一种特殊的坐标纸，它是用来检验总体是否服从正态分布的。其设计思想为：

在普通的直角坐标纸上标准正态($N(0,1)$)的分布函数的表达式和函数图像，如图2.3所示。

$$\Phi(x)=\frac{1}{\sqrt{2\pi}}\int_{-\infty}^{x}e^{\frac{-t^2}{2}}dt$$

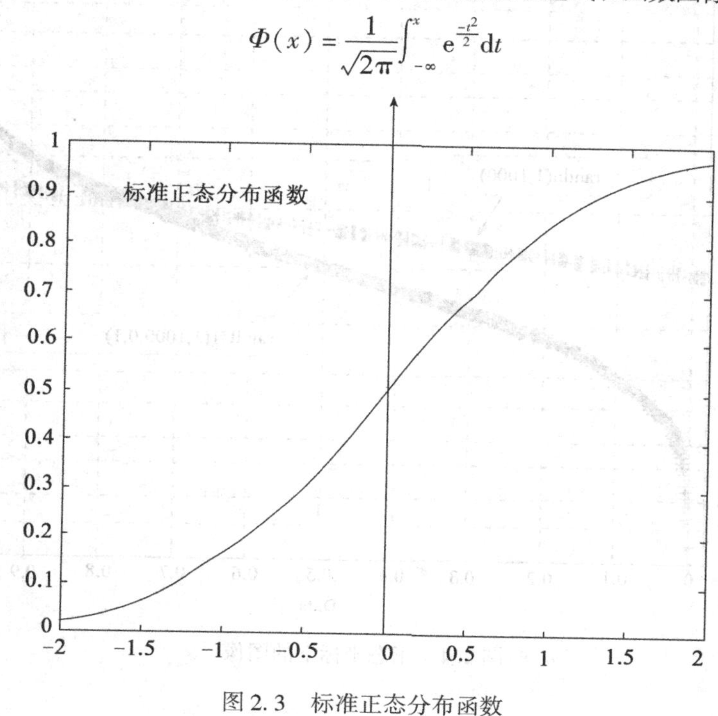

图2.3 标准正态分布函数

在普通的直角坐标 XOY 的纵坐标 Y 上，通过函数 $\Phi(y)=\frac{1}{\sqrt{2\pi}}\int_{-\infty}^{y}e^{\frac{-t^2}{2}}dt$ 将原来坐标为 y 的点改为新坐标 $y'=\Phi(y)$。如原坐标上 $y=1$ 的点，正态坐标 $y'=\Phi(1)=0.8413$，原坐标上 $y=0$的点，正态坐标 $y'=\Phi(0)=0.5$，原坐标上 $y=2$ 的点，正态坐标 $y'=\Phi(2)=0.9772$ 等。经过这种变换后的新坐标就称为正态坐标。但因为$\Phi(y)$是属于$[0,1]$区间的，所以有时也将其放大100倍后使用。

经过计算不难得出，标准正态分布函数在正态坐标下是一条直线。而对于一般正态分布 $N(\mu,\sigma^2)$ 的分布函数，由于 $F(x)=\Phi(\frac{x-\mu}{\sigma})$ 通过线性变换可以得到，所以其在正态概率纸上得到的也是一条直线，该直线过点$(\mu,0.5)$。正态概率纸法是非常有用的评价随机变量是否服从正态分布的方法。需要注意的是，正态概率坐标 y 轴的刻度并不是均匀的，而是依照概率从0取值到1。y 轴各刻度之间的长度与相应的正态概率是相匹配的。MATLAB 中的正态概率纸函数是 normplot 函数。下面我们就使用它分别画出经过 randU1. m 和 randn. m 产生的随机序列在正态坐标下的图像，操作如下：

```
>>ans=randn(1,1000);
>>ans2=randU1(1,1000,100,0,1);
>>normplot(ans);hold on;normplot(ans2);
```

从图 2.4 上可以很明显地得到，我们通过 randn 函数得到的随机序列是服从正态分布的。

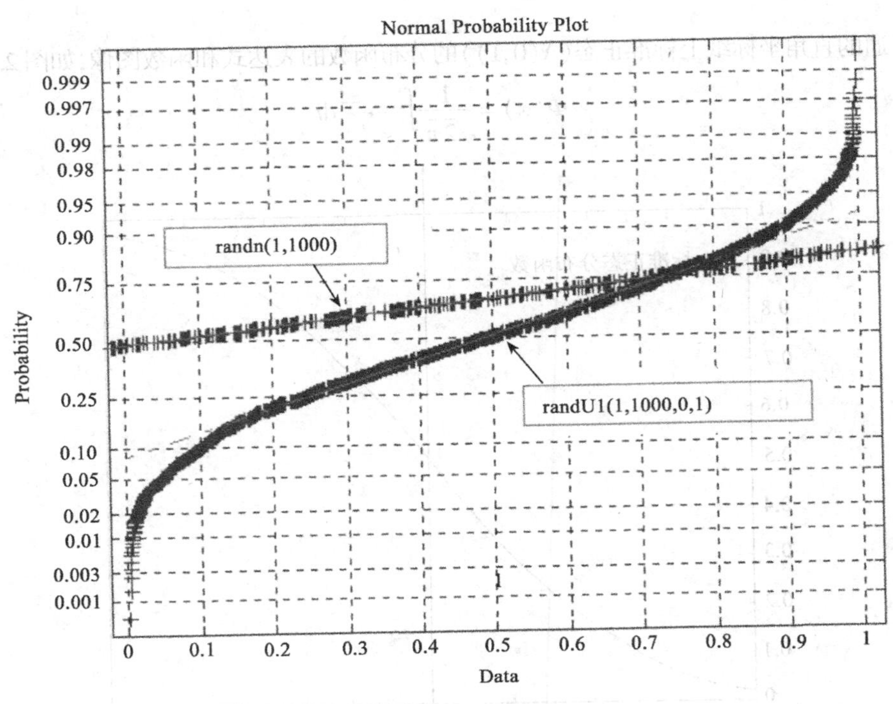

图 2.4　正态坐标下的图像

2.4　具有混沌特性的伪随机数

对混沌现象的认识，是非线性科学的最重要的成就之一。那什么叫做非线性呢？

“线性”和“非线性”首先用于区分函数 $y=f(x)$ 对自变量 x 的依赖关系。我们举一个最简单的例子来看一看，函数：

$$y = ax + b \tag{2.27}$$

对自变量 x 的依赖关系是一次多项式，它的图像是一条直线，我们就说“y 是 x 的线性函数”。其他一切高于一次的多项式函数关系，都是非线性的。最简单的非线性函数是抛物线：

$$y = ax^2 + bx + c \tag{2.28}$$

式(2.27)和式(2.28)中都有一些参量，但它们并不都重要，式(2.28)中就只有 a 有实质意义。简单地说，非线性的意义就在于：

第一，线性是简单的比例关系，而非线性是对这种简单关系的偏离；第二，线性关系是互不相干的独立关系，而非线性关系则是相互作用的；第三，线性关系保持信号的频率成分不变，而非线性关系使频率结构发生了变化。例如，直线 $y(t)=ax(t)$ 和抛物线 $y(t)=a[x(t)]^2$。设 $x(t)=\cos(wt)$，显然，后者改变了频率结构。这一点对于理解混沌动力学有极其重要的意义。

2.4.1　与混沌有关的基本概念及特征值

(1)混沌模型的引入

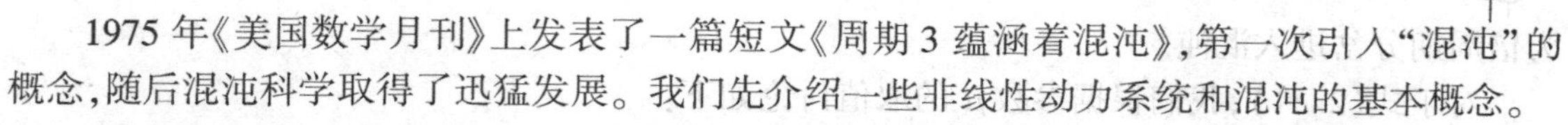

1975年《美国数学月刊》上发表了一篇短文《周期3蕴涵着混沌》，第一次引入“混沌”的概念，随后混沌科学取得了迅猛发展。我们先介绍一些非线性动力系统和混沌的基本概念。

我们首先还是来看一下一个最基本的混沌模型：虫口模型——Logistic 映射。

在某一范围内单一种类的昆虫繁殖时，其子代数量远大于其亲代数量，这样可以认为，在子代出生后，其亲代的数量可忽略不计。设 x_n 昆虫是第 n 年内的个体数目，这个数目与年份有关，n 只取整数值，第 $n+1$ 年的数目为 x_{n+1}，二者之间的关系一般可用一个函数关系描述：

$$x_{n+1}=f(x_n) \tag{2.29}$$

由于 n 是非负整数，式(2.29)即为我们熟悉的迭代方程。

考虑最简单的虫口模型是 Logistic 方程：

$$x_{n+1}=x_n(a-bx_n) \tag{2.30}$$

其中，a 表示增长率，$-bx_n$ 表示考虑到争夺的食物有限等因素引起的虫口饱和。为了数学上处理的方便，我们再设 $a=b=\mu$，因此考虑下列关系式：

$$x_{n+1}=\mu x_n(1-x_n) \tag{2.31}$$

我们进一步分析 Logistic 方程所描述的虫口问题的一些特征。当取 $\mu=2.5$，$x_0=0.5$时，有：

$$x_1=0.625$$
$$x_2=0.5859375$$
……
$$x_{28}=0.599999998$$
$$x_{29}=0.6$$
$$x_{30}=0.6$$
……

可以看出，当 n 的值大于29时，x 的值不再改变，即使改变 x_0 的值，只要 $\mu=2.5$，迭代方程最终会收敛到0.6，不同的只是达到收敛值的迭代路径。即不论初值是什么，迭代方程最终都会被吸引到一个固定值，这个固定值被称为吸引子。

我们再取 $\mu=3.3$，$x_0=0.5$，可得：

……
$$x_{32}=0.479427020$$
$$x_{33}=0.823603283$$
$$x_{34}=0.479427020$$
$$x_{35}=0.823603283$$
……

可见，当 μ 取3.3时，有两个吸引子，这种收敛轨迹被称为周期2轨迹。

我们回过头对式(2.31)进行分析，我们看看虫口数量不变这一特殊情况时，即 $x_{n+1}=x_n$，此时不动点为：

$$x_s=(\mu-1)/\mu=1-1/\mu$$

但是虫口数量的上述不动点不一定都是稳定的，进一步分析和计算表明：当参数 μ 变化时，df/dx 随之变化，只有当 df/dx 的绝对值小于1时，x_s 才是稳定的，这时 μ 取值为(1～3)。我们称这种比较常见的由于参数值变化使变量 x 取值由周期逐次加倍进入混沌状态的过程，为倍周期分岔进入混沌。

对于式(2.31),我们根据参数μ的取值讨论如下:

1)μ大于0小于等于1

由$f(x)=\mu x(1-x)$所决定的离散动力系统的动力学形态十分简单,除了不动点$X_s=0$外,再也没有其他周期点,且X_s为吸引不动点(吸引子),即迭代方程最后会归于0,虫子最终会灭绝。

2)μ大于1小于3

系统的动力学形态也比较简单,不动点0,$1-1/\mu$为仅有的两个周期点,且0为排斥不动点,$1-1/\mu$为吸引不动点,前面的$\mu=2.5$的例子就是这样。

3)μ大于等于3小于等于4

系统的动力学形态十分复杂,系统由倍周期通向混沌。前面的$\mu=3.3$就是这样。

4)μ大于4

系统的动力学形态更复杂,在此我们就不展开了。

图2.5给出了不同的μ值下虫口模型的时间序列,直观地表现了上述的讨论结果。MATLAB操作如下:

```
>>x=1:1:200;%定义横坐标,取序列长度为200
>>y=randCL(1,200,0.5,0.4);
>>subplot(231);plot(x,y,'r');axis([0,200,0,1]);
>>title('Logistic(μ=0.4)');
>>xlabel('n');ylabel('x(n)'); %画出μ=0.4时的时间序列
>>y=randCL(1,200,0.5,2.4);
>>subplot(232);plot(x,y,'r');axis([0,200,0,1]);
>>title('Logistic(μ=2.4)');
>>xlabel('n');ylabel('x(n)'); %画出μ=2.4时的时间序列
>>y=randCL(1,200,0.5,3.2);
>>subplot(233);plot(x,y,'r');axis([0,200,0,1]);
>>title('Logistic(μ=3.2)');
>>xlabel('n');ylabel('x(n)'); %画出μ=3.2时的时间序列
>>y=randCL(1,200,0.5,3.5);
>>subplot(234);plot(x,y,'r');axis([0,200,0,1]);
>>title('Logistic(μ=3.5)');
>>xlabel('n');ylabel('x(n)'); %画出μ=3.5时的时间序列
>>y=randCL(1,200,0.5,3.8);
>>subplot(235);plot(x,y,'r');axis([0,200,0,1]);
>>title('Logistic(μ=3.8)');
>>xlabel('n');ylabel('x(n)'); %画出μ=3.8时的时间序列
>>y=randCL(1,200,0.5,3.9);
>>subplot(236);plot(x,y,'r');axis([0,200,0,1]);
>>title('Logistic(μ=3.9)');
>>xlabel('n');ylabel('x(n)'); %画出μ=3.9时的时间序列
```

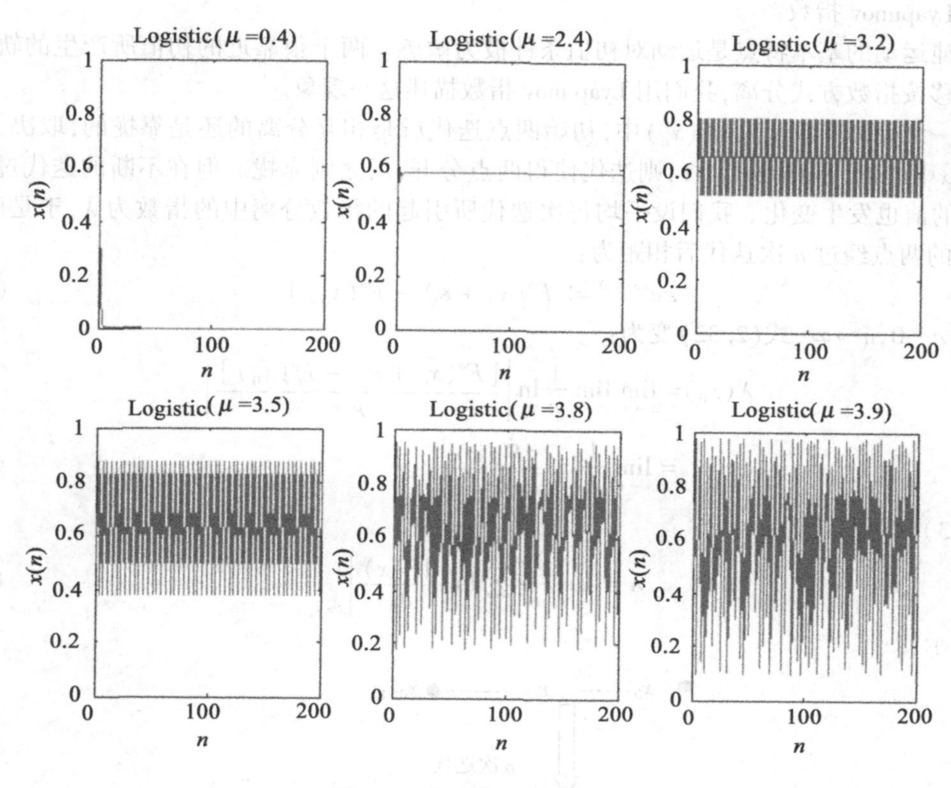

图 2.5　虫口模型时间序列

虫口序列的周期分岔，如图 2.6 所示，图 2.6(b)是图 2.6(a)在三周期局部上的放大图。

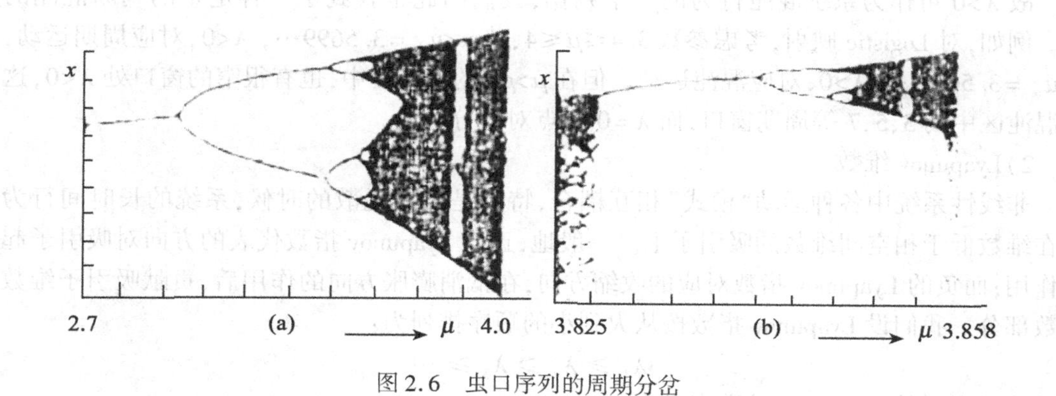

图 2.6　虫口序列的周期分岔

(2)特征量

为了定量地描述混沌运动，我们需要引入和了解一些新的概念。

吸引子的特征量是刻画吸引子某个方面特征的量，它分为“微观”和“宏观”两个层次，“微观”层次是指构成奇怪吸引子的骨架的不稳定周期数目、种类和它们的特征值，“宏观”层次是指使用对整个吸引子或无穷长的轨道平均后得到的特征量，如 Lyapunov 指数、维数和熵等。

1) Lyapunov 指数

混沌运动的基本特点是运动对初值条件极为敏感。两个很靠近的初值所产生的轨道，随时间推移按指数方式分离，我们用 Lyapunov 指数描述这一现象。

在一维动力系统 $x_{n+1}=F(x_n)$ 中，初始两点迭代后是相互分离的还是靠拢的，取决于导数 $|dF/dx|$ 的值，$|dF/dx|>1$，则迭代使得两点分开，反之则靠拢。但在不断的迭代过程中，dF/dx 的值也发生变化。我们设平均每次迭代所引起的指数分离中的指数为 λ，于是原来相距为 ε 的两点经过 n 次迭代后相距为：

$$\varepsilon e^{n\lambda(x_0)}=|F^n(x_0+\varepsilon)-F^n(x_0)| \tag{2.32}$$

取极限 $\varepsilon\to 0, n\to\infty$，式(2.32)变为：

$$\begin{aligned}\lambda(x_0)&=\lim_{n\to\infty}\lim_{\varepsilon\to 0}\frac{1}{n}\ln\left|\frac{[F^n(x_0+\varepsilon)-F^n(x_0)]}{\varepsilon}\right|\\&=\lim_{n\to\infty}\frac{1}{n}\ln\left|\frac{dF^n(x)}{dx}\right|_{x=x_0}\end{aligned} \tag{2.33}$$

式(2.33)又可简化为：

$$\lambda=\lim_{n\to\infty}\frac{1}{n}\sum_{i=0}^{n-1}\ln\left|\frac{dF(x)}{dx}\right|_{x=x_i} \tag{2.34}$$

如下所示：

● x_0------ ε -------● $x_0+\varepsilon$

⇩ n次迭代

● $F^n(x_0)$-------- $\varepsilon e^{n\lambda}$ ---------● $F^n(x_0+\varepsilon)$

式(2.34)中的 λ 与初始值的选取没有关系，称为 Lyapunov 指数。它表示平均每次迭代所引起的指数分离中的指数。

故 $\lambda>0$ 可作为系统混沌行为的一个判据，我们因此也找到了一种定量的判断混沌的方法。例如，对 Logistic 映射，考虑参数 $3.4\leqslant\mu\leqslant 4$，若 $\mu<\mu_\infty=3.5699\cdots$，$\lambda<0$，对应周期运动；若 $\mu>\mu_\infty=3.5699\cdots$，$\lambda>0$，对应混沌运动。但在 $\mu>\mu_\infty$ 的混沌区中，也有很窄的窗口处 $\lambda<0$，这对应混沌区中的3,5,7等周期窗口，而 $\lambda=0$ 各点对应分岔点。

2) Lyapunov 维数

非线性系统中各种运动“模式”相互耦合，特别是存在耗散的时候，系统的长时间行为发生在维数低于相空间维数的吸引子上。一般地，正的 Lyapunov 指数代表的方向对吸引子起支撑作用；而负的 Lyapunov 指数对应的收缩方向，在抵消膨胀方向的作用后，贡献吸引子维数的分数部分。我们设 Lyapunov 指数按从大到小的顺序排列为：

$$\lambda_1\geqslant\lambda_2\geqslant\lambda_3\geqslant\cdots$$

则混沌吸引子的 Lyapunov 维数定义为：

$$D_L=k+\frac{S_k}{|\lambda_{k+1}|} \tag{2.35}$$

其中，$S_k=\sum_{i=1}^{k}\lambda_i\geqslant 0$，$k$ 是保证 $S_k>0$ 的最大值。

3) Kolmogorov 熵

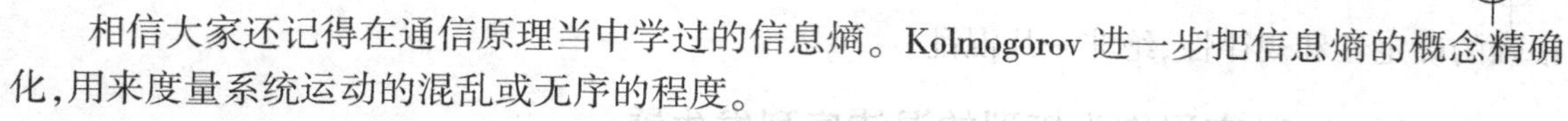

相信大家还记得在通信原理当中学过的信息熵。Kolmogorov 进一步把信息熵的概念精确化,用来度量系统运动的混乱或无序的程度。

考虑一个 n 维动力系统,将它的相空间分割成一个个边长为 ε 的 n 维立方体盒子,对于状态空间的一个吸引子和一条落在吸引域中的轨道 $x(t)$,取时间间隔为一个很小的量 τ,令 $P(i_0,i_1,\cdots,i_d)$ 表示起始时刻系统轨道在第 i_0 个格子中,$t=\tau$ 在第 i_1 个格子中,…,$t=d\tau$ 在第 i_d 个格子中的联合概率,则 Kolmogorov 熵定义为:

$$K=-\lim_{\tau\to 0}\lim_{\varepsilon\to 0}\lim_{d\to\infty}\frac{1}{d\tau}\sum_{i_0\cdots i_d}P(i_0,i_1,\cdots,i_d)\ln P(i_0,i_1,\cdots,i_d) \tag{2.36}$$

而 q 阶的熵定义为:

$$K=-\lim_{\tau\to 0}\lim_{\varepsilon\to 0}\lim_{d\to\infty}\frac{1}{d\tau}\frac{1}{q-1}\log_2\sum_{i_1\cdots i_d}P^q(i_1,i_2,\cdots,i_d) \tag{2.37}$$

同样,我们可以使用 K 值判断系统运动的性质:若 $K=0$,表示系统做规则运动;若 $K=\infty$,表示系统做随机运动;若 K 取有限正值,表示系统做混沌运动。

Kolmogorov 熵与 Lyapunov 指数存在一定的关系:对于一维系统,有 $K=\lambda_L$;对于多维系统,$K=\sum_j\lambda_{Lj}^+$,即 Kolmogorov 熵等于所有正的 Lyapunov 指数的和。

我们再给出几种常见的运动形态的特征量,如表 2.4 所示。

表 2.4　　常见的运动形态的特征量

	吸引子	维数	Lyapunov 指数	K 熵
稳定定态	点	0	小于 0	0
周期运动	闭曲线	1	小于等于 0	0
混沌	奇怪	非整数	只有 $\lambda_1>0$	$0<K<\infty$

(3)混沌的直观描述

上面我们看到了一个简单的例子和了解了一些有关的概念,但关于混沌的定义有多种不同的说法,下面给出混沌的一个直观描述。

设 V 是一个紧度量空间,连续映射 $f:V\to V$ 如果满足下列三个条件:

①对初值敏感依赖。存在 $\delta>0$,对于任意的 $\varepsilon>0$ 和 x 属于 V,在 x 的 ε 邻域内存在 y 和自然数 n,使得 $d(f^n(x),f^n(y))>\delta$;

②拓扑传递性。对于 V 上的任意一对开集 X,Y,存在 $k>0$,使 $f^n(X)\cap Y\neq\Phi$;

③f 的周期点集在 V 中稠密。

我们称 f 是在 Devaney 意义下 V 上的混沌映射或混沌运动。

对于初值的敏感依赖性,意味着无论 x,y 离得多么近,在 f 的作用下两者的轨道都可能分开较大的距离,而且在每个点 x 附近都可以找到离它很近,而在 f 的作用下终于分道扬镳的点 y。对这样的 f,如果用计算机计算它的轨道,任何微小的初始误差,经过若干次迭代后都将导致计算结果的失败。

拓扑传递性意味着任一点的邻域在 f 的作用之下将"撒遍"整个度量空间 V,这说明 f 不能细分或不能分解为两个在 f 下相互影响的子系统。

上述两条一般说来是随机系统的特征,但第三条——周期点的稠密性,却又表明系统具有很强的确定性和规律性，绝非一片混乱。

2.4.2 Logistic 方程作为模型的混沌序列发生器

混沌区的数据有两个特性：迭代不重复性和初值敏感性。既然混沌序列是理论意义上的完全随机而不是通常所用的伪随机，我们就可以利用混沌模型来产生很好的随机数。

我们选择 Logistic 方程作为模型，方程的形式为：

$$x_{n+1} = \mu x_n(1 - x_n)$$

只要给定合适的 μ 值，就能使产生的序列满足混沌特性。

如前所述，μ 的值要求大于 3.5699，在 MATLAB 上实现时还要求小于等于 4。下面是 Logistic 方程产生混沌序列的 MATLAB 函数 randCL.m。

```
%文件名:randCL.m
%作者:李鹏
%最后修改日期:2004.2.6
%目的:利用 Logistic 方程产生混沌序列
%应用举例:a=randCL(10,10,0.5,3.9);
%参数说明:此函数产生一个序列矩阵,
%row:为矩阵的行
%col:为矩阵的列
%seed:为初值(0 到 1)
%u :即为公式中的μ(大于 3.5699 小于等于 4)
function randmtx=randCL(row,col,seed,u)
randmtx(1,1)=seed;
for i=2:row*col
    randmtx(1,i)=u*randmtx(1,i-1)*(1-randmtx(1,i-1));
end
randmtx=reshape(randmtx,row,col);
```

下面给出两个例子，我们选择很接近的两个初值 0.3256 和 0.3257，而 μ 取 3.9，生成 50×50 的矩阵，如表 2.5 和表 2.6 所示。可以看出，这种模型同样具有对初值的敏感性。

表 2.5 0.3256 为初值的混沌序列

	1	2	3	4	5	6	7	8
1	0.3256	0.13717	0.87139	0.17751	0.95597	0.86627	0.63388	0.75079
2	0.85638	0.46158	0.43708	0.56939	0.16415	0.4518	0.9051	0.7297
3	0.47967	0.96924	0.95956	0.95622	0.5351	0.96594	0.33498	0.76923
4	0.97339	0.11626	0.15134	0.16327	0.97019	0.12831	0.8688	0.69231
5	0.10102	0.40071	0.50089	0.53278	0.11278	0.4362	0.44455	0.83077
6	0.35419	0.93656	0.975	0.97081	0.39023	0.95912	0.96301	0.5483
7	0.89208	0.23173	0.095074	0.11052	0.92801	0.1529	0.13893	0.9659

续表

	1	2	3	4	5	6	7	8
8	0.37547	0.69433	0.33554	0.38339	0.26055	0.50513	0.46656	0.12845
9	0.91452	0.82772	0.86951	0.92196	0.75139	0.9749	0.97064	0.4366

表2.6　**0.3257 为初值的混沌序列**

	1	2	3	4	5	6	7	8
1	0.3257	0.61162	0.433	0.86483	0.14637	0.40561	0.17942	0.65753
2	0.85652	0.92641	0.95749	0.45592	0.48729	0.94026	0.57418	0.87822
3	0.4793	0.26589	0.15873	0.96742	0.97437	0.21908	0.95354	0.4171
4	0.97333	0.76126	0.52078	0.12292	0.097395	0.66723	0.17278	0.9482
5	0.10125	0.70881	0.97332	0.42046	0.34285	0.86594	0.55741	0.19157
6	0.35488	0.80496	0.10129	0.95033	0.87868	0.45275	0.96215	0.60399
7	0.89287	0.6123	0.35502	0.1841	0.41575	0.96629	0.14204	0.93282
8	0.37305	0.92582	0.89303	0.58581	0.94731	0.12702	0.47528	0.24439
9	0.91215	0.26784	0.37256	0.94629	0.19465	0.43245	0.97262	0.72019

在一些数字水印算法中，就是将生成好的混沌序列按照某种规则把它转化为需要的0,1二值序列作为数字水印嵌入载体的。这时的水印与混沌序列有相同的性质，就是与初值紧密相关。

2.4.3　混合光学双稳模型产生的混沌序列

同样，我们还可以选取混合光学双稳模型作为混沌序列的生成模型。迭代方程的形式为：

$$x_{n+1} = A\sin^2(x_n - x_B)$$

这里有两个参数 A, x_B，分别取4和2.5，此时方程处于混沌状态，赋给它不同的初值 x_0 将得到不同的混沌序列，下面同样给出它的 MATLAB 函数 randCS. m。

```
%文件名:randCS.m
%作者:李鹏
%最后修改日期:2004.2.6
%目的:由混合光学双稳模型生成混沌序列
%应用举例:a=randCS(10,10,0.5);
%参数说明:此函数产生一个序列矩阵,
%row 为矩阵的行
%col 为矩阵的列
%seed 为初值(0到1)即公式中初值 X0
%这里固定取 A=4,Xb=2.5
```

```
function randmtx=randCS(row,col,seed)
A=4;
Xb=2.5;
randmtx(1,1)=seed;
for i=2：row * col
    randmtx(1,i)=A * sin(randmtx(1,i-1)-Xb) * sin(randmtx(1,i-1)-Xb);
end
    randmtx=reshape(randmtx,row,col);
```

2.4.4 混沌时间序列的判别方法

我们用下面一些方法来判断混沌时间序列。

(1)功率谱方法

频率f与相应的功率$E(f)$之间的指数关系，在一些物理现象的某些频率中是适用的。例如，设β为功率谱指数，$\beta=0$对应白噪声；$\beta=2$对应褐色噪声。

$$E(f)=|x(f)|^2\propto f^{-\beta} \quad 有$$
$$E(\lambda f)=\lambda^{-\beta}E(f) \tag{2.38}$$

① 谱图若具有单峰(或几个峰)，则对应于周期序列。

② 若无明显的峰值或峰值连成一片，则对应于湍流或混沌序列。图2.7是对应于图2.5所示的虫口模型时间序列的功率谱密度，可以看到，其差异是明显的。

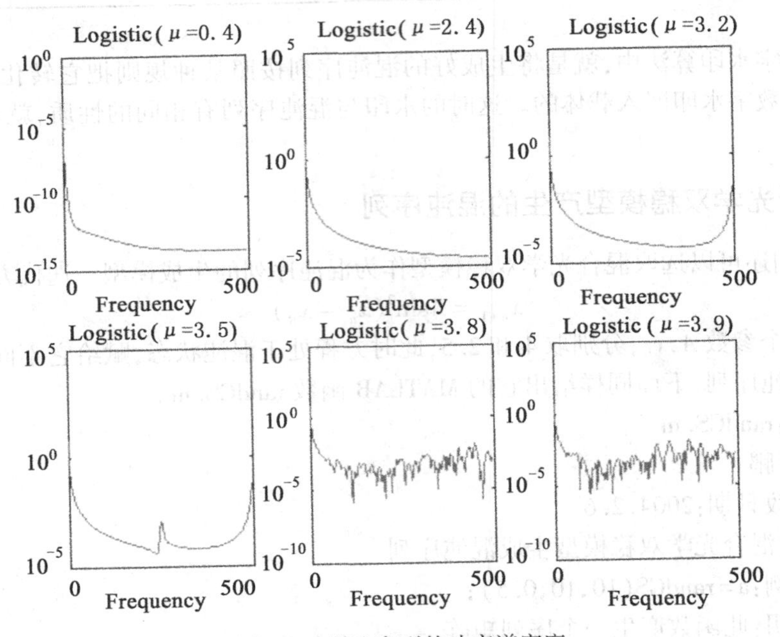

图2.7　混沌序列的功率谱密度

我们可以对时间序列$x_1,x_2,\cdots,x_N$的功率谱直接测量，对N个采样值加上周期条件$x_{N+j}=x_j$，计算离散卷积：

$$C_j = \frac{1}{N}\sum_{i=1}^{N} x_i x_{i+j} \tag{2.39}$$

然后对 C_j 完成离散傅氏变换,计算系数:

$$P_k = \sum_{j=1}^{N} C_j e^{\frac{i2\pi kj}{N}} \tag{2.40}$$

我们用 MATLAB 中的函数 spectrum 来求出不同的 μ 值产生的时间序列的功率谱,代码如下:

```
>>y=randCL(1,200,0.5,0.4);
>>ts=0.001;fs=1/ts;
>>psd=spectrum(y,1024);
%画出μ=0.4时的时间序列功率谱密度
>>subplot(231);specplot(psd,fs);title('Logistic(μ=0.4)');
>>y=randCL(1,200,0.5,2.4); ts=0.001;fs=1/ts;
>>psd=spectrum(y,1024);
%画出μ=2.4时的时间序列功率谱密度
>>subplot(232);specplot(psd,fs);title('Logistic(μ=2.4)');
>>y=randCL(1,200,0.5,3.2);
>>ts=0.001;fs=1/ts;
>>psd=spectrum(y,1024);
%画出μ=3.2时的时间序列功率谱密度
>>subplot(233);specplot(psd,fs);title('Logistic(μ=3.2)');
>>y=randCL(1,200,0.5,3.5);
>>ts=0.001;fs=1/ts;
>>psd=spectrum(y,1024);
%画出μ=3.5时的时间序列功率谱密度
>>subplot(234);specplot(psd,fs);title('Logistic(μ=3.5)');
>>y=randCL(1,200,0.5,3.8);
>>ts=0.001;fs=1/ts;
>>psd=spectrum(y,1024);
%画出μ=3.8时的时间序列功率谱密度
>>subplot(235);specplot(psd,fs);title('Logistic(μ=3.8)');
>>y=randCL(1,200,0.5,3.9);
>>ts=0.001;fs=1/ts;
>>psd=spectrum(y,1024);
%画出μ=3.9时的时间序列功率谱密度
>>subplot(236);specplot(psd,fs);title('Logistic(μ=3.9)');
```

(2)Lyapunov 指数法

关于 Lyapunov 指数的定义和计算方法在上一节已详细给出。Lyapunov 指数作沿轨道长期平均的结果,是一种整体特征,其值总是实数。

在 Lyapunov 指数 $\lambda<0$ 的方向,体积收缩,运动稳定,且对初始条件不敏感;在 $\lambda>0$ 的方向轨道迅速分离，长时间行为对初始条件敏感，运动呈混沌状态；$\lambda=0$ 对应于稳定边界，属于一种临界情况。若系统最大 Lyapunov 指数大于 0，则该系统一定是混沌的，所以时间序列的最大 Lyapunov 指数是否大于 0 可作为该序列是否混沌的一个判据。奇怪吸引子是不稳定（$\lambda>0$）和耗散（$\lambda<0$）两种因素竞争的结果。

2.5 其他伪随机数发生器

2.5.1 *N* 级线性最长反馈序列(*m* 序列)

我们在细胞自动机算法等数字水印算法中,往往需要将一个随机序列通过一定的映射关系转变为 0,1 的二值随机序列。这种映射关系必须保证转变生成的二值序列与原始随机序列拥有同样的性能,从而保证由其构成的数字水印具有初值相关性和不可伪造性。这需要大量的实验研究才能得到这种映射关系。能不能一开始就直接得到一个二值随机序列从而避免这一转化呢？我们找到了在通信学和密码学上一个非常重要且大家非常熟悉的二值随机序列生成器:*N* 级线性最长反馈序列(*m* 序列)。

在 GF(2)上的 *m* 序列生成图见图 2.8。其中,$g(x)=g_nx^n+g_{n-1}x^{n-1}+\cdots+g_1x+1$ 为线性移位寄存器的连接多项式。当 $g(x)$ 为本原多项式时,其输出序列具有最长周期 2^n-1,这种序列就是 *m* 序列。

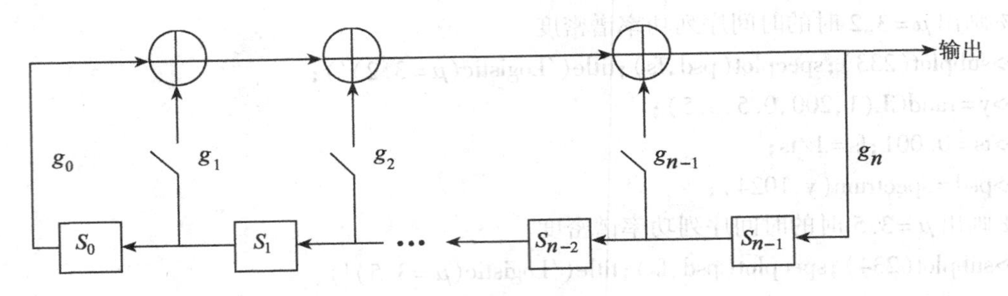

图 2.8 线性移位反馈寄存器

下面我们用 MATLAB 编写一个函数,来产生这一序列。函数名叫做 mrand. m。在函数中使用一个 connection 数组表示连接多项式。

```
% 文件名:mrand. m
% 程序员:郭迟
% 编写时间:2003.12.15
% 函数功能:本函数将生成 m 序列
% 输入格式举例:seq=mrand([1 0 0 1 0])
% 参数说明:
% connection 为连接多项式,1 表示相连,0 表示断开
% seq 为输出的 m 序列
function [seq]=mrand(connection)
m=length(connection);
```

```
L=2^m-1;
registers=[zeros(1,m-1) 1];
seq(1)=registers(m);
for i=2:L
    new_reg_cont(1)=connection(1) * seq(i-1);
    for j=2:m
        new_reg_cont(j)=bitxor(registers(j-1),connection(j) * seq(i-1));
    end
    registers=new_reg_cont;
    seq(i)=registers(m);
end
```

以5级连接为例,使用连接多项式数组connection=[1 0 0 1 0],得到结果矩阵如图2.9所示。

	1	2	3	4	5	6	7	8
1	1	1	1	0	1	1	0	0
2	0	1	1	1	1	1	0	0
3	1	1	0	1	0	0	1	0
4	0	0	0	1	0	1	0	

图2.9　m序列

2.5.2　伪随机组合发生器的一般原理

组合发生器是指用几个不同的随机数发生器组合所得到的一种发生器。理论上,一个组合发生器可以由不同类型的伪随机数发生器构成。在一般应用中,大家经常选择数个线性同余发生器构成组合发生器。研究证明,几个独立且近似均匀分布的随机变量在合理的线性组合下也是一个近似均匀分布的随机变量。这里我们仅利用前面得到的结果简单地认识一下组合发生器。

组合发生器一算法描述如下:

① 用混沌映射(RandCL)产生N个随机数,存放在矢量$L=(l_1,l_2,\cdots,l_N)$中。

② 用线性同余发生器(RandU1)产生一个小于N的随机整数k。

③ 令$r_n=l_k$。然后利用混沌映射(RandCL)再产生一个随机数temp,令$l_k=\text{temp}$。

④ 重复②③得到新的随机序列$\{r_n\}$。

取$N=120$产生1000个随机数进行检验,经组合发生器算法一产生的随机数的独立性较混沌映射(RandCL)有所提高,均匀性较线性同余发生器(RandU1)有所提高,且具有较长的周期,可以认为该组合发生器是成功的。

组合发生器二算法描述如下:

① 设有m个乘同余发生器,

$$x_{i+1}^{(j)} = a^{(j)} x_i^{(j)} \bmod M^{(j)}, i = 0,1,\cdots, j = 1,2,\cdots,m$$

在 2.2.1 中已经论述过，对于给定的模 $M^{(j)}$ 和乘子 $a^{(j)}$ 可以保证序列有最大周期。

② 构成随机序列 $\{u_i\}$，满足：

$$u_i = \frac{\sum_{j=1}^{m} c^{(j)} x_i^{(j)}}{M^{(j)}}$$

其中，$c^{(1)}, c^{(2)}, \cdots c^{(m)}$ 为 m 个非 0 的任意整数。

③ 取 $y_i = u_i \bmod 1$（将 u_i 归一化），得到服从 $U(0,1)$ 的伪随机序列 $\{y\}$。

组合发生器算法二构造的组合发生器可以完全等价于一个关联线性同余发生器：$y_{i+1} = \alpha y_i \mathrm{mod} P$。其中其模和乘子有：

$$P = \prod_{j=1}^{m} M^{(j)}$$

$$\alpha = \left[\sum_{j=1}^{m} \frac{a^{(j)} g^{(j)} M}{M^{(j)}}\right] \mathrm{mod} M$$

$$g^{(j)} = \left[\frac{M}{M^{(j)}}\right]^{M^{(j)}-2} \mathrm{mod} M^{(j)}$$

并且乘子 α 与 $c^{(1)}, c^{(2)}, \cdots, c^{(m)}$ 无关。由上述关系可以看出，被组合的模和乘子（$M^{(j)}, a^{(j)}$）可以决定关联线性同余发生器的乘子 α 和模 M。适当选择 $M^{(j)}$ 和 $a^{(j)}$ 可以取得品质相当好的随机数。实验证明，当 $m=2$ 时（两个 LCG 组合），取 $M^{(1)} = 2147472787$，$a^{(1)} = 36729$，$c^{(1)} = 1$；$M^{(2)} = 2143985443$，$a^{(2)} = 40973$，$c^{(2)} = -1$ 是一个良好的选择。

2.6 随机序列在信息隐藏中的运用

前面我们讨论了多种与伪随机序列有关的知识，之所以要专辟一章讨论这个问题，是因为我们发现随机序列的知识与具体的隐藏算法有着密切的联系，甚至决定着隐藏效果的好坏。如对于盲嵌入水印，其水印本身就是一个随机序列构成的信号，水印的区别完全由序列种子(seed)决定。图 2.10 是在不知道真实 seed 的情况下检测水印的曲线图。

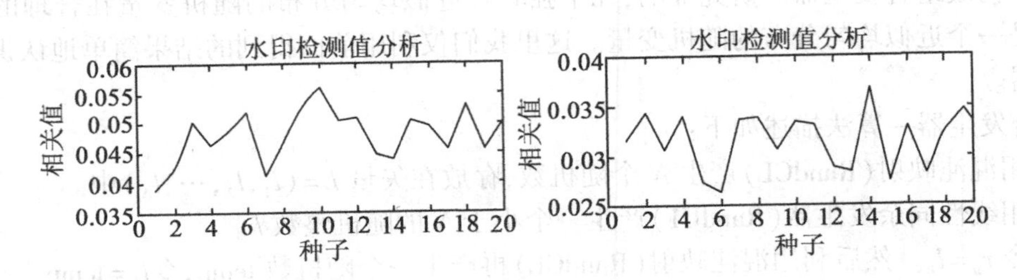

图 2.10　序列种子与水印信号

从图 2.10 可以看到，曲线找不到一个明确的峰值。这就好比在不知道密钥的情况下试探性地解密文件一样，成功的几率是可以忽略的。再比如在有些隐藏算法中，为了使水印信号与噪声信号有相同的特点，我们必须用正态随机序列去构成水印，这就需要了解正态随机序列是怎么得到的。关于水印与随机序列的问题将在水印的有关章节再具体叙述。这里，我们仅仅关心随机序列在信息隐藏中的一个应用方面——选择信息嵌入位。

2.6.1　随机序列与信息嵌入位的选择

一个品质良好的随机序列可以在信息安全的诸多领域发挥不可估量的作用。在信息隐藏中,最直接的一个例子就是通过随机序列控制秘密信息的嵌入规则。一个没有随机序列控制的隐藏算法是没有安全性可言的。图2.11是在顺序选取像素点的情况下运用LSB空域隐藏算法得到的效果,仔细观察不难发现在图像中隐藏有信息。

图2.11是由于秘密信息长度很短导致其只占用了载体图像的一部分像素位造成的。出现这样的效果基本上可以认为实验是失败了。解决这一问题的方法就是将秘密信息打散嵌入到图像中,使其不至于在一个局部形成明显的分界线。那么如何打散呢?

图2.11　嵌入位选择不当

Kerckhoffs原则是信息安全的一个基本原则,即系统的安全仅仅依赖于密钥而不是安全算法。同样还是举LSB算法的例子,如果将信息顺序地隐藏到图像中,那么将不存在密钥的应用空间。在算法公开的要求下,任何一个人都可以逐一将秘密信息提取,信息隐藏将毫无意义。那么如何使用密钥呢?

回答上述两个问题的答案就是:使用随机序列控制信息嵌入位。在整幅图像中随机选择嵌入位将解决前一个问题,而随机序列的种子当然的就可以看做密钥。

常见的随机数控制的方法有两个:随机间隔法和随机置换法。本节主要介绍随机间隔法。随机间隔法的思想比较简单,主要是利用随机数的大小控制前后两个嵌入位的距离。如一个长为N的服从$U(0,1)$的随机序列$R=\{r_1,r_2,\cdots,r_N\}$,N大于秘密信息长度。取第一个嵌入位为i,伪C代码描述有:

```
inbeding address=i;
for (j=1;j<=length(message);j++)
    {
    if (rj>0.5)
        imbeding address+=k;
    else
        imbeding address+=p;
    }
```

以上代码的实质就是通过判断相应的随机数与0.5的大小,若大于0.5,则选择的嵌入位与前一个嵌入位间隔 $k-1$ 位，否则间隔 $p-1$ 位。

为了更好地在图像的二维矩阵中运用随机间隔法，我们编写了 randinterval. m 函数。该程序是一个严格意义上的随机间隔选择隐藏位的程序，今后我们将大量地用到它。对应前文所述的算法，我们这样定义了 k 与 p：

total = 图像载体总像素点；

quantity = 为要选择的像素点；

$$k=\left\lfloor\frac{\text{total}}{\text{quantity}}\right\rfloor+1$$

$p=K-2$；

函数代码如下：

```
%文件名:randinterval. m
%程序员:郭迟
%编写时间:2004.2.23
%函数功能:本函数将利用随机序列进行间隔控制,选择消息隐藏位
%输入格式举例:[row,col]=randinterval(test,60,1983)
%参数说明:
%matrix 为载体矩阵
%count 为要嵌入的信息的数量(要选择的像素数量)
%key 为密钥
%row 为伪随机输出的像素行标
%col 为伪随机输出的像素列标
function [row,col]=randinterval(matrix,count,key)
%计算间隔的位数
[m,n]=size(matrix);
interval1=floor(m*n/count)+1;
interval2=interval1-2;
if interval2 ==0
    error('载体太小不能将秘密信息隐藏进去!');
end
%生成随机序列
rand('seed',key);
a=rand(1,count);
%初始化
row=zeros([1 count]);
col=zeros([1 count]);
%计算 row 和 col
r=1;
c=1;
row(1,1)=r;
```

```
col(1,1)=c;
for i=2 : count
    if a(i)>=0.5
        c=c+interval1;
    else
        c=c+interval2;
    end
    if c>n
        r=r+1;
        if r>m
            error('载体太小不能将秘密信息隐藏进去!');
        end
        c=mod(c,n);
        if c ==0
            c=1;
        end
    end
    row(1,i)=r;
    col(1,i)=c;
end
```

我们在一个8×8的范围内对像素进行20点选择,输入:

```
>>test=zeros(8);
>>[row,col]=randinterval(test,20,1983);
>>for i=1:20
    test(row(i),col(i))=i;
end
```

随机间隔选择的结果如图2.12所示。

随机间隔控制法实现比较简单,在今后的实验中我们将经常使用到。使用随机间隔控制法选择的像素位是不会发生冲突的。

2.6.2 安全Hash函数

在随机置换法中,由于对随机序列不加任何的限制,不恰当的置换策略将很容易导致选择的像素位重复出现多次,从而造成一个像素嵌入了多个信息,后嵌入的信息破坏了先嵌入的信息,我们称这种情况为碰撞(collision)。解决碰撞的机制有很多,如数据结构中的开地址法等。这里我们将使用到安全Hash函数的伪随机置换算法,该算法可以解决碰撞问题。

Hash函数的作用是将任意长度的报文映射为一个长度固定的Hash码。Hash码是报文每一位的函数。报文任意一位的改变都将导致Hash码的改变。常用的安全Hash函数有:MD5,SHA-1等。这里,我们使用MD5。

seed=1983 的随机序列

	1	2	3	4	5	6	7	8	9	10	11	12	13
1	0.09842	0.13928	0.83403	0.47569	0.96968	0.4134	0.96501	0.84192	0.22852	0.68507	0.034194	0.70657	0.38195

Array Editor: test

File Edit View Web Window Help

Numeric format: shortG Size: 8 by 8

	1	2	3	4	5	6	7	8
1	1		2				3	
2	4				5		6	
3			7				8	
4	9				10		11	
5			12		13		14	
6	15		16		17		18	
7	19		20					
8								

图 2.12 随机间隔选择像素

MD5 算法运算步骤如下：

(1)填充报文

在报文后填充若干个 0,并在最后的 64 位上写入填充前的报文长度,使得总报文长度填充为与 448 模 512 同余。填充好的报文以每 512 位分组,记为 $M_0, M_1, \cdots, M_{L-1}, M_L$。

(2)初始化缓冲区

MD5 将使用到 4 个缓冲区 A,B,C,D,其长度均为 32 位。以 16 进制数表示其初值有：

A=67452301H

B=EFCDAB89H

C=98BADCFEH

D=10325476H

(3)循环执行压缩函数

在 MD5 的算法中,压缩函数将循环执行 L 次,L 为报文分组的组数。对于每一个压缩函数都由 4 轮运算完成,每轮运算输入都是一组 512 位的报文 M_q 和当前 128 位缓冲区 CV_q 的内容,输出都是 128 位的新缓冲区 CV_{q+1} 的内容。第 4 轮的输出与第 1 轮输入的缓冲区的内容相加构成一次压缩函数的输出,如图 2.13 所示。

(4)输出 Hash 码

处理完所有的 L 个分组后得到的 128 位输出即为输入报文的 MD5 码。

在图 2.13 中,★表示模 2^{32} 加法,即★的结果仍然为 32 位。可以看到,对于第 q 次循环压缩函数处理相应的报文 M_q,需要使用 4 个逻辑函数 f, g, h, i。这 4 个逻辑函数的输入均为 96 位(3 个缓冲区)的缓冲区 B, C, D 的内容,输出均为一个 32 位的字。其定义为：

$$f(B, C, D) = (((B) \& (C)) \mid ((\sim B) \& (D)))$$

$$g(B, C, D) = (((B) \& (D)) \mid ((C) \& (\sim D)))$$

$$h(B, C, D) = ((B) \hat{} (C) \hat{} (D))$$

$$i(B, C, D) = ((C) \hat{} ((B) \mid (\sim D)))$$

压缩函数的每一轮要对缓冲区 A,B,C,D 进行16次迭代，4轮运算就要进行64次迭代，每次的迭代形式为：

$B \rightarrow C$

$C \rightarrow D$

$D \rightarrow A$

$B\bigstar((A\bigstar \text{logic}(B,C,D)\ \bigstar X[k]\ \bigstar T[j])\lll S)\rightarrow A$

其中，★表示模 2^{32} 加法，即★的结果仍然为32位。$\lll S$ 表示对32位的变量循环左移 S 位。S 的取值见表2.7，logic 为 f,g,h,i 的一个。$X[k]$ 是第 q 个报文组（第 q 次循环执行压缩函数处理第 q 组报文，见图2.13）的第 k 个32位的字，k 的取值见表2.8。$T[j]$ 是表2.9中第 j 个32位的字，j 等于迭代的次数（第 j 次迭代使用 $T[j]$）。一次迭代的算法描述见图2.14。表2.10是几个具体数据的MD5输出。有关MD5的代码可参见附录三。

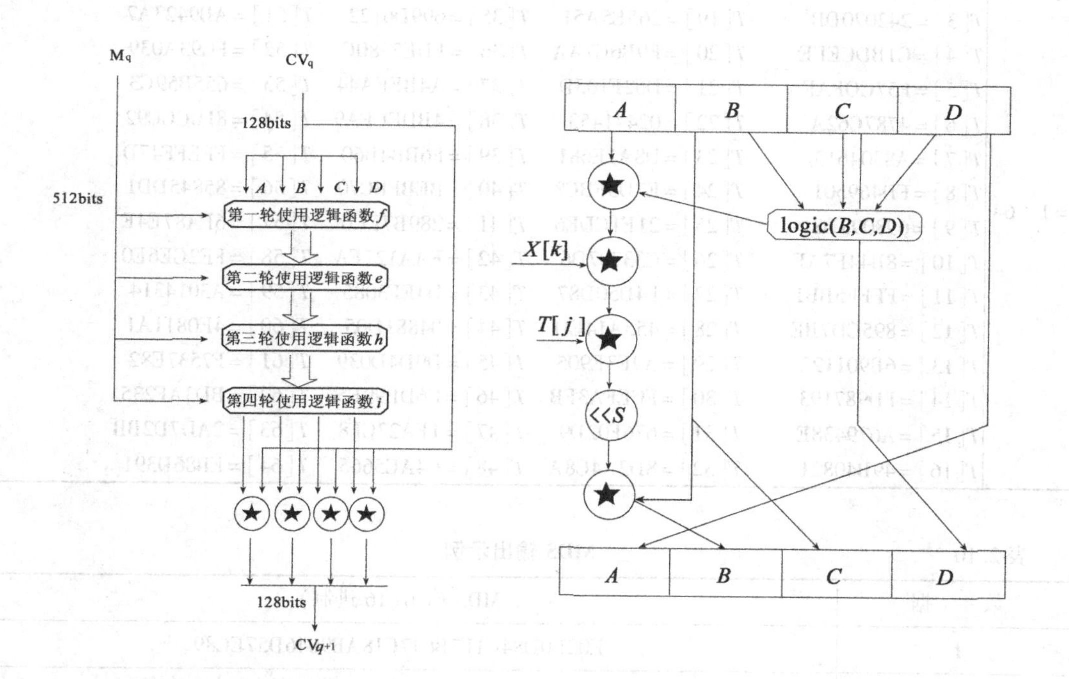

图2.13 MD5压缩函数　　图2.14 MD5压缩函数的一次迭代

表2.7 每次迭代运算中循环左移的位数

第一轮	7	12	17	22	7	12	17	22	7	12	17	22	7	12	17	22
第二轮	5	9	14	20	5	9	14	20	5	9	14	20	5	9	14	20
第三轮	4	11	16	23	4	11	16	23	4	11	16	23	4	11	16	23
第四轮	6	10	15	21	6	10	15	21	6	10	15	21	6	10	15	21

表 2.8　每组报文(512 位)中 16 个 32 位字的使用顺序

第一轮	X[0]	X[1]	X[2]	X[3]	X[4]	X[5]	X[6]	X[7]	X[8]	X[9]	X[10]	X[11]	X[12]	X[13]	X[14]	X[15]
第二轮	X[1]	X[6]	X[11]	X[0]	X[5]	X[10]	X[15]	X[4]	X[9]	X[14]	X[3]	X[8]	X[13]	X[2]	X[7]	X[12]
第三轮	X[5]	X[8]	X[11]	X[14]	X[1]	X[4]	X[7]	X[10]	X[13]	X[0]	X[3]	X[6]	X[9]	X[12]	X[15]	X[2]
第四轮	X[0]	X[7]	X[14]	X[5]	X[12]	X[3]	X[10]	X[1]	X[8]	X[15]	X[6]	X[13]	X[4]	X[11]	X[2]	X[9]

表 2.9　正弦构造函数表 T

	$T[j]=2^{32}\times\|\sin(j)\|$的整数部分			
$j=1:64$	T[1]=D76AA478	T[17]=F61E2562	T[33]=FFFA3942	T[49]=F4292244
	T[2]=EBC7B756	T[18]=C040B340	T[34]=8771F681	T[50]=432AFF97
	T[3]=242070DB	T[19]=265E5A51	T[35]=699D6122	T[51]=AB9423A7
	T[4]=C1BDCEEE	T[20]=E9B6C7AA	T[36]=FDE5380C	T[52]=FC93A039
	T[5]=F57COFAF	T[21]=D62F105D	T[37]=A4BEEA44	T[53]=655B59C3
	T[6]=4787C62A	T[22]=02441453	T[38]=4BDECFA9	T[54]=8F0CCC92
	T[7]=A8304613	T[23]=D8A1E681	T[39]=F6BB4B60	T[55]=FFEFF47D
	T[8]=FD469501	T[24]=E7D3FBC8	T[40]=BEBFBC70	T[56]=85845DD1
	T[9]=698098D8	T[25]=21E1CDE6	T[41]=289B7EC6	T[57]=6FA87E4F
	T[10]=8B44F7AF	T[26]=C33707D6	T[42]=EAA127FA	T[58]=FE2CE6E0
	T[11]=FFFF5BB1	T[27]=F4D50D87	T[43]=D4EF3085	T[59]=A3014314
	T[12]=895CD7BE	T[28]=455A14ED	T[44]=04881D05	T[60]=4E0811A1
	T[13]=6B901122	T[29]=A9E3E905	T[45]=D9D4D039	T[61]=F7537E82
	T[14]=FD987193	T[30]=FCEFA3FB	T[46]=E6DB99E5	T[62]=BD3AF235
	T[15]=A679438E	T[31]=676F02D9	T[47]=1FA27CF8	T[63]=2AD7D2BB
	T[16]=49B40821	T[32]=8D2A4C8A	T[48]=C4AC5665	T[64]=EB86D391

表 2.10　MD5 输出示例

数　据	MD5 输出(16 进制)
1	E02E0D84C1F7B647C18AB9646D57EC89
256	551E368297AE3073C0F43F5C52E76382
lenna 图像矩阵	E6FFB2A9F14AA001D642CEE180B92245
woman 图像矩阵	46C537D1E0D78EC50FF5A5D5F7F54A25

2.6.3　应用安全 Hash 函数的随机置换算法

上一节详细介绍了 MD5 算法及其实现方法。以此为基础,我们再描述一种非常重要的伪随机置换算法。

设每一个输入 i,i 为小于载体总嵌入单位数的一个整数(如载体若有 256×256 像素,且每一像素点嵌入 1bit 信息,则 $i<256\times256$)。由 i 均能得到一个数 j_i,表示秘密信息中第 i 个 *bit* 相应的嵌入载体的索引,且 j_i 不会发生重复。j_i 的生成步骤为:

$v=[i/X]$;

$u=i \bmod X$;

$v=(v+\mathrm{MD5}(u,k_1)) \bmod Y$;

$u=(u+\mathrm{MD5}(v,k_2)) \bmod X$;

$v=(v+\mathrm{MD5}(u,k_3)) \bmod Y$;

$j_i=vX+u$;

其中 X,Y 分别为载体图像的行、列像素数量。有的读者可能会认为在这个算法中,输入的是一个顺序序列$\{i\}$,并没有使用随机序列。事实上,这个算法就是一个新的伪随机发生器,$\{j_i\}$才是一个随机序列。由于这个随机序列仅在地址选择上起作用,所以我们并不考虑它的概率分布和相关性质。

大家可以利用 MATLAB 与 C 的接口功能,将编译好的 MD5 代码(md5dl. dll)直接调用,编写函数 hashreplacement. m,完成算法。当然也可以在 Mathworks 官方网站上下载有关 MD5 的函数,下载地址为:

http://www. mathworks. com/MATLABcentral/fileexchange/loadFile. do? objectId = 3784&objectType=File

为了方便起见,可使用从该地址下载的 MD5 函数编写随机置换函数。

需要说明的是,在上述算法中由于取模运算的存在,单就每一步输出来说都是有可能重复的,只有将三次求模结合起来才可以起到避免冲突的作用。鉴于此,同时为了避免 128 位大数存储以及求模的运算,根据数制由基与权构成的思想,将 Hash 码每 16 进制字符的权由 16^i 调整为 $32-i$。如对于 16 进制数 1234H,其相应的十进制应该为:

$$1\times16^3+2\times16^2+3\times16+4=4660$$

现在调整为:

$$4\times32+3\times31+2\times30+29=310$$

当然这样调整在严格意义上来说是不恰当的,它会造成 MD5 输出数据的不惟一,大大弱化了 MD5 的作用。但因为前面我们说过在随机置乱的算法中是允许在单步运算中出现数据重复的,所以我们还是使用这样的调整。实验证明,这种调整是可行的。经过对许多数据的置乱计算,结果都没有出现问题。

最后,有兴趣的读者可以利用数组大数存储和重复平方求模等方法完成真实的 MD5 数据运算。考虑到 MATLAB 的运算速度,建议最好利用 C 完成函数的编译,再利用 C 与 MATLAB 的接口,由 MATLAB 完成函数的调用工作,这样可以提高效率。

```
%文件名:hashreplacement. m
%程序员:郭迟
%编写时间:2004. 2. 23
%函数功能:本函数将利用 MD5 函数产生随机的无碰撞的像素选择策略
%输入格式举例:[row,col]=hashreplacement(test,60,1983,421,1121)
%参数说明:
%matrix 为载体矩阵
%quantity 为要嵌入的信息的数量(要选择的像素数量)
%key1,key2,key3 为三个密钥
%row 为伪随机输出的像素行标
```

```
%col 为伪随机输出的像素列标
function [row,col]=hashreplacement(matrix,quantity,key1,key2,key3)
%记录载体矩阵大小
[X,Y]=size(matrix);
%初始化 row 和 col
row=zeros([1,quantity]);
col=zeros([1,quantity]);
j=zeros([1,quantity]);
for i=1:quantity
    v=round(i/X);
    u=mod(i,X);
    v=mod(v+md52num(md5(u+key1)),Y);
    u=mod(u+md52num(md5(v+key2)),X);
    v=mod(v+md52num(md5(u+key3)),Y);
    j(i)=v*X+u+1;
    col(i)=mod(j(i),Y);
    row(i)=j(i)/Y;
    row(i)=double(uint8(row(i)))+1;
    if col(i)==0
        col(i)=Y;
        row(i)=row(i)-1;
    end
end
%hashreplacement 的子函数用以将 MD5 码转成数字
function result=md52num(md5code)
result=0;
for i=1:32
    result=result+table(md5code(i))*i;
end
%hashreplacement 的子函数用以查表转换 16 进制字符为数字
function a=table(character);
switch character
    case '0' a=0; case '1' a=1; case '2' a=2; case '3' a=3; case '4' a=4;
    case '5' a=5; case '6' a=6; case '7' a=7; case '8' a=8; case '9' a=9;
    case 'a' a=10; case 'b' a=11; case 'c' a=12; case 'd' a=13;
    case 'e' a=14; otherwise a=15;
end
%md5 函数,相应的.dll 文件可从 mathworks 网站下载:
function y=md5(M)
    y=md5dll(M);
```

我们仍以一个 8×8 的矩阵 test 为例,用上述方法进行嵌入位选择。输入:

```
>>test=zeros(8);
>>[row,col,j]=hashreplacement(test,60,1983,421,1121);
>>for i=1:60
      test(row(i),col(i))=i;
  end
```

图 2.15 是在 8×8 范围内伪随机置换选择 60 点的选择结果。

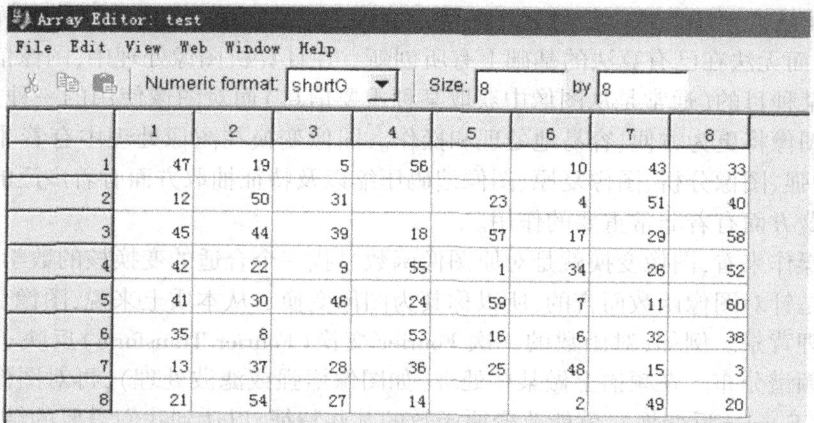

Array Editor: test

File Edit View Web Window Help

Numeric format: shortG　Size: 8 by 8

	1	2	3	4	5	6	7	8
1	47	19	5	56		10	43	33
2	12	50	31		23	4	51	40
3	45	44	39	18	57	17	29	58
4	42	22	9	55	1	34	26	52
5	41	30	46	24	59	7	11	60
6	35	8		53	16	6	32	38
7	13	37	28	36	25	48	15	3
8	21	54	27	14		2	49	20

图 2.15　伪随机置换

第3章 载体信号的时频分析

由于大量的信息隐藏算法是针对变换域和压缩域的，所以数字信号处理将在信息隐藏中反复大量地出现。不了解数字信号处理的基本原理和特点，我们就无法深入理解各个信息隐藏的算法，继而无法在已有算法的基础上有所创新。在计算机图像处理中，图像信号变换是一种为了达到某种目的(通常是从图像中获取某种重要信息)而对图像使用的一种数学技巧，经过变换后的图像将更为方便、容易地处理和操作。图像变换在图像处理中有着非常重要的地位，在图像增强、图像分析、图像复原、图像编码压缩以及特征抽取方面有着广泛的应用。特别是在信息隐藏方面有着非常重要的作用。

从实际操作来看，图像变换就是对原图像函数寻找一个合适的变换核的数学变换，由于这种变换方法是针对图像函数而言的，所以称其为图像变换。从本质上来说，图像变换有着深刻的数学和物理背景。例如，对函数的一次 Fourier 变换(Fourier Transform)反映了函数在系统频谱面上的频谱分布。在频谱上做某些处理(如图像增强或滤波处理)，再对图像进行第二次 Fourier 变换(Fourier 反变换)，就能改变原函数的某些特征，以达到我们需要的结果。另外，图像经过一定的变换(Fourier 变换、离散余弦变换)后，图像频谱函数的统计特征表明：图像的大部分能量都集中在低、中频段，高频分量很弱，仅仅体现了图像的某些细节。因此，可以通过图像变换来消除图像的高频段，从而达到图像压缩的目的，或者实现诸多隐藏和水印算法。

本章主要介绍在计算机图像处理中常用的也是信息隐藏中主要的几种变换(DFT，FFT，DCT，DWT)以及它们的一、二维变换公式和性质，并应用这些数学变换编程对图像进行具体的变换示例。

3.1 离散 Fourier 变换

3.1.1 DFT 原理

在图像变换中，最基础的变换就是 Fourier 变换，掌握了 Fourier 变换，人们就可以在空域和频域中同时处理问题。对信号进行 Fourier 变换就是求信号的频谱。它能够定量地分析诸如数字化系统、采样点、电子放大器、卷积滤波器、噪音和显示点等的作用。把 Fourier 变换的理论同其物理解释相结合，将有助于解决大多数图像处理的问题。Fourier 变换分为连续形式的和离散形式的，在计算机上使用的 Fourier 变换通常都是离散形式的，即离散傅氏变换(Discrete Fourier Transform，DFT)。DFT 就是将离散信号的 Fourier 变换再离散化。使用离散 Fourier 变换类型的根本原因有两个：一是 DFT 的输入、输出均为离散形式的，这使得计算机非常容易操作；二是因为计算 DFT 存在快速算法(FFT)，因而计算比较方便。结合图像实际，我们简单介绍一下二维 DFT 的定义。

在 $M\times N$ 的正方形网格上对函数 $f(x,y)$ 进行采样，可以得到二维离散化后的函数 $f(m,n)$。

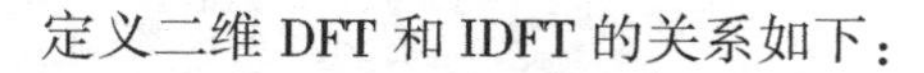

定义二维 DFT 和 IDFT 的关系如下：

$$F(p,q)=\sum_{m=0}^{M-1}\sum_{n=0}^{N-1}f(m,n)\mathrm{e}^{-j(2\pi/M)pm}\mathrm{e}^{-j(2\pi/N)qn}\qquad p=0,1,2,\cdots,M-1$$

$$q=0,1,2,\cdots,N-1\tag{3.1}$$

$$f(m,n)=\frac{1}{MN}\sum_{p=0}^{M-1}\sum_{q=0}^{N-1}F(p,q)\mathrm{e}^{j(2\pi/M)pm}\mathrm{e}^{j(2\pi/N)qn}\qquad m,n=0,1,2,\cdots,M-1$$

$$n=0,1,2,\cdots,N-1\tag{3.2}$$

粗略地讲,式(3.1)表明$f(m,n)$可以表示为无穷多个不同频率的复指数幂(正弦的)之和,在频率(p,q)上贡献的幅值和相位由$F(p,q)$给出。$F(p,q)$通常称为$f(m,n)$的频域表示。$F(p,q)$是复值函数,在p和q上都是周期性的,且周期为2π。因为其具有周期性通常只显示$-\pi\leqslant p,q\leqslant\pi$的范围。注意$F(0,0)$是$f(m,n)$的所有值之和,因此$F(0,0)$通常称为 Fourier 变换的恒定分量或 DC 分量(直流分量)。如果$f(m,n)$是一幅图像,则$F(p,q)$是它的谱,变量p对应着X轴,q对应着Y轴。有时,我们又将$F(p,q)$称为图像的空间频率。

通常计算一维 DFT 所需要的乘法和加法操作的次数是N^2次,因为它把所有的复指数值都存在一张表中,这样的计算量实在太大。而快速 Fourier 算法(FFT)将 DFT 计算式分解,可以将操作降到$(N\log_2(N))$数量级,尤其当N是 2 的幂(即$N=2^p$,其中p是整数)时,计算效率最高,实现起来也最简单。

3.1.2　DFT 应用示例

(1)快速卷积

Fourier 变换的卷积定理指出了 Fourier 变换的一个主要好处:与其在空域中作不直观的、难懂的卷积,不如在频域中作乘法,而且可以达到相同的效果。

根据卷积定理:

$$F[A\times B]=F[A]\cdot F[B]$$

则有

$$A\times B=F^{-1}\{F[A]\cdot F[B]\}$$

下面的程序就是按上述原理实现快速卷积。首先构造两个矩阵A和B,代码如下:

```
>>A=magic(3); B=ones(3);
>>A(8,8)=0; B(8,8)=0;
>>A2=fft2(A);
>>B2=fft2(B);
>>M=A2 * B2;
>>C=ifft2(M);
>>C=C(1:5,1:5);
>>C=real(C);
```

以上这段程序的过程如下:先用 1 ~9 之间的数产生一个 3×3 方阵 A,再生成一个全 1 的 3×3方阵 B,用 0 将 A 和 B 分别补成 8×8 方阵,对 A 和 B 进行 Fourier 变换,将变换的结果在频域内进行点乘,最后将点乘的结果变回空域,并截取有效数据,最后结果如图 3.1 所示。

(2)图像 Fourier 变换实例

一幅图像的 Fourier 变换的结果如图 3.2 所示。图 3.2(a)是原始图像,图3.2(b)是幅值

Array Editor: C

File Edit View Web Window Help

Numeric format: shortG Size: 5 by 5

	1	2	3	4	5
1	8	9	15	7	6
2	11	17	30	19	13
3	15	30	45	30	15
4	7	21	30	23	9
5	4	13	15	11	2

图 3.1 卷积结果

分布图像,图 3.2(c)是将低频直流成分移动到图像中心的幅值图像,图 3.2(d)是相位图像。

(a)原始图像 (b)幅值分布图像

(c)幅值图像 (d)相位图像

图 3.2 lenna 的 Fourier 变换

下面结合图 3.2(b),图 3.2(c)说明图像 Fourier 变换的幅值分布。图 3.2(b)表明变换结果的左上、右上、左下、右下 4 个角的周围对应于低频成分,中央部位对应于高频成分。为了分析方便,一般采用如图 3.3 所示的换位方法使低频直流成分出现在变换结果图像的中央。图 3.2(c)就是换位移动后的幅值图像。

但应注意到,换位后的数组当再进行反变换时得不到原图像。也就是说,在进行反变换时,必须使用四角代表低频部分,中央对应高频部分的变换结果,这样的二维 Fourier 变换称为光学 Fourier 变换。下面介绍如何利用 MATLAB 实现图像的 Fourier 变换。MATLAB 函数 fft, fft2 和 fftn 分别可以实现一维、二维和 N 维 DFT 快速 Fourier 变换算法,而函数 ifft,和 ifftn 则用

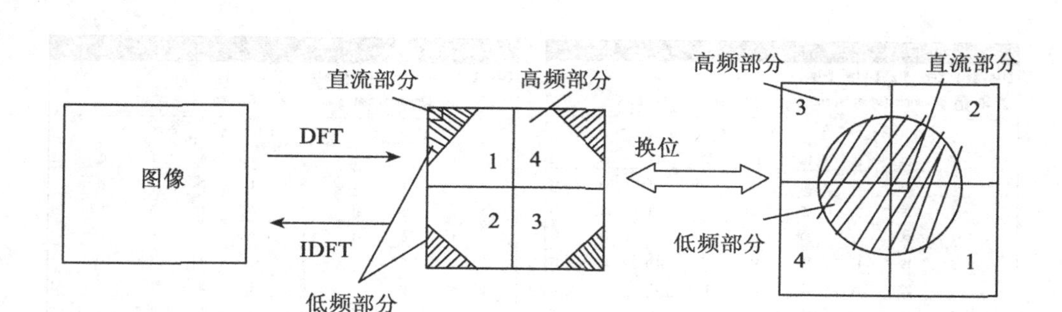

图 3.3　分块换位

来计算反 DFT,它们是需要进行反变换的图像作为输入参数,计算得到输出图像的。这些函数的调用格式如下:

$$A = \text{fft}(X, N, \text{DIM})$$

其中,X 表示输入图像,N 表示采样间隔点。如果 X 小于该数值,那么 MATLAB 将会对 X 进行填充,否则将进行截取,使之长度为 N。DIM 表示要进行离散 Fourier 变换的维数,A 为变换后的返回矩阵:

$$A = \text{fft2}(X, \text{MROWS}, \text{NCOLS})$$

其中,MROWS 和 NCOLS 指定对 X 进行零填充后的 X 大小(可缺省)。

$$A = \text{fftn}(X, \text{SIZE})$$

其中,SIZE 是一个向量,它们每一个元素都将指定 X 相应维进行零填充后的长度。函数 ifft, ifft2 和 ifftn 的调用格式与对应的离散 Fourier 变换函数一致。

利用 MATLAB 实现图 3.2 这个实验的代码如下:

```
>>f=imread('lenna.jpg');
>>F=fft2(f);
>>F1=log(abs(F));           %求幅值
>>imshow(F1,[-1 25]);
>>F2=fftshift(F);           %如图3.3 换位
>>F3=log(abs(F2));          %求幅值
>>imshow(F3,[-1 25]);
>>F4=ANGLE(F);              %求相位
>>imshow(F4,[-1 5]);
```

图 3.2(c),图 3.2(d)分别是图像 Fourier 变换的幅值图像和相位图像,也许大家会认为幅值图像更重要,因为它至少表现出一些可辨认的结构,而相位图像看起来则是完全随机的,但事实却恰恰相反。幅值谱表明了各正弦分量出现的多少,而相位信息表明了各正弦分量在图像中出现的位置。只要各正弦分量保持原位,则对于图像整体来说,幅值就显得不那么重要了。

图 3.4 是一个二维矩阵及其 Fourier 变换得到的幅值矩阵。注意,低频直流成分已经移到矩阵中心。需要指出的是,幅值矩阵元素的值只截取了一小段。

Array Editor: A

File Edit View Web Window Help

Numeric format: shortG　Size: 80 by 80

	1	2	3	4	5	6	7	8
1	19	18	16	16	17	14	14	13
2	20	17	30	19	13	15	18	19
3	15	30	45	30	15	19	21	14
4	18	21	30	23	9	13	14	12
5	19	13	15	11	17	17	18	17
6	22	19	15	16	13	11	23	16
7	17	19	19	15	12	10	16	21
8	26	18	20	17	19	19	15	13

(a) 输入矩阵

Array Editor: A

File Edit View Web Window Help

Numeric format: shortG　Size: 80 by 80

	1	2	3	4	5	6	7	8
1	1	2	0	1	0	1	0	2
2	1	2	3	1	0	1	2	1
3	1	91	2	0	1	0	1	1
4	0	1	1	2	2	0	1	1
5	2	2	1	3	107	3	2	1
6	0	1	0	1	2	1	2	1
7	1	0	2	1	1	1	1	0
8	1	1	2	1	0	1	3	2

(b) 幅值矩阵

图 3.4

由图 3.4 可以看出，图像的能量主要集中在低频部分，高频部分的幅值很小。对大多数无明显颗粒噪声的图像来讲，低频部分集中了 90% 的能量，这一事实已成为图像变换压缩方法的理论基础。例如，变换后仅保留低频分量，而舍弃高频分量，反变换时再将高频分量恢复为零值与低频分量一起进行反变换即可还原图像。下面再举几个具体的例子。

[例 3-1]　在 MATLAB 执行区输入如下代码，得到如图3.5所示的结果。

```
>>f=zeros(30,30);
>>f(5:24,13:17)=1;
>>imshow(f,'notruesize');
>>F=fft2(f,256,256);%Fourier 变化
>>F1=fftshift(F);
>>imshow(log(abs(F1)),[-1 5]);
>>colormap(jet)
```

(a)矩阵 f 的二进制图像

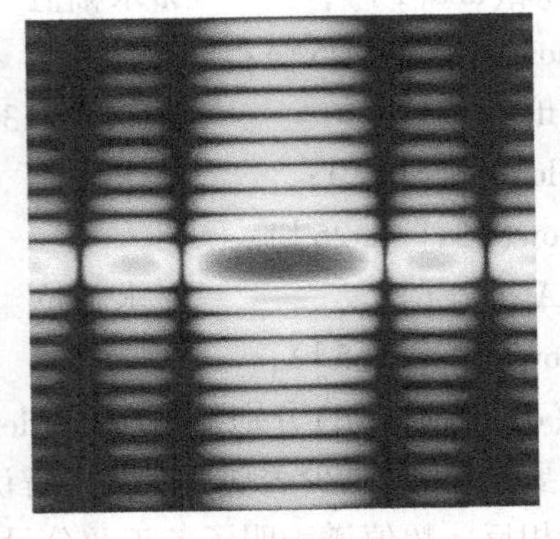

(b)矩阵 f 二进制图像的 Fourier 变换结果

图 3.5

[例 3-2]　在 MATLAB 执行区输入如下代码，利用三维枝干图显示快速 Fourier 变换的计

算过程,得到如图3.6所示的结果,代码如下:

```
>>th=(0:127)/128*2*pi;
>>x=cos(th);
>>y=sin(th);                              %计算复平面上单位圆
>>f=(abs(fft(ones(10,1),128)))';          %计算一步频率响应的幅值
>>stem3(x,y,f,'*');                       %绘制三维枝干图
>>xlabel('实部');ylabel('虚部');zlabel('幅值');title('频率响应');
```

如果需要换个角度查看三维枝干图,则首先执行:rotate3d on。实验结果如图3.6所示。

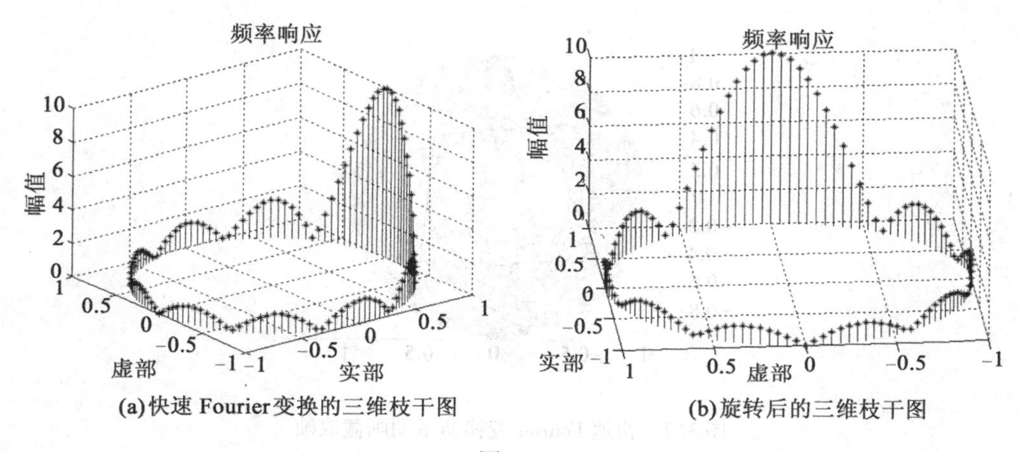

(a)快速 Fourier变换的三维枝干图　　(b)旋转后的三维枝干图

图3.6

[例3-3]　在MATLAB执行区输入如下代码,创建一个视频动画,演示快速Fourier变换的过程。动画播放过程中的几个画面如图3.7所示。

```
>>axis equal;
>>M=moviein(16,gcf);
>>set(gca,'nextplot','replacechildren');
>>h=uicontrol('style','slider','position',...
  [100 10 500 20],'min',1,'max',16);
>>for j=1:16
    plot(fft(eye(j+16)))
    set(h,'value',j)
    M(:,j)=getframe(gcf);
>>end
>>clf
>>axes('position',[0 0 1 1]);
>>movie(M,30);
```

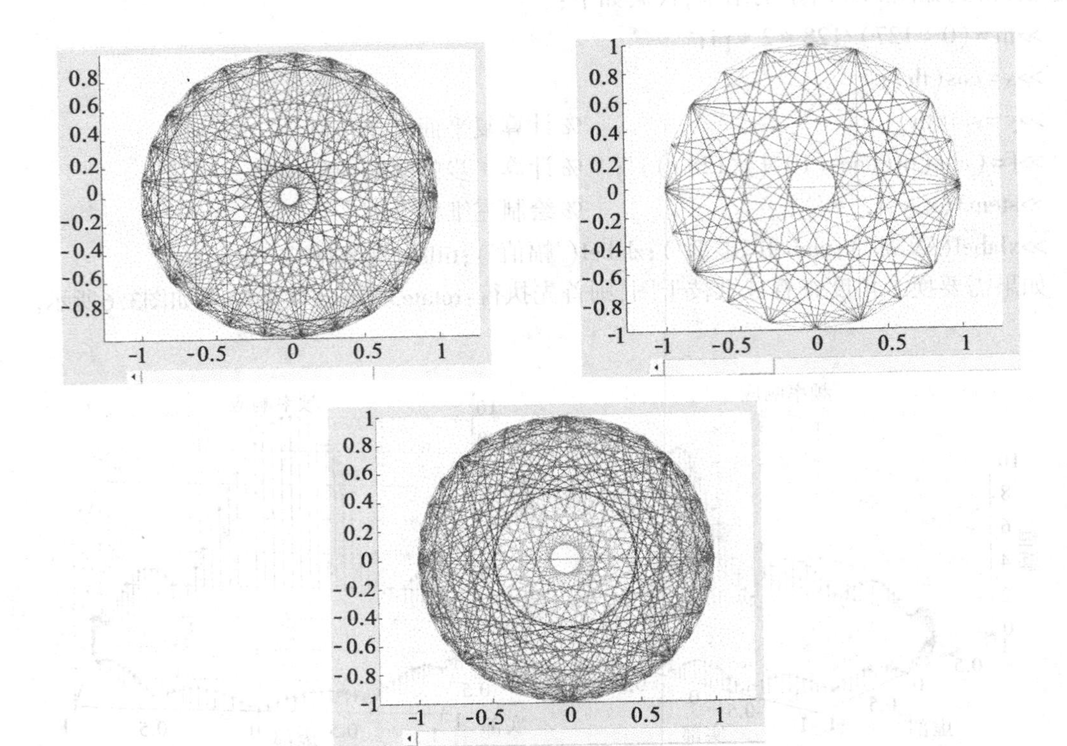

图 3.7　快速 Fourier 变换演示动画截取帧

3.2　离散余弦变换

3.2.1　DCT 原理

离散余弦变换(Discrete Cosine Transform,DCT)是一种实数域变换,其变换核为实数的余弦函数。利用 Fourier 变换的对称性,采用图像边界褶翻操作将图像变换为偶函数形式,然后对这样的图像进行二维离散 Fourier 变换,变换后的结果将仅包含余弦项,故称为离散余弦变换。对一幅图像进行离散余弦变换,有这样的性质:许多有关图像的重要可视信息都集中在 DCT 变换的一小部分系数中。因此,离散余弦变换(DCT)是有损图像压缩 JPEG 的核心,同时也是所谓"变换域信息隐藏算法"的主要"变换域(DCT 域)"之一。因为图像处理运用二维离散余弦变换,所以在此我们直接介绍二维 DCT。

一个 $M \times N$ 矩阵 A 的二维 DCT 定义如下:

$$B_{pq} = a_p a_q \sum_{m=0}^{M-1} \sum_{n=0}^{N-1} A_{mn} \cos \frac{\pi(2m+1)p}{2M} \cos \frac{\pi(2n+1)q}{2N}$$

$$0 \leqslant p \leqslant M-1, 0 \leqslant q \leqslant N-1$$

其中:

$$a_p=\begin{cases}\dfrac{1}{\sqrt{M}},p=0\\ \sqrt{\dfrac{2}{M}},1\leqslant p\leqslant M-1\end{cases},a_q=\begin{cases}\dfrac{1}{\sqrt{N}},q=0\\ \sqrt{\dfrac{2}{N}},1\leqslant q\leqslant N-1\end{cases} \tag{3.3}$$

数值 B_{pq} 称为 A 的 DCT 系数。

逆 DCT 变换定义如下：

$$A_{mn}=\sum_{p=0}^{M-1}\sum_{q=0}^{N-1}a_p a_q B_{pq}\cos\frac{\pi(2m+1)p}{2M}\cos\frac{\pi(2n+1)q}{2N}$$

$$0\leqslant m\leqslant M-1,0\leqslant n\leqslant N-1 \tag{3.4}$$

DCT 逆变换方程可理解为：任意 $M\times N$ 的矩阵 A 都可以写成 $M\times N$ 个式(3.5)所示函数的加权组合：

$$a_p a_q B_{pq}\cos\frac{\pi(2m+1)p}{2M}\cos\frac{\pi(2n+1)q}{2N}$$

$$0\leqslant p\leqslant M-1,0\leqslant q\leqslant N-1 \tag{3.5}$$

这些函数被称为 DCT 基本函数。DCT 系数 B_{pq} 可以看成应用于每一个函数的权值。二维 DCT 变换具有可分离性，可以分解为双重的一维 DCT 变换，实现较为方便。

为了方便 DCT 运算的程序实现以及适应将来分块 DCT 的需要，我们引入一个 DCT 变换矩阵的概念。$M\times M$ 变换矩阵 T 由下式给出：

$$T_{pq}=\begin{cases}\dfrac{1}{\sqrt{M}}, & p=0,0\leqslant q\leqslant M-1\\ \sqrt{\dfrac{2}{M}}\cos\dfrac{\pi(2q+1)p}{2M}, & 1\leqslant p\leqslant M-1,0\leqslant q\leqslant M-1\end{cases} \tag{3.6}$$

对于一个 $M\times N$ 矩阵 A，$T\times A$ 是一个 $M\times N$ 矩阵，该矩阵的列包含矩阵 A 列的一维 DCT。A 的二维 DCT 可以通过计算 $B=T\times A\times T'$ 获得。由于 T 是一个实标准正交矩阵，所以其逆变换的形式与变换形式一致，因此 B 的二维逆 DCT 由 $T'\times A\times T$ 给出。这给我们后面的编程带来了极大的方便。正是因为 DCT 可以这样实现，我们也将 DCT 看做一个典型的图像正交变换。

最后我们来看一个简单的二维 DCT 的例子。

［例 3-4］　设原始信号为 2×2 的矩阵 A，$A=\begin{bmatrix}1 & 2\\ 3 & 4\end{bmatrix}$，根据式(3.3)对其做 DCT 变换，得：

$$B(0,0)=a_{p0}a_{q0}\sum_{m=0}^{1}\sum_{n=0}^{1}A_{mn}=\frac{1}{2}(1+2+3+4)=5$$

$$B(0,1)=a_{p0}a_{q1}\sum_{m=0}^{1}\sum_{n=0}^{1}A_{mn}\cos\frac{(2n+1)\pi}{4}$$

$$=\frac{1}{\sqrt{2}}(A_{00}\cos\frac{\pi}{4}+A_{01}\cos\frac{3\pi}{4}+A_{10}\cos\frac{\pi}{4}+A_{11}\cos\frac{3\pi}{4})$$

$$=-1$$

$$B(1,0)=a_{p1}a_{q0}\sum_{m=0}^{1}\sum_{n=0}^{1}A_{mn}\cos\frac{(2m+1)\pi}{4}$$

$$=\frac{1}{\sqrt{2}}(A_{00}\cos\frac{\pi}{4}+A_{01}\cos\frac{\pi}{4}+A_{10}\cos\frac{3\pi}{4}+A_{11}\cos\frac{3\pi}{4})$$

$$= -2$$

$$B(1,1) = a_{p_1} a_{q_1} \sum_{m=0}^{1} \sum_{n=0}^{1} A_{mn} \cos \frac{(2m+1)\pi}{4} \cos \frac{(2n+1)\pi}{4}$$

$$= (A_{00} \cos \frac{\pi}{4} \cos \frac{\pi}{4} + A_{01} \cos \frac{\pi}{4} \cos \frac{3\pi}{4} + A_{10} \cos \frac{3\pi}{4} \cos \frac{\pi}{4} + A_{11} \cos \frac{3\pi}{4} \cos \frac{3\pi}{4})$$

$$= 0$$

3.2.2 DCT 的 MATLAB 实现

下面我们介绍如何用 MATLAB 实现图像的 DCT 变换。MATLAB 提供了两种实现离散余弦变换的方法,即两种函数。

第一种方法是使用函数 dct2,该函数使用一个基于 FFT 的快速算法来提高当输入较大的输入方阵时的计算速度。dct2 函数的调用格式如下:

$B = \text{dct2}(A,[M\ N])$ 或

$B = \text{dct2}(A,M,N)$

其中,A 表示要变换的图像,M 和 N 是可选参数,表示填充后的图像矩阵大小。B 表示变换后得到的图像矩阵。

第二种方法使用由函数 dctmtx 返回的 DCT 变换矩阵,按照式(3.6)所表明的方法完成图像 DCT。这种方法较适合于较小的输入方阵(如 8×8 或 16×16 方阵)以及后面我们通常要使用到的分块 DCT(block DCT)。dctmtx 的调用格式如下:

$D = \text{dctmtx}(N)$

其中,N 表示 DCT 变换矩阵的维数,D 表示得到的 N 维 DCT 变换矩阵。

下面以 lenna 图像为例,说明各种 DCT 变换函数的使用方法以及变换得到的 DCT 系数的性质。先对图像整体做 DCT 变换,在 MATLAB 中输入如下代码:

```
>>RGB=imread('c:\lenna.jpg');
>>RGB=double(RGB)/255;
>>RGBr=RGB(:,:,1);%提取 R 层做 DCT
>>DCTmatrix=dct2(RGBr);
>>subplot(1,2,1),imshow(RGB); title('原始图像')
>>subplot(1,2,2),imshow(log(abs(DCTmatrix)),[]),colormap(jet(64));
>>title('图像 DCT 系数的光谱表示');
```

由于 dct2 是针对二维矩阵的处理函数,所以我们先将原始的 RGB 图像转换为二维图像,并且由于结果太大,我们只取 R 层的 DCT 系数矩阵进行分析。图 3.8 显示了变化的结果,其中 DCT 系数用光谱的形式给出,直观地表明了低频和高频系数的分布规律。图 3.9 是具体的图像 DCT 系数矩阵。

对照式(3.3),当 p,q 不断增大时,相应的余弦函数的频率也不断增大,得到的系数可以认为就是原始图像信号在频率不断增大的余弦函数上的投影,所以也被称为低频系数、中频系数和高频系数。这里所谓的频率系数与上一节中的 DFT 频率系数是基本一致的概念。观察图 3.9 中的 DCT 系数,可以明显地发现如下规律:大体上,沿左上到右下的方向 DCT 系数(绝对值)是依次递减的。所以,也就是说一个图像的 DCT 低频系数分布在 DCT 系数矩阵的左上角,高频系数分布在右下角,低频系数的绝对值大于高频系数的绝对值。图 3.8 也说明了这一

图 3.8　lenna 的 DCT 变换

点，在图 3.8 的图像 DCT 系数的光谱表示中，左上角是红色（低频）。

Array Editor: DCTmatrix

File　Edit　View　Web　Window　Help

Numeric format: shortG　Size: 256　by 256

	1	2	3	4	5	6	7	8	9
1	193.86	12.66	13.862	-0.39403	-6.6805	-16.465	-5.2989	16.588	5.3057
2	10.699	9.3912	4.0856	3.0574	7.6256	8.2774	-9.9922	-2.2258	-0.7832
3	-0.99652	5.619	-0.92945	-0.22192	-1.5707	-3.406	-8.7976	2.4626	1.5661
4	-2.8892	1.2426	-0.41263	-0.063076	-4.6199	-1.0057	11.71	-3.9991	0.5996
5	-4.0926	3.4914	1.0029	0.058989	-1.5448	0.42427	3.2226	0.47513	0.60047
6	-0.65119	-0.43604	-0.16724	-8.1471	-0.1551	0.12144	7.6653	2.6967	-1.5574
7	4.3789	0.45406	0.14899	-0.17685	0.020306	-2.7669	3.9294	-1.526	-2.5636
8	5.3237	-0.59396	-1.3978	-0.94533	0.12871	-3.89	-2.5032	3.1221	-0.72837
9	-0.60137	-0.79918	0.22371	0.09008	0.84826	0.73051	0.35509	-1.126	-0.42559
10	0.73895	-0.63292	-0.22941	-0.34624	0.00048986	-1.1141	0.40106	0.22671	-0.35113
11	-1.6218	-0.18245	-0.18491	0.23316	-0.41314	1.8954	-1.6154	-0.97743	0.43243
12	-2.7778	-0.25082	0.18286	0.014299	-0.58781	1.8701	1.9647	-1.569	0.075121
13	1.0227	0.81999	-0.027273	-0.18311	0.0013332	0.12829	-0.71932	-0.357	0.20833
14	-0.11799	-0.050877	-0.27769	-0.069928	0.16341	-0.48668	-1.7466	0.07666	0.44036
15	2.7263	-0.3721	-0.55398	-0.4147	-0.20964	-1.4153	-0.49399	0.49629	-0.070697
16	-0.52134	-0.10154	-0.073403	0.25936	0.27123	1.3156	-0.04928	0.32518	0.53803

图 3.9　DCT 系数矩阵

前面已经说过，对于 DCT 变换来说，图像的主要能量是集中在其 DCT 系数的一小部分。这“一小部分”就是指的低频部分。同样对照式(3.3)，随着 p,q 阶数的不断增大，图像信号在两组正交函数上的投影值出现了大量的正负相抵消的情景，从而导致得到的频率系数在数值（绝对值）上的不断减小。当 $p=0,q=0$ 时，得到的频率系数与余弦函数无关（$\cos 0=1$），完全就是图像抽样信号（像素）的均值，也是最大的一个值，被称为 DCT 变换的直流（DC）系数，其他的频率系数由于都由余弦函数参与得到，所以被称为交流（AC）系数。中、低频系数所含有的原始信号的成分较多，所以由其反变换重构图像就能得到图像的近似部分。高频系数是在众多正交的余弦函数上投影的加权，是这些不同频率的余弦信号一起来刻画原始信号的结果，图像近似的部分在这些函数上都有反映从而被相互抵消了，剩下的就是原始信号的细节部分了。

接下来对 lenna 图像做 8×8 的分块 DCT。由式(3.6),我们必须先产生一个阶数为 8 的正交 DCT 变换矩阵。利用前面说的 dctmtx 函数,输入 dctmtx(8),得到阶数为 8 的正交 DCT 变换矩阵如图 3.10 所示。

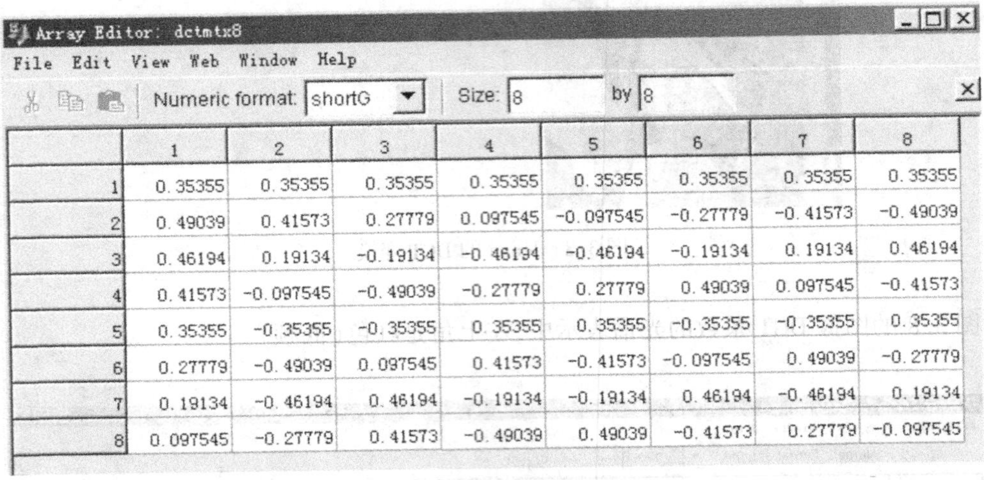

Array Editor: dctmtx8

File Edit View Web Window Help

Numeric format: shortG Size: 8 by 8

	1	2	3	4	5	6	7	8
1	0.35355	0.35355	0.35355	0.35355	0.35355	0.35355	0.35355	0.35355
2	0.49039	0.41573	0.27779	0.097545	-0.097545	-0.27779	-0.41573	-0.49039
3	0.46194	0.19134	-0.19134	-0.46194	-0.46194	-0.19134	0.19134	0.46194
4	0.41573	-0.097545	-0.49039	-0.27779	0.27779	0.49039	0.097545	-0.41573
5	0.35355	-0.35355	-0.35355	0.35355	0.35355	-0.35355	-0.35355	0.35355
6	0.27779	-0.49039	0.097545	0.41573	-0.41573	-0.097545	0.49039	-0.27779
7	0.19134	-0.46194	0.46194	-0.19134	-0.19134	0.46194	-0.46194	0.19134
8	0.097545	-0.27779	0.41573	-0.49039	0.49039	-0.41573	0.27779	-0.097545

图 3.10 8 阶 DCT 变换矩阵

继而利用 blkproc 函数完成分块操作,blkproc 函数的调用格式如下:

$$B = \text{blkproc}(A, [m\ n], \text{fun}, P_1, P_2, \cdots)$$

其中 A 为原始信号矩阵,$[m\ n]$ 为分块的大小,fun 为对每一个分块 x 的操作规则,P_i 是 fun 中调用的参数。对图像进行 8×8 DCT 分块操作的代码如下:

```
>>RGB=imread('lenna.jpg');
>>RGB=double(RGB)/255;
>>RGB=reshape(RGB,256,256*3);%将三维 RGB 矩阵变为二维
>>T=dctmtx(8);
>>blocDCTmatrix= blkproc(RGB,[8 8], 'P1*x*P2',T,T');
```

得到的系数矩阵如图 3.11 所示。

对比图 3.11 和图 3.9 可以发现,对图像进行分块 DCT 后,在每一个 8×8 范围内其频率系数仍然符合前面总结的 DCT 系数分布规律。

3.2.3 JPEG 压缩算法中的离散余弦变换(DCT)编码

在介绍 JPEG 压缩算法之前,先介绍一下变换编码的基本原理。变换编码就是在频域对图像进行编码。其基本思想是将空域中描述的图像数据经过某种正交变换(诸如 Fourier 变换、离散余弦变换等)转换到另一个变换域(频率域)中进行描述,变换后的结果是产生一批变换系数,然后对这些变换系数进行编码处理,从而达到压缩图像数据的目的。变换编码、解码的工作流程图如图 3.12 所示。首先将原始图像分成子块,每一子块经正交变换、量化、编码后由信道传输到接收端,接收端作解码、反量化、逆变换,恢复原图像。

图像数据经过正交变换后,空域中的总能量在变换域中得到保持,但像素之间的相关性下

Array Editor: blocDCTmatrix

File　Edit　View　Web　Window　Help

Numeric format: shortG　Size: 256　by 768

	1	2	3	4	5	6	7	8	9
1	5.5294	0.02495	-0.00090576	0.030216	-0.00098039	0.0018297	0.00037518	0.0035344	5.4333
2	-0.011966	0.022077	-0.028234	1.9082e-005	-0.00027049	-0.0012524	0.00010351	-0.0018048	-0.058609
3	0.033176	-0.0018085	-0.0024638	-0.0011417	-0.00053058	0.0021862	0.00089629	-0.0015537	0.03152
4	0.0031053	2.8559e-005	0.00071165	0.0017299	0.00077029	0.0023427	-0.00063014	0.002811	0.00090639
5	-0.0019608	-0.0017719	-0.00090576	-0.00073024	0.00098039	-0.0017682	0.00037518	-0.0042651	-0.0029412
6	-0.0015462	0.00024911	-0.0010651	-0.00031136	-0.0011528	0.002003	-0.00031156	0.0007218	-0.0022236
7	0.0032368	0.0007228	0.0018767	-0.0017207	0.0012809	7.1779e-005	-0.00017735	-0.0003508	0.0018005
8	0.0086864	-0.00053729	0.0019961	0.00055914	0.0013598	-0.0010803	-0.00052039	-0.00032021	0.0057345
9	5.5005	-0.020722	-0.00064047	0.00083538	0.0004902	0.0019396	-0.00026529	0.0027038	5.5606
10	0.031344	-0.0016836	-0.00059558	0.0011489	-0.0023325	0.0014451	0.0011039	0.0030323	-0.037566
11	0.0083261	0.00066075	-0.00083682	0.0011943	0.00064047	0.00079799	-0.00034662	-0.0013987	0.032956
12	-0.0042148	-0.0025179	0.0022593	-0.00041249	0.00028363	-0.00084992	0.0017009	-0.0033385	-0.0015045
13	0.002451	-0.00071797	-0.00064047	-0.00021247	0.0004902	0.00083484	-0.00026529	-0.0049693	-0.0019608
14	0.0017817	-0.0016824	0.0015096	-0.00027562	0.001857	-0.0005679	-0.0032209	-0.0022307	0.0038542
15	0.0034488	0.0016243	-0.00034662	0.0012597	0.00026529	-0.0035157	-0.00014358	0.00032309	0.00014436
16	-0.0096583	-0.00031499	-0.0016486	0.00022853	-0.0018776	0.00028745	0.00021958	0.00060316	-0.0075936
17	5.6348	-0.018868	0.014822	0.0049372	-0.0004902	-0.0017036	-0.0013642	0.00048792	5.6848

图 3.11　8×8 分块 DCT 系数

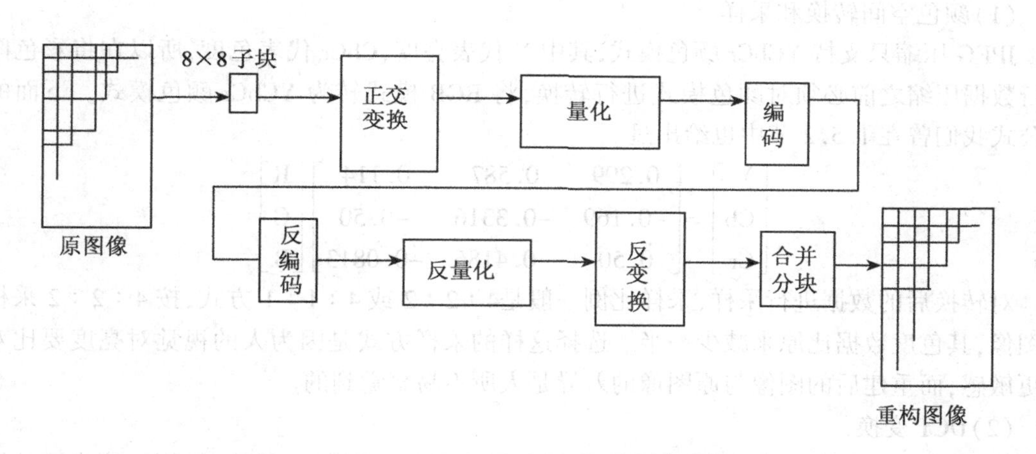

图 3.12　变换编码、解码工作流程图

降,能量将会重新分布,并集中在变换域中少数的变换系数上,以达到压缩数据的目的。以 Fourier 变换为例,频谱幅值大的变换系数均集中在低频部分,几乎包含了图像信息的 90%,而高频部分的幅值均很小甚至趋于零。因此,我们完全可以仅对低频部分的变换系数进行量化、编码和传输,而高频部分则可以舍弃,从而达到数据压缩的目的。

JPEG 压缩有两种方法,在此我们只介绍基于 DCT 编码的方法。基于 DCT 的压缩编码算法是有失真的压缩编码,工作原理如图 3.13 所示。JPEG 系统首先将要压缩的图像转换为 YCbCr 颜色空间,并把每一个颜色平面分成 8×8 的像素块。然后,对所有的块进行 DCT 变换。在量化阶段,对所有的 DCT 系数除以一预定义的量化值(如表 3.1 所示),并取整到最接近的整数。这个处理的目的是调整图像中不同频率成分的影响，尤其是减小了最高频的 DCT 系数，它们主要是噪声并且不代表图像的主体部分（直流系数的差分编码和交流系数的行程编码）。最终获得的 DCT 系数通过熵编码器进行压缩编码。在 JPEG 译码时，反量化所有的 DCT 系数（也就是乘以编码阶段中使用的量化值），然后执行逆 DCT 变换重构数据。恢复后的图像很接近但不同于原始图像。但是如果适当地设置量化值，得到的图像凭人眼是观察不到差异的。

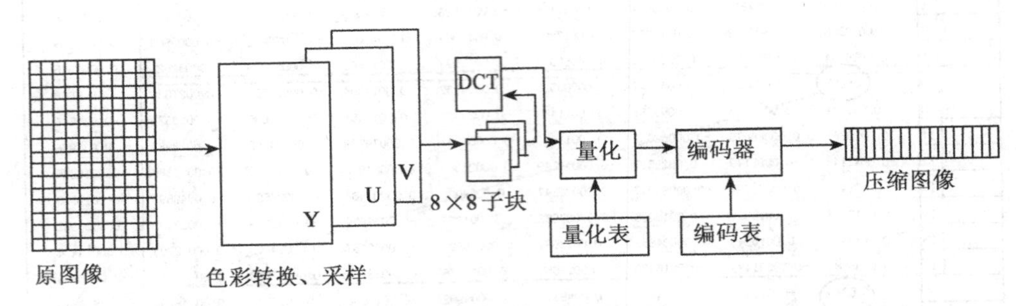

图 3.13　DCT 变换编码原理

下面详细说明 DCT 变换编码的每个主要步骤。

（1）颜色空间转换和采样

JPEG 压缩只支持 YCbCr 颜色模式，其中 Y 代表亮度，CbCr 代表色度，所以在将彩色图像进行数据压缩之前必须对颜色模式进行转换，将 RGB 模式转为 YCbCr 颜色模式。下面的转换公式我们曾在 1.5.2 节中也给出过。

$$\begin{bmatrix} Y \\ Cb \\ Cr \end{bmatrix} = \begin{bmatrix} 0.299 & 0.587 & 0.114 \\ -0.169 & -0.3316 & -0.50 \\ 0.50 & -0.4186 & -0.0813 \end{bmatrix} \begin{bmatrix} R \\ G \\ B \end{bmatrix}$$

对转换后的数据进行采样，采样比例一般是4∶2∶2 或4∶1∶1 方式，按4∶2∶2 采样后的图像，其色度数据比原来减少一半。选择这样的采样方式是因为人的视觉对亮度要比对色度更敏感，而重建后的图像与原图像的差异是人所不易察觉到的。

（2）DCT 变换

在进行 DCT 变换之前，把图像顺序分割成 8×8 子块。对每一子块，将用 p 位表示的图像数据（一般用 8 位表示一个像素的颜色分量），即在 $[0,2^{p-1}]$ 范围内表示的无符号整数，变成 $[-2^{p-1},2^{p-1}-1]$ 范围内表示的有符号整数，作为 DCT 变换的输入量。经过 DCT 变换，将空域中表示的图像数据转换到频域中进行，并获得 64 个变换系数。

（3）量化

为了达到进一步压缩数据的目的，对 DCT 系数进行量化。在 JPEG 中采用线性均匀量化器，并提供了亮度、色差两个量化表，如表 3.1 所示。量化定义为对 64 个变换系数分别除以量化表中所对应的量化分量 $Q(u,v)$，并四舍五入取整，见式（3.7）。量化的作用是在保证图像质量的前提下，丢掉那些对视觉影响不大的信息。

$$F^q(u,v) = \text{IntegerRound}(F(u,v)/Q(u,v)) \tag{3.7}$$

表 3.1　亮度与色度量化表

亮度量化表								色差量化表							
16	11	10	16	24	40	51	61	17	18	24	47	99	99	99	99
12	12	14	19	26	58	60	55	18	21	26	66	99	99	99	99
14	13	16	24	40	57	69	56	24	26	56	99	99	99	99	99
14	17	22	29	51	87	80	62	47	66	99	99	99	99	99	99
18	22	37	56	68	109	103	77	99	99	99	99	99	99	99	99
24	35	55	64	81	104	113	92	99	99	99	99	99	99	99	99
49	64	78	87	103	121	120	101	99	99	99	99	99	99	99	99
79	92	95	98	112	100	103	99	99	99	99	99	99	99	99	99

(4)直流系数 DC 与交流系数 AC 的编码

对 64 个变换系数经过量化后,其中(0,0)为直流系数 DC,其余的 63 个为交流系数 AC。由于 8×8 的相邻图像子块之间 DC 系数有很强的相关性,所以对 DC 系数采用差分编码,即对 $DC_i - DC_{i-1}$ 的差值进行编码,如图 3.14 所示。

对 63 个交流系数 AC 则采用行程编码。由于 AC 系数通常会有很多零值,为了增加零的行程长度采用 Z 字形(Zigzag)行程扫描,如图 3.15 所示。Z 字形行程扫描的另一个重要目的是将低频系数置于高频系数之前。

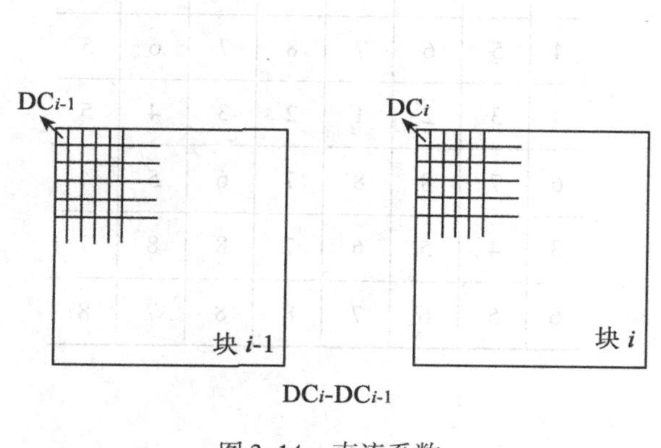

图 3.14　直流系数

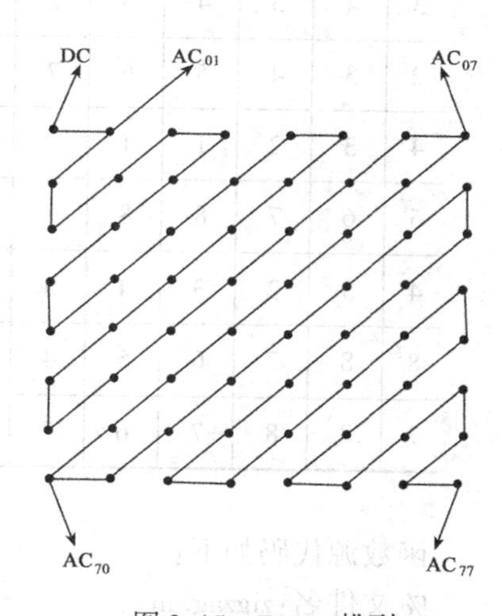

图 3.15　Zigzag 排列

Zigzag 排列是非常重要的一个知识点。在今后的 DCT 域数字水印中我们仍将用到该排列抽取 DCT 系数。下面我们给出一个 8×8 矩阵的 Zigzag 排列抽取的算法实现方法,供大家参考。

在算法分析领域有两个很重要的概念:时间复杂度和空间复杂度,二者往往是矛盾的。在信息安全领域,我们更追求的是算法的时间复杂度低而相对不太在意其空间复杂度,于是用空间换时间成了一个主流思想。如在 AES 加密程序中,其 S 变换使用查表的方法得到的程序,其加密效率远远高于其他算法的加密效率。又如在 DES 芯片的大规模集成电路设计中,使用大量重复的流水线语句虽然使得程序的代码量大大增加却很好地提高了芯片的加密效率。这种例子很多，在这里，我们也使用查表的方法完成 Zigzag 排列。

8×8 的 Zigzag 排列的系数表形式由表 3.2 和表 3.3 给出：

表 3.2　　**Zigzag 变换表：原始索引表**

1,1	1,2	1,3	1,4	1,5	1,6	1,7	1,8
2,1	2,2	2,3	2,4	2,5	2,6	2,7	2,8
3,1	3,2	3,3	3,4	3,5	3,6	3,7	3,8
4,1	4,2	4,3	4,4	4,5	4,6	4,7	4,8
5,1	5,2	5,3	5,4	5,5	5,6	5,7	5,8
6,1	6,2	6,3	6,4	6,5	6,6	6,7	6,8
7,1	7,2	7,3	7,4	7,5	7,6	7,7	7,8
8,1	8,2	8,3	8,4	8,5	8,6	8,7	8,8

表 3.3-1　**Zigzag 变换表：行变换索引表**

1	1	2	3	2	1	1	2
3	4	5	4	3	2	1	1
2	3	4	5	6	7	6	5
4	3	2	1	1	2	3	4
5	6	7	8	8	7	6	5
4	3	2	3	4	5	6	7
8	8	7	6	5	4	5	6
7	8	8	7	6	7	8	8

表 3.3-2　**Zigzag 变换表：列变换索引表**

1	2	1	1	2	3	4	3
2	1	1	2	3	4	5	6
5	4	3	2	1	1	2	3
4	5	6	7	8	7	6	5
4	3	2	1	2	3	4	5
6	7	8	8	7	6	5	4
3	4	5	6	7	8	8	7
6	5	6	7	8	8	7	8

函数源代码如下：

```
%文件名:zigzag.m
%程序员:郭迟
%编写时间:2004.2.12
%函数功能:本函数将完成对输入的8×8矩阵按照 zigzag 排列抽取数据
%输入格式举例:zigdone=zigzag(A,1)
%参数说明:
%matrix 为输入矩阵
%select=1 为正变换,select=2 为反变换
%zigdone 为输出矩阵
function zigdone=zigzag(matrix,select);
if select ==1
```

```
row=[1  1  2  3  2  1  1  2
     3  4  5  4  3  2  1  1
     2  3  4  5  6  7  6  5
     4  3  2  1  1  2  3  4
     5  6  7  8  8  7  6  5
     4  3  2  3  4  5  6  7
     8  8  7  6  5  4  5  6
     7  8  8  7  6  7  8  8];

col=[1  2  1  1  2  3  4  3
     2  1  1  2  3  4  5  6
     5  4  3  2  1  1  2  3
     4  5  6  7  8  7  6  5
     4  3  2  1  2  3  4  5
     6  7  8  8  7  6  5  4
     3  4  5  6  7  8  8  7
     6  5  6  7  8  8  7  8];
end
if select ==2;
row=[1  1  1  1  2  2  4  4
     1  1  1  2  3  4  4  6
     1  2  2  3  4  4  6  6
     2  2  3  4  4  6  6  7
     2  3  3  5  5  6  7  7
     3  3  5  5  6  7  7  8
     3  5  5  6  7  8  8  8
     5  5  7  7  8  8  8  8];

col=[1  2  6  7  7  8  4  5
     3  5  8  6  1  3  6  3
     4  1  5  2  2  7  2  4
     2  4  3  1  8  1  5  6
     3  4  8  1  8  6  5  7
     5  7  2  7  7  4  8  5
     6  3  6  8  3  1  4  6
     4  5  1  2  2  3  7  8];
end

zigdone=zeros(8);
for i=1:8
```

```
        for j=1 : 8
            zigdone(i,j)=matrix(row(i,j),col(i,j));
        end
    end
```

同理,Zigzag 逆变换的变换表如表 3.4 所示。通过表 3.2、表 3.3 和表 3.4 可以非常方便地完成 Zigzag 变换。

表 3.4　　Zigzag 逆变换行、列索引表

1	1	1	1	2	2	4	4
1	1	1	2	3	4	4	6
1	2	2	3	4	4	6	6
2	2	3	4	4	6	6	7
2	3	3	5	5	6	7	7
3	3	5	5	6	7	7	8
3	5	5	6	7	8	8	8
5	5	7	7	8	8	8	8

1	2	6	7	7	8	4	5
3	5	8	6	1	3	6	3
4	1	5	2	2	7	2	4
2	4	3	1	8	1	5	6
3	4	8	1	8	6	5	7
5	7	2	7	7	4	8	5
6	3	6	8	3	1	4	6
4	5	1	2	2	3	7	8

(5)熵编码

为了进一步压缩图像数据,有必要对直流系数 DC 和交流系数 AC 进行熵编码,这是 DCT 变换编码的最后一步。熵编码一般采用哈夫曼编码。编码时 DC 系数与 AC 系数分别采用不同的哈夫曼编码表,对于亮度和色度也需要不同的哈夫曼编码表。所以,对图像数据进行编码时,同时需要 4 张不同的哈夫曼编码表。对直流系数 DC 和交流系数 AC 来说,熵编码过程分为两步进行:

①将已量化的变换系数,按 Zigzag 字形顺序变成一种中间符号格式序列(Intermediate Sequence of Symbols)。

②将这些中间符号格式序列转变成变字长代码。

由于过程比较复杂,在这里就不再阐述了,有兴趣的读者可参考数字图像处理的相关书籍。

3.2.4　DCT 变换在图像压缩上的应用示例

下面具体举例进行图像 DCT 变换压缩,编写函数 dctcom.m 完成对输入图像的8×8分块的二维 DCT,然后丢弃块中那些近似于 0 的频率数值,只保留 64 个 DCT 系数中的 10 个,最后对每一个块使用二维反 DCT 重构图像,函数的代码如下:

```
%文件名:dctcom.m
%程序员:李巍
%编写时间:2004.1.12
%函数功能:本函数将利用 DCT 变换完成对输入图像进行压缩
%输入格式举例:comimage=dctcom('c:\lenna.jpg','jpg')
```

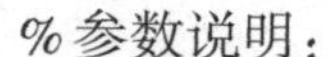

```
%参数说明:
%image 为输入的灰度图像
%permission 为图像类型
%comimage 为压缩后的图像矩阵
function comimage=dctcom(image,permission)
f=imread(image,permission);
f=double(f)/255;
T=dctmtx(8);
B=blkproc(f,[8 8],'P1*x*P2',T,T'); %T和T的转置是DCT函数P1*x*P2的参数
mask=[  1   1   1   1   0   0   0   0
        1   1   1   0   0   0   0   0
        1   1   0   0   0   0   0   0
        1   0   0   0   0   0   0   0
        0   0   0   0   0   0   0   0
        0   0   0   0   0   0   0   0
        0   0   0   0   0   0   0   0
        0   0   0   0   0   0   0   0]; %1表示保留,0表示舍弃
B2=blkproc(B,[8 8],'P1.*x',mask); %".*"表示矩阵对应元素向量乘法
I2=blkproc(B2,[8 8],'P1*x*P2',T',T); %"*"表示矩阵乘法
subplot(221),imshow(f);title('原始图像');
subplot(222),imshow(I2) ;title('压缩后的图像');
M=I2-f;  %压缩前后图像数据矩阵相减
subplot(223),imshow(mat2gray(M)),title('图像细节')  %构成并显示相减图像
```

以灰度的lenna图像为输入,得到的结果如图3.16所示。

原始图像

压缩后的图像

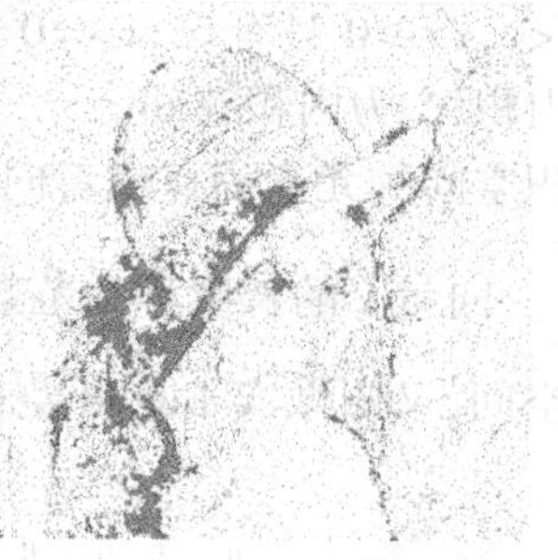

图像细节

图3.16　DCT域图像压缩

对比图3.16中的两幅图像可以看出,虽然几乎85%的DCT系数都被丢弃,导致重建的图像有一些质量损失,但是图像仍然是清晰可辨的。

3.3 小波分析初步

1981年，法国地质学家Jean. Morlet首次提出了“小波分析”的概念，建立了以其自己名字命名的Morlet小波，在地质信号处理中取得了巨大成功。此后，经过Meyer, Mallat, Daubechies等人的不断深入研究，奠定了小波分析的基础。由于小波分析有助于人们区分信号的平坦部分与敏感变换部分，如今它已经在自然科学诸多领域被使用。一般地说，小波分析的内容可以理解为对小波本身的研究（如低通滤波器的冲激响应$h(t)$的确定、如何快速实现既定信号的小波变换等）和小波应用场合的合理把握两个方面。对于信息隐藏这门学科来说，小波变换域的信息隐藏算法具有透明性高、鲁棒性高等优点，现在已经成为主流算法之一。事实证明，基于不同的小波基水印的性能是不同的。我们认为，在信息隐藏中的小波分析更主要的应该是努力寻找最适合信息隐藏这一任务的小波，通过理论和实验分析得到适合信息隐藏的小波的一般描述。

3.3.1 小波函数存在的空间

这里所谓的“空间”是数学意义上的数学空间。一般地说，“空间”是指某种对象（函数、向量、状态等）的一个集合以及在这个集合中建立的关于对象间的一种或几种数学结构的总称。“空间”通过数学结构建立了元素与元素之间的关系，如大家熟悉的线性空间，就是在集合X上定义了加和乘两种线性运算得到的。在小波分析这门学科中，大家往往会遇到诸如L^2空间、l^2空间、Hilbert空间等概念。这里，我们先简单了解一下这些空间结构。

定义3.1 （内积空间） 设X是数域K上的线性空间。如果对于每一元素对$x,y\in X$，存在K中的数$<x,y>$与它们惟一对应，并且对于任意的$x,y,z\in X, a,b\in K$，有：

① $<x,y>=\overline{<y,x>}$（共轭对称性。这里我们讨论的都是实值函数，所以共轭的符号可以去掉，下同）；

② $<ax+by,z>=a<x,z>+b<y,z>$（线性）；

③ $<x,x>\geqslant 0$且有$<x,x>=0\Leftrightarrow x=\theta$，$\theta$为线性空间$X$中的零元。（非负性）则称$<x,y>$为$x$和$y$的内积，$X$为内积空间。

内积空间的元素为点或者向量。当元素为向量时，n维内积空间的内积定义为$<x,y>=\sum_{n=1}^{\infty}x_n y_n$。向量$x$的长度称为范数，记为$\|x\|=\sqrt{<x,x>}$。很好理解，当$K$为实数域$R$时，$X$为实内积空间，又叫做实Euclid空间。在内积空间中，有我们非常熟悉的Cauchy-Schwarz不等式：

$$\|x\|\,\|y\|=\sqrt{<x,x>}\sqrt{<y,y>}\geqslant|<x,y>|$$

定义3.2 （赋范线性空间） 所谓赋范线性空间简单地说就是定义了元素范数的线性空间。设X是数域K上的线性空间。如果对于每一元素$x\in X$，存在K中数$\|x\|$与它惟一对应，并且对于任意的$x,y\in X, a\in K$，有：

① $\|x\|\geqslant 0$且有$\|x\|=0\Leftrightarrow x=\theta$，$\theta$为线性空间$X$中的零元（非负性）；

② $\|ax\|=|a|\,\|x\|$（绝对齐性）；

③ $\|x+y\|\leqslant\|x\|+\|y\|$（满足三角不等式性）

则称$\|x\|$为x的范数，X为赋范线性空间。

显然,对于内积空间,由于其元素的范数可以由内积诱导出($\| x \| = \sqrt{<x,x>}$),当然它也就是赋范线性空间。反之,赋范线性空间中不一定能定义一个内积使元素的范数恰好能由其内积导出,所以,赋范线性空间不一定是内积空间。

定义 3.3 (Banach 空间)　设 X 是赋范线性空间,$\{x_n\} \subseteq X$ 是一个点列。如果

$$\forall \varepsilon > 0, \exists A \in N_+, 使得 \forall m,n > A, 恒有 \| x_m - x_n \| < \varepsilon$$

则称$\{x_n\}$是空间 X 中的一个 Cauchy 列。

直观地说,也就是当 n 充分大时,$\{x_n\}$中的点的距离(范数)可以任意小,即点列收敛。若 X 中的每个 Cauchy 列都收敛于 X 中的点,则称 X 是完备的。对于一个完备的赋范线性空间,我们又称为 Banach 空间。

定义 3.4 (Hilbert 空间)　若 X 是内积空间,由内积诱导出的范数构成 Banach 空间,则称 X 是完备的内积空间,又称为 Hilbert 空间。

显然,大家熟悉的 n 维 Euclid 空间 R^n 是 Hilbert 空间。下面,我们再来看一种典型的 Hilbert 空间,l^2 空间。

定义 3.5 (平方可和数列空间,l^2空间)　l^2 空间中的每个元素都是一个实数列$\{x_n\}$,记为 $x=\{x_1,x_2,\cdots,x_n,\cdots\}$,并满足 $\sum_{n=1}^{\infty} | x_n |^2 < +\infty$。$l^2$ 空间中的加、乘、内积和范数分别定义为:

$$x + y = (x_1 + y_1, x_2 + y_2, \cdots, x_n + y_n, \cdots)$$

$$\lambda x = (\lambda x_1, \lambda x_2, \cdots, \lambda x_n, \cdots)$$

$$< x,y > = \sum_{n=1}^{\infty} x_n y_n$$

$$\| x \| = \sqrt{< x,x >} = \sqrt{\sum_{n=1}^{\infty} | x_n |^2}$$

l^2 空间是一个无限维空间,最早是由德国科学家 Hilbert 提出的。

在高等数学中我们系统地学习了黎曼(Riemann)积分。我们知道,Riemann 积分可积的函数必须是连续的,或有有限个间断点的。Riemann 积分要求被积函数 f 在积分区间$[a,b]$的变化不能"太剧烈",或者急剧变化的点不能太多。所以,真正能够使 Riemann 积分可积的函数是非常少的。Riemann 积分的几何意义是曲线围成的面积,其基础是建立在对曲线长度的分割上的。随着自然科学的发展,人们开始注意到如何将长度、面积等概念扩展到更为广泛的点集类上,将积分的概念置于集合测度论的理论框架中去。法国数学家勒贝格(H. L. Lebesgue)提出的 Lebesgue 积分很好地扩充了 Riemann 积分。

Lebesgue 积分改变了 Riemann 积分对积分区间分割的思路,采用对被积函数值域进行分割的方法。相应的定义域被分割为互不相交的子集,从而使被积函数的值在这些区间上变化不大。H. L. Lebesgue 本人对于其积分思想和 Riemann 积分的区别有一个很精辟的比喻:我必须偿还一笔钱。如果我从口袋中随意的摸出各种不同面值的钞票,逐一地还给债主直到全部还清,这就是 Riemann 积分。不过,我还有另一种方法,就是将我口袋的钱全部拿出来,并把相同面值的钞票放在一起,然后计算每一类面值的总额,最后相加在一起还给债主,这就是我的积分!有关 Lebesgue 积分的具体内容涉及测度论中点集的测度和可测函数等概念,并不是我们这里要讨论的。有兴趣的读者可以参考一些实变函数方面的书。

建立 Lebesgue 积分的方法很多。例如,对于 Riemann 可积的全体函数构成的赋范线性空间 $R([a,b])$ 是不完备的。将 $R([a,b])$ 中的 Cauchy 列的极限函数(不在 $R([a,b])$ 中,因而不完备)作为新的点添加到 $R([a,b])$ 中,就得到了完备的 $R([a,b])$ 空间,也就是 Lebesgue 可积函数空间 $L([a,b])$。由此,我们引入 L^p 和 L^2 空间。

定义 3.6 ($L^p([a,b])$空间) 设$[a,b]$是 R 上的一个闭区间,$1\leqslant p\leqslant\infty$,若$|f|^p$在$[a,b]$上 Lebesgue 可积,则称 f 为$[a,b]$上的 p 方可积函数。类似向量范数的定义为:

$$\|f\|_p=\sqrt[p]{\int_{[a,b]}|f(x)|^p\mathrm{d}x}$$

使 $\|f\|_p<+\infty$ 的$[a,b]$上的全体 p 方可积函数构成的空间记为 $L^p([a,b])$空间。

$L^p([a,b])$空间满足范数公理,同时是完备的,所以是一个 Banach 空间。

随着 Lebesgue 积分的建立,在 $L^p([a,b])$空间中,L^2 空间($p=2$)的重要性逐渐被人们所认识。L^2 空间与 l^2 空间具有同构的特点。同时,L^2 空间紧密联系着 Fourier 级数及其展开式,成为信号处理领域中的一个数学理论基础。

定义 3.7 ($L^2([a,b])$空间是 Hilbert 空间) 对于 $L^p([a,b])$空间,当 $p=2$ 时,设 $f,g\in L^2([a,b])$,定义 $<f,g>=\int_{[a,b]}f(x)\overline{g(x)}\mathrm{d}x$。则由内积诱导的范数满足 Cauchy-Schwarz 不等式,即$|<f,g>|\leqslant\|f\|_2\|g\|_2$,显然$<f,g>$满足内积空间的要求,所以 $L^2([a,b])$ 是 Hilbert 空间。

定义 3.8 ($L^2([a,b])$空间的正交基) 若$f,g\in L^2([a,b])$,且有$<f,g>=0$,则称 f 与 g 正交。若对$f\in L^2([a,b])$,存在点列 $\lambda[n]$使得 $\lim\limits_{N\to\infty}\left\|f-\sum\limits_{n=0}^{N}\lambda[n]e_n\right\|=0$ 成立,则$\{e_n\}_{n\in N}$为一组正交基。若对于一切 n,都有 $\|e_n\|_2=1$,则称$\{e_n\}_{n\in N}$是标准正交基。

定义 3.9 (Hilbert 空间的 Riesz 基) 我们削弱无限维空间正交性的要求称$\{e_n\}_{n\in N}$是 Hilbert 空间的一组 Riesz 基,如果它是线性无关的,对于 $A,B>0$,任意的$f\in H$,总有 $\lambda[n]$使得 $f=\sum\limits_{n=0}^{\infty}\lambda[n]e_n$ 且$\frac{1}{B}\|f\|^2\leqslant\sum\limits_{n}|\lambda[n]|^2\leqslant\frac{1}{A}\|f\|^2$。

可以证明存在 e_n'使得$\lambda[n]=<f,e_n'>$,$f=\sum\limits_{n=0}^{\infty}<f,e_n'>e_n=\sum\limits_{n=0}^{\infty}<f,e_n>e_n'$。称$\{e_n'\}_{n\in N}$是$\{e_n\}_{n\in N}$的对偶 Riesz 基,且 $<e_n,e_m'>=\delta[n-m]$,存在双正交关系。

后面我们将知道,小波函数就是存在于 $L^2(R)$空间的,其相应的积分运算也都是 Lebesgue 积分。本节我们不加证明地用定义的方式给出了一些结论,作为小波分析的一点数学基础,接下来我们就具体认识一下什么是小波和小波分析在信息隐藏上的运用。

3.3.2 小波与小波变换简述

通俗地讲,小波(Wavelet)是一种在有限(小)区域内存在的波,是一种其函数表达式具有紧支集,即在有限范围内函数$f(x)$不等于零的特殊波形。假设存在一个时域函数 $\varphi(t)$,满足:

$$\varphi(t)\overset{f}{\Leftrightarrow}\Phi(\omega)\quad(f\text{ 表示 fourier 变换})$$

$$\int_{-\infty}^{\infty}\varphi(t)\mathrm{d}t=0$$

或

$$C_\varphi=\int_0^{\infty}\frac{|\Phi(\omega)|^2}{\omega}\mathrm{d}\omega<+\infty\tag{3.8}$$

则称 $\varphi(t)$ 为一个母小波函数(Mother Wavelet Function)。从式(3.8)可以看出,一个母小波函数有如下几个特点:

①因为 $\Phi(\omega)=\int\varphi(t)e^{-\omega tj}\mathrm{d}t$,而 $\int_{-\infty}^{\infty}\varphi(t)\mathrm{d}t=0$,故而 $\Phi(0)=\int_{-\infty}^{\infty}\varphi(t)\mathrm{d}t=0$。也就是说,一个母小波函数的直流分量(Direct Current Components)为0。换句话说,就是母小波函数具有正负交替的特点,其均值为0;

②由式(3.8)的频域条件式可以看出,其频域函数在整个频带上的积分是有限的,也就是说,一个母小波函数是一个带通信号;

③母小波函数随 t 绝对值的变大而最终衰减为0,即其函数表达式具有紧支集。

通信学上有名的 Shannon 函数 $\varphi(t)=\dfrac{\sin(\pi t/2)}{\pi t/2}\cos\left(\dfrac{3\pi t}{2}\right)$ 就是一个典型的母小波,图3.17给出了它的时、频域图像。

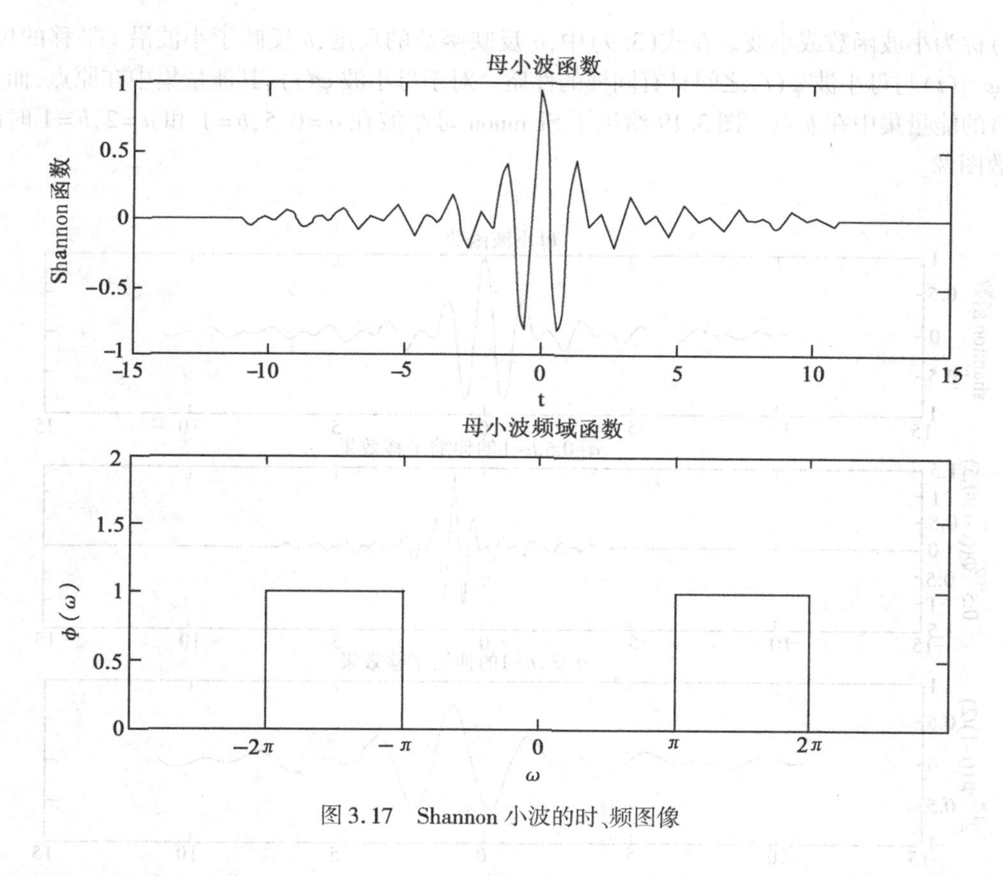

图3.17 Shannon 小波的时、频图像

如果我们将 Fourier 变换看成一个棱镜折射的过程,很显然,Fourier 变换就是将信号投影到一组正弦和余弦函数构成的正交基上,将信号等同于一系列正弦和余弦波的叠加。同样地,小波变换也是将一个棱镜折射的过程,它是将信号投影到一组小波函数构成的正交基上,使信号等同于一系列小波函数的叠加,如图3.18所示。

那么这系列小波函数是怎样得到的呢?这就要用到前文所述的母小波函数。对于满足式(3.8)的母小波函数 $\varphi(t)$ 作尺度伸缩(scaling)和时间平移(shifting),得到:

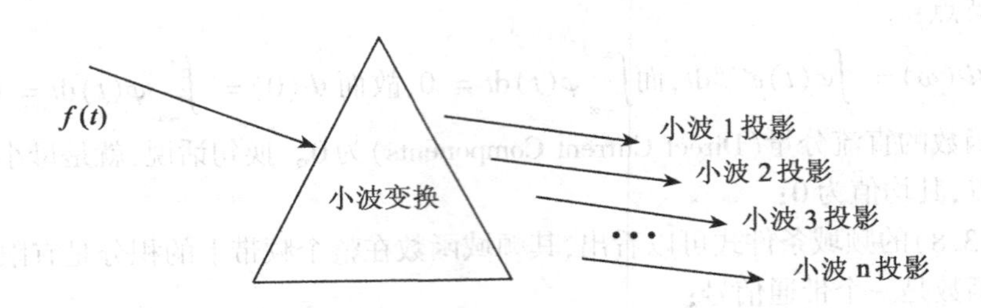

图 3.18　小波变换的简单描述

$$\varphi_{a,b}(t)=|a|^{\frac{-1}{2}}\varphi\left(\frac{t-b}{a}\right)\quad a\in R-\{0\},b\in R \tag{3.9}$$

$\varphi_{a,b}(t)$称为小波函数或小波。在式(3.9)中,a 反映函数的尺度,b 反映了小波沿 t 平移的位置。显然,$\varphi_{a,b}(t)$与母小波 $\varphi(t)$之间具有同样的性质。对于母小波 $\varphi(t)$,其能量集中在原点,而小波 $\varphi_{a,b}(t)$的能量集中在 b 点。图 3.19 给出了 Shannon 母小波在 $a=0.5,b=1$ 和 $a=2,b=1$ 时的小波函数图像。

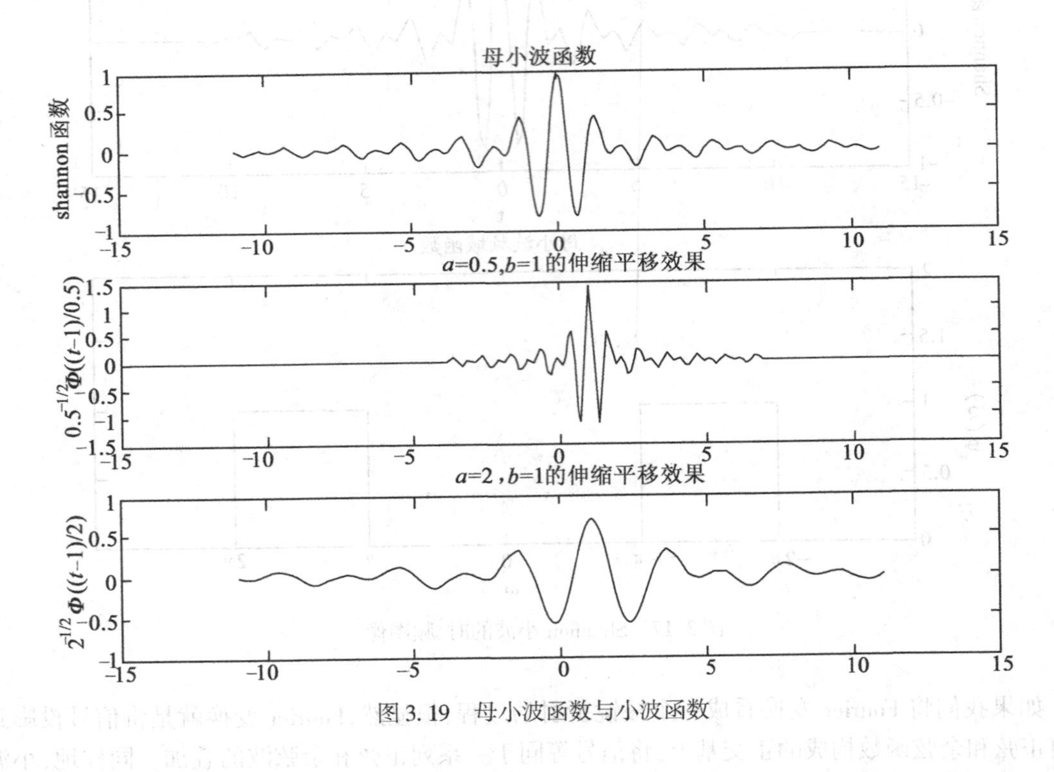

图 3.19　母小波函数与小波函数

下面,我们结合图 3.18 的小波变换过程,以一维信号的连续小波变换为例,作出如下直观解释:

①选择一个小波函数并与信号起点对准;

②计算二者的逼近程度,即将信号与小波函数求内积,得到小波变换系数:

$$\mathrm{CWT}(a,b) = \langle f(t),\varphi_{a,b}(t)\rangle = \int f(t)\,|a|^{-\frac{1}{2}}\varphi\left(\frac{t-b}{a}\right)\mathrm{d}t \tag{3.10}$$

系数越大,表明此时刻信号与小波函数越相像;

③将小波函数沿 t 平移一个单位,重复②,直到处理完整个信号;

④将小波函数尺度伸缩一个单位,重复①,②,③,直到所有尺度的小波函数都参与计算。

这样一来,我们就得到了不同尺度下的小波函数对信号在不同时间段的评估值。这些小波变换系数(评估值)就反映了信号在这些小波上的投影大小。显然,尺度越大,意味着小波函数在时间上越长,被参与求内积的原始信号区间越大,则相应的频率分辨率越低,获取的是信号的低频特性。反之,尺度越高,获取的是信号的高频特征。式(3.10)给出了信号 f 的变化位置($b+at$),变化速度(a)和信号量值。

对于式(3.10),其逆变换构成了小波重构函数,表示为:

$$f(t)= \frac{1}{C_{\varphi}}\int_0^{\infty}\int_{-\infty}^{\infty}\mathrm{CWT}(a,b)\,|a|^{-\frac{1}{2}}\varphi\left(\frac{t-b}{a}\right)\mathrm{d}b\,\frac{\mathrm{d}a}{a^2}$$

$$C_{\varphi}= \int_0^{\infty}\frac{|\Phi(\omega)|^2}{\omega}\mathrm{d}\omega \tag{3.11}$$

我们假设母小波函数 $\varphi(t)$ 及其频域函数 $\Phi(\omega)$ 分别构成的时间窗和频率窗的中心和半径为 $(t_0,\Delta t)$,$(\omega_0,\Delta\omega)$,由 Fourier 变换的线性和移位性质可知,$\varphi\left(\frac{t-b}{a}\right)$ 的时间窗、频率窗的中心和半径为 $(b+at,a\Delta t)$,$(\omega_0/a,\Delta\omega/a)$。于是就形成了时间 t 和频率 ω 之间的局部化的时间—频率窗(CWT 时间—频率窗):

$$[b+at-a\Delta t,b+at+a\Delta t]\times\left[\frac{\omega_0}{a}-\frac{\Delta\omega}{a},\frac{\omega_0}{a}+\frac{\Delta\omega}{a}\right]$$

通过 CWT 时间—频率窗能对信号的局部进行精确定位和描述,这也就是小波变换优于 Fourier 变换的地方。Fourier 分析没有能够反映出频率随时间变换的关系,由于一个信号的频率与其周期长度成反比,要取得高频的信息必须将时间间隔取小,取得低频的信息必须将时间间隔取大,Fourier 分析无法做到这一点。而小波分析则可以产生一个灵活可变的时间—频率窗,在高频部分变窄,低频部分变宽,在高频部分取得较高的时间分辨率,在低频部分取得较高的频率分辨率,非常符合实际信号处理的需要。

同时,Fourier 分析适合非常平稳的周期信号(不是周期信号的进行周期延拓),而小波分析适合处理急剧变化的不稳定信号。显然,用不规则的小波函数去逼近急剧变化的信号肯定比用平滑的正、余弦曲线要好。信号的局部特征用小波函数去表征其效果要远大于用正、余弦信号表征的结果。在信息隐藏领域,通过小波分析去提取载体信号的特征分量,将秘密信息隐藏在其中并与信号压缩等算法相适应,这就是 DWT 域信息隐藏的一般思路。

与连续 Fourier 变换(CFT)和离散 Fourier 变换(DFT)的关系一样,虽然连续小波变换可以很好地提取信号特征,但由上述算法可以发现其计算工作量是巨大的,于是便自然地引出了只取部分尺度和时刻进行运算,最大可能的、准确反映信号特征且能大大减少工作量的离散小波变换(DWT)。

离散小波变换方法是对尺度按幂进行离散化,取为 $a^0,a^1,a^2,\cdots,a^k,k\in N$,得到二进制小波。由图 3.19 可以看到,尺度越大小波函数在时间上越长,有利于表征信号的缓慢变换部分,频率分辨率越低;反之,小波函数在时间上越短,有利于表征信号的尖锐变换的细节部分,频率分辨率越高。当尺度扩大 a^k 时，频率就降低了 a^k 倍，则采样间隔可以扩大 a^k 倍。根据 Nyquist 采样定理，将小波函数沿 t 也以 a^k 倍进行平移做均匀采样，可以不丢失原信号的信息。为了与计算机运算相适应，一般取$a=2$，所以式(3.9)一般又写为：

$$\varphi_{j,k}(t) = 2^{\frac{-j}{2}}\varphi(2^{-j}t-k) \quad j,k \in Z \tag{3.12}$$

由式(3.12)得到的小波函数构成了 $L^2(R)$空间的一组正交小波基。表明了按 2^k 伸缩的小波承载了信号在分辨率 2^{-j}上的变化。

对应于式(3.10)，式(3.11)可以得到一维 DWT 和 IDWT 的变换式：设信号$f(t)$的离散取值序列为$f(k)$。$f(k)$属于典型的 Hilbert 空间(平方可和数列空间，$l^2(Z)$)，即 $\sum_{k=1}^{\infty}|f(k)|^2 < +\infty$。二进制小波如式(3.12)，则：

$$\mathrm{DWT}(j,k) = 2^{\frac{-j}{2}}\sum_k f(k)\varphi(2^{-j}t-k) \tag{3.13}$$

$$f(k) = \sum_j \sum_k \mathrm{DWT}(j,k)\varphi_{j,k}(k) \tag{3.14}$$

3.3.3 小波分析方法及应用示例

(1)理论描述

小波分析的方法是多分辨分析(MultiResolution Analysis，MRA)。与 Fourier 变换中 DFT 和 FFT 的关系一样，在小波变换中也存在一个快速小波算法(FWA)，称为 Mallat 算法。

定义 3.10 空间 $L^2(R)$中的一列闭子空间$\{V_j\}\big|_{j\in Z}$称为 $L^2(R)$中的一个 MRA，当且仅当$\{V_j\}$满足：

①$\forall j\in Z,\cdots\supset V_{j-1}\supset V_j\supset V_{j+1}\supset\cdots$； (单调性)

②$\bigcap_{j\in Z}V_j=\{0\}$，$\bigcup_{j\in Z}V_j=L^2(R)$； (逼近性)

③$\forall j,k,a\in Z,f(x)\in V_j\Rightarrow f(ax-k)\in V_j$； (线性)

④存在$g\in V_0$，使得$\{g(x-k)\mid k\in Z\}$构成 V_0 的 Riesz 基。 (Riesz 基存在性)

对于上面的定义，我们发现，一个 MRA 与我们日常生活中观察事物的实际情况是非常相似的，如图 3.20 所示。假设现在 Cindy 在观察前方的一座山，她现在离山的距离(尺度)为j，观察到的山的信息则为 V_j。改变距离(尺度)为$j+1$，Cindy 继续观察，得到的山的信息则为 V_{j+1}。显然，j 距离(尺度)比$j+1$ 距离(尺度)离山更近，则观察到的山的地貌特点信息 V_j 比 V_{j+1} 要多，即 $V_j\supset V_{j+1}$。反之，改变距离(尺度)为$j-1$，有 $V_{j-1}\supset V_j$。所以，改变观察的尺度，就可以获得观察对象的不同精度的信息，当尺度选择合适时，就可以得到观察对象非常细微精度的信息，这也就是小波分析为什么叫做“数字显微镜”的原因。

我们可以从 MRA 上来寻找小波。对于一个属于 $L^2(R)$的信号f，其小波系数的部分和 $\sum_{n=-\infty}^{\infty}<f,\varphi_{j,n}>\varphi_{j,n}$ 其实可以理解为f在分辨率2^{-j+1}与2^{-j}上的两个逼近之差。通过在不同的空间$\{V_j\}\big|_{j\in Z}$上的正交投影，多分辨地计算出信号在不同分辨率上的逼近。f在分辨率2^{-j}上的逼近定义为它在 V_j 上的正交投影。为了计算这个投影，我们必须找到 V_j 的一组标准正交基。而要描述一个空间，只需给出该空间的一组基就可以了。

定义 3.11 如果$\{V_j\}\big|_{j\in Z}$称为 $L^2(R)$ 中的一个 MRA，则存在惟一的函数 $\psi(t)$ 使得

图 3.20 Cindy 观察山的示意图

$\{\psi_{j,k}(x) \mid k \in Z\}$ 构成 V_j 的一个标准正交基。其中 $\psi(t) = \sum_{k \in Z} h(k)\psi(2t-k)$，经平移和伸缩后有 $\psi_{j,k}(x) = 2^{\frac{-j}{2}}\psi(2^{-j}x - k)$。函数 $\psi(t)$ 被称为尺度函数。

尺度函数应该满足的方程 $\psi(t) = \sum_{k \in Z} h(k)\psi(2t-k)$。$h(k)$ 就是低通滤波器的冲激响应。MRA 完全由尺度函数所生成的每个空间 V_j 的一组正交基所刻画，而任何尺度函数都被一个滤波器所确定。前面说过，小波分析的一个重要方面就是关于滤波器的设计。要设计能够精确重构的滤波器必须是共轭的，其频率特性必须满足精确重构条件：$|H(\omega)|^2 + |H(\omega+\pi)|^2 = 1$。例如，Meyer 小波使用的滤波器 $|H(\omega)|^2 = 1 - \frac{(2N-1)!}{[(N-1)!]^2 2^{2N-1}}\int_0^{\omega} \sin^{2N-1} x\mathrm{d}x$ 就是满足这种条件的。

可以发现，这里的 $\psi_{j,k}(x)$ 与前面的小波函数 $\varphi_{j,k}(x)$（式(3.12)）有着相似的结构。同样地，小波函数也对应一个滤波器 $\varphi(t) = \sum_{k \in Z} g(k)\psi(2t-k)$，其中 $g(k) = (-1)^{1-k}h(1-k)$，即 $G(\omega) = e^{-\omega j}\overline{H(\omega+\pi)}$。前面说过，小波函数 $\varphi_{j,k}(x)$ 构成 $L^2(R)$ 中的一组正交基。事实上，由前面的关系，$\varphi_{j,k}(x)$ 还构成了 $L^2(R)$ 的一个子空间 W_j 的正交基。那么由小波函数 $\varphi_{j,k}(x)$ 决定的空间 W_j 和由尺度函数 $\psi_{j,k}(x)$ 决定的空间 V_j 有什么联系呢？结论就是，W_j 是 V_{j-1} 与 V_j 的正交补空间。形象地描述为：$W_j = V_{j-1} - V_j$。也就是说，对于一切 j，V_j 描述的是近似部分，W_j 描述的是细节部分，是相邻两个尺度下观察到的对象的细微差异。结合图 3.20 我们再来说明一下，如 Cindy 在远处看到一座山，走近了发现山顶有棵松树，那么这棵松树就是属于 $\{W_j\}\big|_{j \in Z}$ 这个空间的元素。

事实上，一个 $L^2(R)$ 中的一个 MRA 就是由小波函数、尺度函数、$\{V_j\}\Big|_{j \in Z}$ 和 $\{W_j\}\Big|_{j \in Z}$ 四者描述的。完全的得到以上四个元素，就完成了对对象的小波分析。

最后，我们来看一下快速小波分析（FWT，Mallat 算法）的数学描述。设一个 MRA 描述为

$\cdots \supset V_{j-1} \supset V_j \supset V_{j+1} \supset \cdots, \cdots \supset W_{j-1} \supset W_j \supset W_{j+1} \supset \cdots$，设信号 $f(x)$ 在尺度 j 下得到的平滑信号(近似部分)为：

$$A_j^d f(x) = < f(x), \psi_{j,k}(x) > = 2^{\frac{-j}{2}} \int f(x) \psi(2^{-j}x - k) \mathrm{d}x \tag{3.15}$$

信号 $f(x)$ 在尺度 j 下得到的细节信号为：

$$D_j f(x) = < f(x), \varphi_{j,k}(x) > = 2^{\frac{-j}{2}} \int f(x) \varphi(2^{-j}x - k) \mathrm{d}x \tag{3.16}$$

Mallat 算法的实质就是并不对信号在每一个尺度下作完整的分析，而是对信号由细到粗的分解和由粗到细的重构，即将 $A_{j-1}^d f(x)$ 分解为 $A_j^d f(x)$ 和 $D_j f(x)$。其关系为：

$$\begin{cases} A_j^d f(x) = \sum_k h(k-2n) A_{j-1}^d f(x) \\ D_j f(x) = \sum_k g(k-2n) A_{j-1}^d f(x) \end{cases} \tag{3.17}$$

式(3.15)~式(3.17)的是一维信号的 Mallat 算法描述。二维信号的 Mallat 算法可以类似的推导出：

对于一个二维信号的 MRA，同样是由小波函数、尺度函数、近似描述空间和细节描述空间四者决定的，记为：$\{\phi(x), \Psi(x), \{V_j^2\}|_{j\in Z}, \{W_j^2\}|_{j\in Z}\}$

其中，尺度函数有：$\Psi(x,y) = \psi(x)\psi(y)$ (3.18)

小波函数有：$\begin{cases} \varphi^1(x,y) = \psi(x)\varphi(y) \\ \varphi^2(x,y) = \varphi(x)\psi(y) \\ \varphi^3(x,y) = \varphi(x)\varphi(y) \end{cases}$

即：

$$\phi(x,y) = \{\varphi^n(x,y) \mid n = 1,2,3\} \tag{3.19}$$

$$\text{空间}\{V_j^2\}\text{有}: V_{j-1}^2 = V_{j-1} \times V_{j-1} = V_j^2 + W_j^2 \tag{3.20}$$

$$\text{空间}\{W_j^2\}\text{有}: W_j^2 = (V_j \times W_j) + (W_j \times V_j) + (W_j \times W_j) \tag{3.21}$$

可以看到，式(3.19)和式(3.21)具有对应关系。在低的水平频率 ω_1 和高的垂直频率 ω_2 处，$|\varphi^1(\omega_1,\omega_2)|$ 大。在高的水平频率 ω_1 和低的垂直频率 ω_2 处，$|\varphi^2(\omega_1,\omega_2)|$ 大。在高的水平和高的垂直频率 ω_1, ω_2 处，$|\varphi^3(\omega_1,\omega_2)|$ 大。

如此一来，二维信号的 Mallat 算法就可以写为：

$$A_{j-1}f(x,y) = A_j f(x,y) + D_j^1 f(x,y) + D_j^2 f(x,y) + D_j^3 f(x,y) \tag{3.22}$$

其中，A 为低频分量，D 可以看为水平、垂直和对角三个方向上的高频分量。二维信号的小波分解如图 3.21 所示。

(2)应用示例

前面我们粗略地叙述了什么是小波和小波分析，下面我们就一维信号的小波分解、二维信号的小波分解、小波对图像进行压缩和降噪以及小波对图像进行融合四个方面进行实验，进一步了解小波分析的特点。

1)一维信号的小波分解

我们选择 MATLAB 自带的电网检测信号 leleccum 作为分析对象(如图 3.22 所示)。编写函数 wavelet1D. m 完成实验。函数代码如下：

```
%文件名:wavelet1D. m
%程序员:郭迟
%编写时间:2004. 1. 20
```

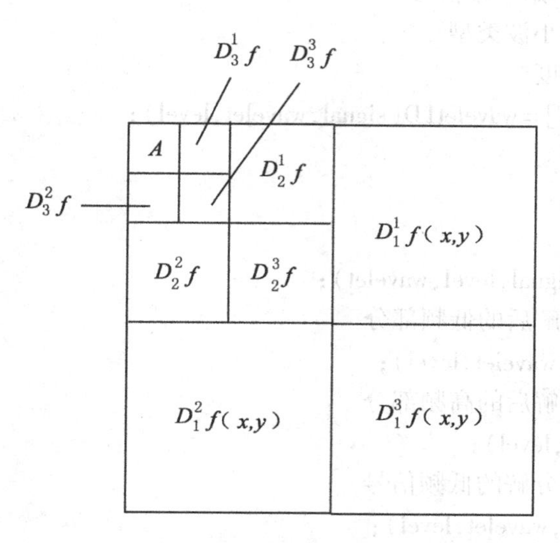

图 3.21　二维信号的小波分解

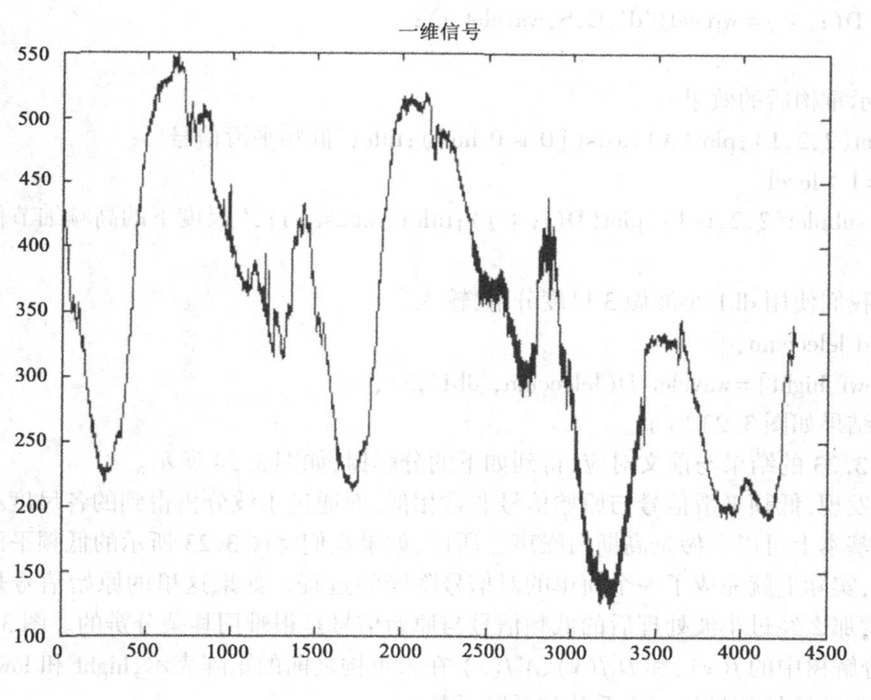

图 3.22　一维信号 leleccum

% 函数功能：本函数将完成对输入的一维信号进行多尺度离散小波分解

% 输入格式举例：load leleccum；[lowf,highf]=wavelet1D(leleccum,'db1',3)

% 参数说明：

% lowf 为最大尺度分解后的低频部分

% highf 为最大尺度分解后的高频部分

```
%signal 为输入的原始一维信号
%wavelet 为使用的小波类型
%level 为分解的尺度
function [lowf,highf]=wavelet1D(signal,wavelet,level);
is=length(signal);
im=max(signal);
%一维小波分解
[C,S]=wavedec(signal,level,wavelet);
%提取最大尺度分解后的低频部分
lowf=appcoef(C,S,wavelet,level);
%提取最大尺度分解后的高频部分
highf=detcoef(C,S,level);
%重构最大尺度下分解的低频信号
A=wrcoef('a',C,S,wavelet,level);
%重构各尺度下分解得到的高频信号
for i=1:level
      D(i,:)=wrcoef('d',C,S,wavelet,i);
end
%显示重构后的效果
subplot(2,2,1);plot(A);axis([0 is 0 im]);title('低频平滑信号');
for i=1:level
      subplot(2,2,i+1),plot(D(i,:));title([int2str(i),'尺度下的高频细节信号']);
end
```

我们使用 db1 小波做 3 尺度分解,输入:

```
>>load leleccum;
>>[lowf,highf]=wavelet1D(leleccum,'db1',3);
```

实验结果如图 3.23 所示。

将图 3.23 的结果与前文对应,得到如下的分解树,如图 3.24 所示。

不难发现,低频平滑信号与原始信号非常相似,而通过小波分析得到的各尺度小的细节信号在这里基本上可以看做是高斯白噪声。所以,如果我们将图 3.23 所示的低频平滑信号取代原始信号,实际上就完成了一个简单的对信号降噪的过程。如果这里的原始信号是一个语音信号的话,那么经过小波处理后的低频信号与原始信号是很难用耳朵分辨的。图 3.25 是对应图 3.24 分解树中的 $f(x)$,和 $D_3f(x)$、$A_3^df(x)$ 在未重构之前的矩阵表示,highf 和 lowf 分别表示了 3 尺度下的原始信号的高频系数和低频系数。

2)二维信号的小波分解

与一维信号的小波分解一样,我们同样对图像做多尺度的二维小波分解。这里,我们选用的二维图像信号仍然是 lenna.jpg。由于 lenna 是一个 RGB 图像,我们仅对其 R 层进行实验。编写函数 wavelet2D.m 来完成实验。函数代码如下:

```
%文件名:wavelet2D.m
%程序员:郭迟
```

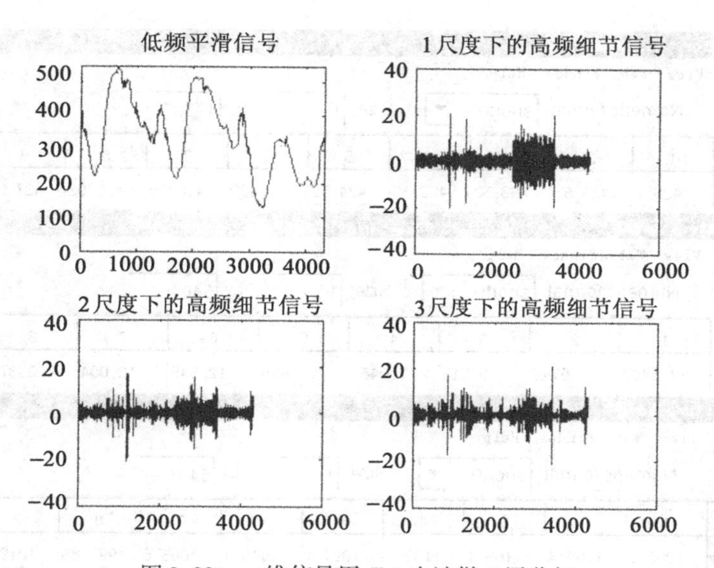

图3.23　一维信号用db1小波做3层分解

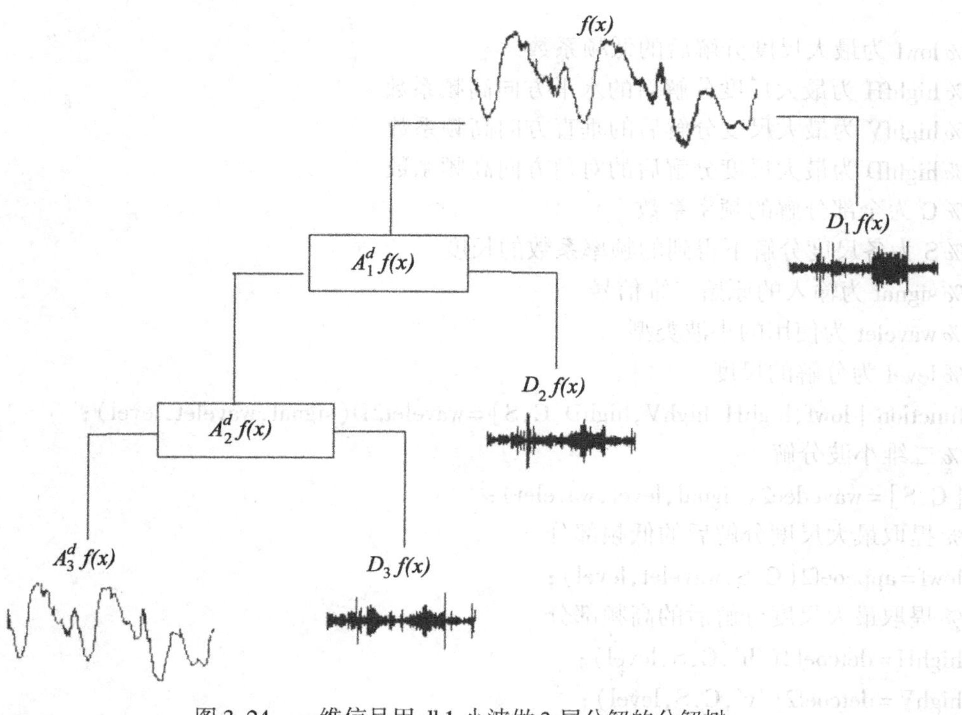

图3.24　一维信号用db1小波做3层分解的分解树

%编写时间:2004.1.20

%函数功能:本函数将完成对输入的二维信号进行多尺度离散小波分解

%输入格式举例:[lowf,highH,highV,highD,C,S]=wavelet2D(lennaR,'db1',3)

%参数说明:

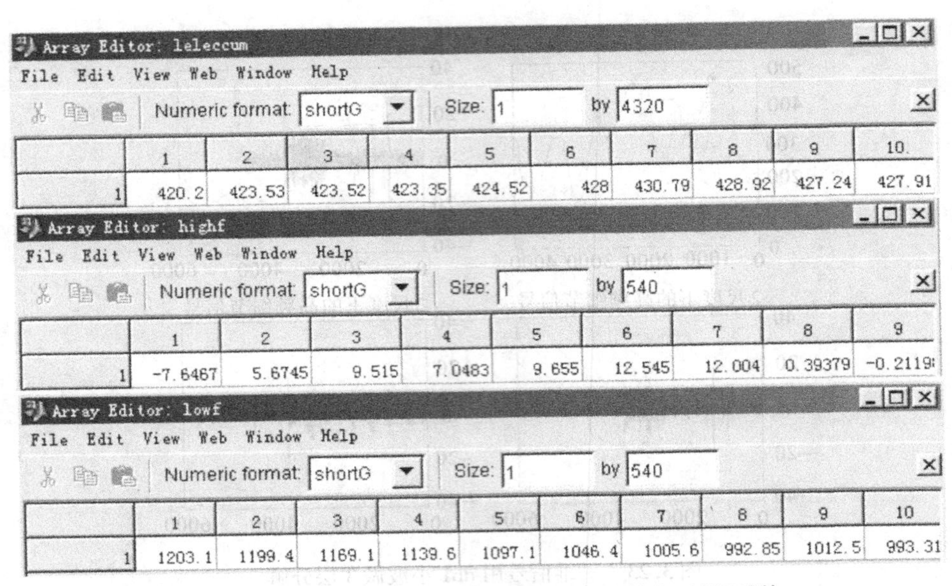
Array Editor: leleccum

File Edit View Web Window Help

Numeric format: shortG Size: 1 by 4320

	1	2	3	4	5	6	7	8	9	10
1	420.2	423.53	423.52	423.35	424.52	428	430.79	428.92	427.24	427.91

Array Editor: highf

File Edit View Web Window Help

Numeric format: shortG Size: 1 by 540

	1	2	3	4	5	6	7	8	9
1	-7.6467	5.6745	9.515	7.0483	9.655	12.545	12.004	0.39379	-0.2119

Array Editor: lowf

File Edit View Web Window Help

Numeric format: shortG Size: 1 by 540

	1	2	3	4	5	6	7	8	9	10
1	1203.1	1199.4	1169.1	1139.6	1097.1	1046.4	1005.6	992.85	1012.5	993.31

图 3.25　一维信号用 db1 小波做 3 层分解的高、低频系数

```
%lowf 为最大尺度分解后的低频系数
%highfH 为最大尺度分解后的水平方向高频系数
%highfV 为最大尺度分解后的垂直方向高频系数
%highfD 为最大尺度分解后的对角方向高频系数
%C 为全部分解的频率系数
%S 为各尺度分解下得到的频率系数的长度
%signal 为输入的原始二维信号
%wavelet 为使用的小波类型
%level 为分解的尺度
function [lowf,highH,highV,highD,C,S]=wavelet2D(signal,wavelet,level);
%二维小波分解
[C,S]=wavedec2(signal,level,wavelet);
%提取最大尺度分解后的低频部分
lowf=appcoef2(C,S,wavelet,level);
%提取最大尺度分解后的高频部分
highH=detcoef2('h',C,S,level);
highV=detcoef2('v',C,S,level);
highD=detcoef2('d',C,S,level);
%重构最大尺度下分解的低频信号
A=wrcoef2('a',C,S,wavelet,level);
%重构最大尺度下分解得到的高频信号
Dh=wrcoef2('h',C,S,wavelet,level);
Dv=wrcoef2('v',C,S,wavelet,level);
```

```
Dd=wrcoef2('d',C,S,wavelet,level);
%显示重构后的效果
subplot(2,2,1),image(A);title('低频平滑信号');
subplot(2,2,2),imshow(Dh);title([int2str(level),'尺度下的水平高频细节信号']);
subplot(2,2,3),imshow(Dv);title([int2str(level),'尺度下的垂直高频细节信号']);
subplot(2,2,4),imshow(Dd);title([int2str(level),'尺度下的对角高频细节信号']);
```

我们使用 db1 小波做 2 尺度分解,输入:

```
>>lenna=imread('c:\lenna.jpg','jpg');
>>lennaR=lenna(:,:,1);
>>[lowf,highfH,highfV,highfD,C,S]=wavelet2D(lennaR,'db1',2);
```

实验结果如图 3.26 所示:

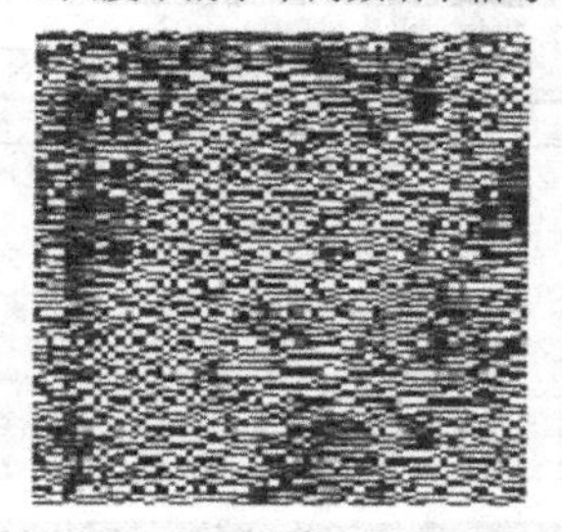

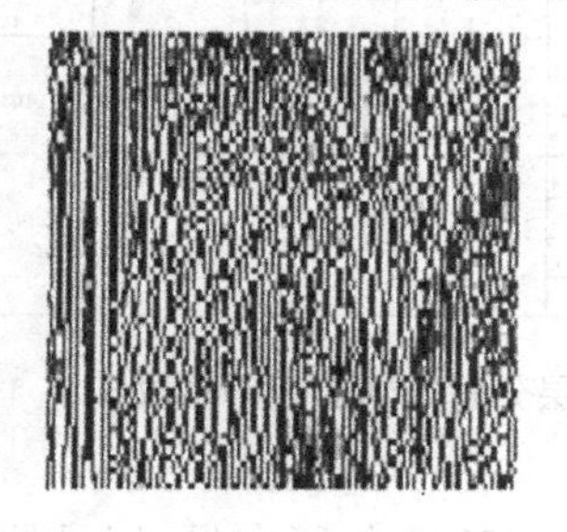

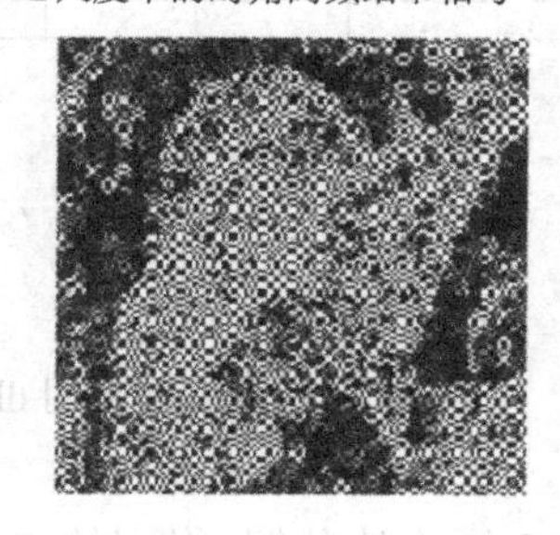

图 3.26　lenna 图像用 db1 小波做 2 层分解得到的结果

图 3.26 清晰地反映了两重小波分解后的各个频率段信号重构成的图像。可以发现,低频图像与原始图像是非常近似的,而高频部分也可以认为是冗余的噪声部分。所以,图像载体下的小波分解信息隐藏算法一般都是将信息隐藏于分解后的低频部分,从而获得高的鲁棒性。将信息隐藏于高频系数中,可以获得很好的不可见性。不可见性与鲁棒性是信息隐藏算法性能好坏的重要判定依据,二者可以看成一对矛盾。解决这一矛盾的方法就是"折中"。具体的情况我们将在后面专门论述。

最后,结合 MATLAB 代码,我们来看一下这些频率系数的具体内容:lennaR 是一个 256×256 的二维信号,对其做 1 层小波分解,得到的 C 是一个 1×65536 的行向量,记录的是低频、水平高频、垂直高频和对角高频:

$$(A_1f(x,y),D_1^1f(x,y),D_1^2f(x,y),D_1^3f(x,y))$$

四个部分的频率系数。S 是一个 3×2 的矩阵（如图 3.27 所示），其第一行表明尺度 1 下的低频系数为 128×128 长度；第二行表明尺度 1 下的高频系数为 128×128 长度；第三行表明 lennaR 是一个 256×256 的二维信号。lowf 和 highfH，highfD 和 highfV 分别对应分离出来的四个部分的系数矩阵。

Workspace

Name	Size	Bytes	Class
C	1x65536	524288	double array
S	3x2	48	double array
highfD	128x128	131072	double array
highfH	128x128	131072	double array
highfV	128x128	131072	double array
lenna	256x256x3	196608	uint8 array
lennaR	256x256	65536	uint8 array
lowf	128x128	131072	double array

Array Editor: S — Numeric format: shortG　Size: 3 by 2

	1	2
1	128	128
2	128	128
3	256	256

Array Editor: lowf — Numeric format: shortG　Size: 128 by 128

	1	2	3	4	5	6	7	8
1	356	355.5	356	346	346.5	343.5	341.5	342
2	353	350	351.5	345	345.5	342	341	341
3	354.5	348.5	352	350.5	350	346.5	345.5	345
4	357.5	351.5	355.5	357	356	353	351	352
5	351.5	353	354.5	355.5	354	358	345.5	358
6	350	351	352.5	353.5	354	349	343.5	360
7	347	348	349.5	350.5	352	347	350.5	364.5
8	347	348	349	350	353	352.5	362.5	370

Array Editor: highfH — Numeric format: shortG　Size: 128 by 128

	1	2	3	4	5
1	1	1.5	1	1	
2	2	2	1.5	1	
3	-0.5	-0.5	0	-1.5	
4	-0.5	-0.5	-0.5	-1	
5	0.5	0	0.5	0.5	
6	0	0	0.5	-0.5	
7	-1	0	-0.5	-0.5	

Array Editor: highfV — Numeric format: shortG　Size: 128 by 128

	1	2	3	4	5
1	1	-0.5	1	3	0.5
2	1	0	0.5	2	0.5
3	2.5	0.5	0	1.5	1
4	2.5	0.5	-1.5	1	1
5	0.5	0	-0.5	0.5	-3
6	0	0	0.5	0.5	0
7	0	0	-0.5	-0.5	1

Array Editor: highfD — Numeric format: shortG　Size: 128 by 128

	1	2	3	4	5
1	0	-0.5	0	0	
2	0	0	0.5	1.0103e-014	-
3	-0.5	-0.5	0	-0.5	-1.0103e-
4	0.5	0.5	0.5	1	
5	-0.5	-1	-0.5	-0.5	
6	0	1	0.5	0.5	
7	0	0	-0.5	0.5	1.0103e-

图 3.27　lenna 图像用 db1 小波做 1 层分解得到的频率系数

对 lennaR 做 2 层小波分解，得到的 C 也是一个 1×65536 的行向量，记录的是 2 尺度低频、2 尺度水平高频、2 尺度垂直高频、2 尺度对角高频、1 尺度水平高频、1 尺度垂直高频和 1 尺度对角高频：

$$(A_2f(x,y),D_2^1f(x,y),D_2^2f(x,y),D_2^3f(x,y),D_1^1f(x,y),D_1^2f(x,y),D_1^3f(x,y))$$

七个部分的频率系数。S 是一个 4×2 的矩阵（如图 3.28 所示），其第一行表明尺度 2 下的低频系数为 64×64 长度；第二行表明尺度 2 下的高频系数为 64×64 长度；第三行表明尺度 1 下的高频系数为 128×128 长度；第四行表明 lennaR 是一个 256×256 的二维信号。lowf 和 highfH，highfD 和 highfV 分别对应 2 尺度下分离出来的四个部分的系数矩阵。

比较图 3.27 和图 3.28，可以发现 MATLAB 中的二维 DWT 有如下规律：

①返回的频率系数（在 C 向量中）以如下形式存放：

$$C=[A(\text{level})\mid H(\text{level})\mid V(\text{level})\mid D(\text{level})H(\text{level}-1)V(\text{level}-1)$$
$$D(\text{level}-1)\cdots\mid H(1)\mid V(1)\mid D(1)]$$

②返回频率系数的同时,返回一个长度记录矩阵 S。S 的格式为:

$S(1,:)$ = 尺度 level 下的低频系数长度

$S(i,:)$ = 尺度 $\text{level}-i+2$ 下的低频系数长度

$S(\text{level}+2,:)$ = 原始信号的大小

Workspace

Name	Size	Bytes	Class
C	1x65536	524288	double array
S	4x2	64	double array
highfD	64x64	32768	double array
highfH	64x64	32768	double array
highfV	64x64	32768	double array
lenna	256x256x3	196608	uint8 array
lennaR	256x256	65536	uint8 array
lowf	64x64	32768	double array

Array Editor: S

	1	2
1	64	64
2	64	64
3	128	128
4	256	256

图 3.28　lenna 图像用 db1 小波做 2 层分解得到的结果

③原始信号通过两个共轭滤波器后,得到高、低频两路信号。假设原始信号抽取 256 个点参与计算,那么将得到 512 个频率数据,如此下去显然冗余太大。所以,在滤波后还需要进一步抽样以减少冗余。通行的方法是隔一数丢弃一个数,从而保证滤波后的两路信号与原始信号数据长度一致。对照图 3.27 和图 3.28 可以发现 2 尺度下的频率系数与 1 尺度下的频率系数在长度上就满足这种关系。

了解以上三个结论,对今后的小波信息隐藏实验有非常大的帮助。

3)小波对图像进行压缩和降噪

结合前面一节在 DCT 运用中的图像压缩,我们很容易得到小波图像压缩的算法。小波分析将图像分为低频和高频两部分。低频部分对应的是图像的近似部分,具有原始图像信号主要的能量;高频部分则对应图像的细节。因此,利用小波分解直接除去图像的高频部分而仅用其低频进行重构就是最为直接的一种图像压缩方法。当然,高频部分并不全是噪声,这样做会丢失一些图像的重要细节,所以一般采用一个阈值判断的方法,仅将低于这个阈值的高频系数认为全部是噪声而置 0(丢弃)。

那么这个阈值如何选定呢?我们给出一个最简单的方法:

①对于图像压缩,阈值等于 1 尺度下对信号分解获得的高频系数的绝对值的中值。如果这个值算出为 0,那么阈值就等于 1 尺度下对信号分解获得的高频绝对值系数中最大的那个值的 5%。用伪代码描述为:

```
threshold=median(abs(frequency at level 1));
if (threshold==0)
    threshold=0.05 * max(abs(frequency at level 1))
```

②对于图像降噪,阈值等于 $s\times\sqrt{2\times\lg^{n}}$。其中 s 为噪声的评估级别,n 是图像矩阵的像素数量。

编写函数 imagecom.m 和 imagenr.m 分别完成压缩和降噪的实验。二者代码基本相似,这里我们仅给出 imagenr.m,函数代码如下:

```
文件名:imagenr.m
%程序员:郭迟
%编写时间:2004.1.24
%函数功能:本函数将完成对输入的RGB图像用小波分析的方法进行自动降噪,得到高频系数阈值,降噪效果百分比和结果
%输入格式举例:[comimage,perf0,perf1,thr]=imagenr('c:\lenna.jpg','c:\lenna2.jpg','jpg','db6',2)
%参数说明:
%image为输入的含噪声的RGB图像地址
%permission为图像的文件类型
%addr为处理后的图像存放的地址
%wavelet为使用的小波类型
%level为分解的尺度
%comimage为降噪后的结果
%perf0为高频系数置0的百分比
%perf1为降噪后的能量百分比
%thr为降噪量化选择的阈值
function [comimage,perf0,perf1,thr]=imagecom(image,addr,permission,wavelet,level);
signal=imread(image,permission);
[row,col]=size(signal);
signal2=double(signal)/255;
signal2=reshape(signal2,row,col);
%对图像进行小波分解
[C,S]=wavedec2(signal2,level,wavelet);
%计算量化阈值
[thr,sorh,keepapp]=ddencmp('den','wv',signal2);
%压缩
[comimage,cxc,lxc,perf0,perf1]=wdencmp('gbl',C,S,wavelet,level,thr,sorh,keepapp);
comimage=reshape(comimage,row,col/3,3);
imwrite(comimage,addr,permission);
%显示结果
subplot(221),imshow(image);title('含噪声的原始图像');
comimage=imread(addr,permission);
subplot(222),imshow(comimage);title('降噪后的图像');
disp('高频系数置0的百分比:');perf0
disp('压缩后的能量百分比:');perf1
```

实验的结果如图3.29所示。

特别说明一下MATLAB中的两个函数。MATLAB中的ddencmp.m函数就是用上述算法实现自动计算阈值的,同时该函数还返回两个参数sorh和keepapp,分别表示阈值的类型(硬阈值和软阈值)和对于等于该值的高频系数是否也应去掉(keepapp=1为去掉)。

高频系数置0的百分比：　perf0=74.9756
压缩后的能量百分比：　perf1=96.9735

图3.29　lenna 图像1层分解降噪的结果

MATLAB 中的 wdencmp. m 函数为压缩函数，返回的 perf0 与 perf1 分别为根据 cxc 和 lxc 计算出的高频系数置 0 的百分比和压缩后的能量百分比。

若要完成图像压缩，只需将上面程序中 ddencmp 函数的参数"den"改为"cmp"就可以了。

4）小波对图像进行融合

首先必须明确的一点是，这里的图像融合是可见融合，也就是利用小波分析的方法将两个图像合并在一起，当然两个图像的基本信息都是清晰可见的。如果想要将一个图像不可见地融合到另一图像中，实际上就是图像隐藏了，我们会在后面的章节详细论述。

编写函数 imagecbe. m 完成实验，函数代码如下：

```
%文件名:imagecbe.m
%程序员:郭迟
%编写时间:2004.1.24
%函数功能:本函数将完成对输入的两幅 RGB 图像用小波分析的方法进行图像融合,要求第一幅图像的大小大于等于第二幅图像
%输入格式举例:cbeimage=imagecbe('c:\lenna.jpg','c:\cindy.jpg','jpg',db6')
%参数说明:
%image1 为第一幅图像地址
%image2 为第二幅图像地址
%permission 为图像的文件类型
%wavelet 为使用的小波类型
%cbeimage 为融合的图像
function cbeimage=imagecbe(image1,image2,permission,wavelet);
%读取两幅待融合的图像
im1=imread(image1,permission);
im2=imread(image2,permission);
im1=double(im1)/255;
im2=double(im2)/255;
[row1,col1]=size(im1);
```

```
[row2,col2]=size(im2);
a=reshape(im1,row1,col1);
b=reshape(im2,row2,col2);
%对图像进行1尺度下的小波分解,提取频率系数
[C1,S1]=wavedec2(a,1,wavelet);
[C2,S2]=wavedec2(b,1,wavelet);
size1=size(C1);
size2=size(C2);
%对图像进行系数调整
for i=1:size1(2)
    C1(i)=1.2*C1(i);%这里的1.2和后面的0.8可自行调整。
end
for i=1:size2(2)
    C2(i)=0.8*C2(i);
end
%对图像进行融合
C=0.5*(C1+C2);
%对图像进行重构
cbeimage=waverec2(C,S1,wavelet);
cbeimage=reshape(cbeimage,row1,col1/3,3);
cbeimage=uint8(cbeimage*255);
%显示结果
subplot(131),imshow(im1);title('第一幅图像');
subplot(132),imshow(im2);title('第二幅图像');
subplot(133),imshow(cbeimage);title('融合图像');
```

实验结果如图3.30所示。

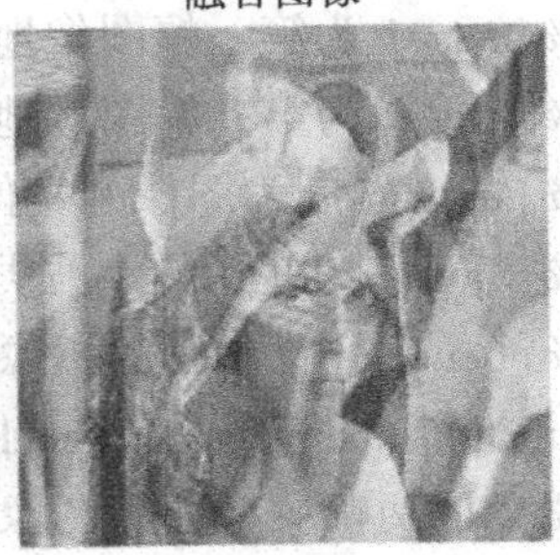

图3.30 lenna图像与Wbarb图像融合的结果

以上是我们从实验的角度完成的对一维和二维信号的小波分析。同时,通过三个具体的应用示例进一步说明了小波分析在图像处理上的重要性。之所以选择这三个例子,是因为它们与我们要谈到的信息隐藏有很密切的联系。对这里的有些实验稍加改变就可以达到信息隐

藏的目的；对有些实验加深认识则可以在后面的数字水印实验中取得很好的实验效果。

3.3.4 常用的小波函数族

前面的实验我们已经使用了 db1 和 db6 两类小波。之所以称之为“两类”而不是“两个”是因为这里的 db1 或 db6 不仅包括了小波母函数（小波函数），还包括了尺度函数和相应的满足精确重构条件的滤波器等。事实上，db1 和 db6 小波都是属于 Daubechies 小波系，是由比利时学者 Daubechies 创建的。

谈到小波系列，我们首先解释一下几个相关的概念。

① 支集长度。小波是指在很小的有限区间内不为 0 的波，那么这个很小的有限区间就称为小波母函数的支集长度。小波的支集长度越短，其对信号的局部表征能力就越强；

② 小波的消失矩阶数。小波母函数 $\varphi(t)$ 的 k 阶矩是指 $m=\int_{-\infty}^{\infty}\varphi(t)t^k\mathrm{d}t$。所谓消失矩阶数就是指使 m 为 0 的 k 的取值。高阶消失矩意味着被处理信号的平滑部分的低频小波系数大多为 0，从而更好地获得信号的细节特征。所以，消失矩的实际意义是将信号能量相对集中在少数的小波系数中。然而小波有 k 阶消失矩，则其支集长度至少为 $2k-1$。支集长度越高，计算复杂度也随之增高；

③ 正则性。小波的正则性主要对因阈值变化或小波系数的量化而引起的误差产生表面化的影响。如果小波是正则的，则引起的误差是光滑的，不易被察觉；

④ 正交性。用正交小波基进行的重构代价是最小的。正交小波基比较难构造，所以人们往往使用近似正交小波（双正交小波）。对于一个小波 $\varphi(t)$，如果它满足：

$$<\varphi_{j,k},\varphi_{a,b}>=0, j\neq a, j,k,a,b\in Z$$

则就是一个双正交小波。双正交小波是用两类小波集合完成小波分析任务的。一类（包括小波函数和尺度函数）用于信号分解，一类用于信号重构。可以看到，双正交小波设计的核心是平移，比较容易实现；

⑤ 对称性。小波函数的对称性和正交性往往是一对矛盾。一个具有对称性的小波首先给人以主观上的美感。同时，对于图像小波分析，对称小波能尽可能地避免图像的边界失真问题，降低量化误差。

下面，我们就从以上 5 个方面来认识一下在工程应用上常见的几类小波系列。

(1) Daubechies 小波

Daubechies 小波在 MATLAB 中记为 dbN。$N=2,3,\cdots,10$，是小波序号。Daubechies 小波的小波母函数和尺度函数的支集长度为 $2N-1$。小波的消失矩阶数为 N。Daubechies 小波是正交小波，具有近似的对称性。图 3.31 给出了 db4 和 db8 小波的有关信息。

(2) Symlets 小波

Symlets 小波与 Daubechies 小波非常相似。在 MATLAB 中记为 symN。$N=2,3,\cdots$是小波序号。Symlets 小波的小波母函数和尺度函数的支集长度为 $2N-1$，滤波器长度为 $2N$。小波的消失矩阶数为 N。Symlets 小波是双正交小波，具有近似的对称性。图 3.32 给出了 sym4 和 sym8 小波的有关信息。

(3) Biorthogonal 小波

Biorthogonal 小波是具有线性相位的双正交小波，一般成对出现。在 MATLAB 中通常表示为 bioNr. Nd 的形式。Nr 为重构小波，Nd 为分解小波，其对应形式如下：

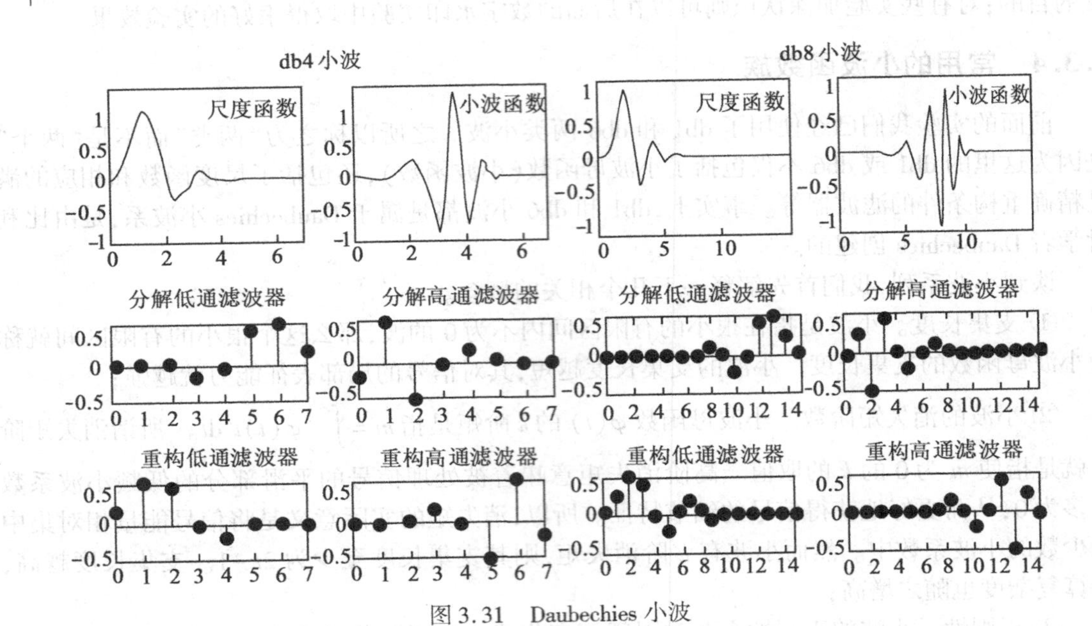

图 3.31 Daubechies 小波

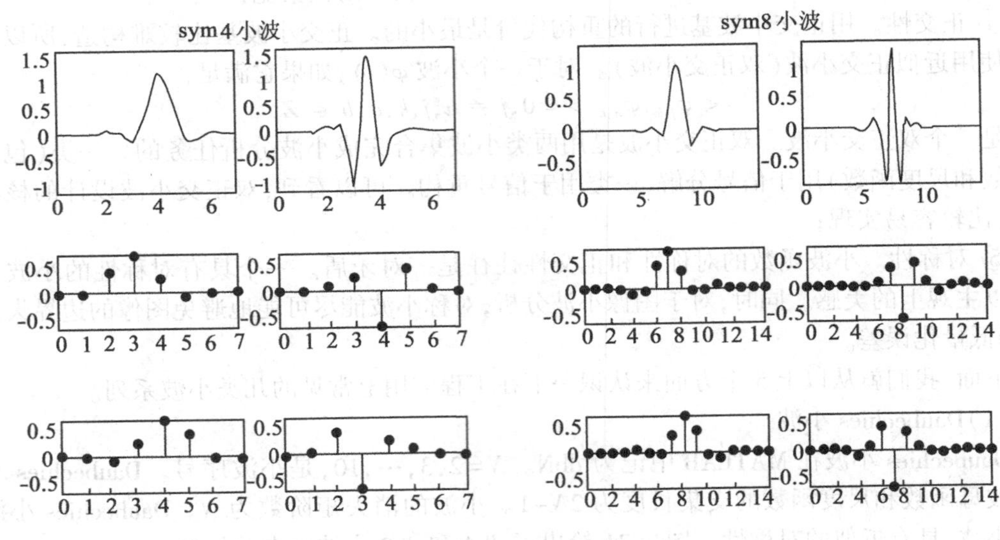

图 3.32 Symlets 小波

Nr	1	2	3	4	5	6
Nd	1,3,5	2,4,6,8	1,3,5,7,9	4	5	8

图 3.33 给出了 bio2.4 和 bio4.4 小波的有关信息。

前面已经说过,在信息隐藏领域中小波分析的主要任务应该是选择合适的小波基去适应各种 DWT 域的隐藏算法。这是因为对于同样的隐藏算法,选用不同的小波产生的数字水印或隐藏结果,其性能有着很大的差异。同时,选用同一小波的不同尺度下的频率系数作为隐藏

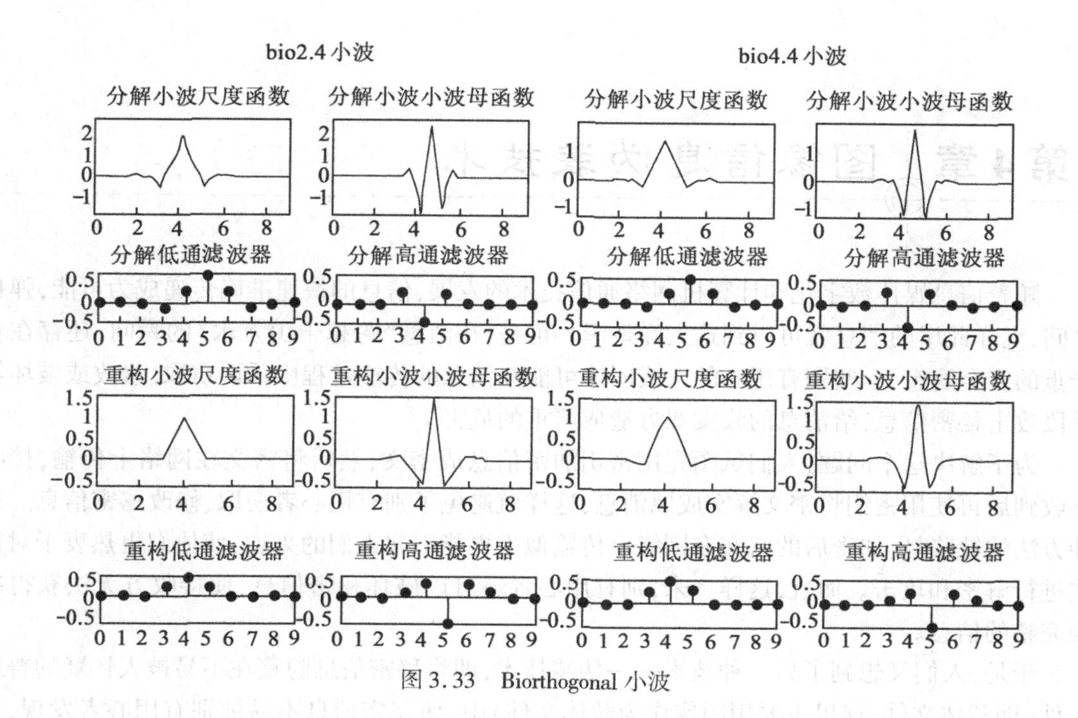

图 3.33　Biorthogonal 小波

载体,得到的结果其性能也是不同的。图 3.34 是我们用 W-SVD 算法产生的数字水印在抗 JPEG 压缩方面的性能曲线图。左侧使用的是 db1 小波,右侧使用的是 db6 小波,取一个同样

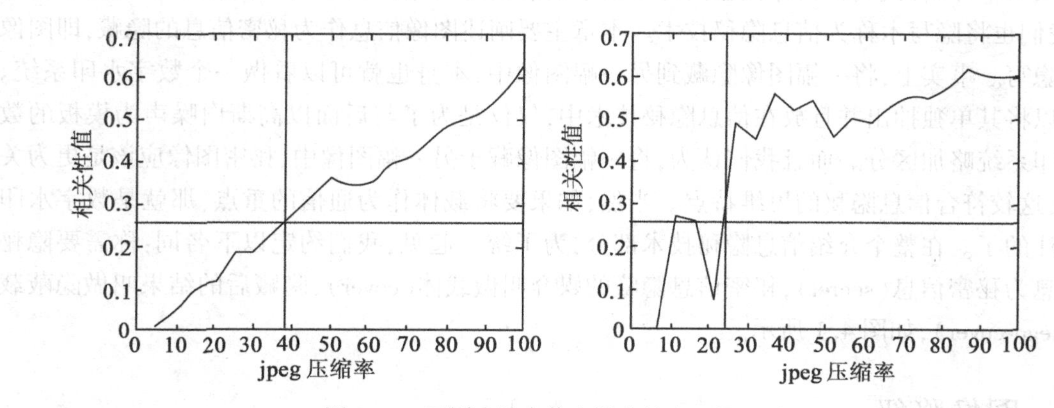

图 3.34　不同小波在信息隐藏算法上的差异

的足够大的检测阈值,可以发现其性能上的明显差异。

小波的选择是一个非常复杂的问题。它不仅与小波本身的性能有关,还涉及到隐藏算法、性能评定的标准等几个方面。在一般的实际运用中,最好的方法就是多实验、多比较。当然,除了实验的方法外,从理论上也是能够得到一些适合信息隐藏的小波的一般描述的。

第4章 图像信息伪装技术

随着信息媒体数字化和计算机网络通信技术的发展,信息的快速准确传递成为可能,弹指之间,大洋此岸的消息就可以到达大洋彼岸。可是,在消息"跨越千山万水"的瞬间,还存在着严重的安全隐患,一些别有用心的人或团体可能在消息的传输过程中采取窃取、修改或破坏等手段攻击秘密信息,给消息的收发双方造成严重的危害。

为了解决这个问题,人们试图先用密钥加密信息成密文,然后将密文在网络上传输,接收方收到后再使用密钥将密文解密成原消息,这样就避免了别有用心者窃取、修改秘密信息。这种方法的缺陷是:加密后的密文在网络上传输似乎更能引起人们的兴趣,使他们更热衷于对密文进行解密和攻击。而且,这样一来,别有用心者还可以破坏秘密信息,使接收方无法获得准确完整的信息。

于是,人们又想到了另一种技术——伪装技术,即将秘密信息隐藏在不易被人怀疑的普通文件(即载体文件,这里主要用图像作为载体文件)中,使秘密信息不易被别有用心者发现,当然他们就不易对消息进行窃取、修改和破坏,从而保证了消息在网络上传输的安全性。为了增加安全性,人们通常将加密和伪装这两种技术结合起来使用。

从本章开始,我们将具体接触到许多数字信息的隐写术。为了与后面数字水印技术相区别,我们也将隐写术称为信息隐秘技术。本章主要阐述图像信息作为秘密信息的隐藏,即图像降级隐写。事实上,将一幅图像隐藏到另一幅图像中,本身也就可以看做一个数字水印系统。之所以将其单独抽出并且放在信息隐秘技术中,仅仅是为了与后面以高斯白噪声为模板的数字水印系统略加区分。而且我们认为,将一幅图像藏于另一幅图像中,秘密图像应该是更为关注的,这较符合信息隐秘的思维特点。当然,如果要将载体作为通信的重点,那就是数字水印所关注的了。在整个介绍信息隐秘技术部分,为了统一起见,我们约定以下名词:称需要隐秘的信息为秘密信息(secret),秘密信息隐藏的媒介叫做载体(cover),隐藏后的结果叫做隐蔽载体(stego-cover),如图4.1所示。

4.1 图像降级

在多级安全操作系统中,主体(进程、用户)和客体(文件、数据库等)都被分配了一个特定的安全级别,主体对客体的读写一般应满足以下两个规则:

规则1:主体只能向下读,不能向上读。

规则2:主体只能向上写,不能向下写。

对于第一个规则,我们很容易理解,即主体通常仅允许读取比其安全级别低的客体,而对于安全级别比其高的客体则无法读取。对于第二个规则,我们可以这样理解,如果主体向比其安全级别低的客体写信息,则信息由主体的安全级别变成了客体的安全级别,那么较低安全级

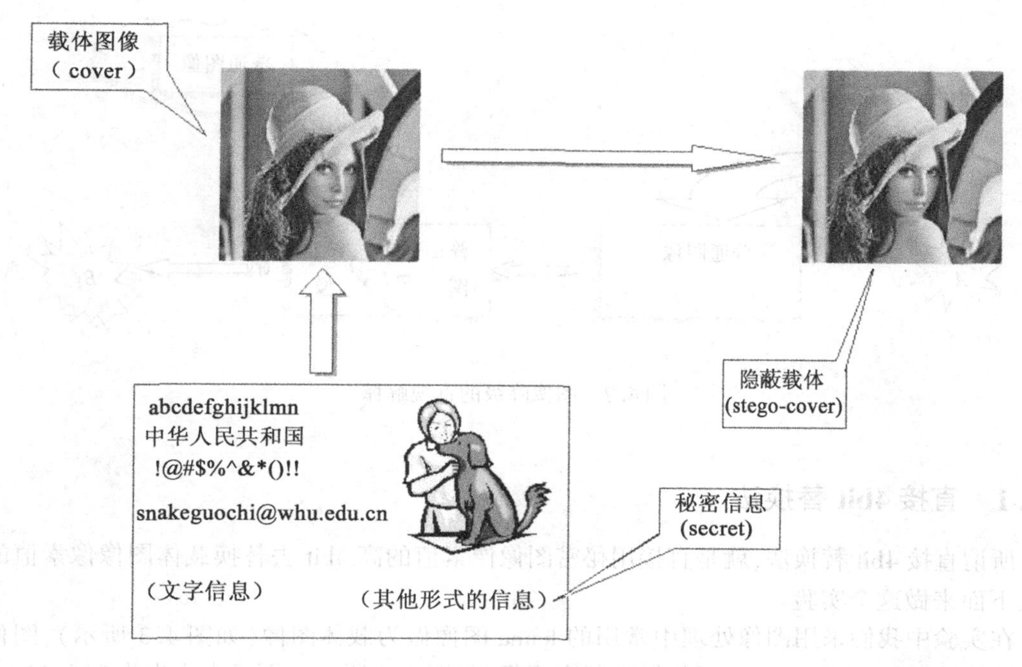

图 4.1 信息隐秘技术的名词约定

别的主体也就可以访问此信息了。因此,主体只能向比其安全级别高的客体写信息,才能保证秘密信息的安全。

我们通常所说的信息降级,就是通过将秘密信息嵌入较低安全级别的客体中,破坏了第二个规则,从而使机密的信息看上去不再机密。在伪装技术中我们经常要这样做,以使秘密信息被伪装成为低级别的信息,不易被发现。图像降级就是伪装技术的一个应用。

图像降级用于秘密的交换图像。下面举例来说明什么是图像降级。

A 方需要将一张重要的图像 m 通过网络传递给 B,但是有一个第三者 C 准备破坏这次传输,对 A 方来说,如何使 m 安全传输给 B 是一个令人头痛的问题,最终 A 方选择了这样一个方法,如图 4.2 所示。

A 方所用的就是图像降级,普通图像(客体)的安全级别低,而 A 方(主体)的安全级别高,A 方将其秘密信息(m 图)写入普通图像中,破坏了第二个规则,从而降低了 m 图的安全级别,使 C 方和其他人都可以看到,然而在 C 方和其他不知情的人看来,传输的只是一幅普通图像,他们不会注意这张普通图像,因此也就不会看到 m 图,这样,A 方就成功地将秘密信息 m 图传输给了 B 方。

由上面的例子,我们知道了什么是图像降级,图像降级是替换系统中的特殊情况,其中,秘密信息和载体都是图像。在下一节中,我们将讲述将秘密图像信息写入载体图像的几种方法。

4.2 简单的图像信息伪装技术

本节将讲述秘密图像信息嵌入载体图像的一种最简单的方法——直接 4bit 替换法以及其改进思路,增加嵌入的容量和提高图像对恶意攻击的鲁棒性。

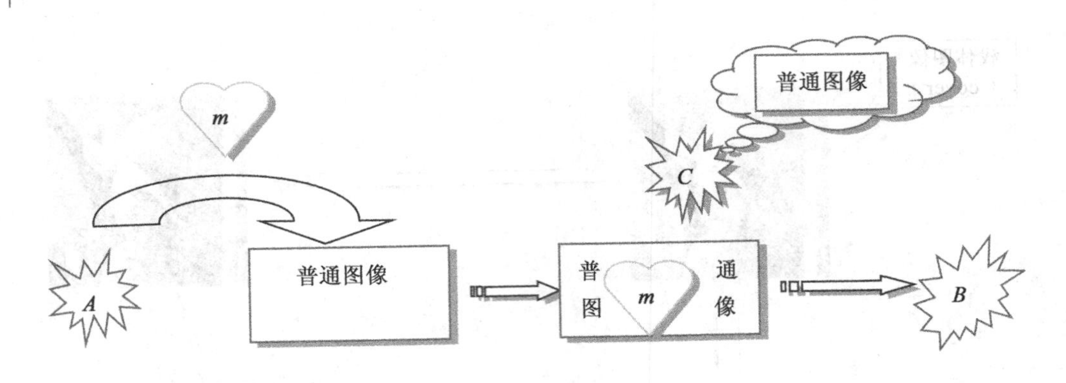

图 4.2　图像降级的直观解释

4.2.1　直接 4bit 替换法

所谓直接 4bit 替换法，就是直接用秘密图像像素值的高 4bit 去替换载体图像像素值的低 4bit，下面来做这个实验。

在实验中我们采用图像处理中常用的 lenna 图像做为载体图像（如图 4.3 所示），图像的大小为 256×256，选取 woman 图像做为秘密图像（如图 4.4 所示），图像大小也为 256×256。

图 4.3　lenna 原图

图 4.4　woman 原图

我们将 lenna 作为载体，woman 作为秘密信息进行信息隐秘，首要的问题是找到隐秘的空间，也就是载体的冗余空间。图 4.6 是将 lenna 各像素低 4bit 清 0 后的图像。不加严格的分析，我们可以认为图 4.3 与图 4.6 无感观上的差异（事实上有些时候是不能这样认为的，后文有分析）。这样一来，图像像素的低 4bit 就构成了冗余空间。对于载体如此，作为秘密信息的图像也应该如此。所以，我们当然也就不必要将一个秘密图像的像素（8bit）隐藏在两个载体像素的低 4bit 上，而只将其像素高 4bit 作为秘密信息嵌入载体，这样可以扩大隐藏容量。除非秘密图像的细节信号非常重要才做完整的隐藏，但那就需要载体的容量是秘密图像的 1 倍才能完成。

去掉低 4bit 的 woman 图如图 4.5 所示，去掉低 4bit 的 lenna 图如图 4.6 所示。

编写函数 imagehide.m 完成图像隐藏的实验，函数代码如下：

```
%文件名:imagehide.m
%程序员:王霞仙
```

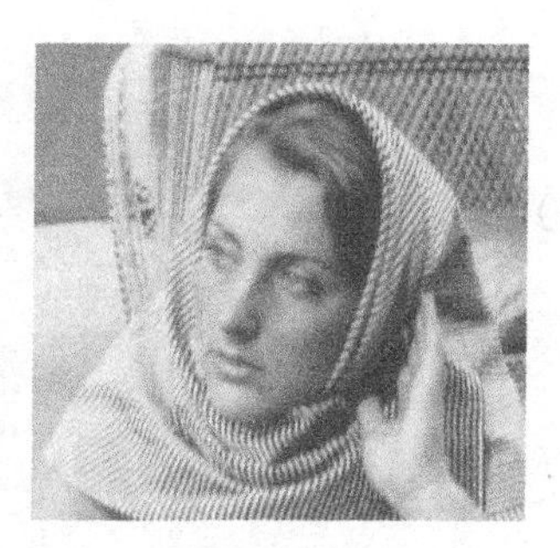

图4.5　去掉低4bit的woman图

图4.6　去掉低4bit的lenna图

```
%编写时间:2004.2.5
%函数功能:直接将秘密图像的高4bit隐藏在RGB载体图像的R,G,B层中所选的那一层的低4bit,并将秘密图像提取出来,最后显示。要求载体图像的大小大于等于秘密图像的大小,且秘密图像是二值或灰度图像
%输入格式:
%data=imagehide('c:\lenna.bmp','c:\woman.bmp','c:\mix.bmp','bmp',3)
%参数说明:
%  cover是载体图像的地址
%  message是秘密图像的地址
%  goleimage是隐藏后图像的地址
%  permission是图像的类型
%level是作为载体的具体层,R为1,G为2,B为3
%data是隐藏后图像的矩阵
function data=imagehide(cover,message,goleimage,permission,level)
%提取图像信息并分层
cover = imread(cover,permission);
data=cover;
msg=imread(message,permission);
[row,col]=size(cover);
cover1=cover(:,:,level);
%置载体图像R层的低4bit为0
for i=1:row
    for j=1:col/3
        cover1(i,j)=bitand(cover1(i,j),240);
    end
end
%置秘密图像的低4bit为0
takemsg4=bitand(msg,240);
%将秘密图像的高4bit右移4位
shiftmsg4=bitshift(takemsg4,-4);
```

```
%图像隐藏
for i=1:row
    for j=1:col/3
        cover1(i,j)=bitor(cover1(i,j),shiftmsg4(i,j));
    end
end
%写回并保存
data(:,:,level)=cover1;
imwrite(data,goleimage,permission);
%提取秘密图像信息,检测隐藏效果
data=imread(goleimage,permission);
[row,col]=size(data);
A=data(:,:,level);
for i=1:row
    for j=1:col/3
        A(i,j)=bitand(A(i,j),15);
    end
end
A=bitshift(A,4);
%显示结果
subplot(221),imshow(cover);title('载体图像');
subplot(222),imshow(message);title('秘密图像');
subplot(223),imshow(data);title('隐藏后的图像');
subplot(224),imshow(A);title('提取的秘密图像');
```

由于我们选用的载体是一个 RGB 图像(256×256×3),秘密图像仅仅是一幅灰度图像(256×256),所以将秘密图像隐藏到载体的哪一层是我们关心的问题。图4.7是将秘密图像分别藏于 RGB 载体图像的 R,G,B 层所显示的结果。

按照前面我们的假设推定,图 4.7 中隐藏后的图像应该和原载体图像的差别不明显,但通过观察我们发现,图 4.7 中的隐藏后的图像和原载体图像还是有一些差别的,例如帽子上部的一些地方(圈内部分)。这是由于嵌入的信息容量大造成的。并且在图 4.7 中我们看到,秘密图像隐藏于不同的层后与原载体图像的差别大小是不同的。对于隐藏在 R,G,B 各层的隐蔽载体,图中圈内的部分分别产生泛红、泛绿和泛蓝的现象;秘密图像隐藏在 R 层和 G 层后与原载体图像的差别比隐藏在 B 层时的差别要大。三者都在不同程度上对原始图像造成了一定的破坏。

根据 RGB 图像像素的原理,一个像素的颜色由 R,G,B 三个分量值确定。考虑到第一章中我们阐述的 RGB 颜色模型,将秘密图像隐藏在一层中,容易导致该点的色彩向相应的坐标上发生绝对偏移,从而使得该像素点的色彩的相应分量突出。所以,我们不能笼统地认为图像隐藏在某层比较好而隐藏在某层不好,这是因为对于具体的某个像素点哪个颜色分量突出是不确定的。但是,我们可以通过改进算法来限制这种颜色沿相应坐标的绝对偏移。

例如,可将秘密图像像素值的高 4bit 分别藏于载体图像 R,G,B 层像素值的最低位或次低

图4.7 信息分别隐藏于R,G,B层的比较图

位,即可将秘密图像的高2bit藏于R层,另外2bit分别藏于G层和B层,此时像素色彩的改变就不是沿一个坐标方向而改变,而是在整个RGB空间中发生偏移,改变后的颜色坐标点与改变前的颜色坐标点的距离(数学上的范数)比单纯在一个分量上改变的两点距离要小,这样对载体图像的影响会更小。在实际应用中,还应该考虑隐藏的鲁棒性等问题。RGB像素的等价修改如图4.8所示。

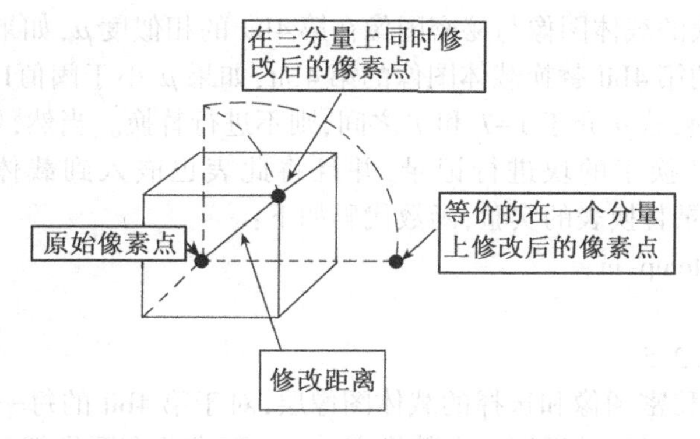

图4.8 RGB像素的等价修改

4.2.2 对第4bit的考察

在4.2.1节中我们看到,直接替换4bit后,图像还是有一些变化的,也就是说,替换容量大使图像的保真度降低(可通过实验看到替换3bit的效果比替换4bit的效果要好)。为了解决这个问题,我们需要采取一些其他技术。

我们仍然用lenna图像做为载体图像、woman图像做为秘密信息图像。将这两个图分别分割为8×8的小块,我们对每一个8×8的小块内的像素采用相同的替换策略,而对块与块则不尽相同,要具体情况具体分析。

其假设前提是:如果只对图像进行3bit替换,是不会对图像的视觉效果造成影响的。事实上,这种假设是可以成立的,如图4.9所示。

图4.9 将信息隐藏于低3bit后的图像

因此,对每一图像块,我们先用woman图像像素值的高3bit去替换lenna图像像素值的低3bit是没有问题的,至于第4bit则要具体分析。首先,我们引入一个相似度的概念,所谓相似度,是指两图像块中同一坐标下的像素中第4bit相同的像素数量占一块图像全部像素的比例,表示为:

$$\mu = \frac{s}{64}$$

其中,s为第4bit相同的像素数量,64为8×8块中的总像素数量。

根据μ的取值我们来确定该块各像素第4bit的隐藏策略。

我们先计算相应块的载体图像与秘密图像在第4bit的相似度μ,如果μ大于某一阈值T,则可直接用秘密图像的第4bit替换载体图像的第4bit,如果μ小于阈值$1-T$,则先将秘密图像的第4bit取反后再替换,若μ介于$1-T$和T之间,则不进行替换。当然,要用一个替换表对第4bit进行替换或取反替换了的块进行记录,并且将此表也嵌入到载体图像中。编写函数fourthbitcmp.m完成记录替换表的实验,函数代码如下:

```
%文件名:fourthbitcmp.m
%程序员:王霞仙
%编写时间:2004.2.5
%函数功能:计算秘密图像和选择的载体图像层,对于第4bit的每一个8×8块,哪些可以用秘密图像去替换载体图像,并返回一个替换表count,要求两个图像都可以整数8×8分块
%输入格式:count=fourthbitcmp('c:\lenna.bmp','c:\woman.bmp','bmp',3,0.7)
%参数说明:
```

```
%cover 是载体图像的地址
%message 是秘密图像的地址
%permission 是图像的类型
%level 是作为载体的具体层。R 为 1,G 为 2,B 为 3
%count 是替换表
%threshold 是阈值
function count=fourthbitcmp(cover,message, permission,level,threshold)
%提取图像信息并分层
cover = imread(cover,permission);
data=cover;
msg=imread(message,permission);
cover1=cover(:,:,level);
%对 cover 和 msg 的第 4bit 进行处理
tempc=cover1;
tempm=msg;
tempc=bitand(tempc,8);
tempm=bitand(tempm,8);
temp=bitxor(tempm,tempc);
[row,col]=size(temp);
%记录图像每个分块的 n 值
k1=0;
k2=0;
a=row*col/64;
count=zeros([1 a]);
for i=1:a
    for m=1:8
        for n=1:8
            if temp(8*k1+m,8*k2+n)==0
                count(1,i)=count(1,i)+1;
            end
        end
    end
    k2=k2+1;
    if k2*8==col
        k2=0;
        k1=k1+1;
    end
end
%计算每块的 μ 值并与阈值进行比较
count=count/64;
```

```
for i=1:a
    if count(i)>=threshold
        count(i)=1;%可以替换
    elseif count(i)<1-threshold
        count(i)=-1;%取反
    else
        count(i)=0;%不能处理
    end
end
```

表4.1为不同阈值下得到的4bit的替换表。显然,lenna和woman两幅图像的第4bit相关度较低,当阈值稍大一点则大多数图像块不能对第4bit进行处理了,所以只在仅替换3bit的情况下载体破坏不大(如图4.9所示),而不加考虑地统一替换第4bit就容易出现图4.7的情况。

表4.1　　**不同阈值下的前10块的替换情况: 1为可替换,-1为取反,0为不处理**

$T=0.7$	0	1	0	0	0	0	0	0	1	0
$T=0.6$	1	1	0	0	0	-1	0	-1	1	1
$T=0.5$	1	1	1	1	-1	-1	-1	-1	1	1

在4.2.1节中我们讨论了秘密信息应该隐藏于RGB图像的哪一层,这里再补充说明一下,依据本算法,在同一阈值下经不同层计算出的替换表中0的个数,个数越少的层越适宜当做载体。当然,为了简单起见,也可以不加分块直接计算秘密图像与载体图像R,G,B层中哪一层的相似度高,就选择哪一层为载体。表4.2是将woman与lenna各层进行分块第4bit比较后的统计结果,可以看到lenna的各层对于woman都不占优势。

表4.2　　**同一阈值下各层替换表中0的个数**

	R	G	B
$T=0.6$	774	767	778
$T=0.7$	964	964	964

相对于使用3bit替换,用这个方法显然可以提高嵌入信息的容量。相对于4bit替换,则不会使隐藏的不可见性降低。

4.3　图像置乱

所谓"置乱",就是将图像的信息次序打乱,将a像素移动到b像素的位置上,b像素移动到c像素的位置上……使其变换成杂乱无章难以辨认的图像。置乱实际上就是图像的加密,与加密保证安全性不同的是,将置乱的图像作为秘密信息再进行隐藏,可以很大限度地提高隐

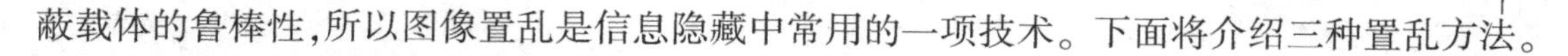

蔽载体的鲁棒性,所以图像置乱是信息隐藏中常用的一项技术。下面将介绍三种置乱方法。

4.3.1 变化模板形状的图像置乱算法

变化模板形状的图像置乱算法的思想如下:

① 对原图像取一个固定模板,模板中像素位置排列如图 4.10 所示;

② 做一个与原图像模板不同的置乱模板,如图 4.11 所示,在置乱模板中把图像模板中的像素位置按一定次序填入(在图 4.11 的模板中按从上到下、从左到右的次序依次填入);

③ 将置乱模板中的像素位置再按一定的次序填回到原图像模板中就得到了置乱后的图像模板(图 4.12 的模板是按从左到右、从上到下的次序依次读取置乱模板中像素位置)。

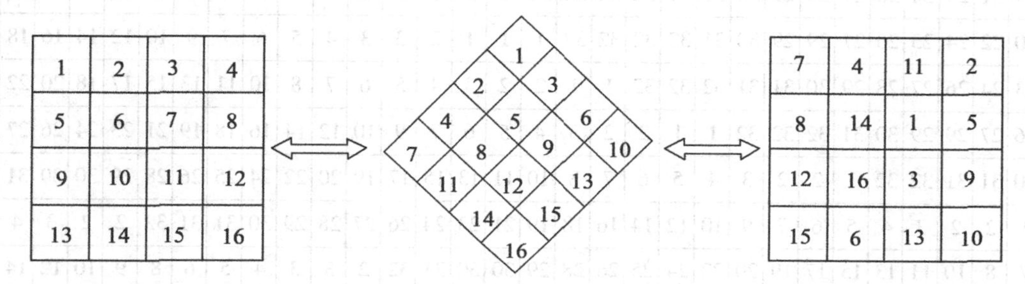

图 4.10 原图像模板　　图 4.11 置乱模板　　图 4.12 置乱后模板

可以发现,这种置乱算法是对合的,即将图 4.12 进行同样的一次变换后就可以得到图 4.10。这给我们编写程序带来了方便。与前面 Zigzag 变换一样,我们也采取查表的方法编写程序。由于我们固定了置乱模板的大小,所以在对图像置乱前我们要对其进行边界修补。如取置乱模板为 32×32,则要求秘密图像的尺寸为 32×32,64×64,128×128,……。假设一幅图像的尺寸为 32×31 ,则应该对其增加 1 列数据。32×32 的置乱变换表如表 4.3 和表 4.4 所示。变换表分为行表和列表,同一坐标下的行列表中的数据结合起来所指示的像素将被置乱到这一坐标下。如置乱行列表 (1,1)坐标下的数据分别为 16 和 17,就表示原图像(16,17)坐标下的像素将被置乱到(1,1)坐标下。

表 4.3　　32×32 菱形置乱表,行表

16	15	17	14	16	18	13	15	17	19	12	14	16	18	20	11	13	15	17	19	21	11	12	14	16	18	20	22	10	12	13	15
17	19	21	22	9	11	12	14	16	18	20	22	23	8	10	12	13	15	17	19	21	22	24	8	9	11	12	14	16	18	20	22
23	25	7	8	10	12	13	15	17	19	21	22	24	25	6	8	9	11	12	14	16	18	20	22	23	25	26	6	7	8	10	12
13	15	17	19	21	22	24	25	27	5	6	8	9	11	12	14	16	18	20	22	23	25	26	27	5	6	7	9	10	12	13	15
17	19	21	22	24	25	27	28	4	5	7	8	9	11	13	14	16	18	20	22	23	25	26	27	28	4	5	6	7	9	10	12
13	15	17	19	21	23	24	25	27	28	29	3	4	5	7	8	9	11	13	14	16	18	20	22	23	25	26	27	28	29	3	4
5	6	7	9	10	12	13	15	17	19	21	23	24	25	27	28	29	30	3	3	4	5	7	8	9	11	13	14	16	18	20	22
23	25	26	27	28	29	30	2	3	4	5	6	7	9	10	12	13	15	17	19	21	23	24	25	27	28	29	30	30	2	3	3
4	5	7	8	9	11	13	14	16	18	20	22	23	25	26	27	28	29	30	31	2	2	3	4	5	6	7	9	10	12	14	15

续表

17	19	21	23	24	25	27	28	29	30	30	31	1	2	3	3	4	5	7	8	9	11	13	14	16	18	20	22	23	25	26	27
28	29	30	31	31	1	2	2	3	4	5	6	7	9	10	12	14	15	17	19	21	23	24	26	27	28	29	30	31	31	32	1
1	2	3	3	4	5	7	8	9	11	13	14	16	18	20	22	23	25	26	27	28	29	30	31	31	32	1	1	2	2	3	4
5	6	7	9	10	12	14	15	17	19	21	23	24	26	27	28	29	30	31	31	32	32	1	1	1	2	3	4	4	6	7	8
9	11	13	15	16	18	20	22	23	25	26	27	28	29	30	31	31	32	32	1	1	1	2	2	3	4	5	6	7	9	10	12
14	15	17	19	21	23	24	26	27	28	29	30	31	31	32	32	32	1	1	1	1	2	3	4	4	6	7	8	9	11	13	15
16	18	20	22	23	25	26	27	28	29	30	31	31	32	32	32	1	1	1	1	2	2	3	4	5	6	7	9	10	12	14	16
17	19	21	23	24	26	27	28	29	30	31	31	32	32	32	32	1	1	1	2	2	3	4	5	6	7	8	10	11	13	15	17
18	20	22	24	25	26	27	29	29	30	31	32	32	32	32	1	1	1	2	2	3	4	5	6	7	9	10	12	14	16	18	19
21	23	24	26	27	28	29	30	31	31	32	32	32	1	1	2	2	3	4	5	6	7	8	10	11	13	15	17	18	20	22	24
25	26	27	29	29	30	31	32	32	32	1	1	2	2	3	4	5	6	7	9	10	12	14	16	18	19	21	23	24	26	27	28
29	30	31	31	32	32	1	2	2	3	4	5	6	7	8	10	11	13	15	17	19	20	22	24	25	26	28	29	30	30	31	32
32	1	2	2	3	4	5	6	7	9	10	12	14	16	18	19	21	23	24	26	27	28	29	30	31	31	32	2	2	3	4	5
6	7	8	10	11	13	15	17	19	20	22	24	25	26	28	29	30	30	31	32	2	3	3	4	5	6	8	9	10	12	14	16
18	19	21	23	24	26	27	28	29	30	31	31	2	3	4	5	6	7	8	10	11	13	15	17	19	20	22	24	25	26	28	29
30	30	31	3	3	4	5	6	8	9	10	12	14	16	18	20	21	23	24	26	27	28	29	30	31	3	4	5	6	7	8	10
11	13	15	17	19	20	22	24	25	26	28	29	30	30	3	4	5	6	8	9	10	12	14	16	18	20	21	23	24	26	27	28
29	30	4	5	6	7	8	10	11	13	15	17	19	20	22	24	25	26	28	29	30	4	5	6	8	9	10	12	14	16	18	20
21	23	24	26	27	28	29	5	6	7	8	10	11	13	15	17	19	20	22	24	25	26	28	29	5	6	8	9	11	12	14	16
18	20	21	23	24	26	27	28	6	7	8	10	11	13	15	17	19	21	22	24	25	27	28	6	8	9	11	12	14	16	18	20
21	23	25	26	27	7	8	10	11	13	15	17	19	21	22	24	25	27	8	9	11	12	14	16	18	20	21	23	25	26	8	10
11	13	15	17	19	21	22	24	25	9	11	12	14	16	18	20	21	23	25	10	11	13	15	17	19	21	22	24	11	12	14	16
18	20	21	23	11	13	15	17	19	21	22	12	14	16	18	20	22	13	15	17	19	21	14	16	18	20	15	17	19	16	18	17

表 4.4　　**32×32** 菱形置乱表，列表

17	18	17	20	18	16	23	19	18	14	27	21	19	17	11	32	24	20	19	15	7	6	28	22	20	18	12	2	13	1	25	21
20	16	8	28	21	7	29	23	21	19	13	3	21	30	14	2	26	22	21	17	9	29	13	8	22	8	30	24	22	20	14	4
22	4	19	31	15	3	27	23	22	18	10	30	14	26	31	9	23	9	31	25	23	21	15	5	23	5	15	12	20	32	16	4
28	24	23	19	11	31	15	27	3	26	32	10	24	10	32	26	24	22	16	6	24	6	16	22	9	13	21	1	17	5	29	25
24	20	12	32	16	28	4	8	25	27	1	11	25	11	1	27	25	23	17	7	25	7	17	23	25	10	10	14	22	2	18	6
30	26	25	21	13	1	17	29	5	9	9	28	26	28	2	12	26	12	2	28	26	24	18	8	26	8	18	24	26	24	15	11
11	15	23	3	19	7	31	27	26	22	14	2	18	30	6	10	10	6	3	29	27	29	3	13	27	13	3	29	27	25	19	9
27	9	19	25	27	25	19	24	16	12	12	16	24	4	20	8	32	28	27	23	15	3	19	31	7	11	11	7	31	14	4	30

续表

28	30	4	14	28	14	4	30	28	26	20	10	28	10	20	26	28	26	20	10	5	25	17	13	13	17	25	5	21	9	1	29
28	24	16	4	20	32	8	12	12	8	32	20	29	15	5	31	29	31	5	15	29	15	5	31	29	27	21	11	29	11	21	27
29	27	21	11	29	22	6	26	18	14	14	18	26	6	22	10	2	30	29	25	17	5	21	1	9	13	13	9	1	21	5	16
30	16	6	32	30	32	6	16	30	16	6	32	30	28	22	12	30	12	22	28	30	28	22	12	30	12	11	23	7	27	19	15
15	19	27	7	23	11	3	31	30	26	18	6	22	2	10	14	14	10	2	22	6	18	7	17	31	17	7	1	31	1	7	17
31	17	7	1	31	29	23	13	31	13	23	29	31	29	23	13	31	13	23	4	12	24	8	28	20	16	16	20	28	8	24	12
4	32	31	27	19	7	23	3	11	15	15	11	3	23	7	19	27	2	8	18	32	18	8	2	32	2	8	18	32	18	8	2
32	30	24	14	32	14	24	30	32	30	24	14	32	14	24	30	1	5	13	25	9	29	21	17	17	21	29	9	25	13	5	1
32	28	20	8	24	4	12	16	16	12	4	24	8	20	28	32	3	9	19	1	19	9	3	1	3	9	19	1	19	9	3	1
31	25	15	1	15	25	31	1	31	25	15	1	15	25	31	6	14	26	10	30	22	18	18	22	30	10	26	14	6	2	1	29
21	9	25	5	13	17	17	13	5	25	9	21	29	10	20	2	20	10	4	2	4	10	20	2	20	10	4	2	32	26	16	2
16	26	32	2	32	26	16	2	16	26	15	27	11	31	23	19	19	23	31	11	27	15	7	3	2	30	22	10	26	6	14	18
18	14	6	26	10	22	21	3	21	11	5	3	5	11	21	3	21	11	5	3	1	27	17	3	17	27	1	3	1	27	17	3
17	28	12	32	24	20	20	24	32	12	28	16	8	4	3	31	23	11	27	7	15	19	19	15	7	27	11	4	22	12	6	4
6	12	22	4	22	12	6	4	2	28	18	4	18	28	2	4	2	28	18	4	13	1	25	21	21	25	1	13	29	17	9	5
4	32	24	12	28	8	16	20	20	16	8	28	23	13	7	5	7	13	23	5	23	13	7	5	3	29	19	5	19	29	3	5
3	29	19	2	26	22	22	26	2	14	30	18	10	6	5	1	25	13	29	9	17	21	21	17	9	14	8	6	8	14	24	6
24	14	8	6	4	30	20	6	20	30	4	6	4	30	27	23	23	27	3	15	31	19	11	7	6	2	26	14	30	10	18	22
22	18	9	7	9	15	25	7	25	15	9	7	5	31	21	7	21	31	5	7	5	24	24	28	4	16	32	20	12	8	7	3
27	15	31	11	19	23	23	8	10	16	26	8	26	16	10	8	6	32	22	8	22	32	6	8	25	29	5	17	1	21	13	9
8	4	28	16	32	12	20	24	11	17	27	9	27	17	11	9	7	1	23	9	23	1	7	30	6	18	2	22	14	10	9	5
29	17	1	13	21	18	28	10	28	18	12	10	8	2	24	10	24	2	7	19	3	23	15	11	10	6	30	18	2	14	29	11
29	19	13	11	9	3	25	11	25	20	4	24	16	12	11	7	31	19	3	12	30	20	14	12	10	4	26	12	5	25	17	13
12	8	32	20	31	21	15	13	11	5	27	26	18	14	13	9	1	22	16	14	12	6	19	15	14	10	17	15	13	16	15	16

此外,在图像置乱机制中引入一个简单的密钥控制。将由密钥生成的第一个[128,255]的随机整数与置乱的结果进行模 2 加。编写程序 diamondreplace. m 完成置乱实验。其中需要调用查表程序 replace32fun. m,函数代码如下:

(1)主函数:diamondreplace. m

```
%文件名:diamondreplace. m
%程序员:王霞仙
%编写时间:2004. 3. 1
%函数功能:本函数将完成对输入的图像信号按菱形置换策略进行置乱
%输入格式举例:result=diamondreplace(secretimage,1983)
%参数说明:
```

```
%matrix 为输入图像矩阵
%key 为控制密钥
%result 为置乱后的结果
function result=diamondreplace(matrix,key)
%分析原图像尺寸并补遗
[m,n]=size(matrix);
rowadd=32-mod(m,32);
coladd=32-mod(n,32);
if rowadd==32
    rowadd=0;
end
if coladd==32
    coladd=0;
end
input=uint8(zeros([m+rowadd n+coladd]));
input(1:m,1:n)=matrix;
%密钥生成随机数
rand('seed',key);
control=randint(1,1,[128 255]);
%查表置乱
fun=@replace32fun;%调用子函数
result=blkproc(input,[32 32],fun);
result=bitxor(result,control(1,1));
```

(2)查表函数:replace32fun. m

```
function result=replace32fun(matrix)
%行转换表
row=[16  15  17  14  16  18  …]%此处略去,具体内容请见表4.3
col=[17  18  17  20  18  16  …]%此处略去,具体内容请见表4.4
for i=1:32
    for j=1:32
        result(i,j)=matrix(row(i,j),col(i,j));
    end
end
```

图4.13是对woman进行置乱的效果。

上面置乱模板的宽度是固定的。大家也可以做成是随原图像模板中像素的多少而变化的随机置乱模板。当然,也可以选取不同形状的置乱模板,如与原图像模板宽度相同或不同的矩形、星形等。总之,将图像的原始信息破坏得越大越好,不过,这种破坏一定是可以复原的。

4.3.2 图像的幻方变换

相传在大禹治水的时候,黄河支流洛水中突然出现了一只大乌龟,龟甲背有9种花点的图

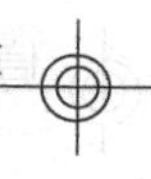

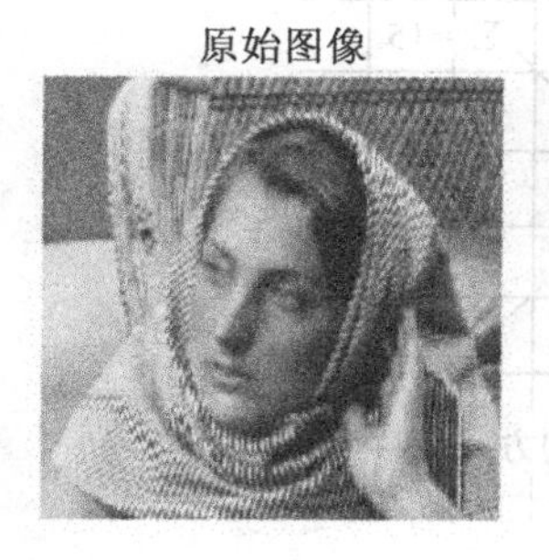

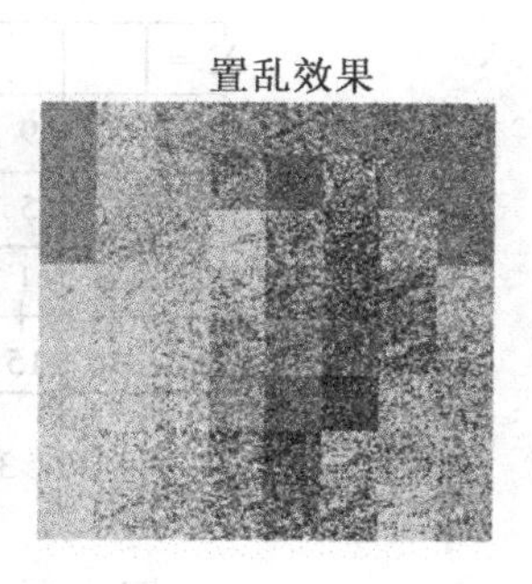

图 4.13　woman 菱形置乱后的效果

案。人们将图案中的花点数了一下,竟惊奇地发现9种花点数正巧是1到9这9个数,而且9个数所排成的方阵具有绝妙的性质,横的3行、纵的3列以及两对角线上各自的数字之和都为15。后来人们就称这个图案为"河图洛书"。洛书因其性质之独特而使人们大感兴趣,对其进行了多方面的研究。我国汉朝的一本叫《数术记遗》的书,把幻方问题叫"九宫算",幻方叫九宫图。宋朝数学家杨辉把类似于"九宫图"的图形叫"纵横图"。

我国的纵横图传到欧洲,它多彩的变幻特征吸引了西方的数学家们,他们对此也很感兴趣,并称纵横图为"幻方",意为"魔幻的方阵"。著名的数学家欧拉和汉弥尔顿,大发明家富兰克林都对幻方有过深入的探讨。1759年,数学家欧拉发表了独具一格的"马步幻方"。1901年法国数学家里利发明了"平方幻方"。1958年美国数学家霍纳造出了"双重幻方"等。西方研究幻方的热潮,一浪高过一浪。现在幻方这个起源于我国的神秘的数学问题,已经在世界上形成了一个丰富的体系,成为数学研究的重要课题。

下面,我们就从数学的角度定义一下平面的二维幻方。

定义4.1　(幻方)　　n 阶方阵 $M=\{m_{ij}\}, i,j=1,2,3,\cdots,n$ 为二维幻方,当且仅当

① $\forall K \in \{1,2,\cdots,n\}$,有 $\sum_{i=1}^{n} m_{iK} = \sum_{j=1}^{n} m_{Kj} = c$　(c 为仅与 n 有关的常数)

② $\sum_{i=j} m_{ij} = \sum_{i+j-1=n} m_{ij} = c$

特别地,当 $m_{ij} \in \{1,2,3,\cdots,n^2\}$ 且两两不同时,称 M 为 n 阶标准幻方。此时 $c=\frac{n(n^2+1)}{2}$。

直观地解释上面的定义就是,将 n^2 个不同的数填入 n 阶方阵的 n^2 个方格中,若 n 行 n 列及两条主对角线上诸数之和都等于一常数 c,则称此为 n 阶幻方,c 称为该 n 阶幻方的幻和。求解一个平面二维幻方的游戏可以利用一定的规则得出,如图4.14所示。用以下公式可以求取一定阶数的标准幻方,对于 n 阶标准幻方 $M^{(n)}=\{m_{ij}\}, i,j=1,2,3,\cdots,n$,将其写成如下形式:

$$k_1 \equiv ai + bj + p(\bmod n)$$

$$k_2 \equiv ci + dj + q(\bmod n)$$

$$m_{ij} = nk_1 + k_2 + 1 \tag{4.1}$$

其中,n 不是2,3的倍数,a,b,c,d,p,q 都是整数,则可以得到相应的必要条件:

① a,b,c,d 与 n 互质;

② $(ad-bc)$、$(a\pm b)$、$(c\pm d)$ 都不等于0并与 n 互质;

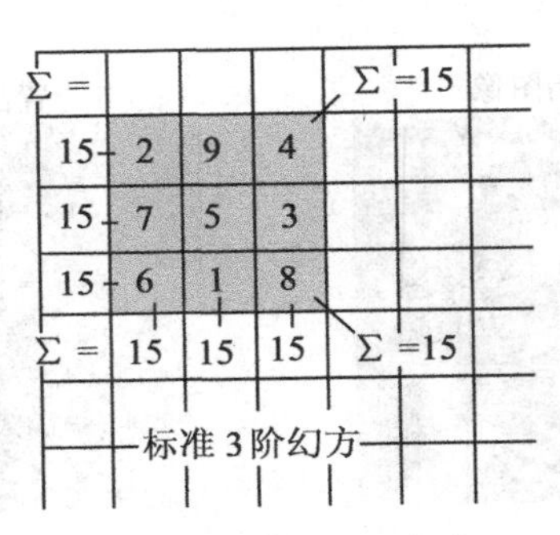

图4.14　3阶标准幻方

③ p,q 是修正参数。

利用式(4.1)列出的必要条件,我们可以编程"凑"出一个 n 阶标准幻方的解。当然,当 n 是2,3的倍数时,a,b,c,d 需详细讨论且对 k_1,k_2 要作修正。表4.5列出了几组常用的标准幻方的求解参数。

表4.5　**常用的标准幻方的求解参数**

n	a	b	c	d	p	q
5	1	2	1	3	0	0
7	1	2	1	3	0	0
11	2	1	1	3	0	0
13	5	2	1	7	1	0
一些与6互质的 n	1	2	1	3	0	0

图4.15是取阶为5,7,11时的标准幻方示意图。当然,这只是一种解的情况,解是不惟一的。

最后,对于奇数阶的二维平面幻方,我们在这里不加证明地给出一个计算机求解的算法,便于大家编程。

对于 n 阶(n 为奇数)标准幻方,其中 $1\sim n^2$ 个数可用如下规律存放:

① 将1放在第1行的中间一列;

② 从2到 n^2 依次按以下规则存放:每一个数存放在前一数的上一行、后一列的位置上。但有以下四种情况为特殊:

- 如果前一个数存放在第1行,最后一个数存放在第 n 行。
- 如果前一个数存放在第 n 行,最后一个数存放在第1行。
- 如果前一个数存放在第1行第 n 列的位置上,则后一个数存放在前一个数的下面(即第2行第 n 列)。
- 如果按照上述规则确定的位置上已经有数存放了,则直接将这一个数存放在前一个数的下面(即行数加1,列数不变)。

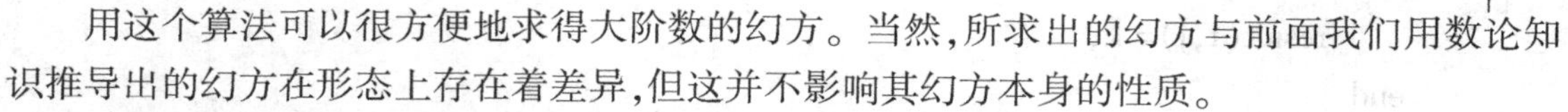

用这个算法可以很方便地求得大阶数的幻方。当然,所求出的幻方与前面我们用数论知识推导出的幻方在形态上存在着差异,但这并不影响其幻方本身的性质。

编写函数 magicsquares. m 完成实验,函数代码如下:

```
%文件名:magicsquares. m
%程序员:王霞仙
%编写时间:2004. 7. 15
%函数功能:本函数将完成 n 阶二维幻方的求取. 要求 n 为奇数
%输入格式举例:result=magicsquares(5)
%参数说明:
%n 为阶数
%result 为求得的二维幻方
function result=magicsquares(n)
if mod(n,2)==0
    error('n 要求为奇数');
end
result=zeros(n);
j=floor(n/2)+1;%中间 1 列
i=n+1;%便于以后从第 n 行开始考虑起
result(1,j)=1;
for k=2:n*n    %依次考虑后 n^2-1 个数
    i=i-1;
    j=j+1;    %行数减 1,列数加 1
    if i<1 && j>n      %特殊情况 4
        i=i+2;
        j=j-1;
    else
        if i<1            %特殊情况 1
            i=n;
        end
        if j>n            %特殊情况 2
            j=1;
        end;
    end;
    if result(i,j)==0
        result(i,j)=k;
    else                  %特殊情况 3
        i=i+2;
        j=j-1;
```

```
            result(i,j)=k;
        end
    end
```

标准5阶幻方

20	3	11	24	7
21	9	17	5	13
2	15	23	6	19
8	16	4	12	25
14	22	10	18	1

$\Sigma = 65$

标准7阶幻方

26	36	4	21	31	48	9
34	44	12	22	39	7	17
42	3	20	30	47	8	25
43	11	28	38	6	16	33
2	19	29	46	14	24	41
10	27	37	5	15	32	49
18	35	45	13	23	40	1

$\Sigma = 175$

标准11阶幻方

38	52	66	69	83	97	100	114	7	21	24
61	75	78	92	106	120	2	16	30	44	47
84	98	101	115	8	22	25	39	53	56	70
107	121	3	17	31	34	48	62	76	79	93
9	12	26	40	54	57	71	85	99	102	116
32	35	49	63	77	80	94	108	111	4	18
55	58	72	86	89	103	117	10	13	27	41
67	81	95	109	112	5	19	33	36	50	64
90	104	118	11	14	28	42	45	59	73	87
113	6	20	23	37	51	65	68	82	96	110
15	29	43	46	60	74	88	91	105	119	1

$\Sigma = 671$

图4.15　n阶标准幻方

下面我们结合标准幻方来看看其在图像置乱上的作用。我们知道,要图像置乱是为了增加隐藏的鲁棒性。一个置乱的图像无论是合法用户还是非法用户都看不懂,要使合法用户能完整地读取秘密信息,就要满足两个条件:

①仅有合法用户知道的密钥参与运算;

②置乱算法本身可以保证图像复原,即算法是可逆的。

前面介绍的菱形置乱算法是一个对合算法,当然满足条件②。那么幻方置乱算法呢?

幻方置乱的思想其实也是查表思想。以图4.14所示的3阶标准幻方为例,数据2就表示图像块在1那个地方的像素变换到的位置,数据3就表示图像块在2那个地方的像素变换到的位置,依此类推,数据1表示图像块在9那个地方的像素变换到的位置。当然,在具体编写程序时最好将数值转化为行、列标分别查找,以提高速度。具体算法实现我们在后面阐述。

幻方置乱运算具有准对合性。假设记n阶图像块(对应于n阶标准幻方)I的幻方置乱为$I_1 = Magic(I)$,则相应的对I_1再进行幻方置乱得到$I_2 = Magic(I_1) = Magic^2(I)$,依此类推,一般地有$I_{n^2} = Magic^{n^2}(I) = I$,图像还原。图4.16是3阶标准幻方9次变换复原流程示意图。

由此,我们也可以得到密钥控制的方法。设算法加密钥为ekey,则解密钥为dkey分别表示输入数据执行幻方置乱的次数,仅要求$ekey+dkey=n^2$即可。

实验采用11阶标准幻方作置乱模板,表4.6是由11阶幻方改成的行列查找表。

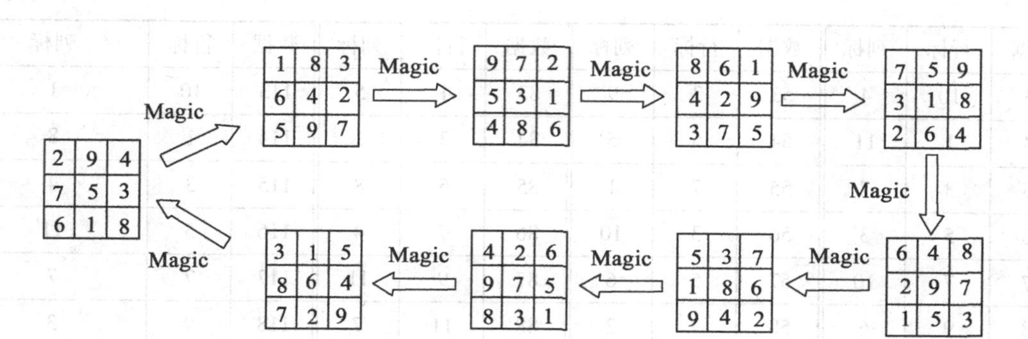

图 4.16　3 阶标准幻方 9 次变换复原示意图

表 4.6　　　　　　　　　　11 阶标准幻方对应的行列变换表

数据	行标	列标	数据	行标	列标	数据	行标	列标	数据	行标	列标
1	11	11	31	4	5	61	2	1	91	11	8
2	2	7	32	6	1	62	4	8	92	2	4
3	4	3	33	8	8	63	6	4	93	4	11
4	6	10	34	4	6	64	8	11	94	6	7
5	8	6	35	6	2	65	10	7	95	8	3
6	10	2	36	8	9	66	1	3	96	10	10
7	1	9	37	10	5	67	8	1	97	1	6
8	3	5	38	1	1	68	10	8	98	3	2
9	5	1	39	3	8	69	1	4	99	5	9
10	7	8	40	5	4	70	3	11	100	1	7
11	9	4	41	7	11	71	5	7	101	3	3
12	5	2	42	9	7	72	7	3	102	5	10
13	7	9	43	11	3	73	9	10	103	7	6
14	9	5	44	2	10	74	11	6	104	9	2
15	11	1	45	9	8	75	2	2	105	11	9
16	2	8	46	11	4	76	4	9	106	2	5
17	4	4	47	2	11	77	6	5	107	4	1
18	6	11	48	4	7	78	2	3	108	6	8
19	8	7	49	6	3	79	4	10	109	8	4
20	10	3	50	8	10	80	6	6	110	10	11
21	1	10	51	10	6	81	8	2	111	6	9
22	3	6	52	1	2	82	10	9	112	8	5

续表

数据	行标	列标	数据	行标	列标	数据	行标	列标	数据	行标	列标
23	10	4	53	3	9	83	1	5	113	10	1
24	1	11	54	5	5	84	3	1	114	1	8
25	3	7	55	7	1	85	5	8	115	3	4
26	5	3	56	3	10	86	7	4	116	5	11
27	7	10	57	5	6	87	9	11	117	7	7
28	9	6	58	7	2	88	11	7	118	9	3
29	11	2	59	9	9	89	7	5	119	11	10
30	2	9	60	11	5	90	9	1	120	3	6
备注：行、列标均从 1 到 11									121	4	2

查找表的使用方法为：假设置乱的结果矩阵是 result，输入矩阵为 matrix，i,j 为矩阵元素的行、列标，则：

$$result(i,j)=matrix(row(Magic_k(i,j)),col(Magic_k(i,j)))$$

其中，$Magic_k$ 是对 11 阶标准幻方作 k 次 Magic 操作的结果，如对 11 阶标准幻方作 10 次 Magic 操作得到 $Magic_{10}$，如表 4.7 所示。$Magic_{10}(1,1)=28$。再查表 4.6 可得 $row(28)=9$，$col(28)=6$。则置乱结果的第(1,1)位置上的像素 result(1,1)就是原始图像的第(9,6)位置上的像素。

表 4.7 **11 阶标准幻方 10 次 Magic 操作的结果：$Magic_{10}$**

28	42	56	59	73	87	90	104	118	11	14
51	65	68	82	96	110	113	6	20	34	37
74	88	91	105	119	12	15	29	43	46	60
97	111	114	7	21	24	38	52	66	69	83
120	2	16	30	44	47	61	75	89	92	106
22	25	39	53	67	70	84	98	101	115	8
45	48	62	76	79	93	107	121	3	17	31
57	71	85	99	102	116	9	23	26	40	54
80	94	108	1	4	18	32	35	49	63	77
103	117	10	13	27	41	55	58	72	86	100
5	19	33	36	50	64	78	81	95	109	112

至于 Magic 操作，用伪 C 代码描述为：

```
Magic={11 阶标准幻方}；
//密钥控制执行次数
for (i=1;i<=ekey or dkey ;i++)
```

```
}
for (r=1;r<=11;r++)
    for (c=1;c<=11;<c++)
    {
      Magic(r,c)= Magic(r,c)-1;
     if (Magic(r,c)= =0)
        Magic(r,c)=11^2;
    }
}
```

编写函数 magicreplace. m 完成置乱实验,其中需要调用查表函数replacemagicfun. m。前主函数存放11阶标准幻方,子函数存放表4.6,函数代码如下:

(1)幻方置乱主函数:magicreplace. m

```
%文件名:magicreplace. m
%程序员:王霞仙
%编写时间:2004. 3. 1
%函数功能:本函数将完成对输入的图像信号按幻方置换策略进行置乱
%输入格式举例:result=magicreplace(secretimage,1,1983)
%参数说明:
%matrix 为输入图像矩阵
%key 为控制密钥
%eord 为1 表示置乱变换,为0 表示复原变换
%result 为置乱后的结果
function result=magicreplace(matrix,eord,key)
%分析原图像尺寸并补遗
[m,n]=size(matrix);
rowadd=11-mod(m,11);
coladd=11-mod(n,11);
if rowadd==11
    rowadd=0;
end
if coladd==11
    coladd=0;
end
input=uint8(zeros([m+rowadd n+coladd]));
input(1:m,1:n)= matrix;
%密钥生成随机数
rand('seed',key);
control=randint(1,1,[1 121]);
%11 阶标准幻方
magic=
```

```
[38   52   66   69   83   97  100  114    7   21   24
 61   75   78   92  106  120    2   16   30   44   47
 84   98  101  115    8   22   25   39   53   56   70
107  121    3   17   31   34   48   62   76   79   93
  9   12   26   40   54   57   71   85   99  102  116
 32   35   49   63   77   80   94  108  111    4   18
 55   58   72   86   89  103  117   10   13   27   41
 67   81   95  109  112    5   19   33   36   50   64
 90  104  118   11   14   28   42   45   59   73   87
113    6   20   23   37   51   65   68   82   96  110
 15   29   43   46   60   74   88   91  105  119    1 ];
if eord ==0
    control=121-control;
elseif eord ==1
    control=control;
else
    error('输入参数错误');
end
%幻方变换主过程
for define=1:key%control
    for r=1:11
        for c=1:11
            magic(r,c)=magic(r,c)-1;
            if magic(r,c)==0
                magic(r,c)=121;
            end
        end
    end
end
%查表置乱
fun=@replacemagicfun;%调用子函数
result=blkproc(input,[11 11],fun,magic);
```

(2)行列转换表子函数:replacemagicfun. m

```
%11 阶幻方的行列查找表程序
function result=replacemagicfun(matrix,P1)
%初始化11 阶幻方的行列查找表
row=[11,2,4,6,8,10,1,3,5,7,9,5,7,9,11,2,4,6,8,10,1,3,10,1,3,5,7,9,11,2,4,6,
8,4,6,8,10,1,3,5,7,9,11,2,9,11,2,4,6,8,10,1,3,5,7,3,5,7,9,11,2,4,6,8,10,1,8,10,
1,3,5,7,9,11,2,4,6,2,4,6,8,10,1,3,5,7,9,11,7,9,11,2,4,6,8,10,1,3,5,1,3,5,7,9,11,
2,4,6,8,10,6,8,10,1,3,5,7,9,11,3,4];
```

```
col=[11,7,3,10,6,2,9,5,1,8,4,2,9,5,1,8,4,11,7,3,10,6,4,11,7,3,10,6,2,9,5,1,
8,6,2,9,5,1,8,4,11,7,3,10,8,4,11,7,3,10,6,2,9,5,1,10,6,2,9,5,1,8,4,11,7,3,1,8,4,
11,7,3,10,6,2,9,5,3,10,6,2,9,5,1,8,4,11,7,5,1,8,4,11,7,3,10,6,2,9,7,3,10,6,2,9,
5,1,8,4,11,9,5,1,8,4,11,7,3,10,6,2];
for i=1:11
    for j=1:11
        result(i,j)=matrix(row(P1(i,j)),col(P1(i,j)));
    end
end
```

图4.17是对woman做不同次数幻方置乱的效果图。很遗憾的是,由于我们没有采用阶数更高的幻方作置乱模板,置乱出来的结果仍可以看见原始图像的轮廓。但这种方法对于文本图像的置乱效果还是比较好的。所谓“文本图像”是指以图像的形式保存的文字内容。图4.18是汪国真的一首诗被置乱的结果,在置乱的过程中文字内容是完全不可读的。当然,大家有兴趣可以按前述的方法自己编程推算出高阶标准幻方,相信效果会更好。另外,将低阶幻方作置乱模板置乱的结果再以图像块为单位进一步置乱,也能取得良好的置乱效果。

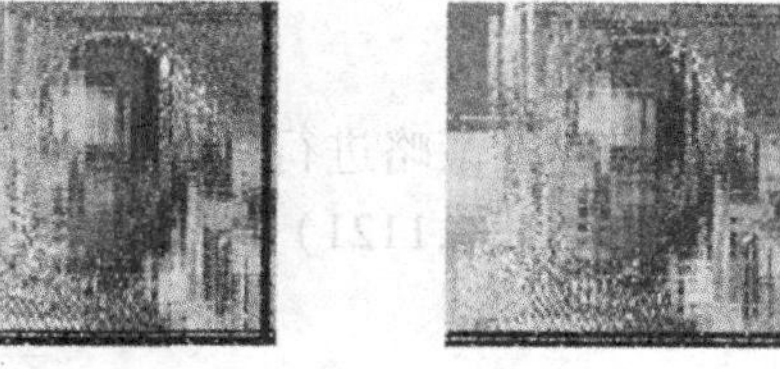

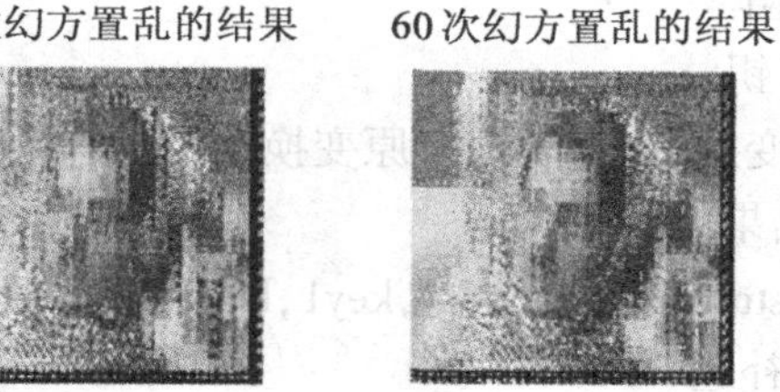

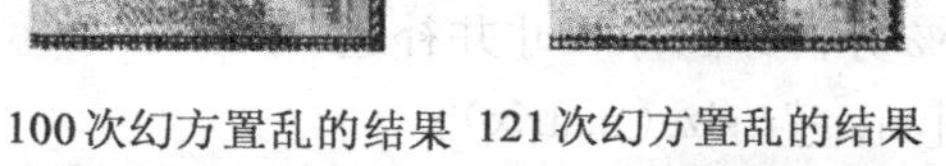

图4.17　woman幻方置乱后的效果

4.3.3　图像的Hash置乱

前面的两种置乱都是对图像分块进行的,而且其共同的问题是密钥控制并不得力。下面介绍的一种图像置乱方法实际上就是我们在2.6.3节中介绍的Hash置换的特例——对于$m\times n$个像素点,我们要求随机置换$m\times n$个,就完成了图像的Hash置乱。鉴于该算法具有无冲突

1次幻方置乱的结果

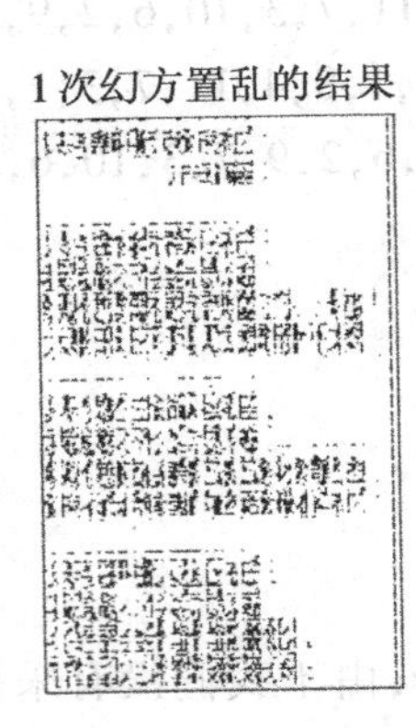

50次幻方置乱的结果

100次幻方置乱的结果

121次幻方置乱的结果

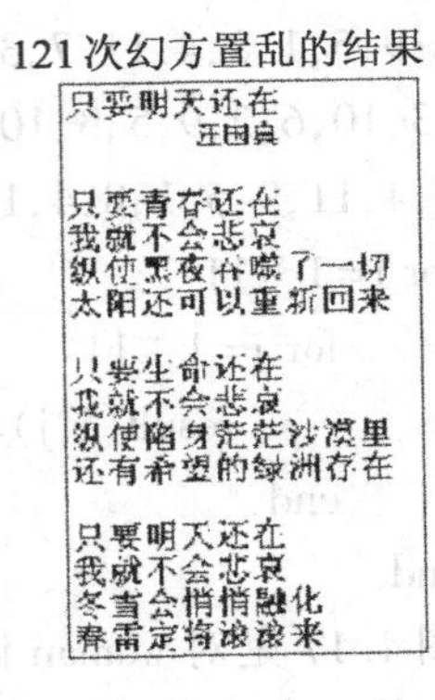

图 4.18　文本图像置乱后的效果

(collision)和强密钥控制的特点,显然是一个很好的图像置乱算法。需要说明的是,这种算法不是对合的,所以在实现上较前两种复杂一些。另外,其算法执行起来也比较费时间。编写函数 hashdisturb. m 完成实验,具体 hashreplacement. m 的部分请参见 2.6.3 节。

```
%文件名:hashdisturb. m
%程序员:王霞仙
%编写时间:2004. 3. 2
%函数功能:本函数将完成对输入的图像信号按 Hash 置换策略进行置乱
%输入格式举例:result=hashdisturb(secretimage,1,1983,421,1121)
%参数说明:
%matrix 为输入图像矩阵
%key1-key3 为控制密钥
%eord 为 1 表示置乱变换,为 0 表示复原变换
%result 为置乱后的结果
function result=hashdisturb(matrix,eord,key1,key2,key3)
%分析原图像尺寸并补遗
[m,n]=size(matrix);
%调用随机置换函数
[row,col]=hashreplacement(matrix,m*n,key1,key2,key3);
%置乱函数
count=1;
if eord==1
    for i=1:m
        for j=1:n
            result(i,j)=matrix(row(count),col(count));
            count=count+1;
        end
    end
end
```

```
%复原函数
if eord==0
    for i=1:m
        for j=1:n
            result(row(count),col(count))=matrix(i,j);
            count=count+1;
        end
    end
end
```

图4.19是取密钥1983,421,1121下的置乱和复原的效果图。显然,由于是全幅度的置乱,原始图像信息荡然无存了。

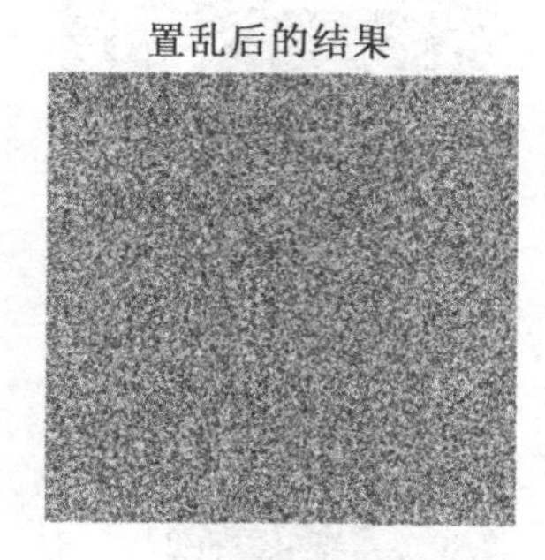

图4.19 woman的Hash置乱后的效果

4.3.4 隐藏置乱图像的优点

经过多次置乱后,图像就会彻底地改变,从置乱后的图像上根本看不到原图像的任何特征。使用置乱方法为什么可以增加图像伪装的鲁棒性呢?下面我们就来讨论这个问题。

置乱图像隐藏的抗恶意攻击性能如图4.20所示。

首先,将图像置乱后,将得到一幅杂乱无章的图像,这个图像无色彩、无纹理、无形状,从中无法读取任何信息,那么,将这样一幅图嵌入到另一幅普通图像时就不易引起那幅图色彩、纹理、形状的太大改变,甚至不会发生改变,这样人眼就不易识别,从而逃出了第三方的视线。

其次,由于秘密图像是置乱后的图像,根据上述图像的“三无”特征,第三方根本不可能对其进行色彩、纹理、形状等的统计分析,即便他们截取到了秘密图像,也是无能为力的。如果第三者企图对秘密图像进行反置乱,这也是不可能的。由于图像置乱有很多种方法,每种方法又可以使用不同的置乱模板算法,设置不同的参数,使用者有很大的自由度,他可以根据自己的想法得到不同的结果;相反,这给企图截获秘密信息的第三方带来了很大的困难,使他们需要耗费巨大的计算量来穷举测试各种可能性。

最后,我们再设想一下,如果第三方反置乱不成,在隐蔽载体上恶意修改怎么办?通过实验我们知道,用置乱的方法是可以抵抗这些攻击的,因为对秘密图像进行反置换的过程,就使得第三方在图像上所涂、画的信息分散到画面的各个地方,形成了点状的随机噪声,对视觉影响的程度不大。图4.20是我们随意对隐蔽载体进行3种恶意攻击后提取的秘密图像内容。

对隐蔽载体的恶意攻击 1

提取的置乱后的图像

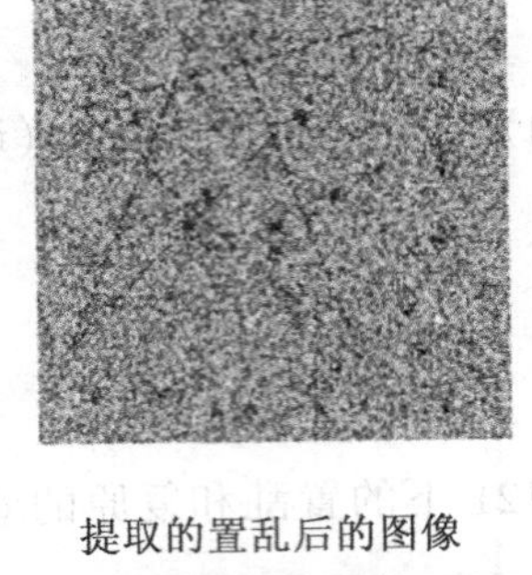

还原的效果

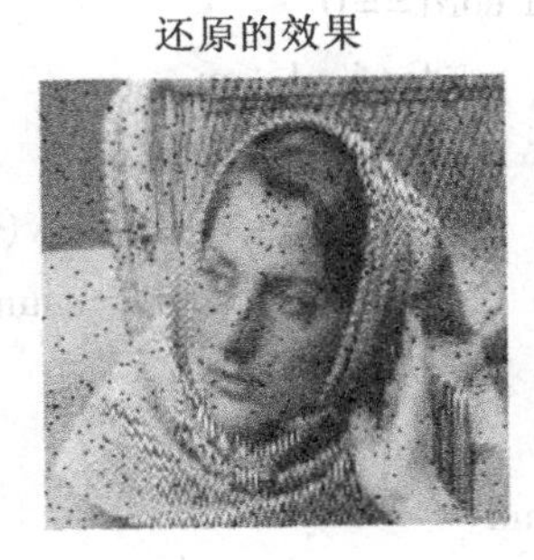

对隐蔽载体的恶意攻击 2

提取的置乱后的图像

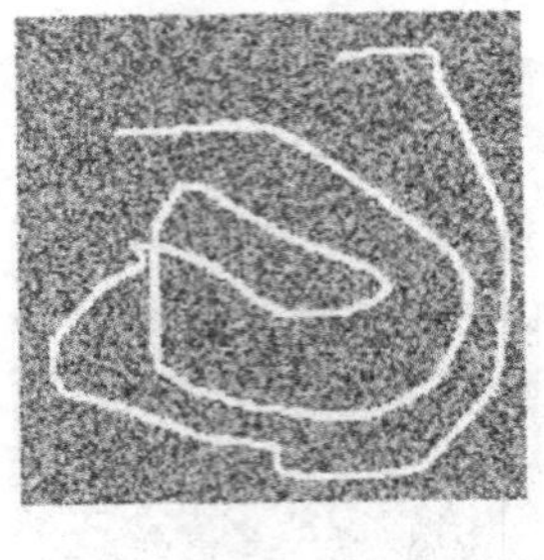

还原的效果

对隐蔽载体的恶意攻击 3

提取的置乱后的图像

还原的效果

图 4.20　置乱图像隐藏的抗恶意攻击性能

可以看到,即使是在攻击 3 下,秘密图像的轮廓依然可见,这是在未置乱图像的隐藏下不可想像的。当然,为了使提取的信息更为清晰,最好对破坏严重的图像进行边界保持的中值滤波等方面的处理,以去除随机噪声。

第5章　时空域下的信息隐藏

时空域是对应于变换域而言的。在第3章中,我们已经明确了变换域的概念。我们试图给时空域下一个定义,但事实上这种定义的意义不大。简而言之,不对信号作任何频率变换而得到的信号域就是时空域。按照物理上相对论的理解,时间与空间是对立统一的,但在这里,我们并不严格地区分它们。一个放在我们面前的图像,既可以认为是一个时域信号(注意:数字图像是要经过时间抽样而得到的),当然也可以认为是一个平面空间。这种认识的差异仅仅是分析的角度不同罢了。在接下来的内容中,我们是不区别这两个概念的。

对于图像载体,其信号空间也就是像素值的取值空间。单纯地谈像素实际上是不科学的,因为对同一图像点,有不同的坐标去描述它。所以,我们选择了RGB空间下的像素(RGB像素)与YCbCr空间下的像素(YUV像素)作为分析对象,研究了基于RGB颜色空间和图像亮度空间的空域隐藏。此外,由于二值图像的特殊性,我们专门实现了二值图像作为载体的隐藏实验。

5.1　基于图像RGB颜色空间的信息隐藏

在第一章中我们已经介绍了RGB颜色空间以及图像的RGB像素的构成。我们在后面谈到的像素都是指RGB像素:$P(R,G,B)$。在这样一个像素中,R,G,B三个颜色分量都是取值(0,1)的,为了更好地与"位"这一概念相联系,本节中,我们使用的图像存储方式不再是双精度浮点型(double),而是采用无符号8位整型(uint8)进行操作,二者的对应关系如图5.1所示。

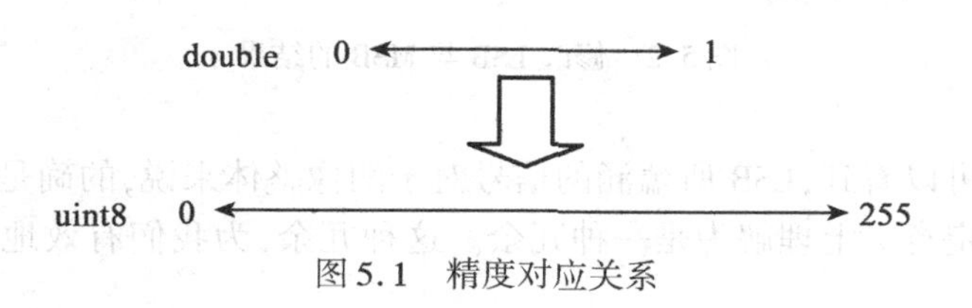

图5.1　精度对应关系

那么,在uint8中修改单位1,实际上就是对应修改像素值1/256=0.0039。

5.1.1　LSB与MSB

LSB(Least Significant Bits)对应的中文意思是:最不重要位,有时也称为最低有效位或简称最低位。MSB(Most Significant Bits),是最重要位。那么这里的重要是指对什么重要呢?如何重要呢?我们来看下面一个实验。

取lenna图像为分析对象。

操作一,将其各个像素点各个分量的 LSB 清 0,操作如下:

```
>>data=imread('c:\lenna.jpg');
>>data=bitand(x,254);% 与 11111110 进行与运算
>>subplot(121), imshow(data),title('清 LSB 后的结果');
```

操作二,将其各个像素点各个分量的 MSB 清 0,操作如下:

```
>>data=imread('c:\lenna.jpg');
>>data=bitand(x,127);% 与 01111111 进行与运算
>>subplot(122), imshow(data),title('清 MSB 后的结果');
```

两个操作后的结果如图 5.2 所示。显然,图 5.2(b)是修改了 MSB 的结果,图像色彩已经完全被破坏了,而图 5.2(a)依然清晰可见。

结合 RGB 颜色模型我们再来分析一下,前面我们说过,在 uint8 格式下修改 1 个单位对应的像素值是 0.0039。对于操作一,R,G,B 三个分量最大的可能是同时减小 0.0039,在 RGB 立方体中对应的色彩偏移是:$\sqrt{0.0039^2+0.0039^2+0.0039^2}=0.0068$。而对于操作二,$R,G,B$ 三个分量最大的可能是同时减小 $128\times0.0039=0.4992$,在 RGB 立方体中对应的色彩偏移是:$\sqrt{0.4992^2+0.4992^2+0.4992^2}=0.8646$。可以看到,修改 MSB 对图像的影响可以是修改 LSB 的 127 倍,同时 0.8646 的偏移基本上可以使一个像素色彩转变为它的互补色,如图 5.3 所示。

(a)

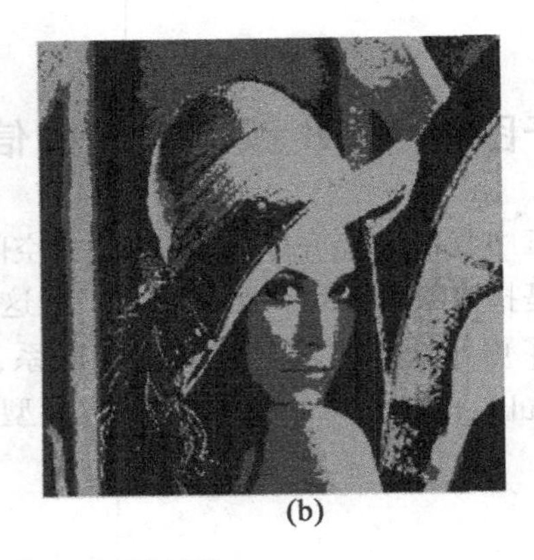
(b)

图 5.2 修改 LSB 与 MSB 的结果

从上面的实验可以看到,LSB 所蕴涵的信号对于图像整体来说,的确是最低和有效的。我们将这种信号在一定意义上理解为是一种冗余。这种冗余,为我们有效地进行信息隐藏提供了宿空间。

5.1.2 在 LSB 上的信息隐秘

(1)顺序选取图像载体像素,将消息隐秘于 LSB

这一节我们将利用最不重要位实现图像载体下的信息隐秘。隐秘算法核心是将我们选取的像素点的最不重要位依次替换成秘密信息,以达到信息隐秘的目的。嵌入过程包括选择一个图像载体像素点的子集$\{j_1,\cdots,j_{l(m)}\}$,然后在子集上执行替换操作像素 $c_{j_i}\leftrightarrow m_i$,即把 c_{j_i} 的 LSB 与秘密信息 m_i 进行交换(m_i 可以是 1 或 0)。一个替换系统也可以修改载体图像像素点的多个比特:例如,在一个载体元素的两个最低比特位隐藏两比特、三比特信息,可以使得信息

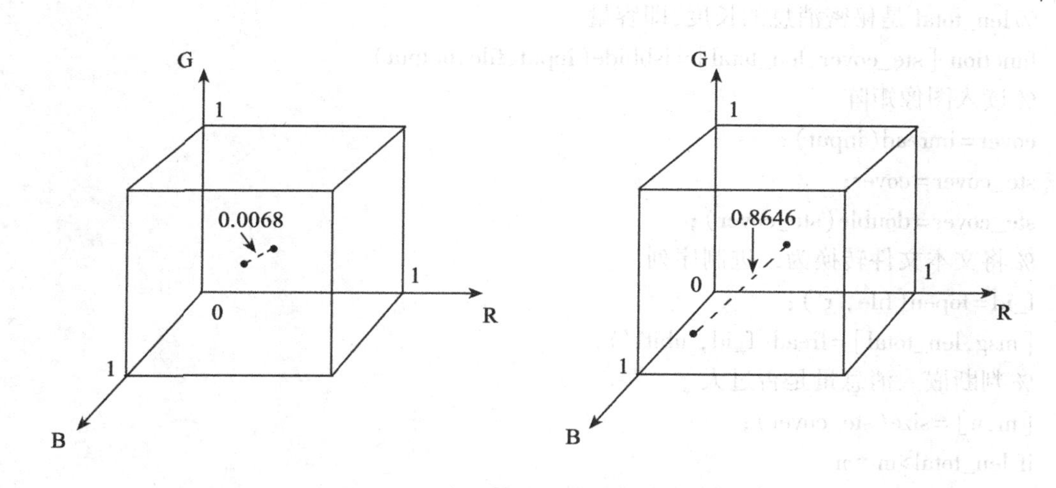

图 5.3　修改 LSB 与 MSB 的影响

嵌入量大大增加但同时将破坏载体图像的质量。在提取过程中，找出被选择载体图像的像素序列，将 LSB（最不重要位）排列起来重构秘密信息，算法描述如下：

嵌入过程：for (i=1;i<=像素序列个数;i++)

$s_i \leftarrow c_i$

for (i=1;i<=秘密消息长度;i++)

//将选取的像素点的最不重要位依次替换成秘密信息

$s_{j_i} \leftarrow c_{j_i} \leftrightarrow m_i$

提取过程：for (i=1;i<=秘密消息长度;i++)

{

$i \leftrightarrow j_i$　　//序选取

$m_i \leftarrow LSB(c_{j_i})$

}

接下来我们具体应用这两个算法来实现秘密消息的隐藏与提取。编写函数lsbhide.m完成实验。函数 lsbhide.m 的功能是将一个给定的秘密消息，将其隐藏于灰度图像载体中。

```
%文件名:lsbhide.m
%程序员:李巍
%编写时间:2004.2.29
%函数功能:本函数将完成在 LSB 上的顺序信息隐秘,载体选用灰度 BMP 图
%输入格式举例:[ste_cover,len_total]=lsbhide('glenna.bmp','message.txt','scover.bmp')
%参数说明:
%input 是信息隐蔽载体图像,为灰度 BMP 图
%file 是秘密消息文件
%output 是信息隐秘后生成图像
%ste_cover 是信息隐秘后图像矩阵
```

```
%len_total 是秘密消息的长度，即容量
function [ste_cover,len_total]=lsbhide(input,file,output)
%读入图像矩阵
cover=imread(input);
ste_cover=cover;
ste_cover=double(ste_cover);
%将文本文件转换为二进制序列
f_id=fopen(file,'r');
[msg,len_total]=fread(f_id,'ubit1');
%判断嵌入消息量是否过大
[m,n]=size(ste_cover);
if len_total>m * n
        error('嵌入消息量过大，请更换图像');
end
%p 作为消息嵌入位数计数器
p=1;
for f2=1 : n
    for f1=1 : m
        ste_cover(f1,f2)=ste_cover(f1,f2)-mod(ste_cover(f1,f2),2)+msg(p,1);
            if p ==len_total
                break;
            end
            p=p+1;
    end
    if p ==len_total
        break;
    end
end
ste_cover=uint8(ste_cover);
%生成信息隐秘后图像
imwrite(ste_cover,output);
%显示实验结果
subplot(1,2,1);imshow(cover); title(' 原始图像');
subplot(1,2,2);imshow(output);title('隐藏信息的图像');
```

利用 lsbhide. m 函数，我们得到以下实验结果，如图 5.4 所示。很明显，通过肉眼我们是看不出两幅图有什么差别的，也就是说此隐秘算法的不可见性还是比较好的。我们编写了一个函数 compare. m，使读者能够直观看出隐藏的位置以及两幅图像的区别。

```
%文件名:compare. m
%程序员:李巍
%编写时间:2004.3.3
```

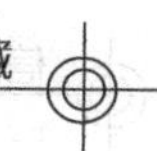

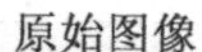

隐藏信息的图像

图 5.4 LSB 空域信息隐秘后图像与原始图像对比

```
%函数功能:本函数完成显示隐秘前后两幅图像的区别
%输入格式举例:F=compare('blenna.bmp','scover.bmp')
%参数说明:
%original 是原始载体图像
%hided 是隐秘后的图像
%F 是差值矩阵
function F=compare(original,hided)
%读取原始载体图像矩阵
W=imread(original);
W=double(W)/255;
%读取隐秘后图像矩阵
E=imread(hided);
E=double(E)/255;
%将两图像矩阵相减,显示效果
F=E-W;%注意,MATLAB 中矩阵相减只支持 double 型
imshow(mat2gray(F))
```

利用函数 compare.m,我们得到以下的实验结果,如图 5.5 所示。

图 5.5 是经过反色处理的,左侧的黑色部分是两幅图不一样之处,也就是隐秘消息的地方。因为是顺序隐秘,所以我们对于图像的变动都在某一部分区域,虽然比较容易实现,但很容易被检测出;又因为在一幅图像中有两部分的统计特性不一致,故会导致严重的安全问题。为了解决这个问题,我们将在下面一小节,用随机间隔选取像素点来取代顺序选取。

我们截取了两幅图的数据矩阵,如图 5.6 所示,也可以比较出隐秘消息的地方。

下面我们用函数 lsbget.m 来提取嵌入图像的秘密文本消息,函数代码如下:

```
%文件名:lsbget.m
%程序员:李巍
%编写时间:2004.2.29
%函数功能:本函数将完成提取隐秘于 LSB 上的秘密消息
%输入格式举例:result=lsbget('scover.bmp',56,'secret.txt')
```

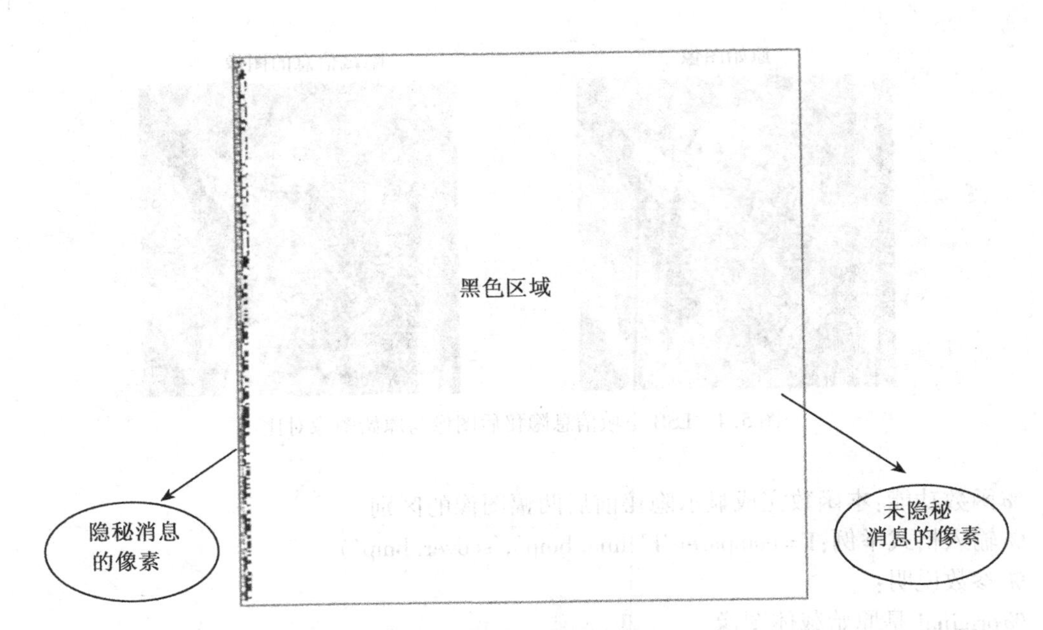

图 5.5　LSB 空域信息隐秘位置

```
%参数说明：
%output 是信息隐秘后的图像
%len_total 是秘密消息的长度
%goalfile 是提取出的秘密消息文件
%result 是提取的消息
function result=lsbget(output,len_total,goalfile)
ste_cover=imread(output);
ste_cover=double(ste_cover);
%判断嵌入消息量是否过大
[m,n]=size(ste_cover);
frr=fopen(goalfile,'a');
%p 作为消息嵌入位数计数器,将消息序列写回文本文件
p=1;
for f2=1:n
    for f1=1:m
        if bitand(ste_cover(f1,f2),1)==1
            fwrite(frr,1,'bit1');
            result(p,1)=1;
        else
            fwrite(frr,0,'bit1');
            result(p,1)=0;
        end
```

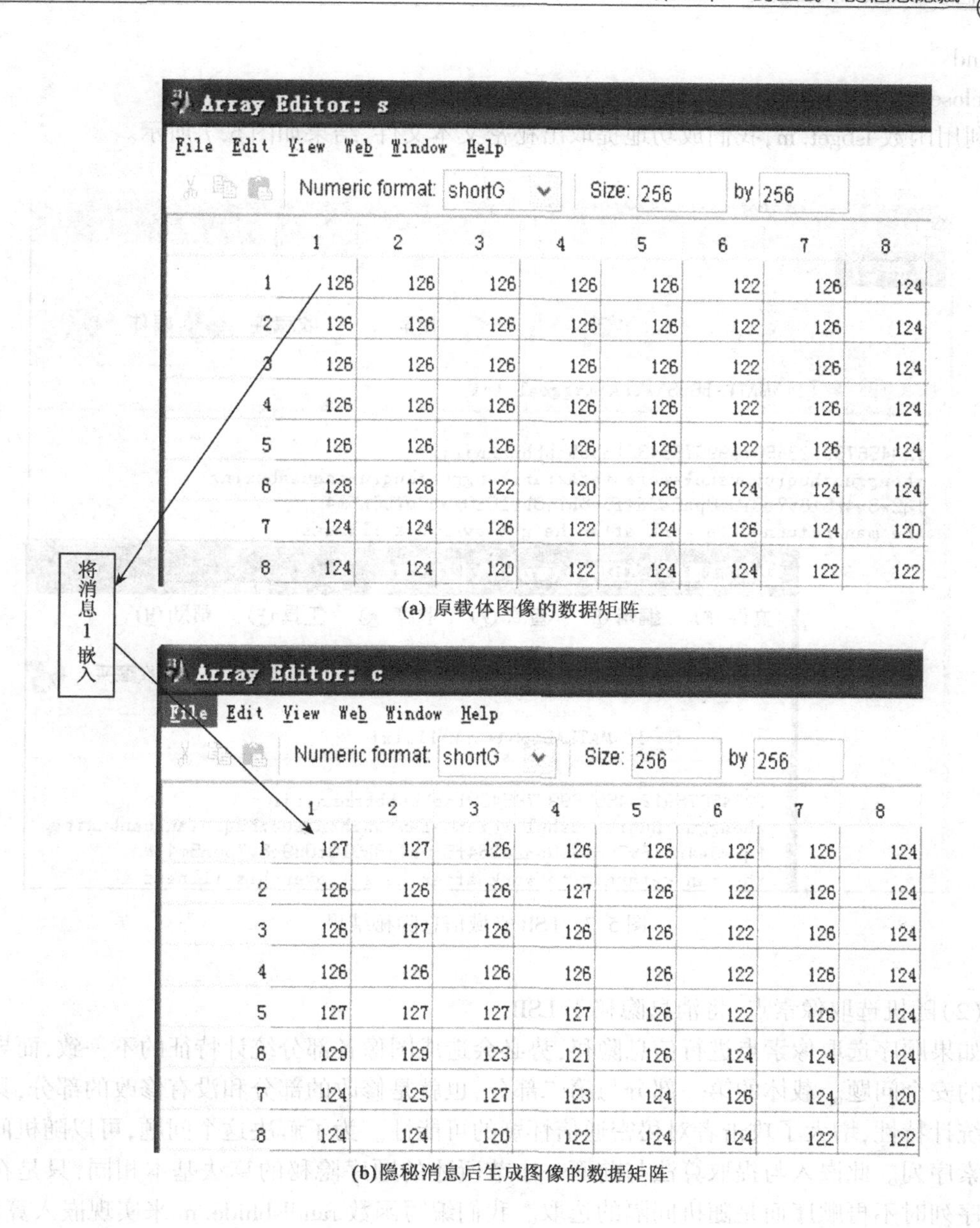

	1	2	3	4	5	6	7	8
1	126	126	126	126	126	122	126	124
2	126	126	126	126	126	122	126	124
3	126	126	126	126	126	122	126	124
4	126	126	126	126	126	122	126	124
5	126	126	126	126	126	122	126	124
6	128	128	122	120	126	124	124	124
7	124	124	126	122	124	126	124	120
8	124	124	120	122	124	124	122	122

(a) 原载体图像的数据矩阵

	1	2	3	4	5	6	7	8
1	127	127	126	126	126	122	126	124
2	126	126	126	127	126	122	126	124
3	126	127	126	126	126	122	126	124
4	126	126	126	126	126	122	126	124
5	127	127	127	127	126	122	126	124
6	129	129	123	121	126	124	124	124
7	124	125	127	123	124	126	124	120
8	124	124	120	122	124	124	122	122

(b)隐秘消息后生成图像的数据矩阵

图 5.6　LSB 空域信息隐秘数据矩阵

```
        if p ==len_total
            break;
        end
        p=p+1;
    end
        if p ==len_total
            break;
        end
```

```
end
fclose(frr);
```

利用函数 lsbget. m,我们成功地提取出秘密文本文件,结果如图 5.7 所示。

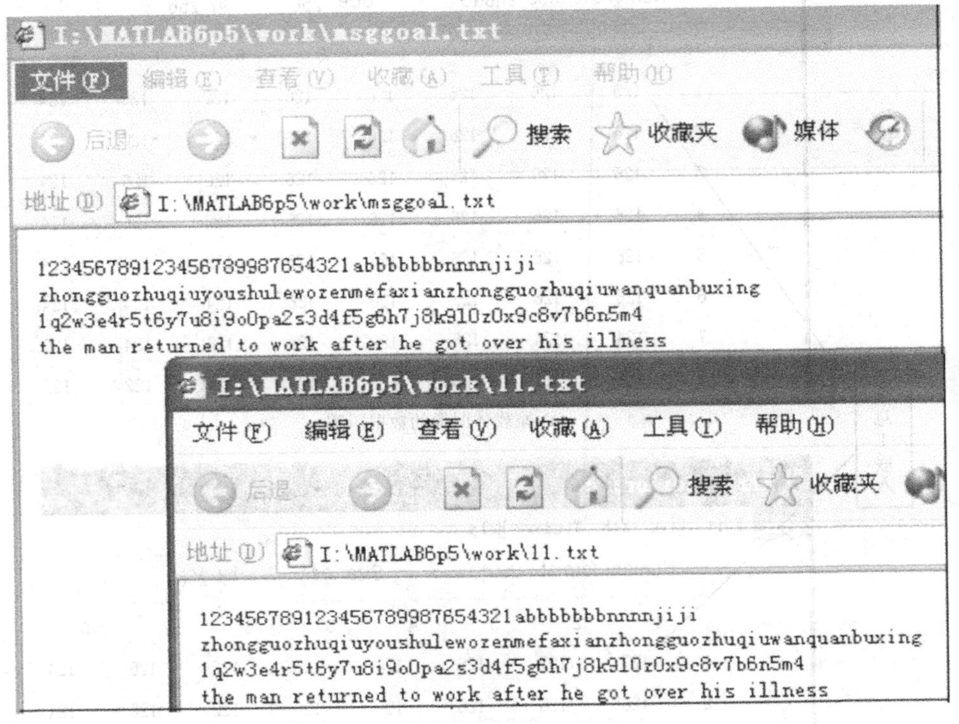

图 5.7　LSB 空域信息隐秘结果

(2)随机选取像素点,将消息隐秘于 LSB

如果顺序选取像素点进行信息隐秘,势必会造成图像各部分统计特征的不一致,而导致了严重的安全问题。载体的第一部分与第二部分,也就是修改的部分和没有修改的部分,具有不同的统计特性,增大了攻击者对秘密通信怀疑的可能性。为了解决这个问题,可以随机间隔选取像素序列。此嵌入与提取算法与前面一小节所述的顺序隐秘的算法基本相同,只是在选取像素序列时不再顺序而是随机间隔的选取。我们编写函数 randlsbhide. m 来实现嵌入算法(需调用随机间隔函数 randinterval. m,此函数在第二章中有详细介绍),函数代码如下:

```
%文件名:randlsbhide. m
%程序员:李巍
%编写时间:2004. 3. 2
%函数功能:本函数将完成随机选择 LSB 的信息隐秘,载体选用灰度 BMP 图
%输入格式举例:[ste_cover,len_total]=randlsbhide('glenna. bmp','message. txt','scover.
bmp',2001)
%参数说明:
%input 是信息隐蔽载体图像
%file 是秘密消息文件
```

```
%output 是信息隐秘后的生成图像
%key 是随机间隔函数的密钥
function [ste_cover,len_total]=randlsbhide(input,file,output,key)
%读入图像矩阵
cover=imread(input);
ste_cover=cover;
ste_cover=double(ste_cover);
%将文本文件转换为二进制序列
f_id=fopen(file,'r');
[msg,len_total]=fread(f_id,'ubit1');
%判断嵌入消息量是否过大
[m,n]=size(ste_cover);
if len_total>m*n
    error('嵌入消息量过大,请更换图像');
end
%p 作为消息嵌入位数计数器
p=1;
%调用随机间隔函数选取像素点
[row,col]=randinterval(ste_cover,len_total,key);
%在 LSB 隐秘消息
for i=1:len_total
    ste_cover(row(i),col(i))=ste_cover(row(i),col(i))-mod(ste_cover(row(i),col
(i)),2)+msg(p,1);
    if p==len_total
       break;
    end
    p=p+1;
end
ste_cover=uint8(ste_cover);
imwrite(ste_cover,output);
%显示实验结果
subplot(1,2,1);imshow(cover); title('原始图像');
subplot(1,2,2);imshow(output);title('隐藏信息的图像');
```

利用函数 randlsbhide.m,我们可以得到实验结果如图 5.8 所示。

同样,用肉眼我们是看不出两幅图像之间的差别的,也就是说其算法的不可感知性是相当出色的。为了使大家能够直观地看出隐藏的位置以及两幅图像的区别,再次调用函数 compare.m,得到如图 5.9 所示的结果。

图中黑白点都是成功地将消息随机地嵌入到载体图像中的,而且载体图像的统计特征不会因为信息隐秘而不一致。我们截取了两幅图的数据矩阵,如图 5.10 所示。

隐藏与提取是互为逆运算的。我们编写函数 randlsbget.m 提取秘密消息,函数代码如下:

图 5.8 随机控制下的 LSB 空域信息隐秘后图像与原始图像对比

图 5.9 随机控制下的 LSB 空域信息隐秘位置

```
%文件名:randlsbget.m
%程序员:李巍
%编写时间:2004.2.29
%函数功能:本函数将完成提取隐秘于 LSB 上的秘密消息
%输入格式举例:result=randlsbget('scover.jpg',56,'secret.txt',2001)
%参数说明:
%output 是信息隐秘后的图像
%len_total 是秘密消息的长度
%goalfile 是提取出的秘密消息文件
%key 是随机间隔函数的密钥
%result 是提取的消息
```

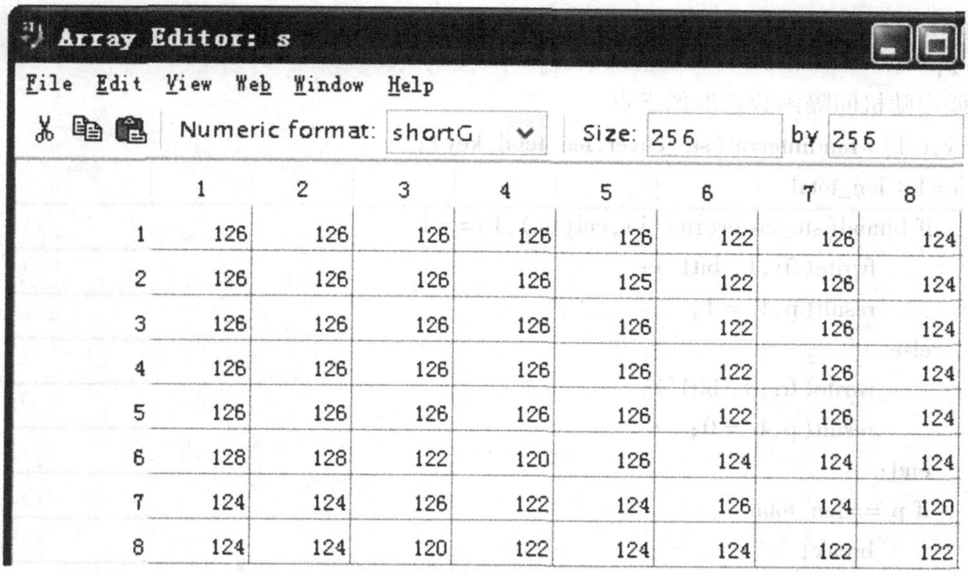

Array Editor: s

File Edit View Web Window Help

Numeric format: shortG　Size: 256 by 256

	1	2	3	4	5	6	7	8
1	126	126	126	126	126	122	126	124
2	126	126	126	126	125	122	126	124
3	126	126	126	126	126	122	126	124
4	126	126	126	126	126	122	126	124
5	126	126	126	126	126	122	126	124
6	128	128	122	120	126	124	124	124
7	124	124	126	122	124	126	124	120
8	124	124	120	122	124	124	122	122

(a)原载体图像的数据矩阵

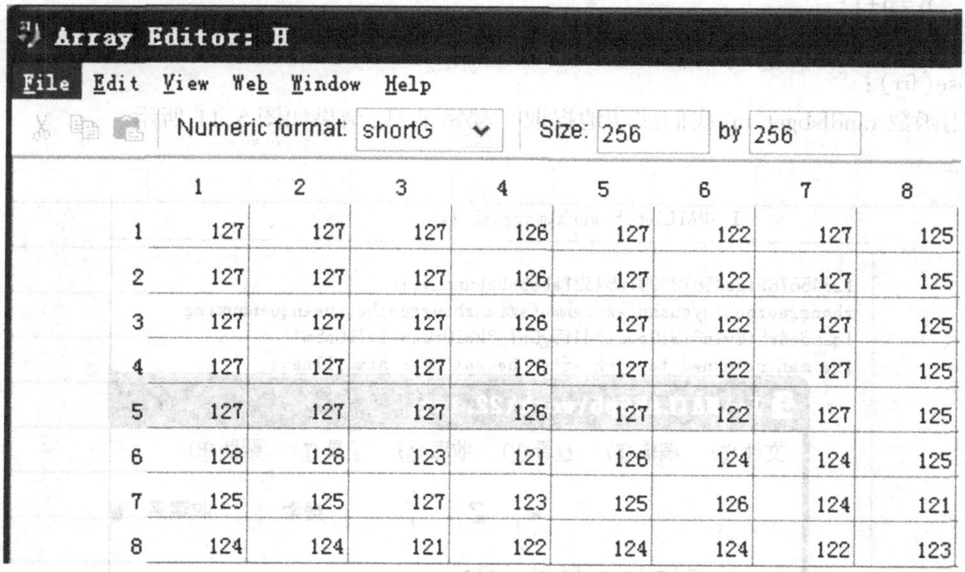

Array Editor: H

File Edit View Web Window Help

Numeric format: shortG　Size: 256 by 256

	1	2	3	4	5	6	7	8
1	127	127	127	126	127	122	127	125
2	127	127	127	126	127	122	127	125
3	127	127	127	126	127	122	127	125
4	127	127	127	126	127	122	127	125
5	127	127	127	126	127	122	127	125
6	128	128	123	121	126	124	124	125
7	125	125	127	123	125	126	124	121
8	124	124	121	122	124	124	122	123

(b)隐秘消息后生成图像的数据矩阵

图 5.10　随机控制下的 LSB 空域信息隐秘图像的数据矩阵

```
function result=randlsbget(output,len_total,goalfile,key)
ste_cover=imread(output);
ste_cover=double(ste_cover);
%判断嵌入消息量是否过大
[m,n]=size(ste_cover);
```

```
frr=fopen(goalfile,'a');
%p 作为消息嵌入位数计数器,将消息序列写回文本文件
p=1;
%调用随机间隔函数选取像素点
[row,col]=randinterval(ste_cover,len_total,key);
for i=1:len_total
    if bitand(ste_cover(row(i),col(i)),1)==1
        fwrite(frr,1,'bit1');
        result(p,1)=1;
    else
        fwrite(frr,0,'bit1');
        result(p,1)=0;
    end
    if p ==len_total
        break;
    end
    p=p+1;
end
fclose(frr);
```

利用函数 randlsbget.m,我们成功地提取了秘密消息,结果如图 5.11 所示。

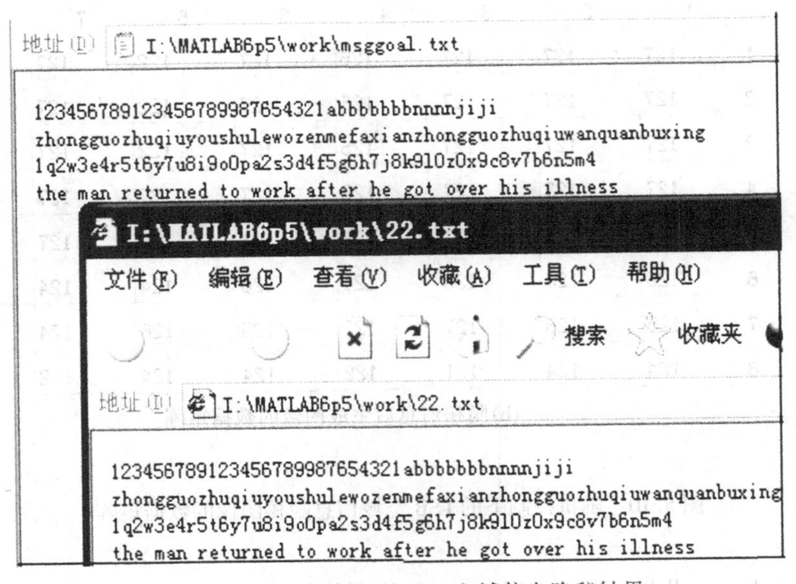

图 5.11 随机控制下的 LSB 空域信息隐秘结果

5.1.3 在 MSB 上的信息隐秘

前面我们提到一种利用图像最不重要位(LSB)的信息隐藏的方法,它的原理是在用字节

表示的图像中，改变字节的最低位，该最低位的变化是人眼不易察觉的，又叫做空间上的冗余，把信息隐藏在这里是比较理想的。这种方法的优点是算法简单、容易实现，而且隐藏的信息不易被肉眼发现，但这也恰恰是对它不利的地方。如果把一幅图像的像素数据的最低位去掉并不会影响该图像的视觉效果，那么若一幅图像的像素的最低有效位在图像的变换和改变中丢失，隐藏者自己也难发现。

任智斌、隋永新等提出了一种在图像中利用像素数据的最高位即最大意义位实现信息隐藏的想法，即以图像为载体的最大意义位（MSB）信息隐藏技术。这样就会进一步提高信息隐藏的安全性与鲁棒性。当然，这绝不是简单的LSB算法的复制，因为随意修改图像的MSB对图像是一种极大的破坏。

（1）MSB空域隐藏算法的原理

要想把信息隐藏在载体中，就必须找出载体中存在的冗余空间，我们对一幅图像的颜色采取量化的方法来创造这种冗余空间。例如，把图像量化到128种颜色，然后把图像按照256色的格式存储。在256色存储的图像中，有一个256色的调色板，对于一幅索引图像来说，每个像素都用一个8位的索引号来表示，因8位二进制对应256种颜色，而实际上只有128种颜色，所以只用7位二进制表示就足够了。把7位放在一个像素的索引号的低7位，最高的一位便是我们需要的冗余空间，可以用来隐藏信息。这时我们要注意的问题是调色板的配置，要把调色板按照以128为周期的循环来安排，也就是说，调色板中的第0号颜色要与第128号颜色对应，第1号颜色要与第129号颜色对应，依此类推。为了方便大家理解，我们举一个例子：A点的像素值是00000001，它是指向颜色表的索引号，对应第1号颜色，B点的像素值是10000001，对应第129号颜色，由于调色板是以128为周期的循环，这两种颜色是一样的，由此可见，图像像素值的最高位的变化不会影响该点的颜色值，我们可以利用该最高位来隐藏信息。

（2）MSB算法的实现过程

在具体实现过程中需要考虑以下几个问题：

第一，什么样的图像适宜于这种算法。要达到隐藏的目的，我们需要的是所隐藏的信息不被观察者察觉，但是对于MSB方法，由于它要求将图像量化到128色，这样，有很多图像就不合乎要求了。因为对于大部分图像来说，它们的颜色远远超过128色，特别是那些鲜艳的图像（如风景画等），如果强行把它们改为128色，图像将产生严重的失真，因此我们只能选择那些颜色简单的图像，这一点是该方法的一个很大的缺点，我们也只将这种方法提出来供大家讨论和改进。

第二，选择什么样的量化方法。量化方法的好坏将直接影响隐藏的效果，要求量化后的图像与原来的图像越接近越好。现有的量化方法也很多，要尽量选择较好的量化方法。

第三，量化后的处理。再怎么好的量化方法，也是对图像有损坏的，量化过程是用与之比较接近的颜色来表示该颜色，这样做势必会产生量化的误差，甚至会出现分层现象。我们来看一看效果：

用下面的代码在MATLAB中显示一幅真彩色图像：

```
>>RGB=imread('flowers.tif');
>>image(RGB);
```

得到如图5.12所示的图像，再用以下代码将这幅真彩色图像转化为128色的索引图像，如图5.13所示。

```
>>[X,MAP] = RGB2IND(RGB,128);
>>image(X);
```

可以明显地看到,这样的转化对图像的破坏是很大的。为了解决这个问题,对量化后的图像进行处理、修正误差是非常重要的。一般地说,在对连续色调图像进行颜色量化处理时,由于存在量化误差,图像的视觉质量会降低,甚至会出现像图 5.13 那样的图像,在颜色均匀渐变的区域出现所谓的伪轮廓,因此必须引进 Gentile 在颜色量化算法中的半色调技术。所谓半色调技术是指在连续灰度图像二值量化输出时为了补偿量化误差对图像质量的负效应所采用的一种图像处理方法,而目前最为常用的半色调技术为误差扩散技术。误差扩散技术的核心是一个对量化误差进行频谱整形的数字滤波器。Floyd 和 Steinberg 所设计的滤波器在量化误差为白噪声时的效果最为理想。

图 5.12 一幅真彩色图像

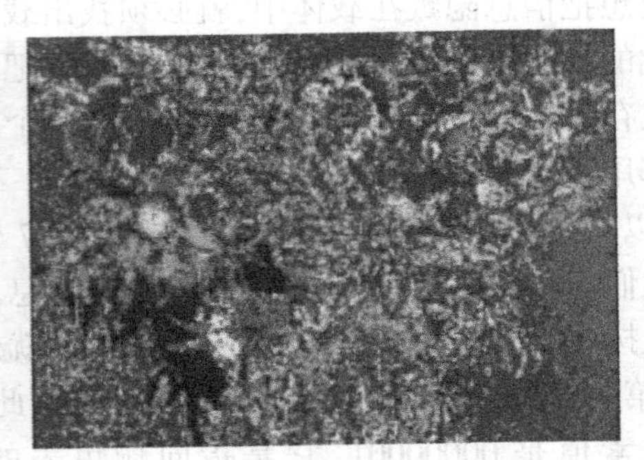
图 5.13 颜色量化到 128 色后的图像

误差扩散算法的原理最早由 Floyd 和 Steinberg 在 1975 年首次提出:把由图像量化对图像单元的影响(即误差)传递给与该点相邻的那些像素点,这样,图像在显示时的显示误差由于其相邻的像素也被影响而得到补偿,不易被发现。经误差扩散处理所得半色调图像的局域平均值等于原连续色调图像。图 5.14 是该算法的原理图。

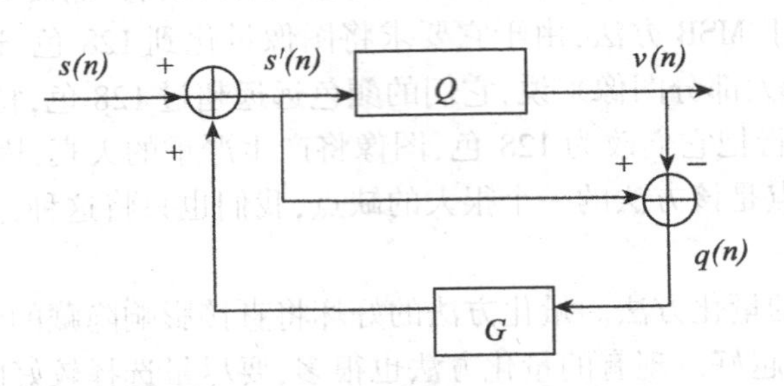

图 5.14 误差扩散算法的原理框图

图 5.14 中的 $s(n)$ 为连续色调图像,Q 为量化器,G 为一个误差滤波器,其脉冲响应为 $q(n)$,FS 滤波器的结构如图 5.15 所示。

图 5.15 中 n 为当前处理的图像单元,0 为已处理的单元,$g_{1,0}$,$g_{1,1}$,$g_{-1,1}$,$g_{0,1}$ 为未处理单元,滤波器的脉冲响应 $g_{1,0}=7/16$,$g_{1,1}=1/16$,$g_{0,1}=5/16$,$g_{-1,1}=3/16$,其滤波过程是将当前正在处理像素的量化误差以上述权重传递给未处理的图像,而整个误差扩散算法可以等价为一个二维数字滤波器,分析图 5.14:

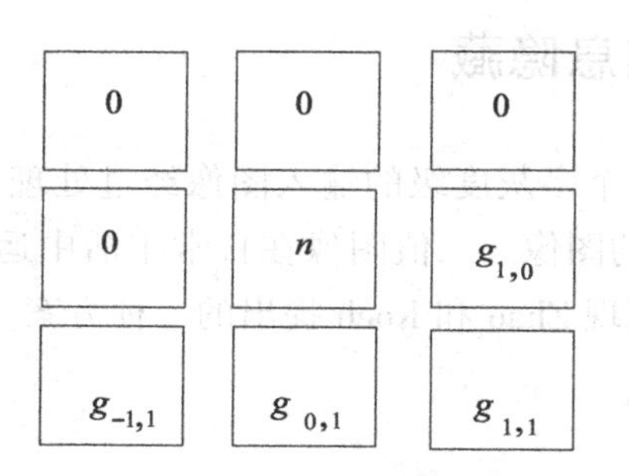

图5.15　FS滤波器结构

$$s'(n) = s(n) + \sum g(n) * q(n) \tag{5.1}$$

$$y(n) = Q[s'(n)] \tag{5.2}$$

$$q(n) = s'(n) - y(n) \tag{5.3}$$

$q(n)$即为量化误差，将式(5.1)代入式(5.3)可得：

$$\begin{aligned} q(n) &= s(n) - y(n) + \sum g(n) * q(n) \\ &= e(n) + \sum g(n) * q(n) \end{aligned} \tag{5.4}$$

其中$e(n)=s(n)-y(n)$为显示误差，对式(5.4)做Fourier变换可得：

$$E(\omega) = [1 - G(\omega)] * Q(\omega) \tag{5.5}$$

式(5.5)中$E(\omega)$，$G(\omega)$，$Q(\omega)$分别为$e(n)$，$g(n)$，$q(n)$的Fourier变换式，$\omega=(u,v)$表示二维的空间频率，$D(\omega)=1-G(\omega)$为误差扩散的传递函数。根据要求，我们把$G(\omega)$设计成低通滤波器。那么$Q(\omega)$为高通滤波器。这时，当量化误差为白噪声时，经过此滤波器后在低频受到抑制，在高频获得增益，从而使显示误差的能量转移到高频谱段，这样的显示误差也称为图像的蓝色噪声，因而将显示误差频谱分布进行整形的过程称为误差蓝化。经过这样的处理，人眼往往无法察觉图像高频段的变化，使得这样的隐藏算法成为可能。

(3)MSB算法用于隐藏和提取

同LSB的隐藏方法一样，传递信息的双方必须就隐藏信息的位置达成一致，在MSB算法中，我们当然是将秘密信息隐藏于8位像素的最高位，因此双方要达成一致的是将信息藏入了哪些像素，这可以通过由共同的密钥来产生随机序列进行控制。具体对于像素位修改的方法是：首先将像素的冗余位清零，再与秘密信息的一位进行模2加，然后选取下一个像素和下一位信息。就隐秘算法本身来讲，仍然是在像素的RGB空间中直接进行的。

本小节简单地介绍了一种新的空间域信息隐藏的方法，这种方法的提出是基于考虑到像素的最高位对视觉产生的影响较大，如果这个最大意义位遭到篡改，是很容易被信息的传递者发现的，这样就保证了隐藏信息的安全。同时，与最低有效位隐藏的方法比较而言，最高有效位不是那么容易丢失和遭到修改的。这种算法的核心是对图像色彩的处理和滤波器的构造。当然，这种方法在图像的选取、操作的复杂性上是不如LSB方法的，至于如何去改进它，还有待大家共同思考。

5.2 二值图像中的信息隐藏

所谓二值图像，就是将一个多灰度级的输入图像经过处理后变成只有两个灰度（RGB像素值为(0,0,0)与(1,1,1)）的图像。二值图像在日常生活中运用得是比较广泛的，如传真图像等。本节中，我们将具体实现Zhao和Koch提出的一种方案。

5.2.1 算法描述

Zhao和Koch提出了一个信息隐藏方案，他们使用一个特定图像区域中黑像素的个数来编码秘密信息。把一个二值图像分成矩形图像区域 B_i，分别令 $P_0(B_i)$ 和 $P_1(B_i)$ 为黑白像素在图像块 B_i 中所占的百分比。算法思想为：若某块 $P_1(B_i)>50\%$，则嵌入一个1，若 $P_0(B_i)>50\%$，则嵌入一个0。在嵌入过程中，为达到希望的像素关系，需要对一些像素的颜色进行调整。调整的区域是那些与邻近像素有相反颜色的像素。在具有鲜明对比性的二值图像中，应该对黑白像素的边界进行修改，所有的这些规则都是为了确保不被引起察觉。

为了使整个系统对传输错误和图像修改具有鲁棒性，必须调整嵌入处理过程。如果在传输过程中一些像素改变了颜色，例如 $P_1(B_i)$ 由50.6%下降到49.5%时，这种情况就会发生，从而破坏了嵌入信息。因此，要引入两个阈值 $R_1>50\%$ 和 $R_0<50\%$ 以及一个健壮参数 λ，λ 是传输过程中能改变颜色的像素百分比。发送者在嵌入处理中确保 $P_1(B_i)\in[R_1,R_1+\lambda]$ 或 $P_0(B_i)\in[R_0-\lambda,R_0]$。如果为达到目标必须修改太多的像素，就把这块标识成无效，其修正方法为：

$$P_1(B_i) < R_0 - 3\lambda \text{ 或}$$
$$P_1(B_i) > R_1 + 3\lambda$$

然后以比特 i 伪随机地选择另一个图像块。在提取过程中，无效的块被跳过，有效的块根据 $P_1(B_i)$ 进行。

5.2.2 算法中的几个值得注意的问题

(1)检查可用的图像块

前面的算法中，对于图像块的要求是十分严格的。图像块是否可用，就是看 $P_1(B_i)$ 的大小（$P_0(B_i)$ 与 $P_1(B_i)$ 是否互补的，考虑其中一个就行了）。经过分析可得，$P_1(B_i)$ 有以下几种情况：

$$\begin{cases} P_1(B_i) > R_1 + 3\lambda \quad \text{or} \quad P_1(B_i) < R_0 - 3\lambda & \text{(a)} \\ R_0 - 3\lambda < P_1(B_i) < R_0 \quad \text{or} \quad R_1 < P_1(B_i) < R_1 + 3\lambda & \text{(b)} \\ R_0 - 3\lambda < P_1(B_i) < R_1 & \text{(c)} \\ R_0 < P_1(B_i) < R_1 + 3\lambda & \text{(d)} \\ R_0 - \lambda < P_1(B_i) < R_0 \quad \text{or} \quad R_1 < P_1(B_i) < R_1 + \lambda & \text{(e)} \end{cases}$$

(a)对应的是不可用区域，即当 $P_1(B_i)$ 属于这个范围时，表示对该块不加任何操作而跳过。在隐秘算法中，图像载体某一块的 $P_1(B_i)$ 可能本来就是属于(a)，则不进行任何操作。$P_1(B_i)$ 也可能被调整到这一区域，表示这一块与要嵌入的数据不匹配而舍去。

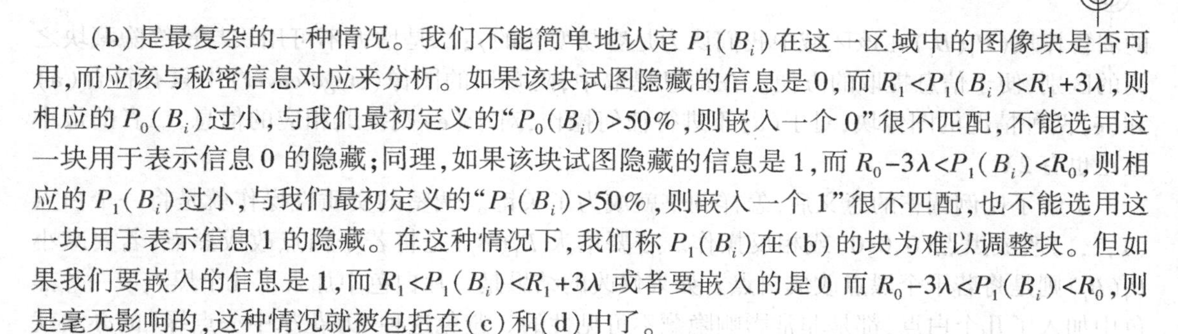

(b)是最复杂的一种情况。我们不能简单地认定 $P_1(B_i)$ 在这一区域中的图像块是否可用,而应该与秘密信息对应来分析。如果该块试图隐藏的信息是0,而 $R_1<P_1(B_i)<R_1+3\lambda$,则相应的 $P_0(B_i)$ 过小,与我们最初定义的"$P_0(B_i)>50\%$,则嵌入一个0"很不匹配,不能选用这一块用于表示信息0的隐藏;同理,如果该块试图隐藏的信息是1,而 $R_0-3\lambda<P_1(B_i)<R_0$,则相应的 $P_1(B_i)$ 过小,与我们最初定义的"$P_1(B_i)>50\%$,则嵌入一个1"很不匹配,也不能选用这一块用于表示信息1的隐藏。在这种情况下,我们称 $P_1(B_i)$ 在(b)的块为难以调整块。但如果我们要嵌入的信息是1,而 $R_1<P_1(B_i)<R_1+3\lambda$ 或者要嵌入的是0而 $R_0-3\lambda<P_1(B_i)<R_0$,则是毫无影响的,这种情况就被包括在(c)和(d)中了。

(c),(d)分别表示可以嵌入1和可以嵌入0的情况。即 $P_1(B_i)$ 在这些区域的图像块是我们重点操作的块。当然,"可以嵌入"只表明了可能性,具体要嵌入的是0还是1则由秘密信息决定。(b)与之有重叠是值得注意的,在(b)得到正确处理的条件下,我们最终要将 $P_1(B_i)$ 从(c),(d)调整为(e),并严格地约束 $P_1(B_i)$ 的范围,从而提高信息隐藏的鲁棒性。图5.16是 $P_1(B_i)$ 的取值范围与对应的图像块的直观关系图。

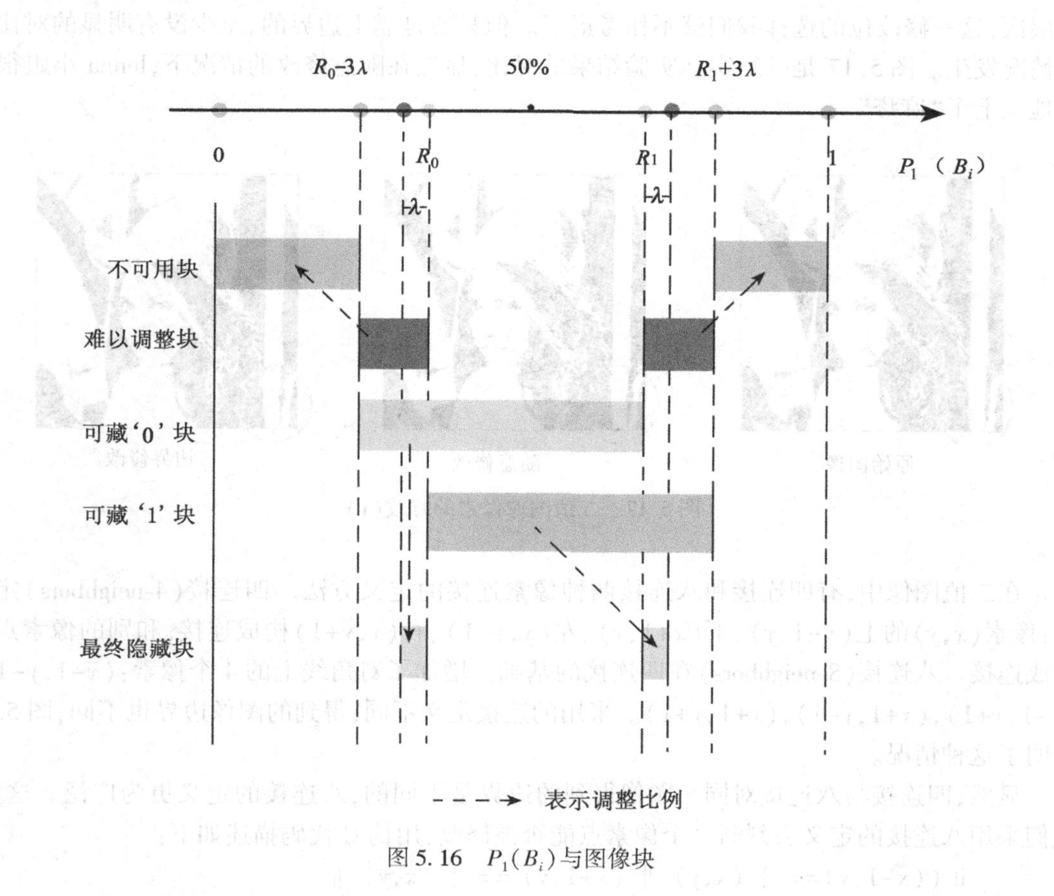

图5.16　$P_1(B_i)$ 与图像块

(2)对 $P_1(B_i)$ 的调整

图5.16列出了 $P_1(B_i)$ 与相应的图像块怎样操作的对应关系。同时注意到,图中的虚箭头表示 $P_1(B_i)$ 的调整,具体的调整有两个方面:一是将难以调整块改变为不可用块;二是将可用块改变为最终隐藏块。这样调整也有两个目的:一是使隐蔽载体中不再有 $R_0<P_1(B_i)<R_1$

的弱鲁棒块（$P_1(B_i)$在该区域中我们认为是容易变化的）；二是增大不可用块与最终隐藏块之间的区别，便于信息提取的方便。在信息提取中，隐藏后的图像（stego-cover）中只有符合（a）和（e）两种情况的图像块，对于（a）不进行任何操作，对于（e）则提取相应的信息，二者的最小差距也有2λ。

了解了比例调整的意义后，怎样调整就成为了关键。调整的实质性操作就是将一个白点（1,1,1）改成黑点（0,0,0）或相反操作。若要增大$P_1(B_i)$是将若干白点改成黑点，若要减小$P_1(B_i)$则是将若干个黑点改成白点。如果修改的结果是一片白色中加入了几个黑点或一片黑色中加入了几个白点，都是非常影响隐藏不可见性的。避免这种“万花丛中一点绿”的办法就是寻找边界，继而在边界处修改。白色或黑色区域的边界向外（内）扩大（减小）几个像素的面积则被认为是不可察觉的了。图5.18是在黑色区域修改两个黑点为白点，在白色区域修改两个白点成黑点的修改状况图。

比较图5.18的左右两幅图，显然右边的修改图像与原始图像更为接近一些。当然这样修改并不是最好最合理的，同是边界修改，具体的修改位置不同同样也有优劣之分。细小到像素的层次，这一修改位的选择我们就不作考虑了。但只要是靠上边界的，至少没有明显的对比突出情况发生。图5.17是一组实际实验结果的对比，显然在随意修改的情况下，lenna小姐很不幸地长上了“麻疹”。

原始图像

随意修改

边界修改

图5.17　二值图像像素的修改（1）

在二值图像中，有四连接和八连接两种像素连接的定义方法。四连接（4-neighbors）定义为：像素(x,y)的上$(x-1,y)$、下$(x+1,y)$、左$(x,y-1)$、右$(x,y+1)$构成连接，和别的像素点不构成连接。八连接（8-neighbors）在四连接的基础上增加了对角线上的4个像素：$(x-1,y-1)$，$(x-1,y+1)$，$(x+1,y-1)$，$(x+1,y+1)$。采用的连接定义不同，得到的图像边界也不同，图5.19表明了这种情况。

显然，四连接与八连接对同一图像得到的边界是不同的，八连接的定义更为广泛。这里，我们采用八连接的定义去判断一个像素点能否被修改，用伪C代码描述如下：

```
if ((x-1,y)== ! (x,y) || (x+1,y) == ! (x,y) ||
    (x,y-1) == ! (x,y) || (x,y+1) == ! (x,y) ||
    (x-1,y-1) == ! (x,y) || (x-1,y+1) == ! (x,y) ||
    (x+1,y-1) == ! (x,y) || (x+1,y+1) == ! (x,y))
  {(x,y)= ! (x,y);}
else
```

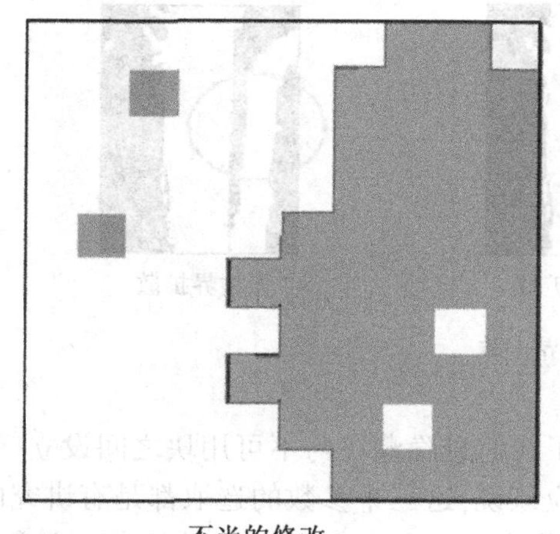

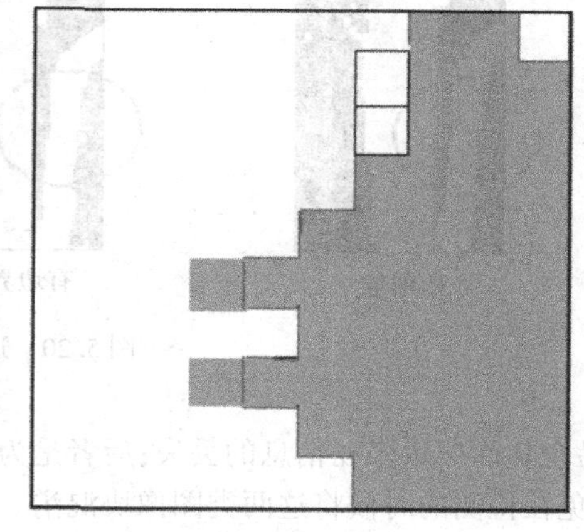

图 5.18 二值图像像素的修改(2)

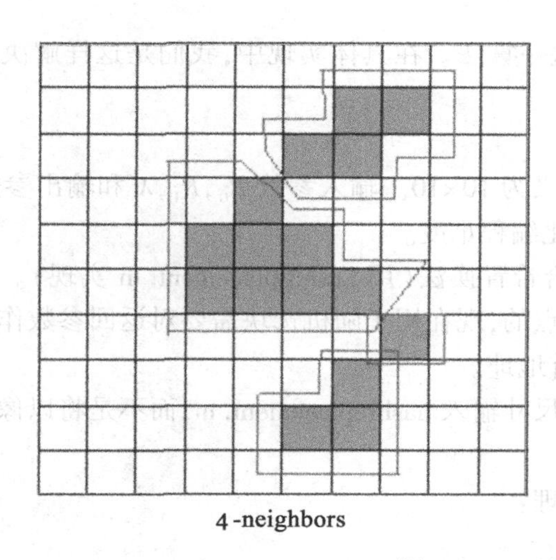

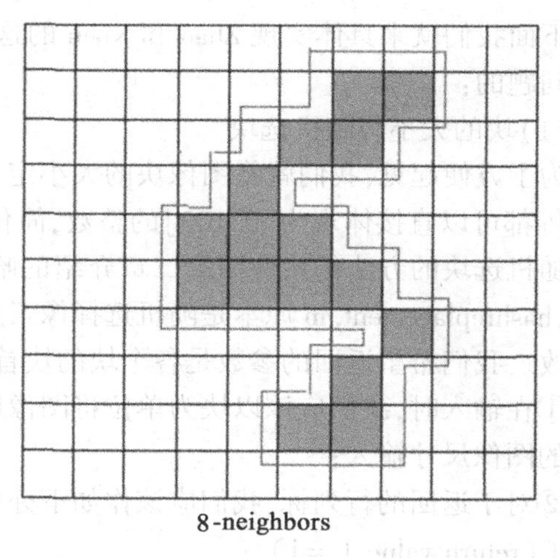

图 5.19 四连接和八连接

select next pixel;

按照上述算法进行像素修改,容易出现边界扩散现象。所谓边界扩散现象是说:A 是 B 的边界点,A 与 B 的颜色不同。C 的八连接点均没有与 C 颜色不同的点存在,那么 B 是可以修改的,C 是不能修改的。但如果 B 恰恰也是 C 的边界点,由于 B 的修改将导致 C 成为可修改点,这样会使原始图像的边界扩大。为了防止 C 可被修改,我们在修改 B 时应将其标记,从而区分原始边界与修改后形成的边界。图 5.20 是边界扩散与无边界扩散对图像不同的影响。

(3)需要考察的参数

在本算法中,我们有三个人为引进的参数:R_0、R_1 和 λ。我们来简单分析一下它们的作用。前面已经提到过,在最终的隐蔽载体中,不存在 $R_0<P_1(B_i)<R_1$ 的图像块以及 $R_0-3\lambda<P_1(B_i)<R_0-\lambda$ 和 $R_1+\lambda<P_1(B_i)<R_1+3\lambda$ 的图像块。前者的作用是提高隐藏的鲁棒性,避免像素

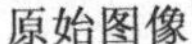

有边界扩散
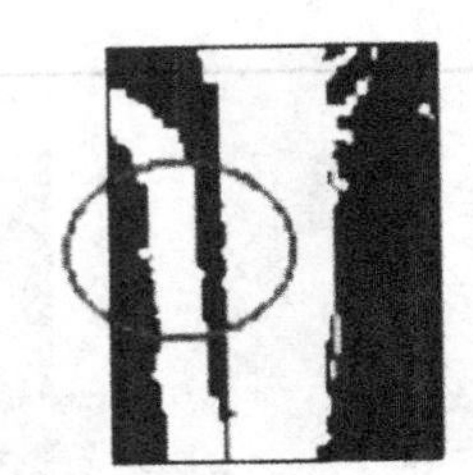
无边界扩散

图 5.20　边界扩散

值的轻易变化而导致隐秘信息的丢失；后者是为了在信息隐藏块与不可用块之间设立一个缓冲带，避免在检测的时候将这两类图像块混淆。应该说，这三个参数的选取都是有讲究的，是值得我们去考察的。我们应该在算法实现中将其作为入口参数参与运算，并且在一定意义上，这三个参数也起着密钥的作用。

5.2.3　算法实现

下面我们就来具体实现 Zhao 和 Koch 的这一算法。在具体实现中，我们是这样解决以下几个问题的：

(1)块的大小与随机选块

为了方便起见，我们就将图像块的大小定义为 10×10。输入参数 R_0，R_1，λ 和输出参数 $P_1(B_i)$ 等都可以直接体现为[0,100]的整数，简化编程难度。

随机选块的方法仍然使用第二章介绍的哈希置换法(用 hashreplacement.m 实现)。不同的是，hashreplacement.m 原本是随机选择像素点的，现在用于随机选块需要对返回参数作一定的修改。我们希望返回的参数是各个块的块首地址。

①在输入时，我们应该以块为单位将图像尺寸输入 hashreplacement.m，而不是将以像素为单位的图像尺寸输入；

②对于返回的行列标，我们应该作如下处理：

```
if (return value ! =1)
        return value= (return value-1)×10+1;
```

以一个 256×256 的图像为例，在随机选块时，我们应该输入的尺寸是 25×25。假设返回的随机行列标为：(3,1)，(12,15)，(2,9)，(1,1)，…，(25,3)，对应于相应的图像块块首地址则是：(21,1)，(111,141)，(11,81)，(1,1)，…，(241,21)。

(2)修改像素值的流程

前面我们已经知道了哪些像素才能被修改，下面是具体的修改流程，如图 5.21 所示。入口参数为：(pixel，count)。pixel 为要修改的像素，count 为要修改的数量。在这个流程中，我们仍然用 hashreplacement.m 在 10×10 的范围内随机置乱 100 个点。然后根据置乱后的顺序找到第一个与所输入的像素值相同的像素，进而判断它的八连接有没有与之相反的像素，如果有则表明这一点可以是边界，可以修改；否则继续往后寻找。同时为了算法效率的提高，我们不必要每一次都去随机置乱 100 个点，仅进行一次这样的操作然后将置乱的结果作为第三个入口参数输入即可。

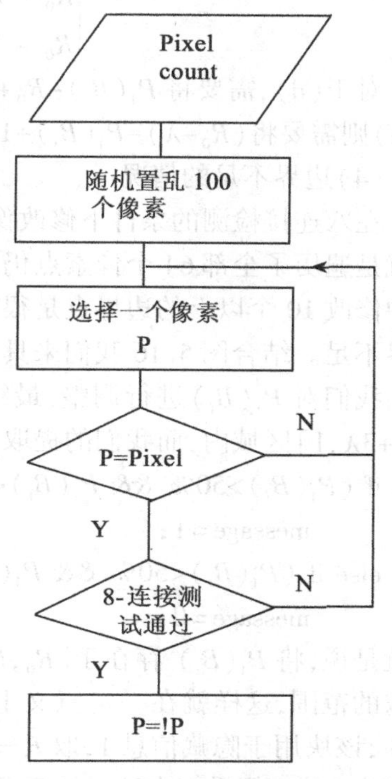

图 5.21　修改像素值的流程图

值得注意的是，在 10×10 范围内的所有点并不是都能适用前面的八连接检测算法的。真正能够严格适用的只是中间的 8×8 个点，所以，我们真正需要随机置乱的是 64 个点而不是 100 个点，这仅仅是为了编写程序的简单，如图 5.22 所示。

那么，结合前面的块首地址，我们可以在每一块中任意确定一个像素。例如，块首地址为(21,41)，在这一块中的 8×8 区域随机选择(1,1)，(3,5)，(8,8)三个点，其实际的地址为：(22,42)，(24,46)和(29,49)。地址转换的方法为：

实际地址=块首地址+8×8 区域内的随机地址

(3)修改像素的数量

在前面的流程中，我们引入了一个入口参数 count 为需要修改的像素的数量。结合图 5.16 我们具体分析一下 count 的大小。注意，由于我们的选块策略，所有的比例已经转化为整数了。

如果要嵌入的信息为 1，$P_1(B_i)$ 的可能取值为以下三个区域(见图 5.16)：

$$\begin{cases} R_0 < P_1(B_i) < R_1 & \text{(a)} \\ R_1 < P_1(B_i) < R_1 + \lambda & \text{(b)} \\ R_1 + \lambda < P_1(B_i) < R_1 + 3\lambda & \text{(c)} \end{cases}$$

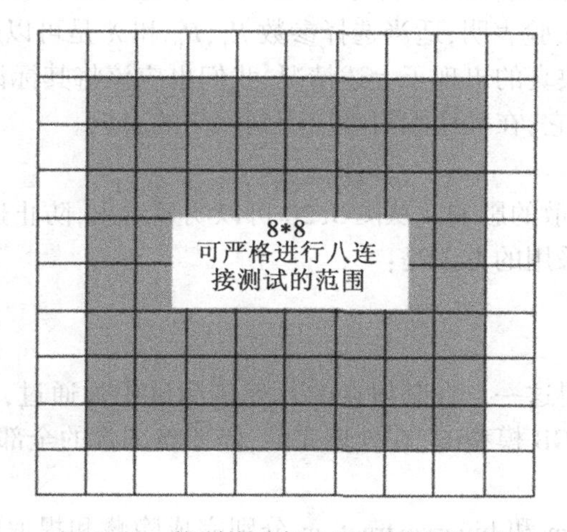

图 5.22　能严格进行八连接测试的区域

对于(a)，需要将 $R_1 - P_1(B_i) + 1$ 个 0 像素改为 1 像素；对于(b)，不需要进行任何修改；对于(c)则需要将 $P_1(B_i) - (R_1 + \lambda) + 1$ 个 1 像素改为 0 像素。

如果要嵌入的信息为 0，$P_1(B_i)$ 的可能取值为以下三个区域(见图 5.16)：

$$\begin{cases} R_0 < P_1(B_i) < R_1 & \text{(d)} \\ R_0 - \lambda < P_1(B_i) < R_0 & \text{(e)} \\ R_0 - 3\lambda < P_1(B_i) < R_0 - \lambda & \text{(f)} \end{cases}$$

对于(d),需要将 $P_1(B_i)-R_0+1$ 个 1 像素改为 0 像素;对于(e),不需要进行任何修改;对于(f)则需要将$(R_0-\lambda)-P_1(B_i)+1$ 个 0 像素改为 1 像素。

(4)边界不足的情况

在八连接检测的条件下修改像素,可能会出现一种极端情况:结合我们的具体算法实现方法就是遍历了全部 64 个像素点仍然无法满足修改数量(count)的要求。实验证明,要在 64 个点中修改 10 个以上的边界点是很难实现的,原因很简单,就是没有那么多的边界! 我们称为边界不足。结合图 5.16 我们来具体分析如下:

我们对 $P_1(B_i)$ 进行调整,最终使其完全落在$[0,R_0-3\lambda]\cup[R_0-\lambda,R_0]\cup[R_1,R_1+\lambda]\cup[R_1+3\lambda,1]$区域内,而我们的提取算法描述为:

```
if (P1(Bi)>50% && P1(Bi)< R1+3λ)
    message=1;
else if (P1(Bi)<50% && P1(Bi)> R0-3λ)
    message=0;
```

也就是说,将 $P_1(B_i)$ 存在于$[R_0,R_1]$的块(严格意义上是不应该有这样的块的)一并纳入了可提取的范围,这样就在一定意义上削弱了边界不足的错误对结果的影响。如某块 $P_1(B_i)=47\%$,该块用于隐藏信息 1,取 $R_1=55\%$,$\lambda=2\%$,则应该将其 $P_1(B_i)$ 调整为 56% 左右,其调整比例为 9%。假设现在这一块只可调整 6% 的像素,在上述提取算法中是不影响的,所以在本节的算法实践中,我们并没有在程序中对这种情况做深入的分析。当然,仍是上面的例子,如果该块只能调整 2% 的像素,那么就不行了,并且不符合隐藏鲁棒性的要求(我们设立 R_1,R_0 就是为了提高鲁棒性)。实验表明,适当选择参数 R_1,R_0 和 λ 是可以避免这一现象发生的。

严格地讲,如果某一块真的出现了上述情况,我们也应该将其标记为不可用块。大家有兴趣的话可以试着继续完善它,在程序编写时应用到回溯的思想。

(5)边界扩散的防止

前面已经谈到边界扩散的影响。从图 5.20 可以明显看出,防止边界扩散是很有必要的。在具体实验中,我们采用的方法是:

```
if 要修改像素 p
    p=! p+0.01
```

加上 0.01 就不会使得这一点在其他点的八连接测试中被通过,从而避免了扩散。当然,这样的像素值是不符合 RGB 模型的,在处理完后,需要将图像的全部像素取整还原。

(6)函数代码

编写函数 binaryhide. m 和 binaryextract. m 分别完成隐藏和提取的实验。binaryhide. m 函数需要调用三个子函数,分别为:computep1bi. m,availabel. m 和 editp1bi. m。其具体功能在函数代码注释中已有给出。

1)隐藏主函数:binaryhide. m

```
%文件名:binaryhide.m
%程序员:郭迟
%编写时间:2004.3.5
```

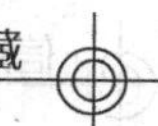

```
%函数功能:本函数将完成二值图像下的信息隐秘
%输入格式举例:[result, count] = binaryhide('c:\blenna.jpg','c:\secret.txt',
'c:\test.jpg',1983,45,55,3)
%参数说明:
%cover 为二值载体图像
%msg 为秘密消息
%goalfile 为保存的结果
%key 为隐藏密钥
%R0,R1 和 lumda 为分析参数
%result 为隐藏结果
%count 为隐藏的信息数
%availabler,availablec 为存放隐藏块首地址的行、列标
function [result,count,availabler,availablec] = binaryhide(cover,msg,goalfile,key,R0,R1,
lumda)
%按位读取秘密信息
frr=fopen(msg,'r');%定义文件指针
[msg,count]=fread(frr,'ubit1');%msg 为消息的位表示形式,count 为消息的 bit 数
fclose(frr);
%读取载体图像信息
images=imread(cover);
image=round(double(images)/255);
%确定图像块的首地址
[m,n]=size(image);
m=floor(m/10);
n=floor(n/10);
temp=zeros([m,n]);
[row,col]=hashreplacement(temp,m*n,m,key,n);%将 m,n 也作为密钥简化输入
for i=1:m*n
    if row(i) ~=1
        row(i)=(row(i)-1)*10+1;
    end
    if col(i) ~=1
        col(i)=(col(i)-1)*10+1;
    end
end
%随机置乱 8*8 个点
temp=zeros(8);
[randr,randc]=hashreplacement(temp,64,key,m,n);%将 m,n 也作为密钥简化输入
%分析可用的图像块
[availabler,availablec,image] = available(msg,count,row,col,m,n,image,R1,R0,lumda,
```

```
randr,randc);
    %信息嵌入
    for i=1:count
        p1bi=computep1bi(availabler(i),availablec(i),image);
        if msg(i,1)==1
            if p1bi<R1
                image = editp1bi(availabler(i),availablec(i),image,0,R1-p1bi+1,randr,
randc);%使 p1(Bi)>R1
            elseif p1bi>R1+lumda
                image = editp1bi(availabler(i),availablec(i),image,1,p1bi-R1-lumda+1,
randr,randc);%使 p1(Bi)<R1+λ
            else
            end
        end
        if msg(i,1)==0
            if p1bi>R0
                image = editp1bi(availabler(i),availablec(i),image,1,p1bi-R0+1,randr,
randc);%使 p1(Bi)<R0
            elseif p1bi<R0-lumda
                image=editp1bi(availabler(i),availablec(i),image,0,R0-lumdap1bi+1,ran-
dr,randc);%使 p1(Bi)<R1+λ
            else
            end
        end
    end
    %信息写回保存
    image=round(image);%防止边界扩散后的取整复原
    result=image;
    imwrite(result,goalfile);
    subplot(121),imshow(images),title('原始图像');
    subplot(122),imshow(result),title(['取阈值 R0,R1 为',int2str(R0),',',int2str(R1),'以
及健壮参数 λ 为',int2str(lumda),'下的信息',int2str(count),'bits 隐秘效果']);
```

2)计算可用图像块的函数:available. m

```
%分析可用的图像块与秘密信息对应
%msg,count 为秘密消息及其数量
%row,col 存放的是随机选块后的块首地址的行、列地址值
%m*n 为总块数量
%image 为载体图像
%R1,R0,lumda 为参数
%randr,randc 是在 8*8 范围内随机置乱的行、列标
```

```
function [availabler,availablec,image]=available(msg,count,row,col,m,n,image,R1,R0,
lumda,randr,randc);
    msgquan=1;
    unable=0;
    difficult=0;
    for blockquan=1:m*n
        %计算这一块的p1(Bi)
        p1bi=computep1bi(row(blockquan),col(blockquan),image);
        if p1bi>=R1+3*lumda || p1bi<=R0-3* lumda %情况(1)
            row(blockquan)=-1;%标记为无用
            col(blockquan)=-1;
            unable=unable+1;
            msgquan=msgquan-1;%该消息还未找到可以隐藏的块
        %情况(b)
        elseif msg(msgquan,1)==1 && p1bi<=R0
            %调整p1(Bi)变得更小
            image=editp1bi(row(blockquan),col(blockquan),image,1,3*lumda,randr,
randc);
            row(blockquan)=-1;
            col(blockquan)=-1;
            difficult=difficult+1;
            msgquan=msgquan-1;%该消息还未找到可以隐藏的块
        elseif msg(msgquan,1)==0 && p1bi>=R1
            %调整p1(Bi)变得更大
            image=editp1bi(row(blockquan),col(blockquan),image,0,3*lumda,randr,
randc);
            row(blockquan)=-1;
            col(blockquan)=-1;
            difficult=difficult+1;
            msgquan=msgquan-1;%该消息还未找到可以隐藏的块
        else
            row(blockquan)=row(blockquan);
            row(blockquan)=row(blockquan);
        end
        msgquan=msgquan+1;
        if msgquan ==count+1;%消息已经读取完成
            for i=(blockquan+1):m*n
                row(i)=-1;
                col(i)=-1;
            end
```

```
            disp(['消息长度:',num2str(msgquan-1),'bits;用到的块数:',num2str(blockquan),';其中不可用块有:',num2str(unable),';另有',num2str(difficult),'块难以调整块已修改为不可用块'])
            break;
        end
    end
    %载体分析完但消息还没有读完
    if msgquan<=count
            disp(['消息长度:',num2str(msgquan-1),'bits;用到的块数:',num2str(blockquan),';其中不可用块有:',num2str(unable),';另有',num2str(difficult),'块难以调整块已修改为不可用块'])
        disp('请根据以上数据更换载体!');
        error('载体太小!!');
    end
    %计算可用块的数量
    %disp(row)
    quan=0;
    for i=1:m*n
        if row(i) ~=-1
            quan=quan+1;
        end
    end
    if quan<count
        error('可用块数量太小!请根据以上数据更换载体!');
    end
    disp(['可用图像块为:',num2str(quan)]);
    %生成可用的块的行标列标并与消息对应
    image=round(image);%防止边界扩散后的取整复原
    availabler=zeros([1,quan]);
    availablec=zeros([1,quan]);
    j=1;
    for i=1:m*n
        if row(i) ~=-1;
            availabler(j)=row(i);
            availablec(j)=col(i);
            j=j+1;
        end
    end
```

3)计算每一块 p1(Bi)的函数:computep1bi.m

```
%计算p1(Bi)的子函数
```

```
%headr 为块首行地址
%headc 为块首列地址
function p1bi=computep1bi(headr,headc,image)
p1bi=0;
for i=1:10
    for j=1:10
        if image(headr+i-1,headc+j-1)==1
            p1bi=p1bi+1;
        end
    end
end
```

4)修改像素的函数:editp1bi.m

```
%修改像素的函数
%headr 为块首行地址
%headc 为块首列地址
%image 为图像
%pixel 为要修改的像素
%count 为修改的数量
%randr,randc 是随机置乱后的结果
function image=editp1bi(headr,headc,image,pixel,count,randr,randc)
c=0;
for i=1:64
    if image(headr+randr(i),headc+randc(i))==pixel
        %八连接检测
        if image (headr+randr(i)-1,headc+randc(i))== ~pixel ||
                image(headr+randr(i)+1,headc+randc(i))== ~pixel ||
                image(headr+randr(i),headc+randc(i)-1)== ~pixel ||
                image(headr+randr(i),headc+randc(i)+1)== ~pixel ||
                image(headr+randr(i)-1,headc+randc(i)-1)== ~pixel ||
                image(headr+randr(i)-1,headc+randc(i)+1)== ~pixel ||
                image(headr+randr(i)+1,headc+randc(i)-1)== ~pixel ||
                image(headr+randr(i)+1,headc+randc(i)+1)== ~pixel
            image(headr+randr(i),headc+randc(i))= ~pixel+0.01;
            c=c+1;
        end
    end
    if c ==count
        return
    end
end
```

```
%出现边界不足的情况
if c ~=count
    disp('warning! 参数选择不当,未能完全按要求修改本块像素,信息可能无法提取,建议重做');
end
```

5)信息提取函数: binaryextract. m

```
%函数功能:本函数将完成亮度空间下的隐秘信息的提取
%输入格式举例:result=binaryextract('c:\test.jpg','c:\extract.txt',1983,45,55,3,24)
%参数说明:
%stegocover 为隐藏有信息的秘密消息
%goalfile 为信息提取后保存的地址
%key 为提取密钥
%R0,R1 和 lumda 为分析参数
%count 为要提取的信息数
%result 为提取的信息
function result=binaryextract(stegocover,goalfile,key,R0,R1,lumda,count)
%读取隐蔽载体图像信息,并提取亮度分量。该载体应为 16 位存储方式的图像,建议使用 png 格式
stegoimage=imread(stegocover);
stegoimage=round(double(stegoimage)/255);
%确定图像块的首地址
[m,n]=size(stegoimage);
m=floor(m/10);
n=floor(n/10);
temp=zeros([m,n]);
[row,col]=hashreplacement(temp,m*n,m,key,n);%将 m,n 也作为密钥简化输入
for i=1:m*n
    if row(i) ~=1
        row(i)=(row(i)-1)*10+1;
    end
    if col(i) ~=1
        col(i)=(col(i)-1)*10+1;
    end
end
%准备提取并回写信息
frr=fopen(goalfile,'a');%定义文件指针
%按隐藏顺序分析图像块
quan=1;
result=zeros([count 1]);
for i=1:m*n
```

```
    %计算这一块的 p1(Bi)
    p1bi=computep1bi(row(i),col(i),stegoimage);
    if p1bi<R1+3 * lumda && p1bi>50
        fwrite(frr,1,'bit1');%回写 1
        result(quan,1)=1;
        quan=quan+1;
    elseif p1bi>R0-3 * lumda && p1bi<50
        fwrite(frr,0,'bit1');%回写 0
        result(quan,1)=0;
        quan=quan+1;
    else
        quan=quan;
    end
    if quan ==count+1
        break;
    end
end
disp(['已经正确处理',num2str(quan-1),'bits 的消息']);
fclose(frr);
```

5.2.4 实验分析

我们具体讨论阈值 R_0,R_1 及健壮参数 λ 对实验结果的影响。

(1)健壮参数 λ 的选取

实际的健壮参数 λ 是和传输过程中可能发生改变的像素的百分比有关的。λ 的作用是区分隐藏有信息的图像块与未隐藏有信息的图像块的,区分的尺度正好是 2λ。只要能达到这个目的,λ 的取值就是合适的。下面我们仍然以 lenna 的二值图像为例(二值量化阈值取 0.4)分析在 JPEG 压缩下图像像素改变的比例。

我们编写函数 jpgandlumda. m 函数完成分析,函数代码如下:

```
%文件名:jpgandlumda. m
%程序员:郭迟
%编写时间:2004. 3. 10
%函数功能:本函数将探讨二值图像在 JPEG 条件下像素改变的状况
%输入格式举例:jpgandlumda('c:\blenna. jpg')
%参数说明:
%test 为二值图像
function jpgandlumda(test)
image=imread(test);
image=round(double(image)/255);
[M,N]=size(image);
quality=5:5:100;%定义压缩质量比从 5%到 100%
```

```
result=zeros([1 max(size(quality))]);
count=0;
different=0;
for q=quality
    count=count+1;
    imwrite(image,'temp.jpg','jpg','quality',q);%利用 imwrite 函数完成压缩
    comdone=imread('temp.jpg');
    comdone=round(double(comdone)/255);
    for i=1:M
        for j=1:N
            if comdone(i,j) ~=image(i,j)
                different=different+1;
            end
        end
    end
result(1,count)=different/(M*N);
different=0;
end
plot(quality,result);
xlabel('jpeg 压缩率');
ylabel('像素改变的百分比例');
title('二值图像在 JPEG 条件下像素改变的状况')
```

分析的结果如图 5.23 所示。

分析得到,在压缩率大于 45% 时,图像基本上是鲁棒的。即使发生变化,像素的变化比例均不超过 1%！也就是说,λ 取为 0.5% 就可以达到上述区分的目的。这里只讨论了 JPEG 压缩的影响,读者有兴趣可以结合后面水印测试和攻击的多种手段来分析一下像素改变的比例。

在 R_0,R_1 一定的情况下,λ 设置过小是为了使每块图像块的像素都满足条件,要修改的像素就会多一些,同时,λ 大一点,隐藏块与无用块的区别也大一些,提取出错的概率就小一些。综合考虑,在实验中,我们一般取 λ 为 2%。在选用不同的载体实验时,建议先对 λ 作简单的测试。

(2)与隐藏容量的关系

表 5.1 列出了我们采用的 6 组实验数据。

表 5.1　　算法参数与隐藏容量的关系

R_0	R_1	λ	消息长度(bits)	分析过的块数	不可用块	难以调整块	不可用块占的比例
49	51	2	24	615	578	13	93.98%
48	52	2	24	588	550	14	93.53%
45	55	2	24	299	270	5	93.30%
40	30	2	24	240	208	8	86.67%

续表

R_0	R_1	λ	消息长度(bits)	分析过的块数	不可用块	难以调整块	不可用块占的比例
45	55	3	24	293	258	11	88.05%
#45	55	5	24	209	173	12	82.78%

(＊所使用的参数有2块出现边界不足的情况,#所使用的参数有7块出现边界不足的情况)

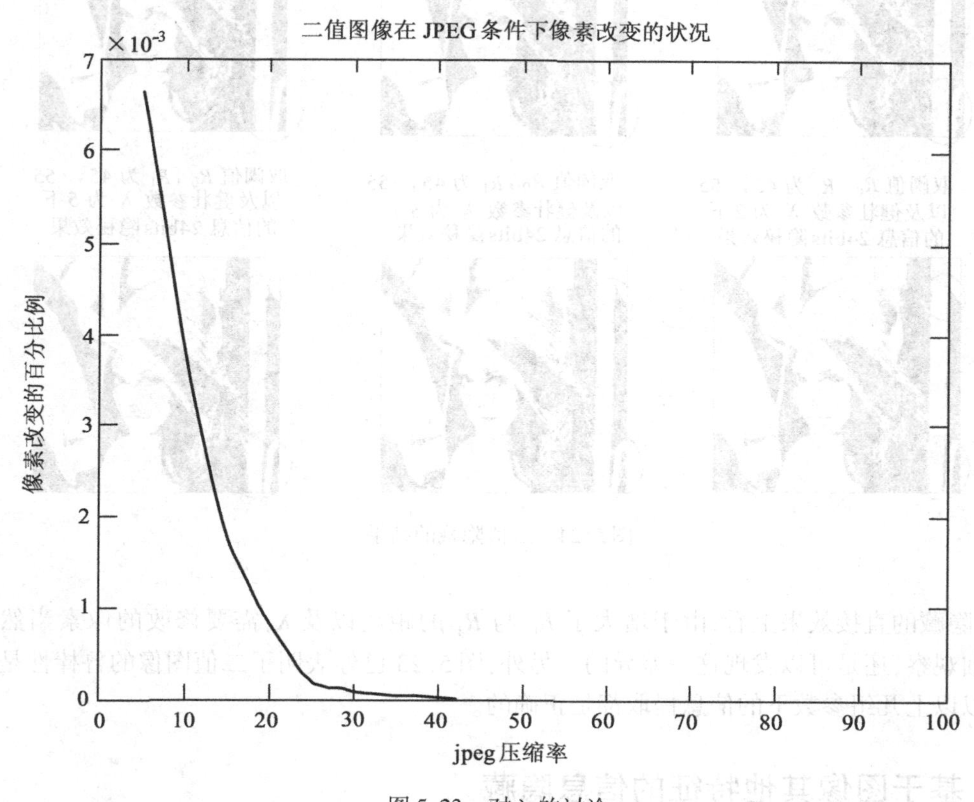

图5.23 对λ的讨论

二值的lenna图像是一个绝大部分黑白成片出现的图像,并不十分适宜本算法的发挥。当然,这并不影响我们对隐藏容量的分析。我们仅取3个字母abc为秘密信息(24bits)以保证载体足够大。以上五组数据均使用同样的密钥控制随机置乱和随机选择的结果,从数据中可以明显地看到,当取参数集{49,51,2}时,对全体图像625块,要分析615块才能确定24bits信息隐藏的位置,在这615块中,不可用块(图5.16情况1)所占比例高达93.98%。适当调整R_0和R_1的距离,可以略微改善这一状况。更重要的是,所分析的图像块的数量大大减小了。取参数集{45,55,2}时,隐藏24bits信息只用分析299块就确定了其隐藏的位置,从而也就可以认为将隐藏容量扩大了一倍!

健壮参数λ与隐藏容量的关系似乎更紧密一些。当R_0,R_1一定时,λ的提高有利于隐藏容量的增大。当然,无限地扩大R_0与R_1的距离以及增大λ将会导致边界不足的情况发生。在确保图像像素严格修改的情况下,取表5.1的第三组和第五组数据都是合适的。

(3)与隐藏不可见性以及鲁棒性的关系

图5.24给出了在表5.1下5组参数执行的情况。

原始图像

取阈值 R_0，R_1 为49，51以及健壮参数 λ 为2下的信息24bits隐秘效果

取阈值 R_0，R_1 为40，60以及健壮参数 λ 为2下的信息24bits隐秘效果

取阈值 R_0，R_1 为45，55以及健壮参数 λ 为2下的信息24bits隐秘效果

取阈值 R_0，R_1 为45，55以及健壮参数 λ 为3下的信息24bits隐秘效果

取阈值 R_0，R_1 为45，55以及健壮参数 λ 为5下的信息24bits隐秘效果

图5.24　二值隐藏的结果

从隐藏的直接效果上看，由于增大了 R_0 与 R_1 的距离以及 λ，需要修改的像素当然也更多，仔细观察，还是可以发现这一差异的。另外，图5.23已经表明了二值图像的鲁棒性是很强的，所以以上几组参数下的信息提取都是正确的。

5.3　基于图像其他特征的信息隐藏

在前面的小节中，我们已经对什么是空域信息隐藏进行了探讨。很显然，空域信息隐藏的一个突出特点就是将载体的冗余信号空间作为秘密信息的宿地址空间。通俗地说，在RGB颜色模型下，载体图像全部像素点的LSB就构成了一个冗余空间。图像载体是不是还有其他的冗余空间呢？答案是有的。

5.3.1　对图像亮度值的分析

在日常生活中我们处理一幅图像都毫无例外地涉及“图像亮度”这一概念（如图5.25所示）。与像素点表示的色彩一样，亮度的轻微改变同样是不易被人眼察觉的，在像素亮度值中找冗余就成为基于亮度的空域信息隐藏算法的首要内容。

在第一章图像载体的基本知识中，我们曾简单地涉及亮度这一问题。一幅图像的亮度是在相应的YCbCr（YUV）模型中的Y分量体现的。我们已经多次给出了RGB与YCbCr的转换关系：

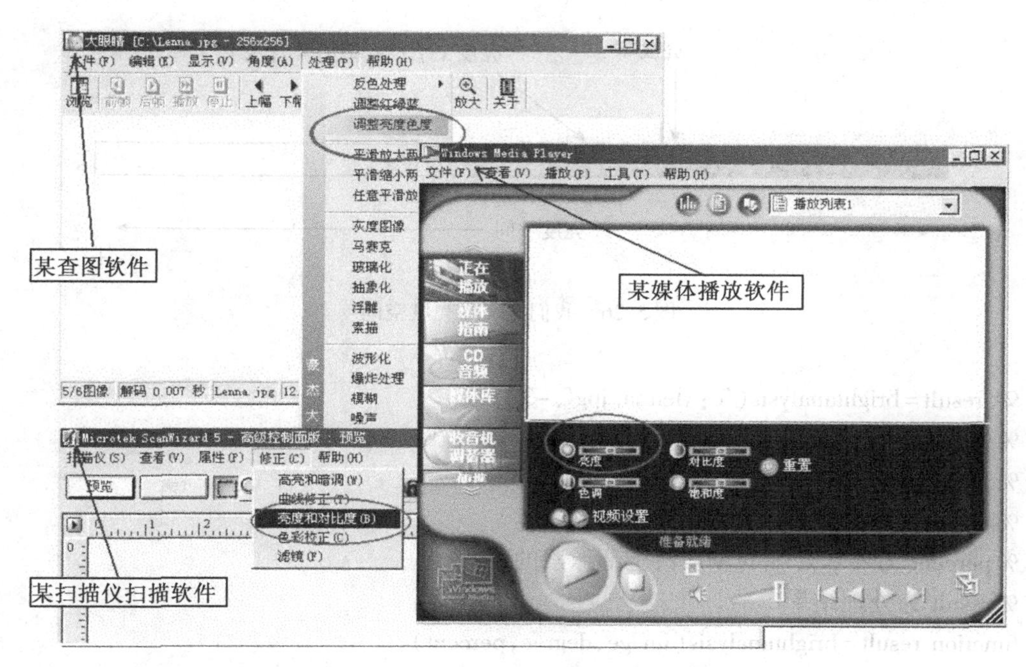

图 5.25 日常生活中经常要对亮度进行处理

$$\begin{bmatrix} Y \\ Cb \\ Cr \end{bmatrix} = \begin{bmatrix} 0.299 & 0.587 & 0.114 \\ -0.169 & -0.3316 & -0.50 \\ 0.50 & -0.4186 & -0.0813 \end{bmatrix} \begin{bmatrix} R \\ G \\ B \end{bmatrix}$$

可以看到,一个像素 P(r,g,b)的每一个分量都是在(0,1)区间的,经过转换后得到的 Y 值同样也是在(0,1)之间的。在第一章的 HSV 模型中,我们也曾谈到亮度这一问题。一般地说,对于多数图像,128 种颜色(H)、8 种色饱和度(S)和 16 种明度(V)就足够了,而饱和度和明度共同构成了通常意义下的亮度(参见 1.5.1)。尽管图像灰度有 256 级,但考虑到隐藏鲁棒性及实验条件的限制,我们作出了如下的定义。

定义 5.1 我们取图像像素的原始亮度为 x 亮度。将其提高一个亮度即在其相应的 Y_x 值上加$\frac{1}{8\times16}=\frac{1}{128}=0.0078$,同理减一个亮度则是将其相应的 Y_x 值减去$\frac{1}{128}$,即将整个亮度空间划分成为 128 个单位。下面我们谈到的亮度都在这个数值范围内(如图 5.26 所示)。

接下来我们具体地改变一幅图像的亮度,直观地体验一下亮度空间中的冗余。编写函数 brightanalysis.m 完成实验。函数 brightanalysis.m 的功能是根据要求改变输入图像相应像素点所对应的亮度值。这里需要调用第二章中的伪随机置换部分提供的函数 hashreplacement.m。该函数的具体内容请参见 2.6.3 节。

```
%文件名:brightanalysis.m
%程序员:郭迟
%编写时间:2004.2.25
%函数功能:本函数是一个分析函数,用以分析图像像素亮度的变化
%输入格式举例:result=brightanalysis('c:\lenna.jpg',-3,0.5);
```

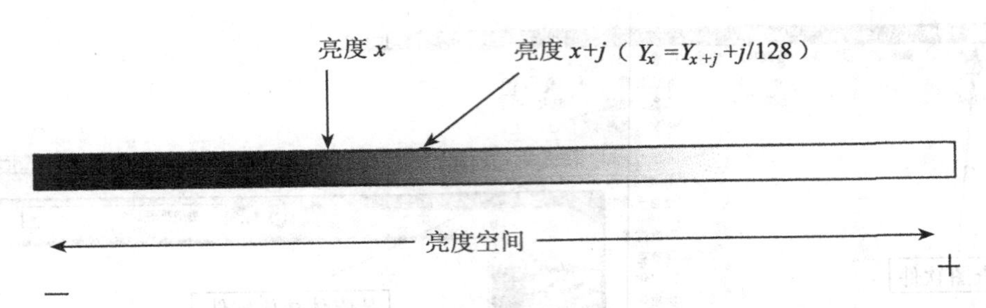

图 5.26　我们定义的亮度空间

```
% result=brightanalysis('c:\lenna.jpg',-3);
%参数说明:
%image 为待分析的原始图像
%degree 为要求增减的亮度度数
%percent 为要求处理的像素占全部像素的百分比
%result 为处理结果
function result=brightanalysis(image,degree,percent)
%将图像转换为 YUV 颜色空间,提取亮度分量值
a=imread(image);
a=double(a)/255;
YUV=rgb2ycbcr(a);
bright=YUV(:,:,1);
%如果要求有比例则调用随机置换选择函数进行按比例随机选择像素点,否则为全部像%素点
if nargin ==3
    [row,col]=size(bright);
    selectquan=row * col * percent;
    %随机选取像素
    %hashreplacement 函数的三个种子固定为 row,col,selectquan,减少输入参数的个数
    [row,col]=hashreplacement(bright,selectquan,row,col,selectquan);
    for i=1:selectquan
        bright(row(i),col(i))= bright(row(i),col(i))+degree/128;% 取1/128为亮度的1度
    end
%未输入 percent 则对图像全体进行亮度处理
else
    percent=1;
    bright=bright+degree/128;
end
%转换为 RGB 模型显示处理效果
```

```
YUV( : , : ,1)= bright;
result=ycbcr2rgb(YUV);
subplot(121),imshow(a),title('原始图像');
subplot(122),imshow(result);
title(['随机调整',int2str(percent * 100),'% 像素点亮度(',int2str(degree),')后的图像']);
```

利用 brightanalysis 函数,我们获得了:

①将 lenna 全部像素点亮度+1;

②对 lenna 随机选取一半的像素点将其亮度-1;

③对 lenna 随机选取一半的像素点将其亮度+5;

④对 lenna 随机选取一半的像素点将其亮度+128(显然超出了我们定义的范围)。

四种条件下的实验结果如图 5.27 所示。可以看到,对亮度改变 1 个单位是不容易被察觉的。

随机调整 100% 像素点亮度（1）后的图像

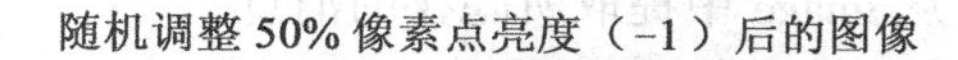

随机调整 50% 像素点亮度（-1）后的图像

原始图像

随机调整 50% 像素点亮度（5）后的图像

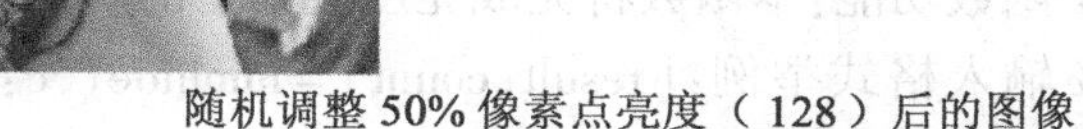

随机调整 50% 像素点亮度（128）后的图像

图 5.27　亮度的改变

5.3.2 基于图像亮度的信息隐秘示例

通过上一节的实验,我们已经很清楚地认识到对图像亮度的轻微改变与对像素值的轻微改变一样,都较难引起我们在视觉上的敏感。这就在空域隐藏中给我们提供了非常现实的秘密信息隐藏空间。与LSB算法不同的是,我们并不是将秘密信息直接保留在载体的冗余空间上,而是通过一种特定的算法将亮度改变与秘密信息构成映射。

```
秘密信息的第 i bit 对应的隐藏位为 Hi
if (秘密信息的第 i bit ==1)
    the lum of Hi+=1 or 2 degree;
else if (秘密信息的第 ibit ==0)
    the lum of Hi-=1 or 2 degree;
```

与这种隐藏算法对应的消息提取算法是要求原始图像(original)参与的。用伪C代码描述如下:

```
从 image 中提取所隐秘的消息
if( the lum of Hi in image< the lum of Hi in original )
    messagei =0;
else
    messagei =1;
```

秘密信息的第 i bit 对应的隐藏位 H_i 仍然通过第二章提供的伪随机选取策略来确定。由于在前面我们已经大量使用了伪随机置换方法,这里我们使用伪随机间隔法来完成实验,相应地将调用随机间隔控制函数 randinterval. m,该函数的相关内容请参见2.6.1节。编写函数 lumhide. m 与 lumextract. m 分别对应信息的隐秘和提取验证。

隐秘函数代码如下:

```
%文件名:lumhide.m
%程序员:郭迟
%编写时间:2004.2.25
%函数功能:本函数将完成亮度空间下的信息隐秘
%输入格式举例:[result,count]=lumhide('c:\lenna.jpg','c:\secret.txt','c:\test.png',
1983,2)
% [result,count]=lumhide('c:\lenna.jpg','c:\secret.txt','c:\test.png',1983)
%参数说明:
%cover 为载体图像
%msg 为秘密消息
%goalfile 为保存的结果
%key 为隐藏密钥
%scale 为实验中使用的调整亮度度数,默认为 1
%result 为隐藏结果
%count 为隐藏的信息数
function [result,count]=lumhide(cover,msg,goalfile,key,scale)
%默认的对亮度的调整为 1 度
```

```
if nargin ==4
    ascale=1;
else
    ascale=scale;
end
%按位读取秘密信息
frr=fopen(msg,'r');%定义文件指针
[msg,count]=fread(frr,'ubit1');%msg 为消息的位表示形式,count 为消息的 bit 数
fclose(frr);
%读取载体图像信息,并提取亮度分量
image=imread(cover);
image=double(image)/256;
YUV=rgb2ycbcr(image);
bright=YUV(:,:,1);
%调用伪随机间隔函数,确定信息隐藏位
[row,col]=randinterval(bright,count,key);
%调整亮度进行隐藏
degree=ascale/128;
for i=1:count
    if msg(i,1)==0
        bright(row(i),col(i))=bright(row(i),col(i))-degree;
    else
        bright(row(i),col(i))=bright(row(i),col(i))+degree;
    end
end
%重构图像并写回保存,建议使用 png 格式
YUV(:,:,1)=bright;
result=ycbcr2rgb(YUV);
imwrite(result,goalfile,'BitDepth',16); %使用 png 格式,以 16 位方式存储
subplot(121),imshow(image),title('原始图像');
subplot(122),imshow(result);
title(['取操作尺度为',int2str(ascale),'下的信息',int2str(count),'bits 隐秘效果']);
```

信息提取函数代码如下:

```
%文件名:lumextract.m
%程序员:郭迟
%编写时间:2004.2.25
%函数功能:本函数将完成亮度空间下的隐秘信息的提取
%输入格式举例:result=lumextract('c:\lenna.jpg','c:\test.png','c:\extract.txt',128,1983)
%参数说明:
%cover 为原始载体图像
```

```
%stegocover 为隐藏有信息的秘密消息
%goalfile 为信息提取后保存的地址
%key1 为秘密信息的 bit 数,作为一个密钥参与计算
%key2 为提取密钥
%result 为提取信息
function result=lumextract(cover,stegocover,goalfile,key1,key2)
%读取原始载体图像信息,并提取亮度分量
originalimage=imread(cover);
originalimage=double(originalimage)/255;
originalYUV=rgb2ycbcr(originalimage);
originalbright=originalYUV(:,:,1);
%读取隐蔽载体图像信息,并提取亮度分量,该载体应为16位存储方式的图像,建议使用
png 格式
stegoimage=imread(stegocover);
stegoimage=double(stegoimage)/65535;
stegoYUV=rgb2ycbcr(stegoimage);
stegobright=stegoYUV(:,:,1);
%调用伪随机间隔函数,确定信息隐藏位
[row,col]=randinterval(stegobright,key1,key2);
%准备提取并回写信息
frr=fopen(goalfile,'a');%定义文件指针
for i=1:key1
        if originalbright(row(i),col(i))>stegobright(row(i),col(i))
            fwrite(frr,0,'bit1');%回写 0
            result(i,1)=0;
        else
            fwrite(frr,1,'bit1');%回写 1
            result(i,1)=1;
        end
end
fclose(frr);
```

图5.28是在不同的输入参数下得到的实验效果图。结合上一节中我们对亮度的分析可以知道,在 lumhide.m 函数中,输入参数 scale(操作尺度)不宜太大(一般取1或2),否则将影响信息隐藏的不可见性。

需要说明的是:限于 MATLAB 自身的某些功能上的缺陷,我们在这里对使用的载体图像类型不作限制,但对隐蔽载体图像(stego_cover)要求使用 png 格式。这是因为:在实验中我们发现 MATLAB 的 imread 和 imwrite 函数(图像数据的读写函数)对图像的默认操作都是8位的,一个图像的像素数据经过图像写回保存(imwrite)和提取时的图像数据读取(imread)两个操作后,由于多次的数据精度转换,原调整好的亮度值发生较大的偏移,其误差足以改变我们对一个像素亮度调整值的大小,从而导致实验失败(隐藏的信息无法正确读取)。png 格式的

图像允许以16位格式进行存储和读取，由于其像素占用的位数较大，精度较高，可以有效地避免imread和imwrite函数对数据的影响。

取操作尺度为1下的
信息376bits隐秘效果

取操作尺度为60下的
信息376bits隐秘效果

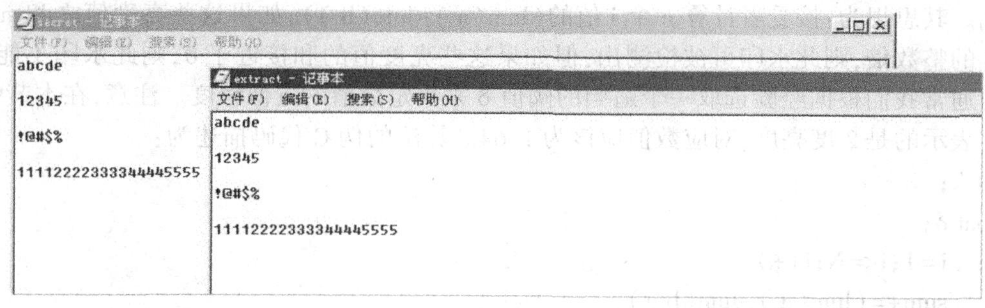

图5.28　基于图像亮度的信息隐秘

5.3.3　基于图像亮度统计特性的数字水印

(1)Patchwork数字水印算法

本节中，我们将简单地理解一下空域信息隐藏的一个著名算法：Patchwork算法。Patchwork算法是一种数据量较小、能见度很低、鲁棒性很强的数字水印算法，其生成的水印能够抗图像剪裁、模糊化和色彩抖动。“Patchwork”一词原指一种用各种颜色和形状的碎布片拼接而成的布料，它形象地说明了该算法的核心思想，即在图像域上通过大量的模式冗余来实现鲁棒数字水印，所以，Patchwork算法也被认为是一个扩散被嵌入信息的典型代表。与LSB算法不同，Patchwork是将水印信息隐藏在图像数据的亮度统计特性中，给出了一种原始的扩频调制机制。尽管该算法一般只能隐藏1bit信息，但仍然可以在一定程度上对图像数据的版权给予保护。必须强调的是：我们不能以隐写术的思想去理解数字水印，二者在使用领域上有着很大的不同。

以隐藏1bit数据为例，Patchwork算法首先通过伪随机数生成器产生两个随机数据序列，分别按图像的尺寸进行缩放，成为随机点坐标序列，然后将其中一个坐标序列对应的像素亮度值降低，同时升高另一坐标序列对应的像素亮度。由于亮度变化的幅度很小，而且随机散布，并不集中，所以不会明显影响图像质量。我们所选取的伪随机数生成器的种子就是Patchwork算法的密钥。

Patchwork的水印嵌入算法的具体描述如下：随机选择N对像素点(a_i, b_i)，然后将每个a_i点的亮度值加1度，对每个b_i点的亮度值减1度，通过这一调整来隐藏信息，这样整个图像的平均亮度保持不变。用伪C代码描述为：

```
随机选择 N 对像素点(a_i,b_i)
lum()=像素点亮度值
for (i=1;i<=N;i++)
    (lum(a_i),lum(b_i))=(lum(a_i)+1,lum(b_i)-1);
```

上述算法基于一个基本的假设:给一个足够大的 n 值,对于根据伪随机数生成器生成序列选取的图像像素对(a_i,b_i),所有像素点 a_i 的亮度平均值与所有像素点 b_i 的亮度平均值非常接近。当对图像按 Patchwork 算法嵌入水印后,使得所有像素点 a_i 的亮度平均值增加 1,而所有像素点 b_i 的亮度平均值减少 1。在水印被嵌入后,这些像素点的亮度变化是能够被准确检测到的。这个假设是必要的且在水印嵌入和检测过程中可得到证实。

水印的检测算法与秘密信息的提取算法不同,不要求原始图像的参与,而仅根据待测图像来鉴别。其思想为:接受者计算 n 个 i 值的($lum(a_i)-lum(b_i)$),如果这些亮度值之和 sum 接近于 2 的整数倍,则此水印可被检测出;但如果这些亮度值的和接近于 0,则此水印不能被检测出。通常我们根据经验选取一个适当的阈值 δ 来决定数值的近似程度。注意,在本节中,这里的 2 表示的是 2 度亮度,对应数值应该为 1/64。算法的伪 C 代码描述为:

```
int k;
float δ;
for (i=1;i<=N;i++)
    sum+=(lum(a_i)-lum(b_i));
if (|sum-2K|<δ) /*此和值足够接近于2k*/。
    存在水印;
else
    不存在水印。
```

下面我们讨论一下 Patchwork 算法的特性及其效果。前面已提到 Patchwork 水印嵌入量为 1bit,现在我们来讨论 Patchwork 水印的不可见性。这种性质不容易概括,主要因为这种性质取决于不同类型的图像的应用。上面算法中提到根据伪随机数生成器所选取的每一个像素的亮度值仅仅改变一个单位量(忽略一个像素的亮度值被多次改变),这意味着水印将难以被察觉。当算法应用于 8 bit 单精度图像时,以上观点的正确性是毫无疑问的。当应用于二值图像时则存在问题。总的来说,对大多数图像应用 Patchwork 水印算法是不易察觉的、安全的,但 Patchwork 技术有其本身固有的局限性。

第一,Patchwork 技术的信息嵌入率非常低,嵌入的信息量非常有限,通常每幅图只能嵌入一个比特的水印信息,这就限制了它只能应用于低水印码率的场合。因为嵌入码低,所以该算法对串谋攻击抵抗力弱。为了嵌入更多的水印信息,可以将图像分块,然后对每一个图像块进行嵌入操作。

第二,这种算法必须要找到图像中各像素的位置,在有仿射变换存在的情况下,就很难对加入水印的图像进行解码。尽管有这些应用的限制,在不知道随机数字水印密钥的情况下,要想移除数字水印仍是极其困难的,除非破坏图像的视觉质量。

分析 Patchwork 水印算法的鲁棒性,一个很明显的发现就是:任何基于改变图像像素点位置的攻击都会使水印难以被检测出来。旋转、剪切尺度改变将会毁灭水印,更甚的是任何基于改变像素点值的攻击很可能也会摧毁水印,如滤波、锐化、有损压缩等,所以,嵌入 Patchwork 水印的图像将容易受到各种综合攻击的影响。为了增加水印的鲁棒性,我们可以将像素对扩展

为小块的像素区域(如8×8图像块),增加一个区域中的所有像素点的亮度值而相应减少对应区域中所有像素点的亮度值。适当地调整参数后,Patchwork方法对JPEG压缩、FIR滤波以及图像裁剪有一定的抵抗力且人眼无法察觉。

影响Patchwork算法使用效果的因素很多,主要有:

1)Patch的深度

Patch的深度是指对随机点邻域灰度值改变的幅度,深度越大,水印的鲁棒性越强,但同时也会影响隐蔽性,提高能见度。

2)Patch的尺寸

大尺寸的Patch可以更好地抗旋转、位移等操作,但尺寸的增大必然会引起水印信息量的减少,造成Patch相互重叠。具体应用时必须在Patch的尺寸和数量两者之间进行折中。

3)Patch的轮廓

具有陡峭边缘的Patch会增加图像的高频能量,虽然这有利于水印的隐藏,但也使水印容易被有损压缩所破坏。相反,具有平滑边缘的Patch可以很好地抗有损压缩,但易于引起视觉注意。合理的解决方案应该是在考虑到可能会遭受的攻击后确定,如果面临有损压缩的攻击,则应采用具有平滑边缘的Patch,使水印能量集中于低频;反之,如果面临对比度调整的攻击,则应采用具有陡峭边缘的Patch,使水印能量集中于高频。如果对所面临的攻击没有准确的估计,则应使水印的能量散布于整个频谱。

4)Patch的排列

Patch的排列应尽量不形成明显的边界,因为人眼对灰度边界十分敏感,W·Bender建议采用随机的六角形排列。

5)Patch的数量

Patch的数量越多,解码越可靠,但这同时也会牺牲图像的质量。

6)伪随机序列的随机性能

算法采用的伪随机数生成器所生成的伪随机序列的随机性能当然地也决定数字水印的性能。

(2)简单的Patchwork实验

针对前面的算法,我们曾设计了这样的一个实验:对lenna图像加1bit的Patchwork水印。对于两组随机序列的选择,我们先设计了这样一个算法:种子key1决定序列$\{a_i\}$,在奇数列像素点上进行随机间隔选取。种子key2决定序列$\{b_i\}$,在偶数列像素点上进行随机间隔选取。我们原本以为这样可以保证两组序列选出的像素点的平均亮度大体一致,但事实上这种做法严重地破坏了图像原有的统计特性,在局部(奇列像素或偶列像素)实现了随机控制,但在整体上大大加入了非自然因素,导致图像在加入水印后出现了明显的条状亮度分布,如图5.29所示。

图5.29 明显的条状亮度分布

鉴于上述实验的教训,我们改用伪随机置换策略选取足够多的像素点,然后取其前一半构成像素集合$\{a_i\}$,另一半构成像素集合$\{b_i\}$。由于hashreplacement.m函数所选出的像素点具有不碰撞和较好的伪随机的特点,故而可以很好地解决选择两组像素这一问题。每组像素点的个数我们取为图像总像素点的1/8。

亮度的调整策略与前面基于亮度的空域隐秘一样能完成水印信号的嵌入。同样地，也是由于 MATLAB 在数据精度处理上的缺陷，在水印检测中，我们不能严格按照上一小节的算法编写相应的程序。在前面给出的标准的 Patchwork 水印检测算法中，主要的判定式是：

$$|\text{sum} - 2k| < \delta$$

该式的实际意义是说两组经过调整的像素的平均亮度差值应该非常接近于 2 度。δ 本身应该是一个比较小的数，但在理论上不应该小于原始图像未加水印前的平均亮度差值。只有当我们假定原始图像未加水印前的平均亮度差值为 0 时，才可以无限地将 δ 取小以保证在水印检测中不出现将无水印的图像判断为有水印的图像这一错误。但在实际操作中，这样一来的直接结果就是导致了在水印检测中发生将有水印的图像判断为无水印的图像错误的概率大大增加，事实上这种错误是我们更应该去避免的，所以，我们在实验中调整判断方法为：

$$\frac{\sum_{i=1}^{\text{quantity}}(a_i - b_i)}{\text{quantity}} - 2°\text{lum} \approx \delta$$

quantity 为每组像素点的个数。对于加有水印的图像来说，$\{a_i\}$ 与 $\{b_i\}$ 的平均亮度差，从理论上说应该等于未加水印前的同样这些像素点的平均亮度差加上我们人为调整的 2 度亮度，所以，将判定阈值 δ 设定为一个略大于原始图像未加水印前的平均亮度差的值，并考虑到 MATLAB 在数据处理中的误差，水印的判定式就成了：

$$\frac{\sum_{i=1}^{\text{quantity}}(a_i - b_i)}{\text{quantity}} - 1°\text{lum} > \delta$$

通俗地说，就是两组像素点的平均亮度差要比判定阈值 δ 大 1 度多，就能表示其中含有水印信号。

表 5.2 是对于未加水印的原始 lenna 图像在不同种子控制下 $\{a_i\}$ 与 $\{b_i\}$ 的平均亮度差。$\{a_i\}$ 与 $\{b_i\}$ 的选取使用 hashreplacement.m。可以看到，在未加水印前，图像像素的平均亮度差远小于 1 度（1 度 = 1/128 = 0.0078）。在检测中，可以定义判定阈值 δ 为 0.002 ~ 0.005。

表 5.2　　平均亮度差

种子 key1, key2, key3			$\{a_i\}$ 与 $\{b_i\}$ 的平均亮度差
1983	1121	421	0.0016581
2001	3253	11	0.00029515
27	8734	5608	0.00131
110	119	112	0.00074515
806	572	413	0.0021371

编写函数 patchworkwm.m 与 patchdetect.m 分别实现水印嵌入与检测的功能。

水印嵌入函数：

```
%文件名:patchworkwm.m
%程序员:郭迟
%编写时间:2004.2.26
```

```
%函数功能:本函数将完成对图像加入 patchwork 水印
%输入格式举例:result=patchworkwm('c:\lenna.jpg','c:\test.png',1983,1121,421,2)
% result=patchworkwm('c:\lenna.jpg','c:\test.png',1983,1121,421)
%参数说明:
%original 为原始图像
%goalfile 为保存的结果
%key1,key2,key3 为序列密钥
%scale 为实验中使用的调整亮度度数,默认为 1
%result 为加入水印后的结果
function result=patchworkwm(original,goalfile,key1,key2,key3,scale)
%默认的对亮度的调整为 1 度
if nargin==5
    ascale=1;
else
    ascale=scale;
end
%读取图像信息,并提取亮度分量
image=imread(original);
image=double(image)/256;
YUV=rgb2ycbcr(image);
bright=YUV(:,:,1);
%定义两组像素点的个数
[m,n]=size(bright);
quantity=floor(m*n/8);
%调用伪随机置换函数,确定信息隐藏位
[row,col]=hashreplacement(bright,2*quantity,key1,key2,key3);
%调整亮度
degree=ascale/128;
for i=1:quantity
    bright(row(i),col(i))=bright(row(i),col(i))+degree;
    bright(row(2*i),col(2*i))=bright(row(2*i),col(2*i))-degree;
end
%重构图像并写回保存,建议使用 png 格式
YUV(:,:,1)=bright;
result=ycbcr2rgb(YUV);
imwrite(result,goalfile,'BitDepth',16);
subplot(121),imshow(image),title('原始图像');
subplot(122),imshow(result);
title(['取操作尺度为',int2str(ascale),'下嵌入 patchwork 水印的效果']);
```

与图 5.28 一样,图 5.30 是取不同的操作尺度下的水印嵌入图像,但操作尺度取得过大是

会影响水印不可感知性的。在图 5.30 中,我们有意选择了一个严重超出范围的操作尺度 128 对图像添加水印,从该图像结果上可以很明显地看到许多“白点”和“黑点”,它们就分别对应了算法中的$\{a_i\}$和$\{b_i\}$。

原始图像

取操作尺度为 1 下嵌入 patchwork 水印的效果

取操作尺度为 128 下嵌入 patchwork 水印的效果

图 5.30 Patchwork 数字水印

水印检测函数:

```
%文件名:patchdetect.m
%程序员:郭迟
%编写时间:2004.2.26
%函数功能:本函数将完成对图像加入 patchwork 水印
%输入格式举例:result=patchdetect('c:\test.png',1983,1121,421,0.001);
%参数说明:
%test 为待测的图像
%key1,key2,key3 为序列密钥
%threshold 为判断阈值
%result 为检测的结果
function [result,cmpvalue]=patchdetect(test,key1,key2,key3,threshold);
%读取隐蔽载体图像信息,并提取亮度分量,该载体应为 16 位存储方式的图像,建议使用
png
image= imread(test);
image=double(image)/65535;
YUV=rgb2ycbcr(image);
bright=YUV(:,:,1);
%求两组像素点的个数
[m,n]=size(bright);
quantity=floor(m*n/8);
%调用伪随机间隔函数,确定信息隐藏位
[row,col]=hashreplacement(bright,2*quantity,key1,key2,key3);
%求 sum 值
sum=0;
for i=1:quantity
```

```
        sum=sum+bright(row(i),col(i))-bright(row(2*i),col(2*i));
    end
    %与阈值进行比较
    cmpvalue=abs(sum/quantity)-1/128;
    if cmpvalue>threshold
        result=1;
        disp('图像含有水印信号');
    else
        result=0;
        disp('图像不含有水印信号');
    end
```

以上便完成了对Patchwork水印的一个简单模拟。实际应用中的Patchwork算法是比这里的例子复杂的。对于Patchwork水印的攻击和性能检测等问题，我们将在后面数字水印的相关章节集中进行探讨。

考虑到灰度图像实际上就是YUV模型中的Y分亮，所以，基于亮度统计特性的空域隐藏算法比较多地应用在灰度图像上，当然这并不表示它们只适用于灰度图像。

5.4 文本载体的空域信息隐藏

目前，对数字水印技术的研究主要集中在静止图像和音频、视频方面。事实上，有很多的文本信息和图像、视频信息一样需要得到保护（例如遗嘱等）。我们在这里仅向大家介绍一些学者所提出的思想和方法，供大家参考。

5.4.1 嵌入方法

最原始的文件（如ASCII文本文件）由于不存在可插入标记的可辨认空间，因而不能直接用来插入水印。对于一些高级形式的文本文档，由于它们通常都是格式化文档（如PDF，DOC等），因此可以在版面布局或格式化的编排上做文章。将某种变化视为数字1，不变化视为0，这样嵌入的数字水印信号就可以被认为是具有某种分布形式的伪随机序列。

以一个英文的文本文件为例，由于其是由字母按照某种行、列、段落结构所组成的，我们可以考虑对它做细微的改动，而不引起视觉上的差异。

（1）行移编码

对于大部分的文档文件，在同一个段落内的各行的间距是均匀的，将文本的一整行做垂直的移动即可作为嵌入信息的标记，当某一行做上移或下移时，其相邻的一行或两行保持不动，作为在解码时的参考位置。当垂直位移量小于或等于1/300英寸时肉眼将无法辨认。在解码的过程中，我们无需根据文本的首末附加信息来判断嵌入信息与否，而只需判断其行间距。

（2）字移编码

在格式化的文档中通常使用变化的单词间距，我们可以水平移动某一个单词来标记插入的信息，而使其左右的单词保持不动。因为人眼无法辨认1/150英尺以下的单词水平位移量，所以，这种方法同样能达到效果。由于初始的单词间距是不均匀的，在解码时是需要原始文档参加的，因此，这种方法只适用于已知原始文档的隐秘。

(3)特征编码

在文档中的每个字母都会有其特征,如字母的高度、宽度等,特征编码即通过改变这些特征来加入标志信息。我们可以改变某一字母的高度,在解码时通过比较同一页中没有改变高度的字母来恢复隐秘信息。但是,如果有一个特征没有改变的字母与其相邻,读者是很容易看出它们之间的区别的,因此,用这种方法必须十分地细心。在检测时是否需要原始文档的参加是根据改变的方法来确定的。

5.4.2 文本水印的检测

在现实生活中,因为文本文档最终仍是以纸质形式传播的,所以对文本水印的检测实际上是对文本图像中的水印进行检测。所谓"文本图像",就是指存放文字内容的图像。如某一份遗嘱,经过在文本编辑器上调整格式编码而嵌入水印后,再经过打印、若干次的复印等形成纸质文档。最终要验证是否有水印的正是这些在人们手中传播的纸质文档,所以验证之前往往通过扫描仪将遗嘱文本扫描到计算机中,以一幅图像的形式存放,这幅图像就是文本图像。

首先,在对文本图像进行检测之前必须对其进行相应的预处理,因为文本图像一般都是由一些设备(如打印机、复印机、扫描仪等)再生的,而这些设备都可以看成一个有噪信道,产生的噪声可以看成椒盐噪声,因而采用中值滤波的方法,且根据字体的特征等定义不同大小的模板。

其次,需要调整斜度。所谓斜度是指文本图像在扫描或复印过程中产生的图像倾斜。在检测斜度时普遍采用的方法是利用投影分布图的重复计算获得倾斜角度。一些文字识别软件(如汉王尚书文字识别软件等)提供有斜度校正的功能。

(1)对行移和字移的检测

对行移和字移的检测方法是 Steven 和 Maxemchuk 提出的,主要是通过创建并分析一个页面图形的映射轮廓来检测水印的。一个页面图形数字化以后是一个二维的数组:

$$f(x,y) \qquad x=0,1,\cdots,W \quad y=0,1,\cdots,L$$

其中,$f(x,y)$表示在坐标(x,y)处的像素强度,我们知道,对于一个黑白图像,$f(x,y)$的取值是从0到1的,而 $W\times L$ 是像素图形的大小,由扫描结果决定。每一个数组行对应扫描结果的一个水平行,由此我们可以得到一个包括一个单独文本行的子图像为:

$$f(x,y) \qquad x=0,1,\cdots,W \quad y=t,t+1,\cdots,b$$

其中,t 和 b 分别表示这一行的最上方和最下方的像素行坐标。轮廓定义为一个二维数组到一维的映射,一个文本行的子数组的水平轮廓为:

$$h(y)=\sum_{x=0}^{W} f(x,y) \qquad y=t,t+1,\cdots,b$$

这种水平轮廓有明显的"柱"与"谷","柱"对应于文本行,"谷"则对应于两行间的空白,而柱的宽度对应于这一行字母本身的高度,由此可以检测到行移和字移。

(2)特征检测

通过辨认轮廓中柱的特征的所在位置可以识别该柱。对于英文文本,每个柱有两个明显的峰值,这些峰值对应的是扫描线通过的文本行中间线和基线。左边的峰产生于字母的中间线,即诸如字母 A,e 中间都有的那一个水平线。右边的峰对应于字母的"脚",也就是基线,通过基线可以获得行间距,这样对于那些最初行间距固定的文本,就可以不需要最初的文档轮廓而检测到行移了。

(3)相关检测

相关检测器在加性高斯白噪声存在的情况下可以最佳检测信号。文本通过复印、扫描等过程叠加的噪声可以认为主要是加性高斯白噪声,把文章轮廓看做是离散时间信号,将接收图形轮廓 $g(y)$ 作为接收信号,而初文本轮廓 $h(y)$ 作为发射信号,如果设服从 $N(0,\sigma^2)$ 的加性高斯白噪声为 $N(y)$,有 $g(y)=h(y)+N(y)$,通过相关检测器,用最大似然检测法则直接判断出行移和字移最有可能的移动方向。

(4)质心检测

水平轮廓中含有明显的高而窄的柱,可以采用一个柱的质心处的坐标近似地表示该柱。从单个文本行的垂直轮廓中可以看出,单词之间的间距远大于同一个单词的字母之间的间距,因此,可以用单词的质心坐标近似地表示单词的轮廓,字移和行移的规则意味着在中间块的质心轻微移动的同时,还要保持两个控制块的质心不变。质心检测的判断依据是中间块的质心相对相邻的两个控制块的质心距离的变化。

假设有分别定义在 $[b_1,e_1]$,$[b_2,e_2]$,$[b_3,e_3]$ 上的相邻的三个文本行,其中 b_i 是图像中第 i 个文本行纵坐标的起点,而 e_i 是纵坐标的终点,c_i 是第 i 行质心的纵坐标。对中间文本行进行标记,将中间行移动量记为 ε,$\varepsilon>0$ 表示上移,$\varepsilon<0$ 表示下移。对于初始文本轮廓 $h(y)$,第 i 行的质心为:

$$c_i=\frac{\sum_{b_i}^{e_i} yh(y)}{\sum_{b_i}^{e_i} h(y)} \qquad i=1,2,3$$

将轮廓 $g(y)$ 中的质心位移用加性轮廓噪声 $N(y)$ 来表示,这时参照行的质心为 $\mu_1=c_1+V_1$,且 $\mu_3=c_3+V_3$,因为中间行移动了 ε,所以它的质心为 $\mu_2=c_2+V_2-\varepsilon$,其中 V_i 表示原质心受加性轮廓噪声而产生的偏移,将受破坏的质心距离与未标记的质心距离的区别作为检测过程的判断变量。

$$\Gamma_u=(\mu_2-\mu_1)-(c_2-c_1)$$
$$\Gamma_d=(\mu_3-\mu_2)-(c_3-c_2)$$

Γ_u 为中间行与上参照行间的质心距离变化,Γ_d 为中间行与下参照行间的质心距离变化。当观察到的 (Γ_u,Γ_d) 的值为 (γ_u,γ_d) 时,最大似然判断准则是:

上移:$\gamma_u/v_1^2\leqslant\gamma_d/v_3^2$

下移:反之

式中 v_1^2,v_3^2 是上参照行与下参照行的质心噪声方差,由下式给出:

$$v^2=\frac{\delta^2\omega_i}{H_i^2}[\delta_i^2+(\omega_i^2-1)/12]$$

式中,$H_i=\sum_{b_i}^{e_i} h(y)$

$\omega_i=e_i-b_i+1$

$\delta_i=C_i-(e_i+b_i)/2$

关于文本水印的研究并不深入,我们也只能作简单的引述,具体的应用有待大家来实现。

第6章 变换域隐秘技术

在这一章里，主要讨论如何在变换域实现信息隐藏，以及在变换域实现信息隐藏的一些优点。由于信息隐藏技术从大的方面分为：隐写术和数字水印两个部分，数字水印我们将留在后几章重点阐述，所以本章只探讨变换域隐秘技术。

在上一章的LSB（最低有效位）的信息隐藏方法中，我们很方便地通过改变图像像素的最低有效位实现了信息的隐藏，这种方法比较简单，实现起来也非常的容易，但是，用这种方法的隐藏信息是十分脆弱的，它连最简单的修改都不能容忍（如裁剪、压缩等），因为最低有效位同时也是最容易丢失的位。如果一个攻击者想要破坏秘密信息，是十分容易的，他只需对图像作最简单的处理即可达到目的。于是，我们需要一些更安全的域来实现隐藏。

前面已经提到过，在信号的频域嵌入信息要比在时域嵌入信息更具有鲁棒性。实际上，一幅图像经过时域到频域的变换，我们可以将待隐藏的信息藏入图像的显著区域，这种方法比LSB以及其他的一些空间域的隐藏更具抗攻击能力，例如压缩、裁剪等图像处理技术。LSB算法之所以能够实现，是因为我们改变最低有效位不会引起人们感官上的察觉，在变换域隐藏信息，人的肉眼就更不可能发现了。

实现一幅图像的时域到变换域的方法有很多，既可以用离散余弦变换的方法，也可以用小波变换的方法。在本章中我们对变换域的隐秘技术作一个简单的介绍。

6.1 DCT域的信息隐秘的基本算法

在第3章中我们已经知道，用下面的公式实现一个$M\times N$矩阵A的二维DCT变换：

$$B_{pq}=a_p a_q \sum_{m=0}^{M-1}\sum_{n=0}^{N-1} A_{mn}\cos\frac{\pi(2m+1)p}{2M}\cos\frac{\pi(2n+1)q}{2N}$$
$$0\leqslant p\leqslant N-1 \quad 0\leqslant q\leqslant N-1 \tag{6.1}$$

其中：

$$a_p=\begin{cases}\dfrac{1}{\sqrt{M}},p=0\\ \sqrt{\dfrac{2}{M}},1\leqslant p\leqslant M-1\end{cases},a_q=\begin{cases}\dfrac{1}{\sqrt{N}},q=0\\ \sqrt{\dfrac{2}{N}},1\leqslant q\leqslant N-1\end{cases}$$

数值B_{pq}称为A的DCT系数。

逆DCT变换定义如下：

$$A_{mn}=\sum_{p=0}^{M-1}\sum_{q=0}^{N-1} a_p a_q B_{pq}\cos\frac{\pi(2m+1)p}{2M}\cos\frac{\pi(2n+1)q}{2N}$$
$$0\leqslant m\leqslant M-1 \quad 0\leqslant n\leqslant N-1 \tag{6.2}$$

其中：a_p,a_q同式6.1中的a_p,a_q。

DCT 变换将图像信号从时域变换到了频域，它是现在广泛使用的有损数字图像压缩系统的核心步骤之一，该系统我们在第 3 章中已经作了简要的说明。下面我们先引用其 JPEG 压缩方案中的亮度量化表(如表 6.1 所示)，以方便后面的分析。

表 6.1　　　　JPEG 压缩亮度量化表

(u,v)	1	2	3	4	5	6	7	8
1	16	11	10	16	24	40	51	61
2	12	12	14	19	26	58	60	55
3	14	13	16	24	40	57	69	56
4	14	17	22	29	51	87	80	62
5	18	22	37	56	68	109	103	77
6	24	35	55	64	81	104	113	92
7	49	64	78	87	103	121	120	101
8	72	92	95	98	112	100	103	99

信息隐秘的思想是：通过调整图像块中两个 DCT 系数的相对大小来对秘密信息进行编码。我们用(u_1,v_1)，(u_2,v_2)来表示这两个系数的索引，算法描述如下：

对于第 i bit 秘密信息

if (要隐藏信息‘1’)

　　make $(u_1,v_1)_i > (u_2,v_2)_i$；

else

　　make $(u_1,v_1)_i < (u_2,v_2)_i$；

也就是说，在编码阶段我们是以秘密信息为主来使得 DCT 系数满足这一规则的。如果这两个系数的相对大小与要编码的信息比特不匹配，我们要“强行”交换这两个系数，使之匹配，所以，make 的实质性操作要么为空，要么就是交换。

为了在一幅图像中隐藏尽可能多的秘密信息，我们需要把图像分块，每一块中编码一个秘密信息。为了与 JPEG 压缩方案相一致，一般选择 8×8 的图像块。在信息嵌入的时候，采用随机控制的办法选取图像块 b_i 以表示第 i 个消息比特的编码空间。$B_i = \mathrm{DCT}\{b_i\}$ 为图像块 b_i 经过 DCT 变换后的结果。

既然是通过比较变换后的两个 DCT 系数来完成信息的隐藏，那么在传递秘密信息前，通信的双方就必须对要比较的两个位置达成一致。对于每一个图像块，在8×8的 64 个系数中选择两个系数 a,b 是有讲究的：我们需要考虑的是如何才能使这两个位置上的数据在图像经过处理后保持不变，至少是变化不大。

首先，在假定嵌入过程不会导致载体严重降质的情况下，我们应该选择在 JPEG 压缩算法中(表 6.1)亮度量化值一样的那些系数。其次，DCT 系数应该是中频系数为最优。之所以这样选择，其理由及优点是：

①量化系数一致，充分表明了位于这两个位置的 DCT 系数在数量级上是一致的，从而保

证了算法的实施。试想一下,如果所选择的两个系数根本就不在一个数量级上,而我们仍然要强行地对其进行交换,对图像的破坏是多么大!

②这两个系数相应于 DCT 的中频部分,从而兼顾了机密信息隐藏的不可见性与鲁棒性。如果处理的是低频系数,由于其所相应拥有的能量过大,不利于信息隐藏不可见性的提高,而如果处理的是高频系数,则不具有鲁棒性——诸如有损压缩等操作一般都是针对能量低的高频部分展开的。基于上述考虑,我们应该选择(5,2)和(4,3)这一对系数或者(2,3)和(4,1)这一对系数。

但同时要注意到,正是由于这样的一对系数大小相差很少,往往难以保证隐秘图像在保存、信道上传输以及提取信息时再次被读取等过程中不发生变化。我们任意读取一个块中的这两个位置的系数观察发现:$B(u_1,v_1)=0.0044833$,$B(u_2,v_2)=0.0018974$。显然,即使是像10^{-3}这么微小的变化都可以导致隐秘信息的丢失,这是不允许的。这两个系数的相对大小发生改变,将直接影响编码的正确性,因此,我们引入一个控制量 α 对系数差值进行放大。在编码的过程中,无论是 $B_i(u_1,v_1)>B_i(u_2,v_2)$ 或是 $B_i(u_1,v_1)<B_i(u_2,v_2)$ 我们都要使得 $|B_i(u_1,v_1)-B_i(u_2,v_2)|>\alpha$,这样,即使在变换过程中系数的值有轻微的改变,也不会影响编码的正确性。对于 α 的取值我们将放在后面讨论。这样一来在解码的过程中,问题就变得非常的简单,接收者只需要获得载有秘密信息的图像,也对图像做 DCT 变换和分块,按照随机控制的顺序直接比较 $B_i(u_1,v_1)$,$B_i(u_2,v_2)$ 的大小就能提取秘密信息了。

6.2 算法实现

编写函数 hidedctadv. m 和 extractdctadv. m 分别完成隐藏和提取实验。这里,秘密信息可以是任何形式的文件,我们的实验只用一个. txt 的文件做示范,这里还用到了随机函数 Randinterval. m。

1) 用于信息的隐藏:hidedctadv. m

```
%文件名:hidedctadv.m
%程序员:李鹏
%编写时间:2003.11.25
%修改时间:2004.3.8
%函数功能:本函数用于 DCT 域的信息隐藏
%输入格式举例:[count,msg,data]=hidedctadv('lenna.jpg','1.jpg','1.txt',1982, 1);
%参数说明:
%image 为载体图像
%imagegoal 为藏有秘密信息的载体,即隐蔽载体
%msg 为待隐藏的信息
%key 为密钥,用来控制随机选块
%alpha 为控制量,用来保证编码的正确性
%count 为待隐藏信息的长度
%result 为隐藏结果
```

```
function [count,msg,result]=hidedctadv(image,imagegoal,msg,key,alpha)
%按位读取秘密信息
frr=fopen(msg,'r');
[msg,count]=fread(frr,'ubit1');
fclose(frr);
data0=imread(image);
%将图像矩阵转为 double 型
data0=double(data0)/255;
%取图像的一层做隐藏
data=data0(:,:,1);
%对图像分块
T=dctmtx(8);
%对分块图像做 DCT 变换
DCTrgb=blkproc(data,[8 8],'P1*x*P2',T,T');
%产生随机的块选择,确定图像块的首地址
[row,col]=size(DCTrgb);
row=floor(row/8);
col=floor(col/8);
a=zeros([row col]);
[k1,k2]=randinterval(a,count,key);
for i=1:count
     k1(1,i)=(k1(1,i)-1)*8+1;
     k2(1,i)=(k2(1,i)-1)*8+1;
end
%信息嵌入
temp=0;
for i=1:count
     if msg(i,1)==0
        if DCTrgb(k1(i)+4,k2(i)+1)>DCTrgb(k1(i)+3,k2(i)+2)
           temp=DCTrgb(k1(i)+4,k2(i)+1);
           DCTrgb(k1(i)+4,k2(i)+1)=DCTrgb(k1(i)+3,k2(i)+2);
           DCTrgb(k1(i)+3,k2(i)+2)=temp;
        end
     else
        if DCTrgb(k1(i)+4,k2(i)+1)<DCTrgb(k1(i)+3,k2(i)+2)
           temp=DCTrgb(k1(i)+4,k2(i)+1);
           DCTrgb(k1(i)+4,k2(i)+1)=DCTrgb(k1(i)+3,k2(i)+2);
```

```
            DCTrgb(k1(i)+3,k2(i)+2)=temp;
        end
    end
if DCTrgb(k1(i)+4,k2(i)+1)>DCTrgb(k1(i)+3,k2(i)+2)
    DCTrgb(k1(i)+3,k2(i)+2)=DCTrgb(k1(i)+3,k2(i)+2)-alpha;
%将原本小的系数调整得更小
    else
        DCTrgb(k1(i)+4,k2(i)+1)=DCTrgb(k1(i)+4,k2(i)+1)-alpha;
    end
end
%信息写回保存
DCTrgb1=DCTrgb;
data=blkproc(DCTrgb,[8 8],'P1*x*P2',T',T);
result=data0;
result(:,:,1)=data;
imwrite(result,imagegoal);
```

2)用于信息的提取:extractdctadv.m

```
%文件名:extractdctadv.m
%程序员:李鹏
%编写时间:2004.3.8
%函数功能:本函数用于DCT隐藏信息的提取
%输入格式举例:tt=extractdctadv('lennahide.jpg','jpg','2.txt',1982,40)
%参数说明:
%image为已经藏有信息的图像
%msg为提取信息存放的位置
%key为密钥,用来控制随机选块
%count为信息的比特数,由藏入方给出
function result=extractdctadv(image,msg,key,count)
data0=imread(image);
data0=double(data0)/255;
%用图像第一层做提取
data=data0(:,:,1);
%分块做DCT变换
T=dctmtx(8);
DCTcheck=blkproc(data,[8 8],'P1*x*P2',T,T');
%产生随机的块选择,确定图像块的首地址
[row,col]=size(DCTcheck);
```

```
row=floor(row/8);
col=floor(col/8);
a=zeros([row col]);
[k1,k2]=randinterval(a,count,key);
for i=1:count
    k1(1,i)=(k1(1,i)-1)*8+1;
    k2(1,i)=(k2(1,i)-1)*8+1;
end
%准备提取并回写信息
frr=fopen(msg,'a');
for i=1:count
    if DCTcheck(k1(i)+4,k2(i)+1)<=DCTcheck(k1(i)+3,k2(i)+2)
        fwrite(frr,0,'bit1');
        result(i,1)=0;
    else
        fwrite(frr,1,'bit1');
        result(i,1)=1;
    end
end
fclose(frr);
```

以下是选择 lenna 图像作为载体,隐藏的信息是一以.txt 文件保存的字符串进行的实验结果。图 6.1 为原始载体,图 6.2 为加入信息后的载体,我们取密钥为 1982,控制阈值 α 取为 1。

图 6.1　原始图像

图 6.2　嵌入信息后的图像($\alpha=1$)

在此也给出中间过程中的一些结果,图 6.3、图 6.4 分别为密钥取 1982 时选块矩阵的随机行列值,操作过程中,图像被分成 8×8 的块后,由 k1,k2 分别标识各块的首行地址和列地址来依次选择编码的块。

```
k1 =
  Columns 1 through 14
   1    1    1    1    1    1    1    1    1    2    2    2    2    2
  Columns 15 through 28
   2    2    2    2    2    3    3    3    3    3    3    3    3    3
  Columns 29 through 42
   3    4    4    4    4    4    4    4    4    4    4    4    5    5
  Columns 43 through 56
...
```

图 6.3　选块时的块首行地址序列

```
k2 =
  Columns 1 through 14
   1    5    7    9   13   17   21   25   29    1    5    7    9   13
  Columns 15 through 28
  17   21   23   27   31    1    3    7    9   13   17   19   23   25
  Columns 29 through 42
  29    1    5    7   11   13   15   19   23   25   29   31    3    7
  Columns 43 through 56
...
```

图 6.4　选块时的块首列地址序列

图 6.5,图 6.6 分别是读取图像第一层的矩阵和对该层做分块 DCT 得到的矩阵(部分)。

Array Editor: data

File Edit View Web Window Help

Numeric format: shortG　Size: 256 by 256

	1	2	3	4	5	6
1	0.70196	0.69804	0.69804	0.70196	0.70196	0.69804
2	0.69804	0.69412	0.69412	0.69412	0.69804	0.69412
3	0.69804	0.69412	0.6902	0.6902	0.69412	0.6902
4	0.6902	0.68627	0.68235	0.68235	0.68627	0.68627
5	0.69804	0.6902	0.68235	0.68235	0.6902	0.6902
6	0.70196	0.6902	0.68627	0.68235	0.6902	0.6902

图 6.5　图像的第一层矩阵

为直观地了解编码的过程,图 6.7 和图 6.8 是隐藏信息前的 DCT 矩阵和隐藏信息后的 DCT 矩阵的局部截图,这个局部对 1 比特的信息进行了编码,注意比较它们数值的区别。

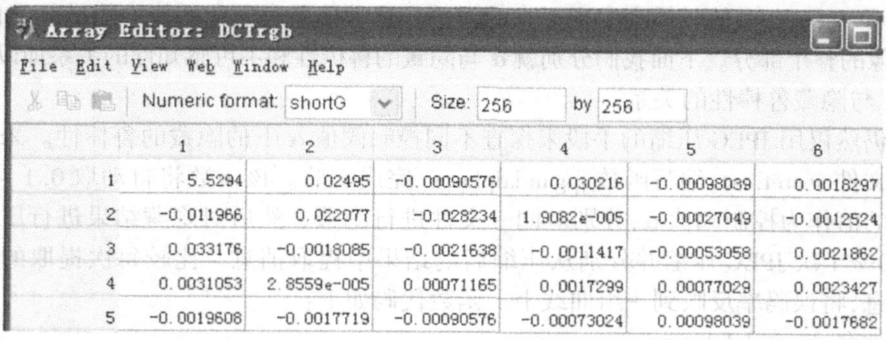

Array Editor: DCTrgb

	1	2	3	4	5	6
1	5.5294	0.02495	-0.00090576	0.030216	-0.00098039	0.0018297
2	-0.011966	0.022077	-0.028234	1.9082e-005	-0.00027049	-0.0012524
3	0.033176	-0.0018085	-0.0021638	-0.0011417	-0.00053058	0.0021862
4	0.0031053	2.8559e-005	0.00071165	0.0017299	0.00077029	0.0023427
5	-0.0019608	-0.0017719	-0.00090576	-0.00073024	0.00098039	-0.0017682

图 6.6 做分块 DCT 后的矩阵

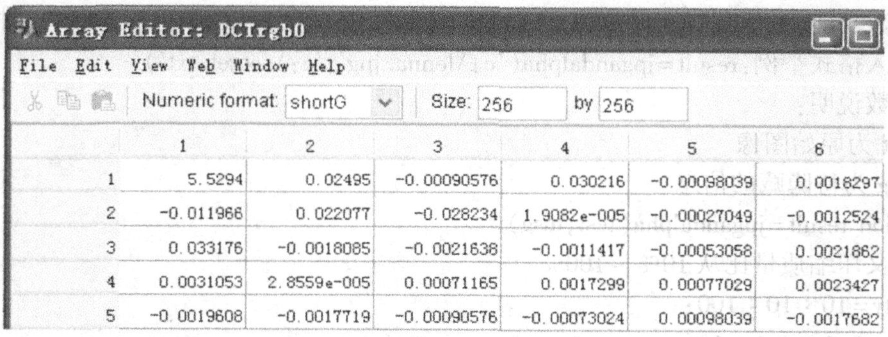

Array Editor: DCTrgb0

	1	2	3	4	5	6
1	5.5294	0.02495	-0.00090576	0.030216	-0.00098039	0.0018297
2	-0.011966	0.022077	-0.028234	1.9082e-005	-0.00027049	-0.0012524
3	0.033176	-0.0018085	-0.0021638	-0.0011417	-0.00053058	0.0021862
4	0.0031053	2.8559e-005	0.00071165	0.0017299	0.00077029	0.0023427
5	-0.0019608	-0.0017719	-0.00090576	-0.00073024	0.00098039	-0.0017682

图 6.7 隐藏信息前的 DCT 矩阵

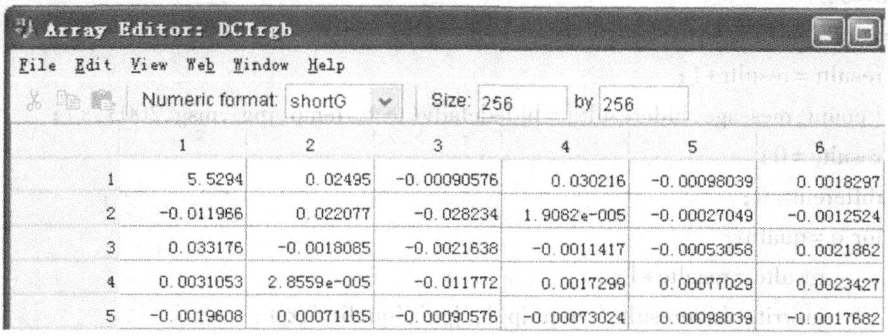

Array Editor: DCTrgb

	1	2	3	4	5	6
1	5.5294	0.02495	-0.00090576	0.030216	-0.00098039	0.0018297
2	-0.011966	0.022077	-0.028234	1.9082e-005	-0.00027049	-0.0012524
3	0.033176	-0.0018085	-0.0021638	-0.0011417	-0.00053058	0.0021862
4	0.0031053	2.8559e-005	-0.011772	0.0017299	0.00077029	0.0023427
5	-0.0019608	0.00071165	-0.00090576	-0.00073024	0.00098039	-0.0017682

图 6.8 隐藏信息后的 DCT 矩阵

6.3 对算法参数的讨论

α 是为了避免图像在传输过程中使 $B_i(u_1,v_1)$ 和 $B_i(u_2,v_2)$ 的相对大小发生错位从而导致编码发生错误而引入的控制量。α 越大，编码越不容易出错，图像的鲁棒性更强，但是 α 的取值的增大将带来载体视觉上的降质，因为他使 $B_i(u_1,v_1)$ 与 $B_i(u_2,v_2)$ 差的绝对值太大，在交换 $B_i(u_1,v_1)$ 和 $B_i(u_2,v_2)$ 的时候会出现更大的误差。这种偏差表现在图像的能量的变化上，它可能影响图像的整个部分。下面我们分别就 α 与隐藏的鲁棒性和不可感知性的关系加以探讨。

(1) α 与隐藏鲁棒性的关系

我们仍然仅用 JPEG 压缩的手段来探查不同控制阈值 α 下的隐藏的鲁棒性。采用秘密信息存放于文件 secret.txt，编写函数 jpgandalpha.m 完成实验。该函数将自动取 0.1 ~1 十个等差为 0.1 的值作为控制阈值 α，分别对同一文件进行隐藏。然后对隐藏结果进行压缩质量从 10% ~100% 十次 JPEG 压缩并分别从压缩后的结果中提取消息。比较每次提取的消息与原始秘密信息，将误码率反映到一组曲线上。函数代码如下：

```
%文件名:jpgandalpha.m
%程序员:郭迟
%编写时间:2004.3.11
%函数功能:本函数将探讨 DCT 隐藏中的控制阈值 α 在 JPEG 条件对隐藏鲁棒性的影响
%输入格式举例:result=jpgandalpha('c:\lenna.jpg','c:\secret.txt')
%参数说明:
%test 为原始图像
%msg 为待隐藏的信息
function result=jpgandalpha(test,msg)
%定义压缩质量比从 10% ~100%
quality=10:10:100;
alpha=0.1:0.1:1;
result=zeros([max(size(alpha)) max(size(quality))]);
resultr=0;
resultc=0;
for a=alpha
    resultr=resultr+1;
    [count,message,hideresult]=hidedctadv(test,'temp.jpg',msg,2003,a);
    resultc=0;
    different=0;
    for q=quality
        resultc=resultc+1;
        imwrite(hideresult,'temp.jpg','jpg','quality',q);
        msgextract=extractdctadv('temp.jpg','temp.txt',2003,count);
        for i=1:count
            if message(i,1) ~=msgextract(i,1);
                different=different+1;
            end
        end
        result(resultr,resultc)=different/count;
        different=0;
```

```
    end
disp(['完成了第',int2str(resultr),'个(共10个)α的鲁棒性测试,请等待...']);
end
% return
for i=1:10
    plot(quality,result(i,:));
    hold on;
end
xlabel('jpeg压缩率');
ylabel('提取的信息与原始信息不同的百分比例');
title('控制阈值α在JPEG条件下对隐藏鲁棒性的影响')
```

我们以 lenna.jpg 为载体,秘密信息取为宋人宋祁的两句词句:绿杨烟外晓寒轻,红杏枝头春意闹。执行 jpgandalpha 函数,得到实验结果如图6.9与表6.2所示。表6.2是图6.9的具体数据。

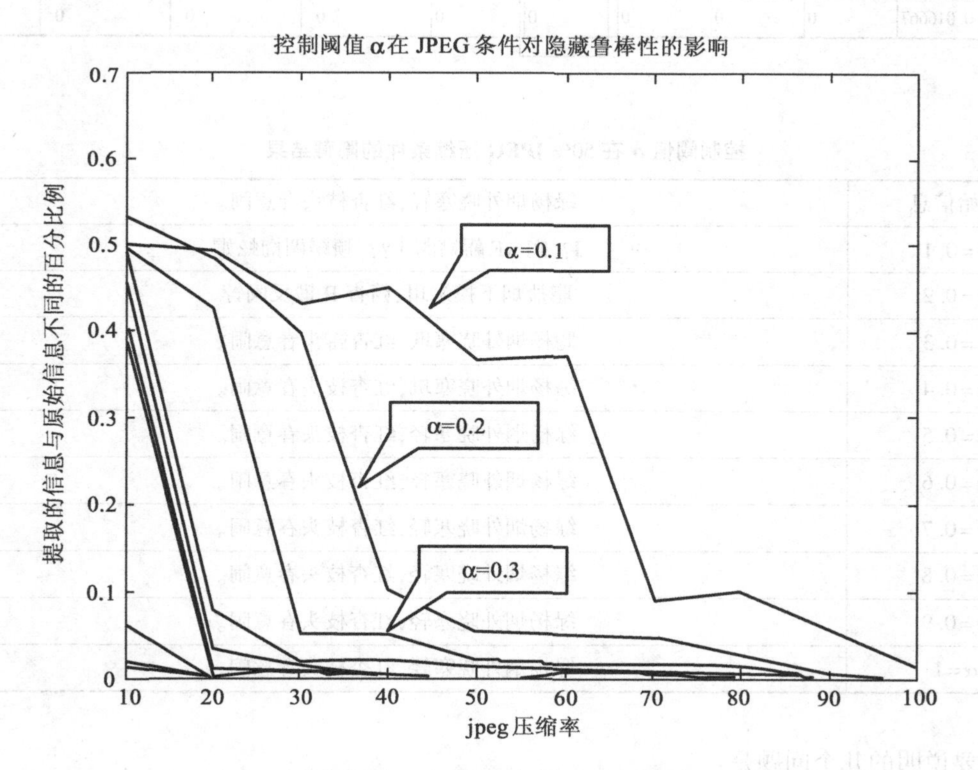

图6.9　控制阈值α在JPEG条件下对隐藏鲁棒性的影响

表6.2中若数值为0,则表示其横向相应的α在纵向压缩率的条件下有强鲁棒性,若数值不为0则表示相应的误码率,数值越大表示信息提取的越不真实。从表6.2可以看出,α取0.1时,完全不能保证信息提取的正确性,α在[0.2,0.4]区间内的抗JPEG压缩性能一般,当α取1时,基本可以认为是不受JPEG压缩干扰的。

表 6.3 是在对应于表 6.2 中加框(JPEG 压缩率为 50%)的列下实际信息提取的内容。可以发现,在 $\alpha>0.3$ 时,信息开始变得可读了。

表 6.2　　　　**控制阈值 α 在 JPEG 条件对隐藏鲁棒性的影响**

	10%	20%	30%	40%	50%	60%	70%	80%	90%	100%
α=0.1	0.5	0.49167	0.42917	0.45	0.36667	0.37063	0.091667	0.1	0.054167	0.0125
α=0.2	0.53333	0.48333	0.39583	0.095833	0.054167	0.05	0.045833	0.025	0.0041667	0
α=0.3	0.49583	0.425	0.05	0.05	0.020833	0.016667	0.016667	0.0125	0	0
α=0.4	0.5	0.079167	0.016667	0.020833	0.0125	0.0083333	0.0083333	0.0041667	0	0
α=0.5	0.4625	0.033333	0.0125	0.0041667	0	0.0041667	0.0083333	0	0	0
α=0.6	0.41667	0.0063333	0.0041667	0.0041667	0	0	0	0	0	0
α=0.7	0.38167	0	0.0083333	0.0041667	0	0	0	0	0	0
α=0.8	0.0625	0	0	0.0041667	0	0	0	0	0	0
α=0.9	0.0125	0	0	0	0	0	0	0	0	0
α=1	0.016667	0	0	0	0	0	0	0	0	0

表 6.3　　　　**控制阈值 α 在 50% JPEG 压缩条件的隐藏结果**

原始信息	绿杨烟外晓寒轻,红杏枝头春意闹。
α=0.1	J? 鹳 wF 鬜窗澌 | ?? 频颱碉掏蛇娼
α=0.2	聰盐烟下摸冰珥,饁杏 R 锻反阂饽
α=0.3	聰杨烟外晓寒玳,红杏露头春意闹。
α=0.4	绿杨烟外晓寒玑,红杏枝头春意闹。
α=0.5	绿杨烟外晓寒轻,红杏枝头春意闹。
α=0.6	绿杨烟外晓寒轻,红杏枝头春意闹。
α=0.7	绿杨烟外晓寒轻,红杏枝头春意闹。
α=0.8	绿杨烟外晓寒轻,红杏枝头春意闹。
α=0.9	绿杨烟外晓寒轻,红杏枝头春意闹。
α=1	绿杨烟外晓寒轻,红杏枝头春意闹。

需要说明的几个问题是:

①我们在这里分析的 α 仅仅与我们实际的算法实现手段相一致,并不能严格理解为是对算法本身参数 α 的分析。比如大家可能会对取 $\alpha=0.1$ 且不经过任何 JPEG 压缩(压缩率 100%)时仍然有 1.25% 的误码率表示不理解。事实上,造成这一偏差的原因是我们使用的 MATLAB 在图像存储时精度转换造成的,对于这一事实的分析我们在 5.3.2 节中已有叙述,这里就不重复了。此外,α 的理论作用是使 $|B_i(u_1,v_1)-B_i(u_2,v_2)|>\alpha$。实现这一目的的手段很多,我们这里采取的仅是其中较简单的一种(使小的系数通过减去 α 变得更小)。

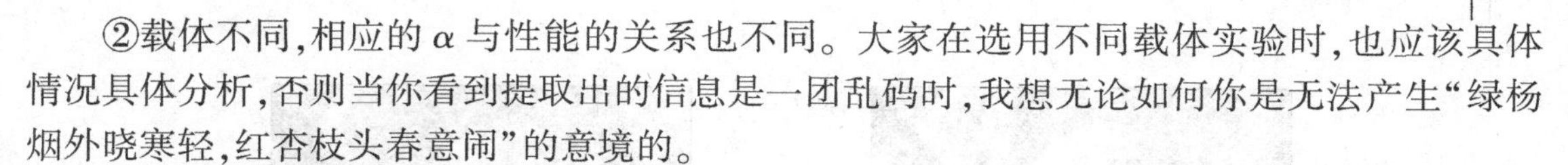

②载体不同，相应的 α 与性能的关系也不同。大家在选用不同载体实验时，也应该具体情况具体分析，否则当你看到提取出的信息是一团乱码时，我想无论如何你是无法产生“绿杨烟外晓寒轻，红杏枝头春意闹”的意境的。

③我们之所以取 α 为[0.1,1]进行分析，是因为结合实验的实际情况，当 α 小于 0.1 时起不到保证隐藏鲁棒性的任何作用，而当 α 大于 1 时，隐蔽载体的不可见性就值得研究了。

(2)α 与隐藏不可见性的关系

给函数相同的入口参数(载体相同，信息相同，密钥相同)，只取 α 不同，输入：

```
>>[count,msg,data]=hidedctadv('lenna.jpg','1.jpg','jpg','1.txt',1982,algha);
```

图 6.10 ~ 图 6.15 分别对应 α 的值为 0.01，0.1，1，10，100，1000 的情况，可以明显地看到随着 α 值的增大，对图像的破坏也越大。

图 6.10　$\alpha=0.01$

图 6.11　$\alpha=0.1$

图 6.12　$\alpha=1$

图 6.13　$\alpha=10$

这些图像反映出来的另一个现象我们也应该注意到，就是当 $\alpha=100$ 和 $\alpha=1000$ 的两种情况下，对图的破坏是差不多的。也就是说，单纯的 α 的影响是有限的，这是因为信息数量有限，对图像 DCT 系数的改变个数有限，加上我们所选用的点是中频系数，它并不含有图像的主要信息，对图像能量的改变是有限的。

另外，对 α 与隐藏不可见性的关系，我们这里仅仅是从直观上给出了结果。具体涉及知觉感知分析的相关内容，将在第 8 章叙述。

图 6.14　$\alpha=100$

图 6.15　$\alpha=1\ 000$

6.4　小波域信息隐秘的讨论

在变换信息隐秘技术中，还有一类常用的方法，即小波域的信息隐秘。二维信号小波分解的 Mallat 算法可用式(6.3)描述：

$$A_{j-1}f(x,y)=A_jf(x,y)+D_j^1f(x,y)+D_j^2f(x,y)+D_j^3f(x,y) \tag{6.3}$$

其中，j 表示分解尺度，A 为低频系数，D_j^1,D_j^2,D_j^3 为 j 尺度下水平、垂直、对角方向上的三个高频系数，如图 6.16 所示。

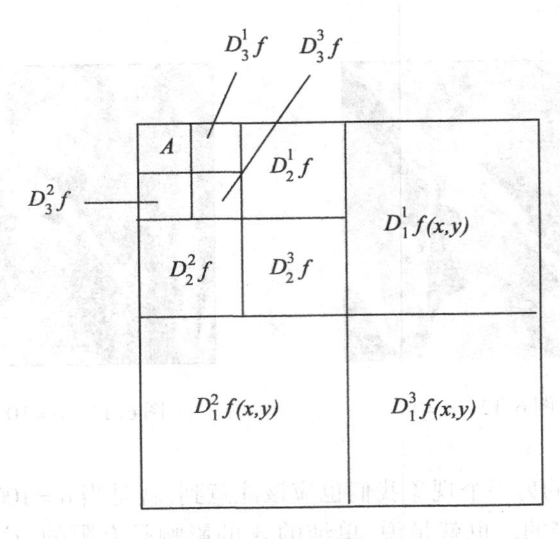

图 6.16　二维信号的小波分解

关于小波域的信息隐秘，有几点需要说明一下：

①二维小波分解的形态如图 6.16 所示，低频分量居于左上角。

②我们一般认为，将要隐藏的信息藏入低频系数会有较高的鲁棒性，但由于低频系数较少，嵌入信息的量有限，这就造成了鲁棒性与隐藏容量的矛盾。

③一种改进的设想是将信息藏入高尺度分解下的高频部分，即图 6.16 所示的

$$D_2^1f(x,y),D_2^2f(x,y),D_2^3f(x,y),D_3^1f(x,y),D_3^2f(x,y),D_3^3f(x,y)$$

等部分。做这种改进的原因是：

- 这些部分仍然是某一尺度下的低频部分,秘密信息隐藏在这些区域并不影响鲁棒性。
- 将秘密信息隐藏在这些区域,隐藏的不可见性会比单纯隐藏在低频部分更好。
- 这样可以扩大隐藏信息的容量。

至此,我们对信息隐藏中的一类重要应用——隐秘技术作了进一步的研究和探讨,我们在这一部分所做的实验还存在不少需要加强的地方,但我们希望我们所做的努力和得到的结论能对大家理解隐秘技术起到积极的作用,虽然隐秘技术相对于我们后面将要涉及的数字水印技术来说应用得相对较少,也相对比较简单,但是它却是学习和研究水印技术不可缺少的一部分知识。因此,对于它的学习同样值得我们关注。

第7章 数字水印模型

随着数字技术的发展,Internet应用日益广泛,利用数字媒体因其数字特征极易被复制、篡改、非法传播以及蓄意攻击,其版权保护已日益引起人们的关注。近年来国际上提出了一种新型的版权保护技术——数字水印(Digital Watermark)技术。利用人的听觉、视觉系统的特点,在图像、音频、视频中加入一定的信息,使人们很难分辨出加水印后的数字作品与原始数字作品的区别,而通过专门的检验方法又能提取出所加信息,以此证明原创作者对数字媒体的版权。数字水印技术通过将数字、序列号、文字、图像标志等信息嵌入到媒体中,在嵌入过程中对载体进行尽量小的修改,以达到最强的鲁棒性,当嵌入水印后的媒体受到攻击后仍然可以恢复水印或者检测出水印的存在。数字水印技术,是指在数字化的数据内容中嵌入不明显的记号。被嵌入的记号通常是不可见或不可察觉的,但是通过一些计算操作可以被检测或被提取。水印与原数据(如图像、音频、视频数据)紧密结合并隐藏其中,成为不可分离的一部分。数字水印技术是一种保护数字作品版权的技术。数字水印主要应用领域包括:原始数据的真伪鉴别、数据侦测与跟踪、数字产品版权保护等。数字水印不仅要实现有效的版权保护,而且加入水印后的图像必须与原始图像具有同样的应用价值,也就是说数字产品不会因为加入了水印而变得不可用。因此,数字水印主要有以下特点:

① 不可见性(Invisibility):加有水印后的图像不能有视觉质量的下降,与原始图像对比,很难发现二者的差别;

② 鲁棒性(Robustness):加入图像中的水印必须能够承受施加于图像的变换操作(如加入噪声、滤波、有损压缩、重采样、D/A或A/D转换等),不会因变换处理而丢失,水印信息经提取后应清晰可辨;

③ 安全性(Security):数字水印应能抵抗各种蓄意攻击,必须能够唯一地标识原始图像的相关信息,任何第三方都不能伪造他人的水印信息。

图7.1给出了数字水印嵌入的一般模型。与信息隐秘一样,我们约定以下几个名词作为今后对水印系统各阶段作品的称谓:将未加水印的作品称为原始作品或原始图像,将随机生成的水印信息称为水印模板,将嵌入水印的作品直接称为加有水印的作品或加有水印的图像。

考虑到数字水印的出现本身也就是为了保护通信安全,水印系统在某种意义上说就是一个特殊的通信系统。本章我们先将结合通信系统的一般结构来诠释数字水印的生成和嵌入策略,并重点以实验实现的方式帮助大家理解数字水印技术。本章所选择的实验有三个,分别代表了数字水印技术的不同种类和发展方向。在本章最后,我们将对水印检测策略作总结性分析。

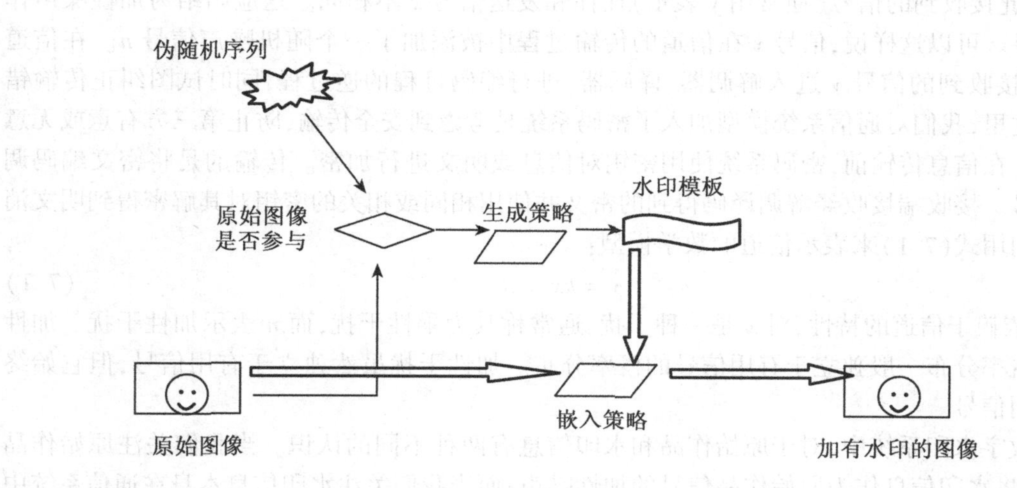

图 7.1 数字水印嵌入模型

7.1 水印的通信系统模型

7.1.1 数字通信系统

为了了解水印和传统通信系统的异同,需要简单地回顾一下传统的通信系统。首先介绍的是通信系统的基本构成,我们对此要有所了解,以便进一步把传统模型扩展为水印模型。

数字通信系统可由图 7.2 中的模型加以概括。发送端信息源(也称信源)的作用是把各种消息转换成原始信号。为了使这个原始信号适合在信道中传输,由发送设备对原始信号完成某种变换,然后再送入信道。信道是指信号传输的通道。在接收端,接收设备的功能与发送设备的相反,它能从接收信号中恢复出相应的原始信号,而受信者(也称信宿)是将复原的原始信号转换成相应的消息。通信系统传输的消息是多种多样的,可以是符号、文字、话音、数据、图像等。

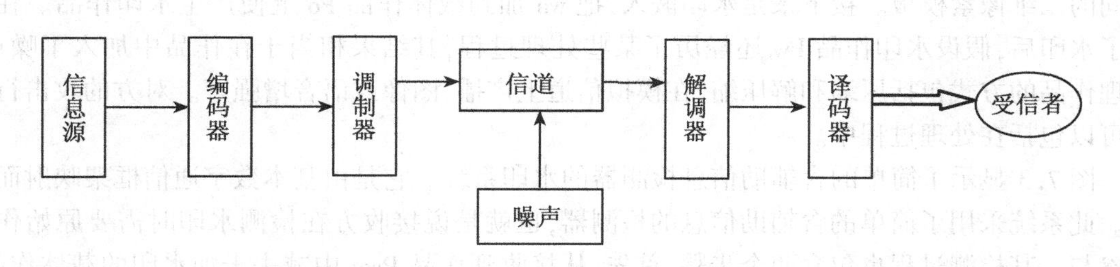

图 7.2 数字通信系统的基本模型

从图 7.2 可以发现在数字信号的实际应用中通常将发送设备分解为三部分:调制器、信源编码器和加密器。调制器把信息映射为取自特定字符集的符号序列。信源编码器把符号序列转化为可以在信道中传输的模拟信号。信号 x 经过编码后开始在信道上传输。信道是有噪声的，因此接收到的信号（通常用 y 表示）往往和发送信号 x 不相同。这应归结为加性噪声作用的结果。可以这样说，信号 x 在信道的传输过程中被添加了一个随机噪声信号 n。在信道接收端，接收到的信号 y 进入解调器、译码器，进行编码过程的逆过程，同时试图纠正传输错误。在这里，我们对通信系统模型加入了密码系统是考虑到安全传输，防止第三方有意或无意的攻击。在信息传输前，密码系统使用密钥对信息或明文进行加密。传输的是将密文编码调制的信号。接收端接收经解调译码得到的密文并使用相同或相关的密钥对其解密得到明文消息。我们用式(7.1)来表示信道的数学模型：

$$y = kx + n \tag{7.1}$$

其中，k 依赖于信道的特性，对 x 是一种干扰，通常称其为乘性干扰，而 n 表示加性干扰。加性干扰的概率分布一般独立于有用信号的概率分布。加性干扰虽然独立于有用信号，但它始终干扰有用信号。

在数字水印系统中，对于原始作品和水印信息有两种不同的认识。当我们关注原始作品时，往往将水印信息作为原始作品信号的加性噪声；而当我们关注水印信息本身在通信系统中的地位时，则往往将原始作品当做纯加性噪声。在今后的讨论中，我们会混合使用上面的两种思想，希望大家不要混淆。

7.1.2 水印系统的基本模型

这里谈到的水印系统分类是根据水印生成和嵌入策略为依据的。这里谈到的水印系统的基本模型是一个盲嵌入（Blind Embedding）水印模型。根据其水印检测器工作方式的不同，我们又将水印系统基本模型分为“含辅助信息检测器水印模型”和“盲检测水印模型”两类。

我们把需要原始作品的检测器称为含辅助信息检测器（informed detection）。它还可以指只需要原始作品的部分信息而不是整个作品信息的检测器。相反地，把不需要任何有关原始作品信息的检测器称为盲检测器（Blind Detection）。在决定是否能用于某个应用时，水印系统是采用盲检测器还是采用含辅助信息检测器十分重要。含辅助信息检测器只能用于那些可以获得原始作品的应用中。

不管采用的是含辅助信息的检测器还是盲检测器，盲嵌入水印（基本水印模型）的嵌入过程都包括两个基本步骤：首先是水印的生成。将信息映射为水印 wa，使它必须和原始载体 Po 类型一致，格式相同。当给图像添加水印时，基于某种水印生成策略产生一个与原始图像大小相同的二维像素模板。接下来是水印嵌入，把 wa 加到载体作品 Po 上便产生水印作品。在嵌入了水印后，假设水印作品 Pw 还经历了某些处理过程，其结果相当于在作品中加入了噪声。处理作品的方式包括压缩和解压缩，在模拟信道上广播，图像或语音增强等。对方的攻击行为也可以包括在处理过程中。

图 7.3 显示了简单的含辅助信息检测器的水印系统。它是由基本数字通信框架映射而来的。此系统采用了简单的含辅助信息的检测器，也就是说接收方在检测水印时需要原始作品的参与。其检测过程也包含两个步骤：首先，从接收到作品 Pwn 中减去未加水印的载体作品，得到带噪声的水印模型 wn。然后在水印解码器中使用水印密钥对其进行解码。因为嵌入时加入的载体作品在检测时被完全减去，附加模板 wa 和 wn 的惟一差别是由噪声引起的。

在实际应用中，水印检测时是可以要求原始的未加水印的作品参与的。例如，在拷贝跟踪应用中，为了发现持有非法发行特定副本的人，通常由原始作品的拥有者或可信第三方来进行检测。他们当然拥有不带水印的原始作品版本。这样就能将原始作品和非法副本一起提供给

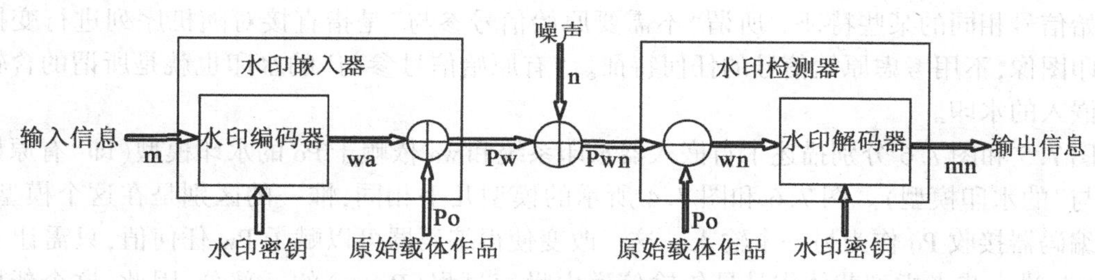

图 7.3 含辅助信息检测器的水印系统

检测器。由于用水印副本减去原始版本就可以得到单独的水印,因此这样经常会显著地提高检测器的性能。原始版本还可以用于同步,以抵消在水印副本中可能有的时间或几何失真。

但在其他一些应用中,检测器必须能够在无法获得原始作品的情况下工作。如一个拷贝控制的应用,就必须为每个顾客的录制设备分配一台检测器。但此时如果使用含辅助信息检测器,就不得不把未加水印的内容发送下去。这不仅不切实际,还会使水印系统的作用失效。

在有些有关数字水印的文献中,将采用含辅助信息检测器的系统通常称为私有水印系统,而那些用盲检测器的系统则称为公有水印系统。一般而言,仅在私有水印应用领域中可获得原始作品,因此含辅助信息检测是不能用于公有水印应用的。图 7.4 显示了盲检测器的水印系统。

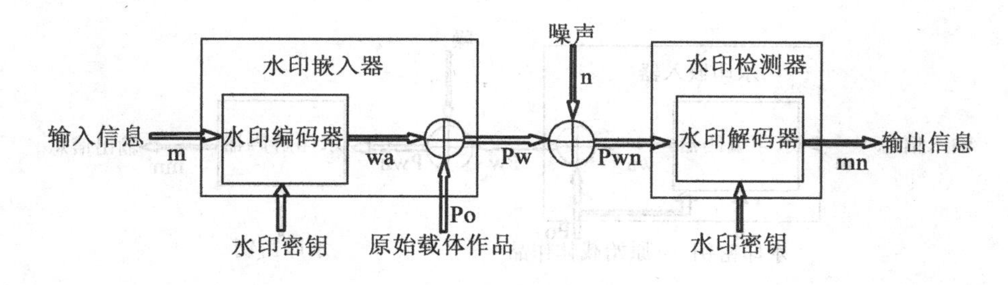

图 7.4 盲检测器的水印系统

在如图 7.4 所示的水印盲检测器中,我们并不知道未加水印的载体作品的具体形式,因此不能在解码前从已加水印的作品中减去它。这种情况可以和图 7.3 的情况对比,前者受水印被加入的单个噪声影响,后者受原始作品和噪声信号共同影响。因此,可把接收到的水印作品 Pwn 看成加性噪声作用于附加模板 wa 后的结果,此时整个水印检测器被视为信道解码器。

7.1.3 水印作为发送端带边信息的模型

尽管符合基本模型的水印系统的生成和嵌入策略都比较容易实现,但这种模型并不适用于所有的水印算法,因为它的限制是编码水印要独立于载体作品。对于水印生成策略,综合现有各算法,我们发现:数字水印的最原始来源是一个随机序列,该序列单独或者与原始图像一起通过一定的算法就能得到数字水印。这时,水印模板的生成就分为"有原始信号参与而获得"和"无原始信号参与而获得"两类。所谓"有原始信号参与"是指随机序列要与原始信号的某些特征序列一起通过一定的运算得到水印信号,或者随机序列要进行一个数学变换以取得与原始信号相同的某些特征。所谓“不需要原始信号参与”是指直接对随机序列进行变换得到水印图像,不用考虑原始信号的任何特征。“有原始信号参与”的水印也就是所谓的含辅助信息嵌入的水印。

图7.5和图7.6分别描述了盲嵌入器水印系统和wa依赖于Po的水印模型(即“有原始信号参与”的水印模型)。图7.6和图7.4所示的模型几乎相同,惟一的区别是在这个模型中,水印编码器接收Po作为另一个输入。这一改变使得编码器可以赋予Pw任何值,只需让wa=Pw-Po。进一步考虑到载体作品是传输信道中噪声过程(Po+n)的一部分,因此,这个新模型

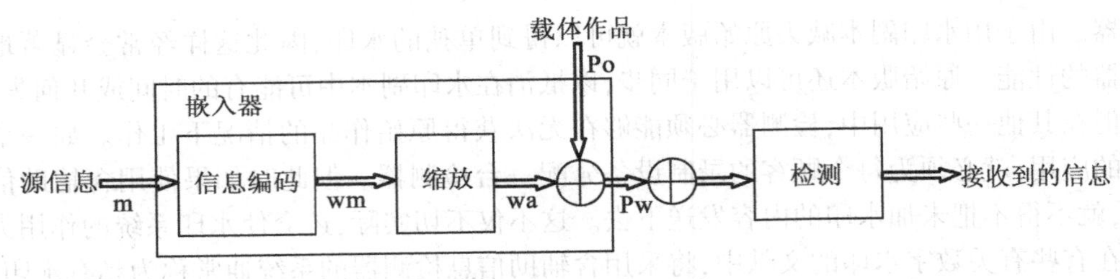

图7.5　盲嵌入器水印系统

实际上是发送端携带有带边信息的通信系统的一个实例。可以这样说,新模型中的嵌入器能够有效地利用信道噪声,尤其是载体作品Po自身的一些信息。

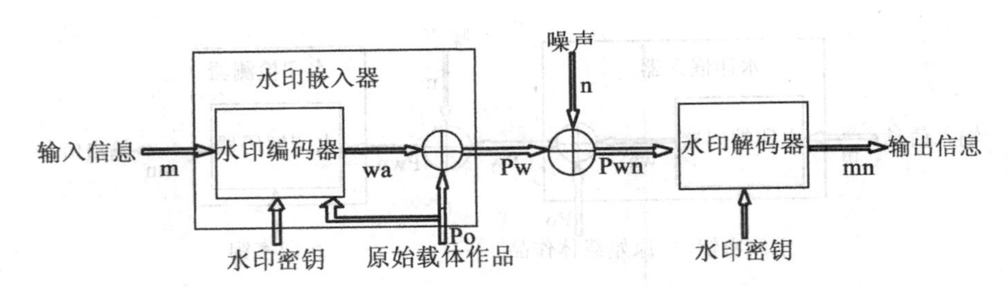

图7.6　水印作为发送端边带信号的模型

这种通信模型最初是由Shannon(香农)提出的。自从他引进了带边信息通信这个概念后,很多科学研究者发现就一些信道类型而言,发送端或接收端是否能得到带边信息并不重要,重要的是要排除它的干扰。近来很多研究人员开始将边带信号的通信理论应用到水印上。

最后,我们在图7.7中将水印模型作一个总结。对于水印系统,我们依照其生成策略、嵌入策略以及检测策略将其分为4类。

- 水印模型
  - 基本模型
    - 非盲检测　(细胞自动机水印)
    - 盲检测　(基本模型水印)
  - 水印作为发送端带边信息的模型
    - 非盲检测　(W—SVD水印)
    - 盲检测

图7.7　水印模型分类

7.2 水印基本模型的实验实现

此实验实现一个盲嵌入算法。检测算法采用线性相关性作为检测标准，这是一个应用相当广泛的检测标准。为方便起见，只嵌入1比特信息，因此 m 或者等于0，或者等于1。此实验选取灰度图像作为载体文件。下面具体描述实验算法。

首先，我们采用一个与图像载体大小相同的像素亮度数组 wr。wr 利用水印密钥随机生成。原始水印 wm 对1比特信息 m 进行编码，wm 等于+wr 或者-wr，这取决于 $m=1$ 还是 $m=0$。

wm 以输入参数 α 为尺度进行缩放后生成水印。α 如何取值决定着在水印的不可见性与鲁棒性之间如何取舍折中。因此，盲嵌入算法如下：

$$\mathrm{wm}=\begin{cases}\mathrm{wr}, m=1\\ -\mathrm{wr}, m=0\end{cases} \tag{7.2}$$

$$\mathrm{wa}=\alpha(\mathrm{wm}) \tag{7.3}$$

$$\mathrm{Pw}=\mathrm{Po}+\mathrm{wa} \tag{7.4}$$

可以看到，这种水印算法实际上就是对图像进行简单加噪处理。所加入的水印对图像的破坏是比较大的，在一定意义上说它不具有任何实际应用的能力。选择这个算法也仅仅是为了在最简单、最直观的条件下反映水印基本模型的特点。

图7.8是随机生成的水印模板。图7.9是原始图像与加有水印的图像。编写函数 basic_wm.m 完成实验，函数代码如下：

```
%文件名:basic_wm.m
%程序员:李巍
%编写时间:2004.3.20
%函数功能:本函数是一个实现基本通信水印模型的函数
%输入格式举例:
%[watermarkimage,watermark]=basic_wm('lenna.jpg',1,2000,0.9)
%参数说明:
%input 为原始载体图像文件名
%m 是1比特水印信息
%seed 为随机序列种子
%alpha 是尺度参数
%watermarkimage 嵌入水印后的图像
%wm 是生成水印
function [watermarkimage,wm]=basic_wm(input,m,seed,alpha)
Po=imread(input);
[row,col]=size(Po);
Po=double(Po)/255;
%生成一个服从均匀分布的随机矩阵
rand('seed',seed);
wr=rand(row,col)/10;
```

```
%将1比特水印信息嵌入随机矩阵
if m ==0
    wm=-wr;
else wm=wr;
end
wa=zeros(row,col);
wa=alpha * wm;
Pw=Po+wa;
%显示结果
watermarkimage=Pw;
subplot(131);imshow(Po);title('原始图像');
subplot(132);imshow(wm);title('水印模板');
subplot(133);imshow(watermarkimage);title('加有水印的图像');
```

图7.8　水印模板

原始图像

加有水印的图像

图7.9　水印的嵌入($\alpha = 1$)

为了检测水印,必须在有噪声的情况下检测出±wr信号,该噪声由Po和n引起。在检测时,计算收到的图像P和wr之间的线性相关性值:

$$Z_{lp}(P,\mathrm{wr}) = \frac{1}{N}P \cdot \mathrm{wr} = \frac{1}{N}\sum_{x,y} P[x,y]\mathrm{wr}[x,y] \tag{7.5}$$

其中,$P[x,y]$和$\mathrm{wr}[x,y]$分别表示P和wr中(x,y)点的像素值,N是图像的像素数量。

如果 $P=\text{Po}+\text{wa}+n$,那么:

$$Z_{lp}(P,\text{wr})=\frac{1}{N}(\text{Po}\cdot\text{wr}+\text{wa}\cdot\text{wr}+n.\text{wr}) \tag{7.6}$$

假设 Po 和 n 满足高斯分布,那么 $\text{Po}\cdot\text{wr}$ 和 $n\cdot\text{wr}$ 的值几乎可以肯定会很小。另一方面,$\text{wa}\cdot\text{wr}=\pm\alpha\text{wr}\cdot\text{wr}$ 的幅度则要大得多。因此,对于嵌入水印信息且$m=0$的作品有 $Z_{lp}(P,\text{wr})\approx-\alpha\text{wr}\cdot\text{wr}/N$。

在大部分应用中,如果接收到的作品很可能不包含水印,那么我们会希望检测器输出一条特殊信息。如果检测器接收到信号 $P=\text{Po}+n$,根据上述分析可知,$Z_{lp}(P,\text{wr})$的幅值将非常小。因此,可以通过设置 $Z_{lp}(P,\text{wr})$值的阈值 τ_{lp}来判断作品是否包含水印。如果$|Z_{lp}(P,\text{wr})|<\tau_{lp}$,检测器就能作出没有水印的判断。

因此,检测器的输出 mn 有:

当 $Z_{lp}(P,\text{wr})>\tau_{lp}$时,mn=1;

当 $Z_{lp}(P,\text{wr})<-\tau_{lp}$时,mn=0;

当$-\tau_{lp}\leqslant Z_{lp}(P,\text{wr})\leqslant\tau_{lp}$时,无水印。

阈值 τ_{lp}越低,未加水印的作品越有可能被当做水印作品。检测的函数为 detectbasic_wm.m,函数代码如下:

```
%文件名:detectbasic_wm.m
%程序员:李巍
%编写时间:2004.3.20
%函数功能:本函数是一个检测基本通信水印的函数
%输入格式举例:
%Mn=detectbasic_wm(watermarkimage,2000,0.7)
%参数说明:
%watermarkimage 嵌入水印后的图像数据矩阵
%seed 为随机序列种子
%tlp 是检测阈值
%mn 是检测结果
function Mn=detectbasic_wm(watermarkimage,seed,tlp)
P=watermarkimage;
[row,col]=size(P);
%生成一个服从均匀分布的随机矩阵
rand('seed',seed);
wr=rand(row,col)*3;
%计算线性相关 Zlp
Zlp=0;
for j=1:col
    for i=1:row
        Zlp=Zlp+P(i,j)*wr(i,j);
    end
end
```

```
Zlp=Zlp/(row * col);
%根据检测阈值判断检测结果
if Zlp>tlp
    mn=1;
elseif -tlp>Zlp
    mn=0;
else mn=-1;%无水印
end
```

表7.1是定义不同的检测阈值时水印检测的结果。

表7.1 水印检测(m=1)

判定阈值	检测结果	
0.2	1	检测有水印
0.3	1	
0.5	-1	检测无水印
0.6	-1	

7.3 W-SVD数字水印算法

7.3.1 W-SVD数字水印算法描述

W-SVD数字水印算法是美国Syracuse大学数学系和美国空军实验室通信遥感部联合于1998年发布的。该算法属于小波变换域数字水印算法,具有良好的水印不可见性和鲁棒性等特点。尽管这一算法并不十分完美,而且也不具备现代数字水印自适应和盲检测的要求,但无论如何,W-SVD的经典性是无庸置疑的。从其发布到现在,已经有不少学者从各个方面对其进行了改进,使得这种水印从实验到具体应用一步一步迈进。我们选择此算法也正是看重了其良好的教学和实验特性,大家有必要重点掌握。

完整的W-SVD数字水印算法包括水印生成、水印嵌入和水印检测三个部分。W-SVD水印的检测我们将在后面专门叙述,其生成和嵌入策略描述如下:

假设要加入水印的图像为M,其归一化后的尺度level下的低频系数记为CA=wavetrans(M,level)。对CA作奇异值(单值)分解,得到:$CA=U\Sigma V^T$

其中有:

$$U=\begin{pmatrix}u_1\\ \vdots\\ u_n\end{pmatrix}\qquad V=\begin{pmatrix}v_1\\ \vdots\\ v_n\end{pmatrix}\qquad \Sigma=\begin{pmatrix}\sigma_1 & & \\ & \ddots & \\ & & \sigma_n\end{pmatrix}$$

其中,U和V是正交矩阵,即$UU^T=VV^T=I$,I是单位矩阵。Σ是对角矩阵,即除主对角线外为0的矩阵。对于任意的图像矩阵,这种奇异值(单值)分解都是可以成立的。这为我们对任意图像加水印提供了保证。

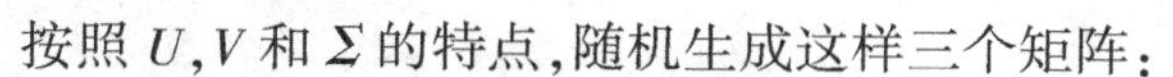

按照 U, V 和 Σ 的特点，随机生成这样三个矩阵：

$$\overline{U} = \begin{pmatrix} \overline{u}_1 \\ \vdots \\ \overline{u}_n \end{pmatrix} \quad \overline{V} = \begin{pmatrix} \overline{v}_1 \\ \vdots \\ \overline{v}_n \end{pmatrix} \quad \overline{\Sigma} = \alpha \begin{pmatrix} \overline{\sigma}_1 & & \\ & \ddots & \\ & & \overline{\sigma}_n \end{pmatrix}$$

$\overline{U}$ 和 $\overline{V}$ 也要是正交矩阵，这一点可以利用随机矩阵的 QR 分解(正交—三角分解)来实现。α 是我们第一个要关心的参数，它的取值决定了水印强度。

作为噪声的水印模板是这样产生的。用种子控制的随机矩阵 $\overline{U}$ 和 $\overline{V}$ 的后 d 列(行)来替换原始低频系数分解矩阵 U 和 V 的后 d 列(行)，得到矩阵 $\widetilde{U}$ 和 $\widetilde{V}$。d 是一个由比例因子 d/n 决定的整数。n 是 U 或 V 的列(行)数，d/n 是一个比例，这是我们要关心的第二个参数，其矩阵如下：

$$\widetilde{U} = \begin{pmatrix} u_1 \\ \vdots \\ u_{n-d} \\ \overline{u}_{n-d+1} \\ \vdots \\ \overline{u}_n \end{pmatrix} \qquad \widetilde{V} = \begin{pmatrix} v_1 \\ \vdots \\ v_{n-d} \\ \overline{v}_{n-d+1} \\ \vdots \\ \overline{v}_n \end{pmatrix}$$

由 $\widetilde{U}$，$\widetilde{V}$ 和 $\overline{\Sigma}$ 进而构成完整的水印模板 waterCA：

$$\text{waterCA} = \widetilde{U}\,\overline{\Sigma}\,\widetilde{V}^T$$

这就是全部的水印生成策略。可以发现，与前一节基本模型不同的是，水印模板并不是单纯的由独立于原始图像的随机噪声构成，而是与原始图像有密切相关的联系。得到水印模板后，将其加入到原始图像的低频系数中，就完成了水印的嵌入。即：

$$\text{CA}_w = \text{CA} + \text{waterCA}$$

因为 CA 是归一化的低频系数，waterCA 也是由 CA 获得的。在重构图像时应对 CA_w 作适当放缩，恢复到原始图像低频系数的数量级，完成图像重构。

图 7.10 是上述算法的流程图。

结合图 7.10，我们具体来看一下算法中值得注意的几个问题。

(1) 小波分解提取低频系数

对于二维图像的小波低频系数，在第三章中我们已经从原理到实现上给予了详细的说明。这里要强调的是，图像的小波低频系数是与分解尺度有密切联系的。

(2) 低频系数矩阵的奇异(单)值分解

与小波分解一样，矩阵奇异值分解也是构成本算法的灵魂。我们从数学上来简单说明一下什么是奇异值分解。

定义 7.1 对于 $N \times N$ 矩阵 A，有 N 个标量 $\lambda_N (N=1,2,\cdots,N)$ 满足：

$$|A - \lambda_N I| = 0$$

则称这一组 λ_N 为矩阵 A 惟一的特征值。

定义 7.2 当矩阵的每个对角元素都减去其特征值时，矩阵将变为奇异阵。

定义 7.3 矩阵 A 的秩等于其非 0 特征值的个数。

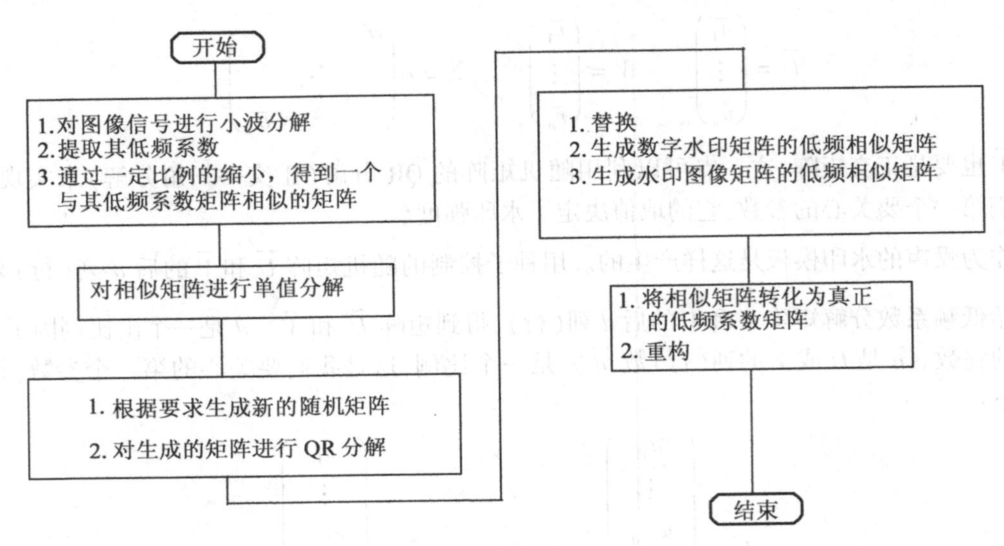

图7.10　W-SVD算法流程图

定义7.4　　如果存在这样一个 $N\times1$ 的向量 V_K，有：

$$AV_K = \lambda_K V_K$$

则称 V_K 为 A 的与特征值 λ_K 对应的一个特征向量。A 一共有 N 个特征向量。

定义7.5　（矩阵奇异值分解）　　对于任意 $M\times N$ 矩阵 B，都可以写成 $B=U\Sigma V^T$，其中 U 和 V 分别是 $M\times M$ 和 $N\times N$ 的正交矩阵。Σ 是 $M\times N$ 的对角矩阵，其对角元包含了 B 的奇异值。具体地说，U 的各列是矩阵 BB^T 的特征向量，V 的各列是矩阵 B^TB 的特征向量。$\Sigma=U^TBV$ 为奇异值矩阵。这种变换又称矩阵SVD变换。

下面，我们以一个简单的5×4的矩阵 B 来具体看一下其SVD变换。

$$B=\begin{bmatrix}1 & 2 & 3 & 4\\5 & 6 & 7 & 8\\9 & 10 & 11 & 12\\13 & 14 & 15 & 16\\17 & 18 & 19 & 20\end{bmatrix}=U\Sigma V^T$$

其中，

$$U=\begin{bmatrix}-0.096548 & -0.76856 & 0.62318 & -0.0010772 & -0.10789\\-0.24552 & -0.48961 & -0.53833 & 0.23524 & 0.5957\\-0.39448 & -0.21067 & -0.45389 & 0.057371 & -0.76857\\-0.54345 & 0.06827 & 0.030023 & -0.81617 & 0.18157\\-0.69242 & 0.34721 & 0.33901 & 0.52463 & 0.09918\end{bmatrix}$$

$$\Sigma=\begin{bmatrix}53.52 & 0 & 0 & 0\\0 & 2.3634 & 0 & 0\\0 & 0 & 4.9168e-015 & 0\\0 & 0 & 0 & 7.112e-016\\0 & 0 & 0 & 0\end{bmatrix}$$

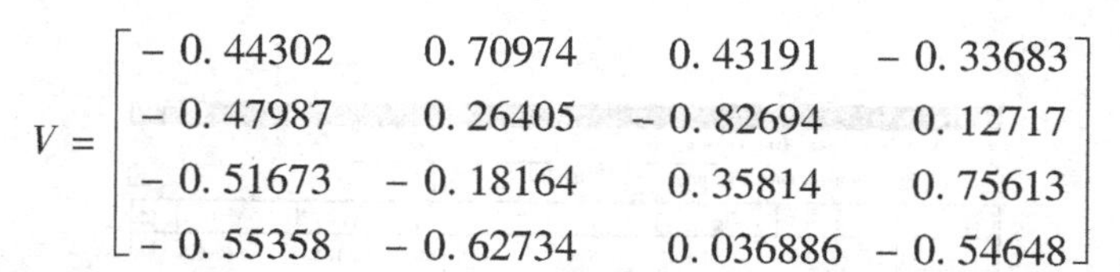

$$V=\begin{bmatrix}-0.44302 & 0.70974 & 0.43191 & -0.33683\\ -0.47987 & 0.26405 & -0.82694 & 0.12717\\ -0.51673 & -0.18164 & 0.35814 & 0.75613\\ -0.55358 & -0.62734 & 0.036886 & -0.54648\end{bmatrix}$$

矩阵 SVD 分解在一定程度上可以用来进行图像压缩。对于图像分解得到的奇异值矩阵 Σ,将其较小的一些对角元清为 0,再进行 SVD 反变换即可完成图像的有损压缩。

在 W-SVD 水印算法中,我们的水印模板就是根据经过 SVD 分解后的原始图像的低频小波系数矩阵生成的。在这里,我们尤其要注意对奇异值对角矩阵 Σ 的分析。

(3) 应关注的参数

在 W-SVD 算法中,有两个参数是我们要重点关注的:强度因子 α 和水印模板生成因数 d/n。理论上,α 是作用在一个随机对角矩阵上的,其整体 $\bar{\Sigma}$ 用以代替原始的奇异值矩阵 Σ。我们应该通过试验分析这几者的关系,找出为什么 α 是强度因子的原因以及 α 的适当取值。参数 d/n 表明了随机正交矩阵 $\bar{U}$ 和 $\bar{V}$ 代替原始分解矩阵 U 和 V 的比例。我们应该通过试验分析 d/n 与水印性能的关系。

此外,算法中使用的小波、小波分解的尺度和随机数种子都是我们要关心的。

7.3.2 W-SVD 算法实现

参照图 7.10,我们来具体分步实现 W-SVD 算法。

(1) 图像小波分解及低频系数归一化

我们首先对图像进行小波分解提取低频系数,由于这一低频系数矩阵中的值不在[0,1]内,为了后面操作的方便,我们将其进行如下放缩:

CAsimilar=(1/(CAmax-CAmin))×(CA-CAmin)

这样就得到了归一化后的原始图像低频矩阵。

(2) SVD 变换

将归一化后得到的系数矩阵进行单值分解。在 MATLAB 中,SVD 变换是通过内置函数 svd.m 完成的。该函数调用形式如下:

$$[U,\mathrm{sigma},V]=\mathrm{svd}(B)$$

B 为要分解的矩阵,U,sigma,V 就是前面分析过的 U,Σ 和 V。

图 7.11 是 lenna R 层作 2 尺度低频的系数矩阵的相似矩阵单值分解结果。

(3) 正交随机矩阵的生成

值得注意的是,在 W-SVD 算法中,需要生成 $\bar{U}$ 和 $\bar{V}$ 两个随机的正交矩阵。生成随机矩阵很容易,而生成的矩阵若是正交的则必须通过一定数学变换来完成。这里,使用的是矩阵的 QR 分解得到随机正交矩阵的。

对于一个 $M\times N$ 矩阵 C,其 QR 分解将得到一个 $M\times M$ 的正交矩阵 Q 和一个 $M\times N$ 的矩阵 R。当 $M=N$ 时,R 是上三角矩阵,这也是对于任何矩阵都适用的。

在 MATLAB 中,QR 变换是通过内置函数 qr.m 完成的,该函数调用形式如下:

$$[Q,R]=\mathrm{qr}(C)$$

其中,C 为要分解的矩阵,Q 和 R 是分解的结果。

所以,当 C 是随机生成的矩阵时,得到的 Q_C 就是一个随机正交矩阵,相应的 R_C 则废弃不用。图 7.12 是按照图 7.11 中 U 的尺寸随机生成的 72×72 的矩阵以及其 QR 分解的结果。

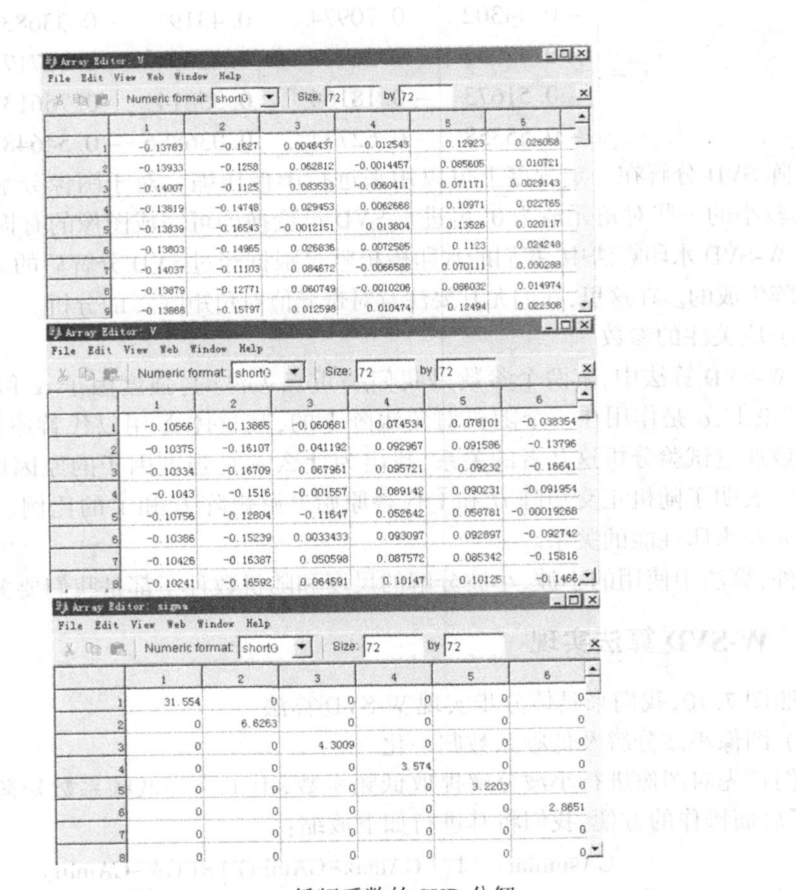

Array Editor: U

File Edit View Web Window Help

Numeric format: shortG Size: 72 by 72

	1	2	3	4	5	6
1	-0.13783	-0.1627	0.0046437	0.012543	0.12923	0.026058
2	-0.13933	-0.1258	0.062812	-0.0014457	0.085605	0.010721
3	-0.14007	-0.1125	0.083533	-0.0060411	0.071171	0.0029143
4	-0.13619	-0.14748	0.029453	0.0062668	0.10971	0.022765
5	-0.13839	-0.16543	-0.0012151	0.013804	0.13526	0.020117
6	-0.13803	-0.14965	0.026636	0.0072585	0.1123	0.024248
7	-0.14037	-0.11103	0.084672	-0.0066588	0.070111	0.000288
8	-0.13879	-0.12771	0.060749	-0.0010206	0.086032	0.014974
9	-0.13668	-0.15797	0.012598	0.010474	0.12494	0.022308

Array Editor: V

File Edit View Web Window Help

Numeric format: shortG Size: 72 by 72

	1	2	3	4	5	6
1	-0.10566	-0.13865	-0.060681	0.074534	0.078101	-0.038354
2	-0.10375	-0.16107	0.041192	0.092967	0.091586	-0.13796
3	-0.10334	-0.16709	0.067961	0.095721	0.09232	-0.18641
4	-0.1043	-0.1516	-0.001557	0.089142	0.090231	-0.091954
5	-0.10756	-0.12804	-0.11647	0.052642	0.058781	-0.00019268
6	-0.10386	-0.15239	0.0033433	0.093097	0.092897	-0.092742
7	-0.10426	-0.16387	0.050598	0.087572	0.085342	-0.15816
8	-0.10241	-0.16592	0.064591	0.10147	0.10125	-0.1466

Array Editor: sigma

File Edit View Web Window Help

Numeric format: shortG Size: 72 by 72

	1	2	3	4	5	6
1	31.554	0	0	0	0	0
2	0	6.6263	0	0	0	0
3	0	0	4.3009	0	0	0
4	0	0	0	3.574	0	0
5	0	0	0	0	3.2203	0
6	0	0	0	0	0	2.8651
7	0	0	0	0	0	0
8	0	0	0	0	0	0

图 7.11　lenna 低频系数的 SVD 分解

(4) 随机对角矩阵的生成

算法中的随机对角矩阵是通过以下一组命令完成的：

```
sigma_tilda=alpha * diag(flipud(sort(rand(d,1))))
```

即首先调用 rand 函数随机生成一个 d 行 1 列的向量，再用 sort 和 flipud 函数对其从大到小排列，最后用 diag 函数完成对角化。上式中 alpha 就是强度因子 α，d 是根据 d/n 计算出的要替换的行数，sigma_tilda 就是算法中的 $\tilde{\Sigma}$。图 7.13 是按照图7.11中 sigma 的尺寸随机生成的 sigma_tilda。此时强度因子 α 取为 1。

(5) 替换

我们用图 7.14 说明替换的过程：

(6) 图像的补充

考虑到随机对角矩阵的生成，矩阵的 QR 分解以及编写函数的通识性等多方面的问题，我们在处理图像时都是先将其补充成行列相等的正方形矩阵。

(7) MATLAB 精度对实验的影响

我们已经不止一次地遇到过 MATLAB 精度对实验结果造成影响的例子。为了后面实验分析的正确，建议大家使用 16 位的 png 格式图像。

编写函数 wavemarksvd. m 完成 W-SVD 数字水印算法的实验。函数代码如下：

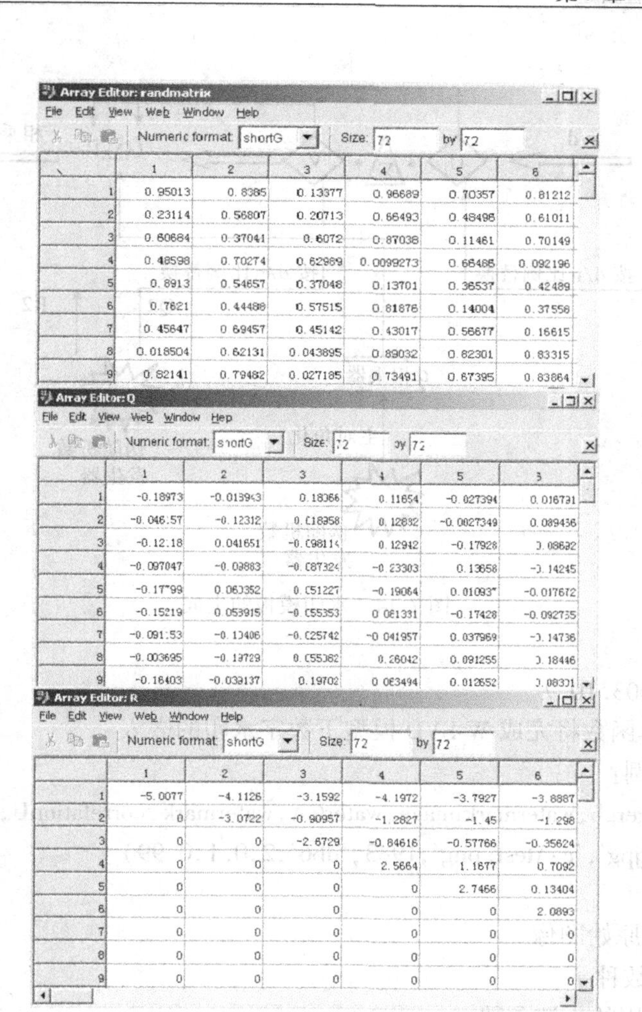
Array Editor: randmatrix

	1	2	3	4	5	6
1	0.95013	0.8385	0.13377	0.96689	0.70357	0.81212
2	0.23114	0.56807	0.20713	0.66493	0.48496	0.61011
3	0.60684	0.37041	0.6072	0.87038	0.11461	0.70149
4	0.48598	0.70274	0.62989	0.0099273	0.66486	0.092196
5	0.8913	0.54657	0.37048	0.13701	0.36537	0.42489
6	0.7621	0.44488	0.57515	0.81876	0.14004	0.37558
7	0.45647	0.69457	0.45142	0.43017	0.56677	0.16615
8	0.018504	0.62131	0.043895	0.89032	0.82301	0.83315
9	0.82141	0.79482	0.027185	0.73491	0.67395	0.83864

Array Editor: Q

	1	2	3	4	5	6
1	-0.18973	-0.013943	0.18366	0.11654	-0.027394	0.016731
2	-0.046157	-0.12312	0.018958	0.12832	-0.0027349	0.089436
3	-0.12118	0.041651	-0.098114	0.12942	-0.17928	0.08682
4	-0.097047	-0.03883	-0.087324	-0.23303	0.13658	-0.14245
5	-0.17799	0.060352	0.051227	-0.19064	0.010937	-0.017672
6	-0.15219	0.053915	-0.055353	0.061331	-0.17428	-0.092735
7	-0.091153	-0.13406	-0.025742	-0.041957	0.037969	-0.14736
8	-0.003695	-0.13729	0.055362	0.26042	0.091255	0.18446
9	-0.16403	-0.039137	0.19702	0.063494	0.012652	0.08331

Array Editor: R

	1	2	3	4	5	6
1	-5.0077	-4.1126	-3.1592	-4.1972	-3.7927	-3.8887
2	0	-3.0722	-0.90957	-1.2827	-1.45	-1.298
3	0	0	-2.6729	-0.84616	-0.57766	-0.35624
4	0	0	0	2.5684	1.1677	0.7092
5	0	0	0	0	2.7466	0.13404
6	0	0	0	0	0	2.0893
7	0	0	0	0	0	0
8	0	0	0	0	0	0
9	0	0	0	0	0	0

图 7.12 随机矩阵的 QR 分解

Array Editor: sigma_tilda

	1	2	3	4	5	6	7	8	9
1	0.95684	0	0	0	0	0	0	0	0
2	0	0.93547	0	0	0	0	0	0	0
3	0	0	0.93181	0	0	0	0	0	0
4	0	0	0	0.92181	0	0	0	0	0
5	0	0	0	0	0.9169	0	0	0	0
6	0	0	0	0	0	0.89977	0	0	0
7	0	0	0	0	0	0	0.89365	0	0
8	0	0	0	0	0	0	0	0.88014	0
9	0	0	0	0	0	0	0	0	0.86001
10	0	0	0	0	0	0	0	0	0

图 7.13 随机生成的对角矩阵

```
%文件名:wavemarksvd.m
%程序员:郭迟
```

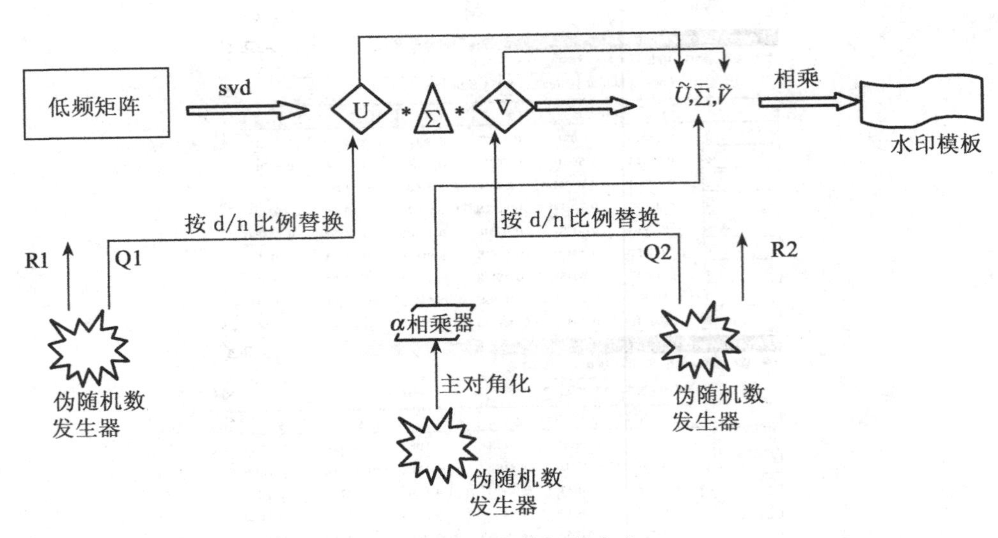

图 7.14　水印模板的生成

```
% 编写时间:2003.10.7
% 函数功能:本函数将完成 W-SVD 模型下数字水印的嵌入
% 输入格式举例:
[watermarkimagergb,watermarkimage,waterCA,watermark,correlationU,correlationV] = wavemarksvd('c:\lenna.jpg','c:\test.png',1983,'db6',2,0.1,0.99)
% 参数说明:
% input 为输入原始图像
% seed 为随机数种子
% wavelet 为使用的小波函数
% level 为小波分解的尺度
% alpha 为水印强度
% ratio 为算法中 d/n 的比例
% watermarkimagergb 为加有水印的结果
% watermarkimage 为单层加水印的结果
% waterCA 为加有水印模板的低频分解系数
% watermark2 为由水印模板直接重构得到的水印形态,仅便于直观认识,本身无意义。
% correlationU,correlationV 为替换正交矩阵后与未替换的正交矩阵的相关系数
function
[watermarkimagergb, watermarkimage, waterCA, watermark2, correlationU, correlationV] = wavemarksvd(input,goal,seed,wavelet,level,alpha,ratio)
% function watermark = wavemarksvd(input,goal,seed,wavelet,level,alpha,ratio)
% 读取原始图像
data = imread(input);
data = double(data)/255;
```

```
datared=data( : , : ,1);% 在 R 层加水印
% 对原始图像的 R 层进行小波分解记录原始大小,并将其补成正方形
[C,Sreal]=wavedec2(datared,level,wavelet);
[row,list]=size(datared);
standard1=max(row,list);
new=zeros(standard1,standard1);
if row<=list
    new(1 : row, : )=datared;
else
    new( : ,1 : list)=datared;
end
% 正式开始加水印
% 小波分解,提取低频系数
[C,S]=wavedec2(new,level,wavelet);
CA=appcoef2(C,S,wavelet,level);
% 对低频系数进行归一化处理
[M,N]=size(CA);
CAmin=min(min(CA));
CAmax=max(max(CA));
CA=(1/(CAmax-CAmin))*(CA-CAmin);
d=max(size(CA));
% 对低频率系数单值分解
[U,sigma,V]=svd(CA);
% 按输出参数得到要替换的系数的数量
np=round(d*ratio);
% 以下是随机正交矩阵的生成
rand('seed',seed);
M_V=rand(d,np)-0.5;
[Q_V,R_V]=qr(M_V,0);
M_U=rand(d,np)-0.5;
[Q_U,R_U]=qr(M_U,0);
% 替换
V2=V;U2=U;
V( : ,d-np+1 : d)=Q_V( : ,1:np);
U( : ,d-np+1 : d)=Q_U( : ,1:np);
sigma_tilda=alpha*flipud(sort(rand(d,1)));
correlationU=corr2(U,U2);% 计算替换的相关系数
correlationV=corr2(V,V2);
% 生成水印
watermark=U*diag(sigma_tilda,0)*V';
```

```
%重构生成水印的形状,便于直观认识,本身无意义
watermark2=reshape(watermark,1,S(1,1)*S(1,2));
waterC=C;
waterC(1,1:S(1,1)*S(1,2))=watermark2;
watermark2=waverec2(waterC,S,wavelet);
%调整系数生成嵌入水印后的图像
CA_tilda=CA+watermark;
over1=find(CA_tilda>1);
below0=find(CA_tilda<0);
CA_tilda(over1)=1;
CA_tilda(below0)=0;%系数调整,将过幅系数与负数修正
CA_tilda=(CAmax-CAmin)*CA_tilda+CAmin;%系数还原到归一化以前的范围
%记录加有水印的低频系数
waterCA=CA_tilda;
if row<=list
    waterCA=waterCA(1:Sreal(1,1),:);
else
    waterCA=waterCA(:,1:Sreal(1,2));
end
%重构
CA_tilda=reshape(CA_tilda,1,S(1,1)*S(1,2));
C(1,1:S(1,1)*S(1,2))=CA_tilda;
watermarkimage=waverec2(C,S,wavelet);
%将前面补上的边缘去掉
if row<=list
    watermarkimage=watermarkimage(1:row,:);
else
    watermarkimage=watermarkimage(:,1:list);
end
watermarkimagergb=data;
watermarkimagergb(:,:,1)=watermarkimage;
imwrite(watermarkimagergb,goal,'BitDepth',16);%通过写回修正过幅系数
watermarkimagergb2=imread(goal);
%figure(1);
%subplot(321);imshow(watermark2*255);title('水印形态图');
%subplot(323);imshow(data);title('原始图像');
%subplot(324);imshow(watermarkimagergb2);title('嵌入水印后的RGB图像');
%subplot(325);imshow(datared);title('R层图像');
%subplot(326);imshow(watermarkimage);title('嵌入水印后的R层图像');
```

图7.15～图7.17是将不同参数代入函数得到的水印效果。

原始图片

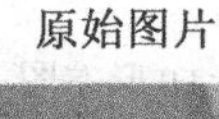

嵌入水印后的 RGB 图片

水印形态图

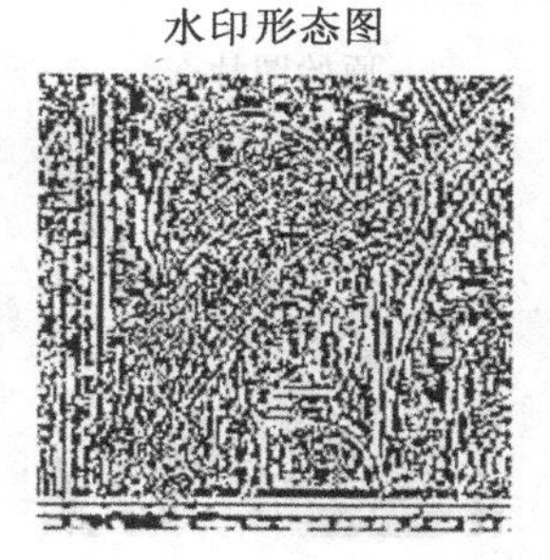

R 层图片

嵌入水印后的 R 层图片

α=0.1
d/n=0.99
wavelet=db6
level=2
seed=10

图 7.15　实验结果 1

原始图片

嵌入水印后的 RGB 图片

水印形态图

R 层图片

嵌入水印后的 R 层图片

α=0.3
d/n=0.5
wavelet=db6
level=2
seed=10

图 7.16　实验结果 2

7.3.3　W-SVD 水印的检测和检测阈值的确定

W-SVD 算法采用非盲检测手段对图像进行检测。其思路为：利用原始图像生成一个理论上存在的水印模板（原始水印），从待测图像中提取可能存在的水印模板（待测水印），继而计算两者的相关性。当两者高度相关时，我们认为待测图像含有水印；反之则检测不出水印。水

原始图片

嵌入水印后的 RGB 图片

水印形态图

R 层图片

嵌入水印后的 R 层图片

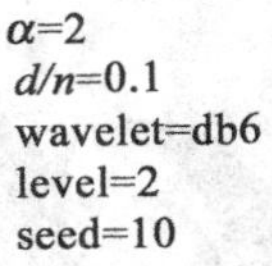

图 7.17　实验结果 3

印的检测模型如图 7.18 所示。

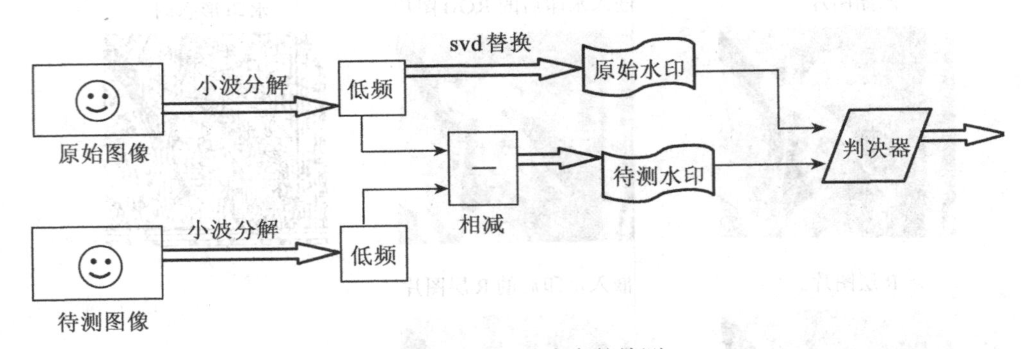

图 7.18　W-SVD 水印的检测

前文已述,由于数字水印一般是一种具有特定性质但不具备可读性的随机信号,所以我们不能像信息隐秘中的机密信息一样采用“提取”的方式加以识别。我们对水印的识别是通过检测的手段实现的。我们要检测作品 N 是否含有水印 W,则需要将原始作品 M 用策略 K 加入水印 W,然后用同样的策略 K 从 N 中提取我们认为是 W 的 W',继而计算两者的相关性。当量化的相关性值大于一个特定值时,我们就认为 $W'=W$,即 N 作品含有 W;反之则不然。这里需要说明的是,为什么我们不是直接比较 W' 是否等于 W,而是计算其相关性?这是因为即使 N 含有 W,当 N 经历重构、存储、传输、分解等过程后,其水印与原始水印因加性噪声的原因仍然会存在很大的差异。我们只能通过一定的方式来消除这种差异给水印识别上带来的错误,而不能简单地比较两者是否相同。

图 7.19 是我们将 lenna 加入原始水印的低频系数与嵌入水印后的图像提取的低频系数

作差后的三维投影，绝大多数差值相对0平面有一定的距离。尤其在边缘部分，这种差异更是不可忽略的，这还仅仅是将图像存储后又马上提取的结果。一旦图像在信道中传输，这种差异还要大。所以，即使两者生成时使用的一切参数都相同，也不可能使得原始水印和待测水印是完全相同的。

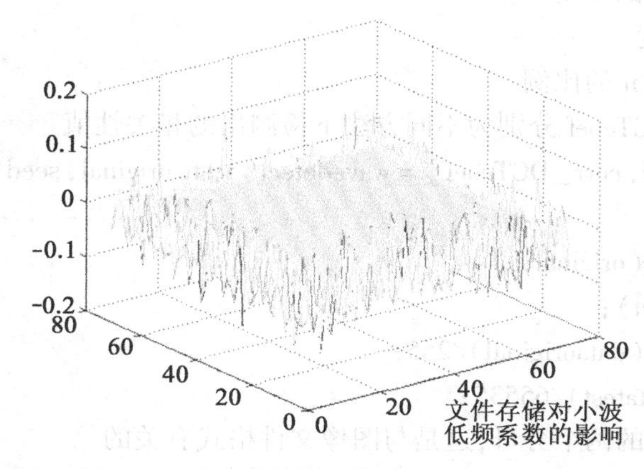

图7.19 水印的检测只能用相关的方式完成

计算相关系数的方法很多，这里我们选择以下两种：

方法一：常规检测直接相关性值 d

$$d=\frac{|<W,W'>|}{\|W\|\cdot\|W'\|} \tag{7.7}$$

其中，W 和 W' 分别表示图7.18中的原始水印和待测水印。$<W,W'>=\sum_{i=1}^{M}\sum_{j=1}^{N}w_{ij}w_{ij}'$，$M$ 和 N 为水印模板的大小。$\|W\|=\sqrt{<W,W>}$，$\|W'\|=\sqrt{<W',W'>}$。

方法二：DCT域相关性值 $\hat{d}$

$$\hat{d}=\frac{|<\hat{W},\hat{W}'>|}{\|\hat{W}\|\cdot\|\hat{W}'\|} \tag{7.8}$$

"^"表示经过DCT后的系数矩阵。实验证明，只需要采用有限点的DCT系数便可以完成检验，且效果良好。这里取的是1024点(32×32)DCT系数。

理论上讲，当待测图像确有水印时，无论是 d 还是 $\hat{d}$ 都将是1。但由于实际信号在传输中不可避免地受到信道的影响，所以这里求得的相关性值很难达到1。

编写函数 wavedetect.m 完成检测实验，函数代码如下：

```
%文件名:wavedetect.m
%程序员:郭迟
%编写时间:2003.10.7
%函数功能:本函数将完成W-SVD模型下数字水印的检测
%输入格式举例:
[corr_coef,corr_DCTcoef] = wavedetect('c:\test.png','c:\lenna.jpg',1983,'db6',2,0.1,0.99)
```

```
%参数说明:
%input 为输入原始图像
%seed 为随机数种子
%wavelet 为使用的小波函数
%level 为小波分解的尺度
%alpha 为水印强度
%ratio 为算法中 d/n 的比例
%corr_coef,corr_DCTcoef 分别为不同方法下检测出的相关性值
function [corr_coef,corr_DCTcoef] = wavedetect(test,original,seed,wavelet,level,alpha,
ratio)
dataoriginal=imread(original);
datatest=imread(test);
dataoriginal=double(dataoriginal)/255;
datatest=double(datatest)/65535;
%请大家注意这里的两个分母,这是与图像文件格式有关的
dataoriginal=dataoriginal(:,:,1);
datatest=datatest(:,:,1);
%提取加有水印的图像的小波低频系数
[watermarkimagergb,watermarkimage,waterCA,watermark2,correlationU,correlationV] =
wavemarksvd(original,'temp.png',seed,wavelet,level,alpha,ratio);
%提取待测图像的小波低频系数
[C,S]=wavedec2(datatest,level,wavelet);
CA_test=appcoef2(C,S,wavelet,level);
%提取原始图像的小波低频系数
[C,S]=wavedec2(dataoriginal,level,wavelet);
realCA=appcoef2(C,S,wavelet,level);
%生成两种水印
realwatermark=waterCA-realCA;
testwatermark=CA_test-realCA;
%计算相关性值
corr_coef=trace(realwatermark'*testwatermark)/(norm(realwatermark,'fro')*norm(test-
watermark,'fro'));
%DCT 系数比较
DCTrealwatermark=dct2(waterCA-realCA);
DCTtestwatermark=dct2(CA_test-realCA);
DCTrealwatermark=DCTrealwatermark(1:min(32,max(size(DCTrealwatermark))),1:min
(32,max(size(DCTrealwatermark))));
DCTtestwatermark=DCTtestwatermark(1:min(32,max(size(DCTtestwatermark))),1:min
(32,max(size(DCTtestwatermark))));
DCTrealwatermark(1,1)=0;
```

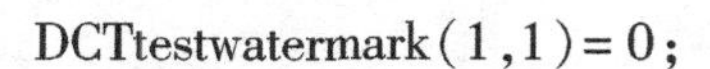

DCTtestwatermark(1,1)=0;

corr_DCTcoef = trace(DCTrealwatermark' * DCTtestwatermark)/(norm(DCTrealwatermark,'fro') * norm(DCTtestwatermark,'fro'));

图7.18所示的判决器最终要根据一个检测阈值(Test_threshold)来决定水印的有无。我们在[0,20]内取20个种子生成20种原始水印并计算出待测水印的 d 和 $\hat{d}$,最终分析获得相应的检测阈值。具体的算法流程图,如图7.20所示。

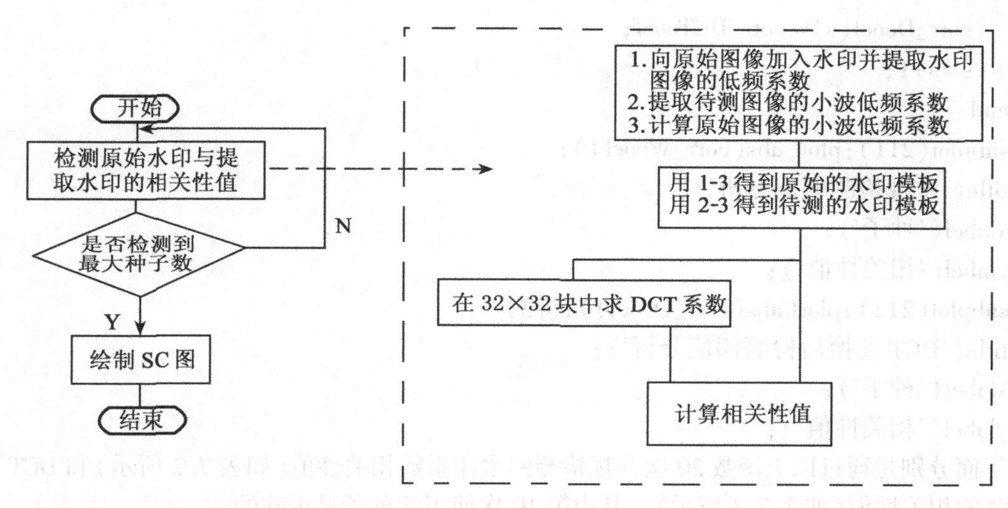

图7.20 求取适当阈值的流程图

编写函数plotcorr_coef.m完成上述实验。函数代码如下:

```
%文件名:plotcorr_coef.m
%程序员:郭迟
%编写时间:2003.10.7
%函数功能:这是一个绘制SC图的函数
%输入格式举例:
[corr_Wcoef,corr_Dcoef]=plotcorr_coef('c:\test.png','c:\lenna.jpg',20,'db6',2,0.1,0.99)
%参数说明:
%test为待测图像
%original为原始图像
%testMAXseed为实验使用的最大随机数种子
%wavelet为使用的小波函数
%level为小波分解的尺度
%alpha为水印强度
%ratio为算法中d/n的比例
%corr_Wcoef,corr_Dcoef分别为利用不同种子检测出的相关性值的集合
function
[corr_Wcoef,corr_Dcoef]=plotcorr_coef(test,original,testMAXseed,wavelet,level,alpha,
```

```
ratio)
    corr_Wcoef=zeros(testMAXseed,1);
    corr_Dcoef=zeros(testMAXseed,1);
    s=1;
    for i=1 : testMAXseed
        [corr_coef,corr_DCTcoef]=wavedetect(test,original,i,wavelet,level,alpha,ratio);
        corr_Wcoef(s)=corr_coef;
        corr_Dcoef(s)=corr_DCTcoef;
        s=s+1;
    end
    subplot(211);plot(abs(corr_Wcoef));
    title('常规检测阈值分析');
    xlabel('种子');
    ylabel('相关性值');
    subplot(212);plot(abs(corr_Dcoef));待测
    title('DCT 变换后检测阈值分析');
    xlabel('种子');
    ylabel('相关性值');
```

下面分别是通过以上函数 20 次常规检测的水印系数相关性值(如表 7.2 所示)和 DCT 变换后检测的相关性值(如表 7.3 所示)。其中第 10 次使用的种子是正确的。

表 7.2　　**常规检测水印系数相关性值**

常规系数相关性值	1	2	3	4	5
	0.038151	0.035859	0.030678	0.059559	0.010753
	6	7	8	9	10
	0.060545	0.037593	0.03337	0.046426	0.83212
	11	12	13	14	15
	0.036774	0.028876	0.038522	0.065498	0.061114
	16	17	18	19	20
	0.043419	0.033113	0.015824	0.034676	0.044406

表 7.3　　**DCT 变换后检测的相关性值**

DCT 系数相关性值	1	2	3	4	5
	0.042142	0.027408	0.013771	0.007516	0.063773
	6	7	8	9	10
	0.022848	0.0014088	0.026152	0.018246	0.7829
	11	12	13	14	15
	0.016097	0.010609	0.012322	0.063708	0.018965
	16	17	18	19	20
	0.077649	0.0028074	0.065668	0.0070119	0.0068167

经检测可以发现,当待测水印的种子与原始水印的种子一致时,计算出的相关性值明显大

于其他的值。图7.21是表7.2,表7.3的图形表示,我们可以得到检测阈值为$T=0.1$或$\hat{T}=0.1$。

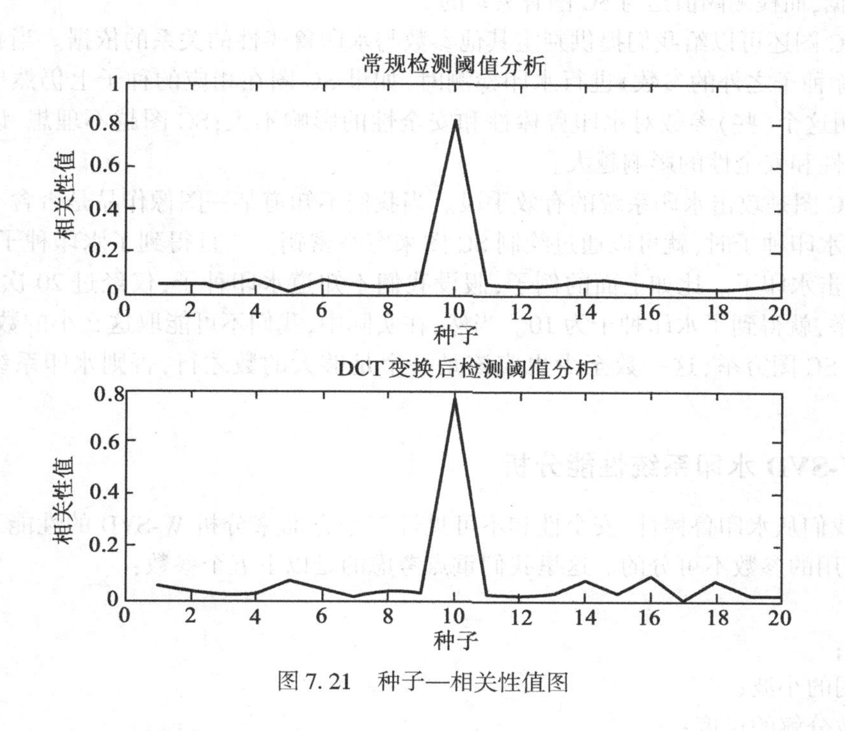

图7.21　种子—相关性值图

绘制"种子—相关性值图"(SC图)是我们分析水印系统的一个重要手段。一般来说,取尽可能多的种子作为横坐标,绘制出的SC图越能说明问题。考虑到我们实验设备的有限,这里只取20个种子。

由于我们的水印模板最初是由随机数种子控制的,所以这个种子在一定程度上构成了W-SVD的惟一密钥(我们专门在后面有关于W-SVD密钥的讨论)。那么从SC图上可以看到,当检测水印时使用的种子与实际种子不一致时,得到的相关性值是非常小的。只有检测时的种子与嵌入水印时的种子一致时,才有可能检测出水印。下面我们归纳一下SC图的作用:

第一,通过绘制SC图可以肯定我们使用的检测策略是正确的。因为只有当SC图出现明显的且惟一的峰值时,才说明在该峰值对应的种子下嵌有数字水印。如果对于一个确有水印的图像绘制的SC图没有明显的峰值,则表明所选择的检测手段是不理想的。

第二,SC图可以给我们选择检测阈值提供依据。在数字水印的检测判定中,不可避免地会出现两类错误:虚警错误和漏警错误。前者是指将没有水印的图像判定为有水印,后者则是将有水印的图像判定为无水印。这是在版权保护中我们尽可能要回避的。当检测阈值选取过大时,就会造成漏警概率过大;而当检测阈值选取过小时,就会造成虚警概率过大。这都是不理想的。有关虚警错误和漏警错误的分析我们将在第九章专门谈到,这里仅提到它们的基本概念。SC图可以直观地给我们提供检测阈值的恰当范围。在选择不同参数完成水印嵌入后,应该适当地通过大样本的SC图绘制,选择一个合适的检测阈值。例如,前面我们就确定了检测阈值为0.1。

第三,检测阈值的作用除了判定一个作品有无水印外,在实验阶段还给我们对水印系统的鲁棒性测试提供了保证。在水印系统的鲁棒性测试中,我们看一个系统是不是鲁棒的,就是要看其水印图像在经过一定手段的攻击后,其所嵌入的水印能否还被检测出来,这时就需要检测阈值作为判决的根据,而检测阈值是与SC图有关系的。

第四,SC图还可以给我们提供判定其他参数与水印鲁棒性的关系的依据。当我们改变一些参数(指除种子之外的参数)进行水印检测时,如果SC图在相应的种子上仍然出现明显的峰值,则说明这个(些)参数对水印鲁棒性和安全性的影响不大;SC图越不理想,说明该参数对水印鲁棒性和安全性的影响越大。

第五,SC图是攻击水印系统的有效手段。当我们不知道某一图像作品是否含有水印或不知其具体的水印种子时,就可以通过绘制SC图来穷举密钥。一旦得到了水印种子,我们就可以方便地攻击水印了。比如上面的例子,假设我们不知道水印种子,仅经过20次(甚至还可以更少)穷举,就得到了水印种子为10。当然,在实际中,我们不可能取这么小的数作为种子,但为了应付SC图穷举,这一数至少也应该是一个足够大的数才行,否则水印系统是不安全的。

7.3.4 W-SVD水印系统性能分析

下面,我们从水印鲁棒性、安全性和不可见性三个方面来分析W-SVD的性能。水印性能是与具体使用的参数不可分的。这里我们重点考虑的是以下五个参数:

① α;

② d/n;

③ 使用的小波;

④ 小波分解的尺度;

⑤ 随机数种子。

实验所使用的基本参数组为:

① db6小波;

② 2尺度分解;

③ $\alpha=0.1$;

④ $d/n=0.99$;

⑤ seed=10。有变化的将特别注明。

(1) 算法各参数与水印生成的关系

从图7.15～图7.17中我们可以分析得到:

① 参数d/n表示的是随机数矩阵替换原始低频系数正交矩阵U,V的比例。显然应有$d/n\in[0,1]$。考虑到水印应该有良好的惟一性以及水印所拥有的信息量应尽可能多,所以d/n的取值应尽量大一些。同时,d/n取值越小,表示原图像特征系数被替换得越少,水印形态图与原始图像越相像;

② 对于参数α,其值越大,通过其相乘得到的随机对角矩阵Σ就越大,继而得到水印模板的数据就越大,对原始图像低频系数改变得就越多;

③ 与参数d/n和α一样,利用不同的小波基分解和同一小波不同尺度下的分解生成的水印在形态、与原始图像的相关性、信息容量和随机性等各方面也不同。图7.22是db6小波在不同尺度(1～6)分解下得到的水印形态图。所谓"水印形态图"是指以水印模板直接作为图像重构的低频系数而获得的重构图像。可以发现,当分解尺度越大时,水印形态与原始图像越相似,也

就是说实际上的水印模板的信息越来越少了。图7.23左侧是利用其他dbN小波(db1~db4)在2尺度下分解生成的水印;右侧给出了使用db4与db6小波生成的水印在各个对应的系数索引上频率系数的差值($W_{db4}-W_{db6}$)的三维投影,显然二者的差异是巨大的。这里生成水印的其他参数均相同。

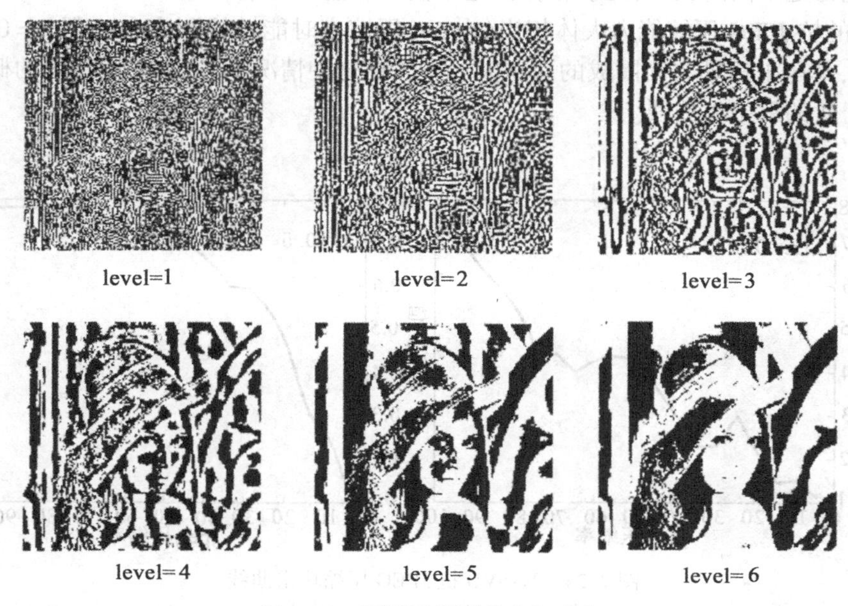

图7.22 不同尺度下的水印形态

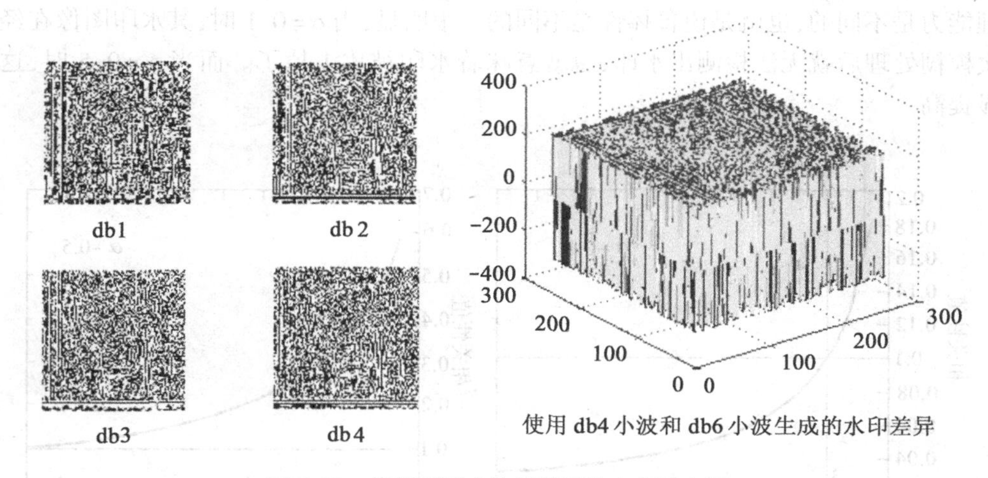

图7.23 使用不同小波基得到的水印形态图

(2) 算法各参数与水印鲁棒性的关系

在鲁棒性测试中,我们将使用到JPEG压缩、图像模糊化、图像中值滤波、图像马赛克处理这4种攻击方法。具体攻击手段的原理以及相应分析曲线的绘制方法,我们将在第九章讨论,这里我们仅仅是用它们来判定W-SVD的性能。

1) α 与鲁棒性的关系

我们先固定 $d/n=0.99$,让 α 分别取 0.1 和 0.5 生成水印并嵌入图像。通过绘制 SC 图,我们将检测阈值固定在 0.1。

图 7.24 是“W-SVD 抗 JPEG 压缩攻击曲线”。该图表明,当 α 取不同值时,水印作品的抗 JPEG 压缩能力是不同的,也就是说鲁棒性是不同的。直观地看,尽管当 α 取 0.1 和 0.5 生成的水印作品的抗 JPEG 压缩能力大体相当(在 5% 压缩率时能被检测出来),但 $\alpha=0.5$ 时的曲线美观一些,其与坐标轴共同围成的面积大一些。在这种情况下,发生检测错误的概率明显地低于 $\alpha=0.1$ 时的那一组曲线。

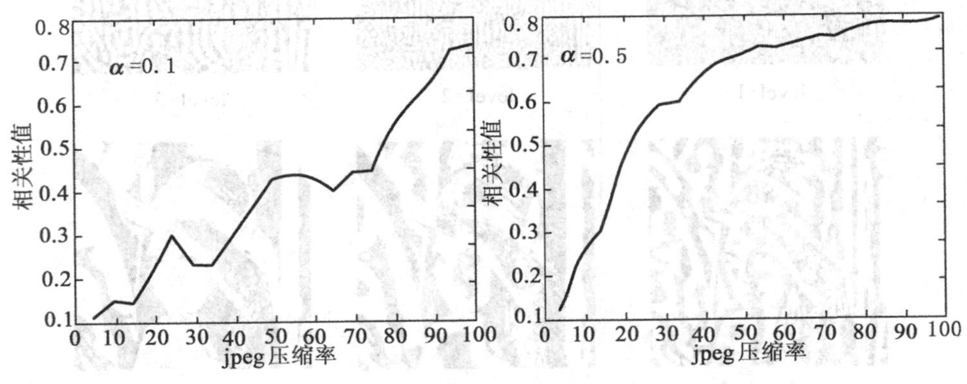

图 7.24 W-SVD 抗 JPEG 压缩攻击曲线

图 7.25 是“W-SVD 抗模糊处理攻击曲线”。该图表明,当 α 取不同值时,水印作品的抗模糊处理能力是不同的,也就是说鲁棒性是不同的。很明显,当 $\alpha=0.1$ 时,其水印图像在经过大约 3 次模糊处理后就无法检测出水印,也就意味着水印被攻击掉了。而当 $\alpha=0.5$ 时,这一指标明显提高。

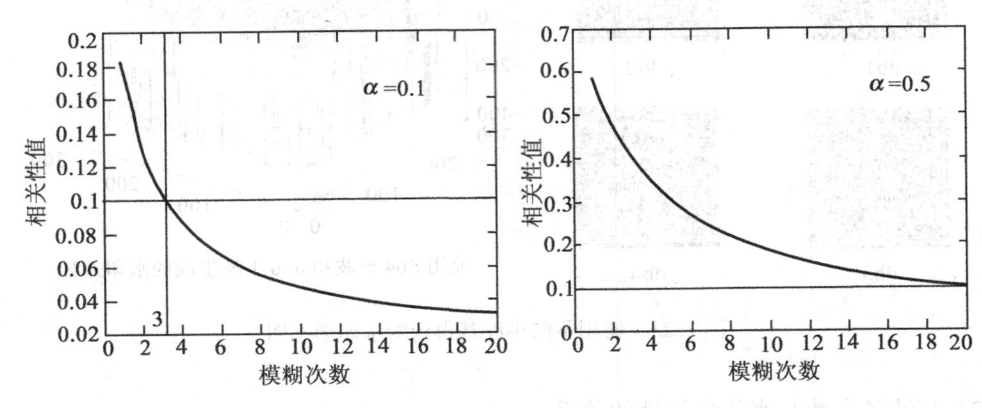

图 7.25 W-SVD 抗模糊处理攻击曲线

图 7.26 和图 7.27 分别是“W-SVD 抗中值滤波攻击曲线”和“W-SVD 抗马赛克处理攻击曲线”。当 $\alpha=0.1$ 时,其水印图像在经过 9×9 的中值滤波或 6×6 的马赛克处理后就无法检测

出水印,也就意味着水印被攻击掉了。而当 $\alpha=0.5$ 时,这些指标都明显提高。

综上所述,参数 α 是与水印鲁棒性密切相关的。事实上,α 的取值略微改变一点,水印性能都会发生很大变化。在实际中,我们应该慎重选择 α。

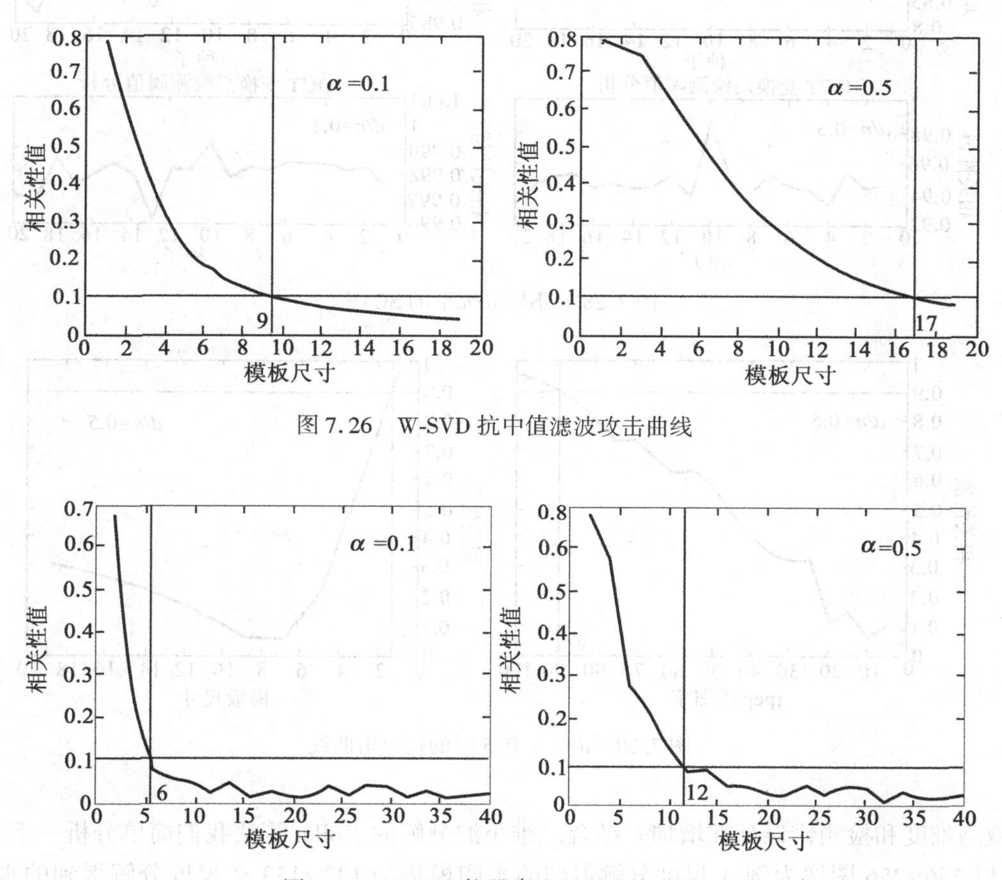

图 7.26　W-SVD 抗中值滤波攻击曲线

图 7.27　W-SVD 抗马赛克处理攻击曲线

2) d/n 与鲁棒性的关系

我们先通过 SC 图来说明参数 d/n 在水印检测中的影响。

图 7.28 是 $d/n=0.5$ 和 $d/n=0.1$ 时的 SC 图。通过它们和图 7.21($d/n=0.99$)进行比较可以发现,由于替换率变小,检测已经很难实现。当 $d/n=0.1$ 时,其 SC 图上已无法找到明显的峰值数据,所以也就谈不上检测阈值了。因而,该参数也是越大则水印检测的效果越好,对检测越有利。

对照图 7.28,由于 SC 图中峰值数据与一般数据的差越来越小,我们定义的检测阈值只有不断提高。对于 $d/n=0.5$ 这种情况,我们就必须将检测阈值定为 0.9。同时,由于 SC 图峰值不明显,这时的检测将会造成一定的检测错误。我们仍利用前面鲁棒性检测的手段对水印进行攻击,图 7.29 是 $d/n=0.5$ 时的"W-SVD 抗 JPEG 压缩攻击曲线"(左图)和"W-SVD 抗中值滤波攻击曲线"(右图)。可以发现,由于阈值很高,其水印作品的抗攻击能力明显下降了。

3) 小波分解尺度与鲁棒性的关系

通过绘制 SC 图发现,随着小波分解尺度的增加,水印的检测越来越困难,SC 图峰值在下

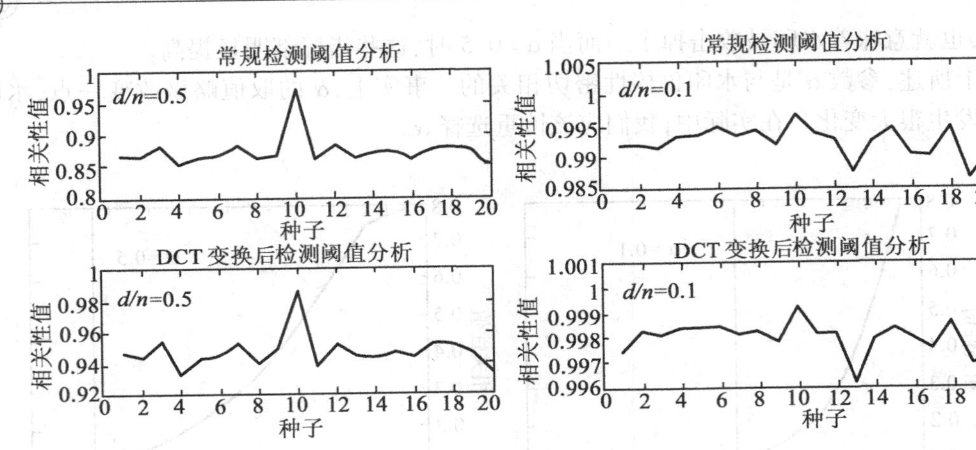

图 7.28　不同 d/n 下的 SC 图

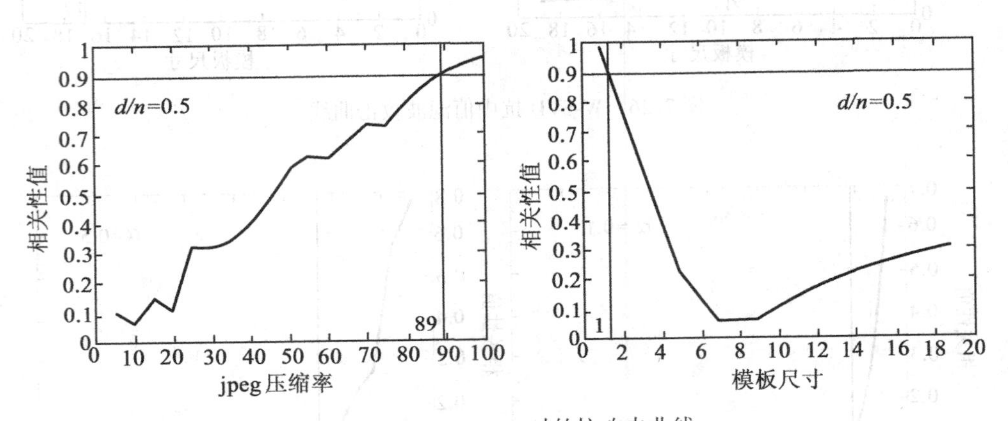

图 7.29　$d/n = 0.5$ 时的抗攻击曲线

降，检测难度和检测错误都在增加。结合二维小波分解的 Mollat 算法我们简单分析一下。

以 256×256 图像为例，1 尺度分解得到的水印模板为 133×133，2 尺度分解得到的水印模板为 72×72，到 4 尺度时，水印模板只有 26×26 大小了。尽管在 level=4 时添加的水印位于图像的非常低频的小波系数中，但由于本身数据太少，水印能量也远不如 level=2 时的大，所以造成了检测相关性值的降低。

图 7.31 是取分解尺度为 1，其余参数等于基本参数时的一组 W-SVD 抗攻击曲线，对照图 7.30，取检测阈值仍为 0.1。

与图 7.24～图 7.27 对比不难发现，1 尺度下的水印性能不如 2 尺度下的水印健壮。这是因为水印嵌入的位置越是低频系数，水印越不易受到攻击。但结合前面的分析，水印模板本身也应该有一定的数据量：

① 小波分解的尺度越大，与之相关的水印信息越少，检测越困难；

② 小波分解的尺度越大，水印越能嵌入到图像的高能量部分（低频部分），水印鲁棒性越强。

综合以上考虑，我们认为在 W-SVD 中取小波分解尺度为 2～3 是合适的。

（3）算法各参数与水印安全性的关系

Kerckhoffs 准则认为：一个安全保护系统的安全性不是建立在它的算法对于对手来说是保密的，而是应该建立在它所选择的密钥对于对手来说是保密的。数字水印的安全性也应该遵

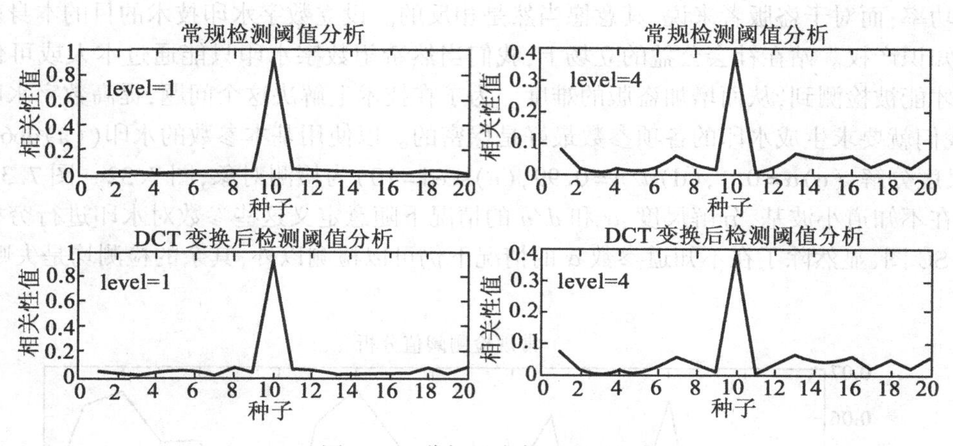

图 7.30 分解尺度与水印检测

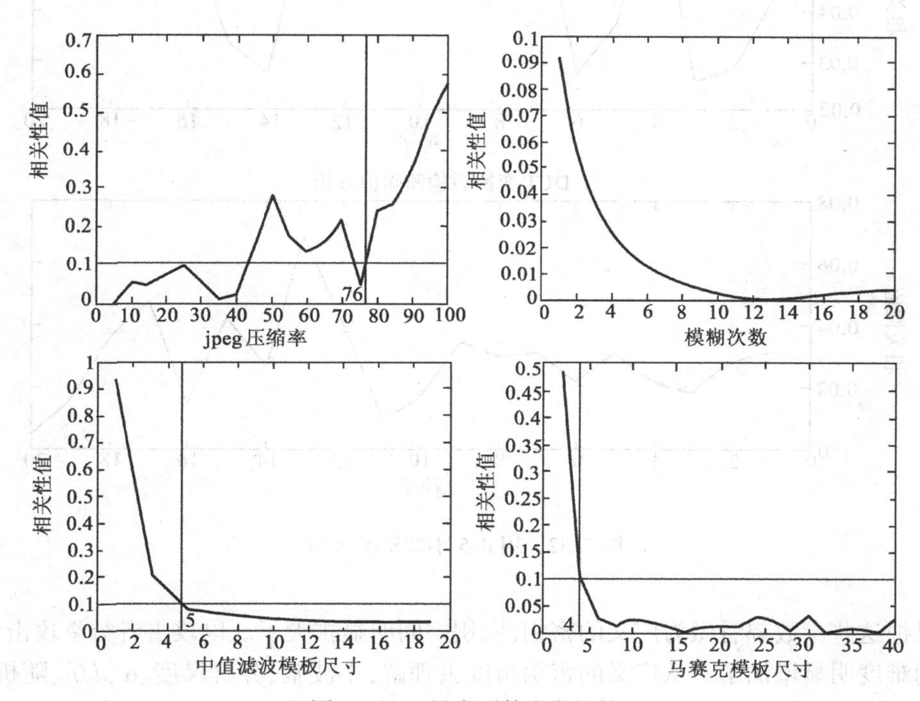

图 7.31 1 尺度下的水印性能

循这一原则。

将密钥控制引入水印系统是必不可少的。但一个很明显的问题就是：在水印系统中如何来划定算法与密钥的界线。对于这个问题，当前学者的看法也不一致，一部分学者认为对所要加入的信息进行加密，直接引入密码学中的密钥为密钥；另一部分学者则认为水印嵌入的位置和相关参数应该是密钥而不是算法的一部分。

以 W-SVD 为例，水印模板生成时的随机数种子毫无疑问是密钥的一部分，那么其他几个参数（小波、分解尺度、α 和 d/n）能否或有无必要也构成密钥呢？

在实际生活中，版权持有者显然希望自己的作品所加入的水印是安全的，并且拥有较高的检测成功率；而对于盗版者来说，其意愿当然是相反的。设立数字水印技术的目的本身就是为了保护知识产权。站在社会公益的立场上，我们当然希望数字水印只能通过本人或可信任的第三方才能被检测到，从而增加盗版的难度。为了在技术上解决这个问题，提高数字水印的安全性，我们就要求生成水印的各项参数最好是保密的。以使用基本参数的水印((a)db6 小波，(b)2 尺度分解，(c)$\alpha=0.1$，(d)$d/n=0.99$，(e)seed=10)为检测对象，图 7.32 ~ 图 7.35 依次表明了在不知道小波基、分解尺度、α 和 d/n 的情况下随意定义这些参数对水印进行穷举检测绘制的 SC 图，显然除了在不知道参数 α 的情况下仍可以检测以外，其余的检测均是失败的。

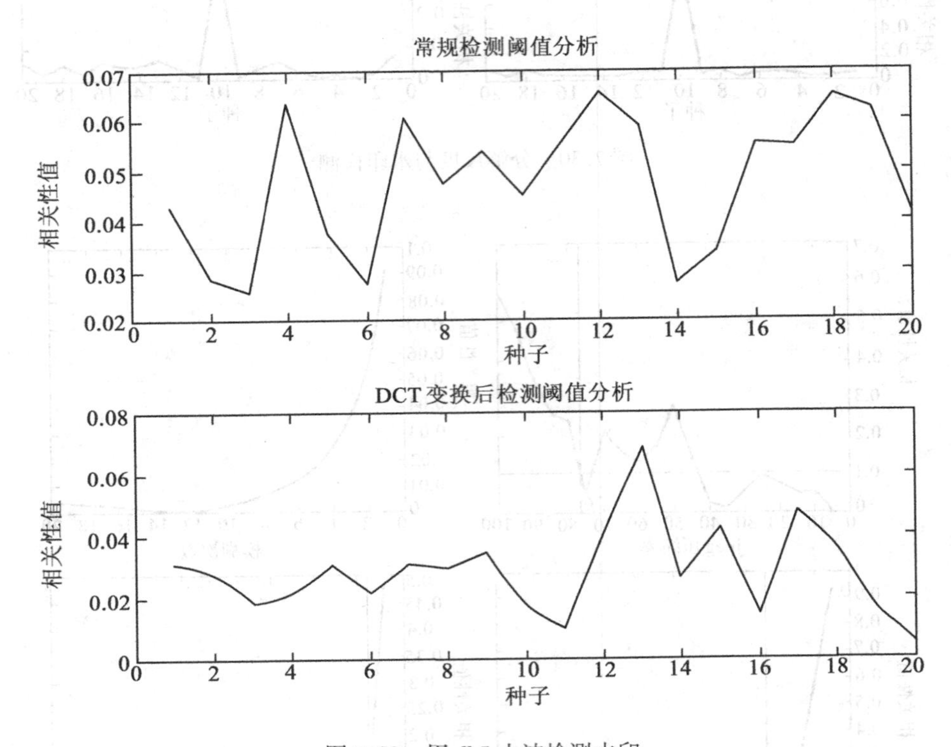

图 7.32　用 db5 小波检测水印

如果把这些参数都看做为广义的密钥，密钥空间明显扩大了。以攻击者穷举攻击为例，穷举攻击的难度明显增加了。从广义的密钥角度去理解，小波基、分解尺度、α、d/n、随机序列种子都可以看做是密钥的一部分。这里我们的观点是与上述后一部分学者一致的，因为这在实际中是有利于保护水印作品安全性的。

(4) 算法各参数与水印不可见性的关系

我们将在第八章进行有关水印不可见性的详细讨论。这里，我们仅用峰值信噪比(Peak Signal to Noise Ratio，PSNR)来衡量一下算法各参数对水印不可见性的影响。与前面一样，以下分析中未明确说明的参数都是基本参数。

1) α 与不可见性的关系

直接观察图 7.15 ~ 图 7.17 不难看出，随着水印强度因子 α 的不断增大，水印对原始图像的破坏也越来越大，水印的不可见性降低。表 7.4 列出了 α 从 0.1 ~ 0.5 时水印图像的 PSNR。

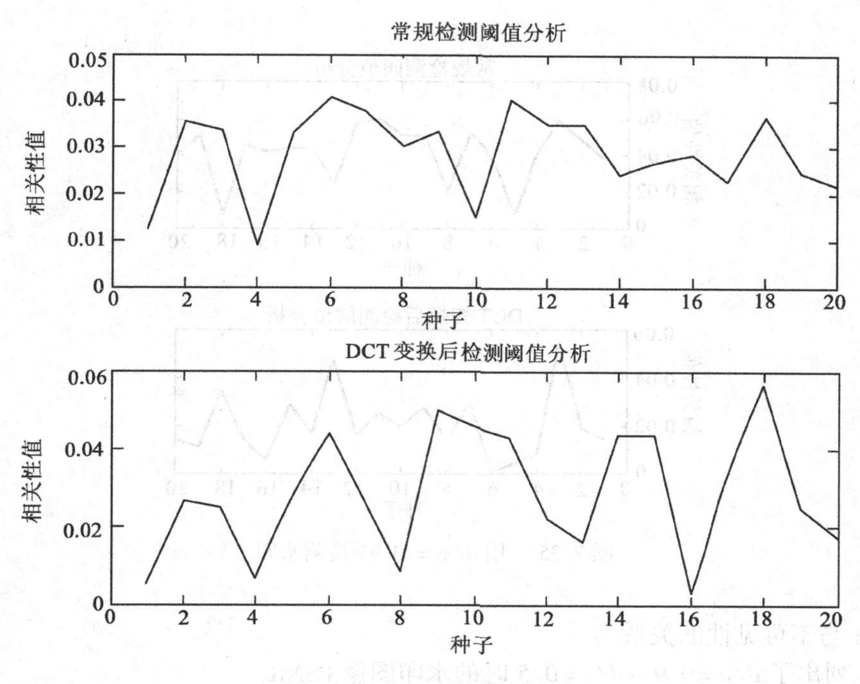

图 7.33 用1尺度检测水印

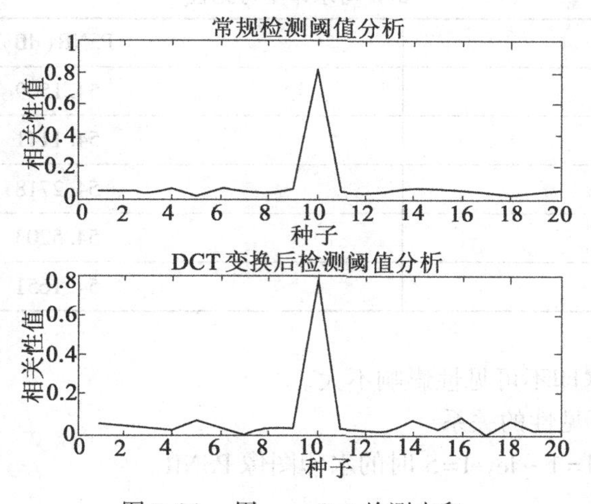

图 7.34 用 $\alpha=0.5$ 检测水印

表 7.4 **α与水印不可见性**

水印强度	PSNR(dB)
$\alpha=0.1$	55.422
$\alpha=0.2$	49.1822
$\alpha=0.3$	45.4978
$\alpha=0.4$	43.2266
$\alpha=0.5$	41.4967

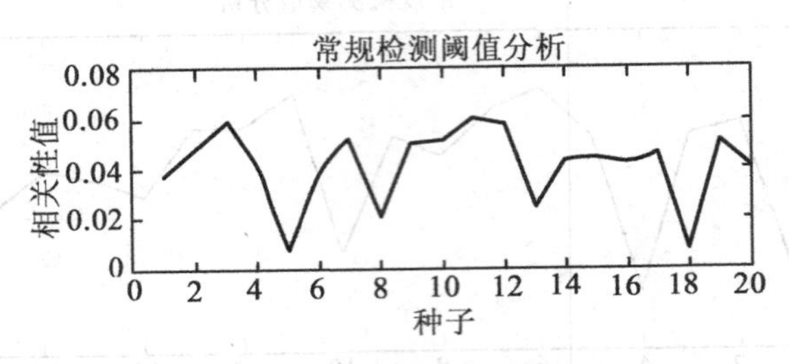

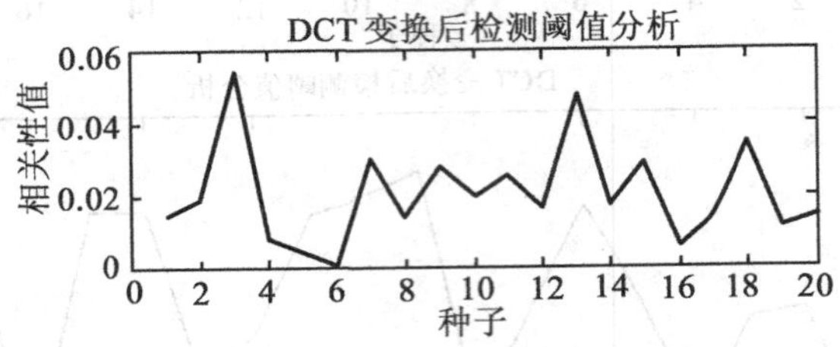

图 7.35　用 $d/n = 0.95$ 检测水印

2) d/n 与不可见性的关系

表 7.5 列出了 $d/n=0.9\sim d/n=0.5$ 时的水印图像 PSNR。

表 7.5　　**d/n 与水印不可见性**

替换比例	PSNR(dB)
$d/n=0.9$	54.1509
$d/n=0.8$	54.1141
$d/n=0.7$	54.2718
$d/n=0.6$	54.5203
$d/n=0.5$	54.1651

可以看到，d/n 对水印不可见性影响不大。

3) 分解尺度与不可见性的关系

表 7.6 列出了 level=1 ~ level=5 时的水印图像 PSNR。

表 7.6　　**分解尺度与水印不可见性**

小波分解尺度	PSNR(dB)
level=1	57.6184
level=2	55.422
level=3	54.0429
level=4	53.8587
level=5	51.3474

可以看到，随着小波分解尺度的增加，水印更集中在图像能量高的部分，对图像的感知质量造成的影响越来越大。

7.4 混沌细胞自动机数字水印

7.4.1 细胞自动机与水印生成

在计算机学科内，我们把能和其他细胞相互作用具有相同的可计算能力的细胞数组称为细胞自动机。这里的细胞一般是指一些特定区域的特定数据。细胞自动机能根据一定的算法和规则设计出相应的邻居关系，从而根据邻居的当前状态来改变自己的状态。将细胞自动机的思想运用到数字水印的生成策略上，可以得到很好的水印模板。

我们以投票规则(Vote Rule)为例，简要地说明利用细胞自动机生成水印的方法。水印模板的生成分为以下几个步骤：

① 产生随机数模板。

② 根据一定的判定规则，将随机矩阵转化为二值矩阵。

③ 将二值矩阵代入到细胞自动机，得到经细胞自动机处理的水印模板“凝聚模式”。

④ 将“凝聚模式”的模板经过平滑处理，得到最终的水印模板。

编写函数 cellauto.m 完成水印生成的任务。函数代码如下：

```
%文件名:cellauto.m
%程序员:李巍
%编写时间:2004.3.20
%函数功能:这是一个细胞自动机及相应的 vote 和 smooth 函数
%输入格式举例:watermark=cellauto(72,72,1983,20)
%参数说明:
%row,col 为要求得到的水印模板大小
%seed 为随机数种子
%do_num 为细胞自动机处理次数
function watermark=cellauto(row,col,seed,do_num)
%生成随机模板
rand('seed',seed);
chaoticrand=rand(row,col)>0.5;%转二值矩阵
chaotic=chaoticrand;
%扩大边界等待处理
temp=zeros(row+2,col+2);
temp(2:row+1,2:col+1)=chaotic;
%细胞自动机处理
for i=1:do_num
    %边界补充
    temp(1,2:col+1)=temp(row+1,2:col+1);
```

```
        temp(row+2,2:col+1)=temp(2,2:col+1);
        temp(2:row+1,1)=temp(2:row+1,col+1);
        temp(2:row+1,col+2)=temp(2:row+1,2);
        temp(1,1)=temp(row+1,col+1);
        temp(row+2,col+2)=temp(2,2);
        temp(1,col+2)=temp(row+1,2);
        temp(row+2,1)=temp(2,col+1);
        %vote1 规则
        cell1=temp(1:row,1:col);
        cell2=temp(1:row,2:col+1);
        cell3=temp(1:row,3:col+2);
        cell4=temp(2:row+1,1:col);
        cell5=temp(2:row+1,2:col+1);
        cell6=temp(2:row+1,3:col+2);
        cell7=temp(3:row+2,1:col);
        cell8=temp(3:row+2,2:col+1);
        cell9=temp(3:row+2,3:col+2);
        temp(2:row+1,2:col+1)=(cell1+cell2+cell3+cell4+cell5+cell6+cell7+cell8+cell9)
>4;
    end
    chaoticcell=temp(2:row+1,2:col+1);
    %平滑处理
    chaotic2=chaoticcell;
    avg=fspecial('average',3);
    for j=1:do_num
        chaotic2=filter2(avg,chaotic2);
    end
    scale=max(max(chaotic2));
    chaotic2=chaotic2/scale;
    %水印生成
    watermark=(chaotic2-mean2(chaotic2)*ones(row,col));
    subplot(131);imshow(chaoticrand);title('随机模式');
    subplot(132);imshow(chaoticcell);title('细胞模式');
    subplot(133);imshow(watermark);title('平滑模式(水印)');
```

图 7.36 是采用上述自动机完成 20 次运算后得到的水印模板各阶段形态。图 7.37 是得到的水印的矩阵表示形式。

下面我们就水印生成的几个问题作一个具体说明。

(1) 投票规则的运作

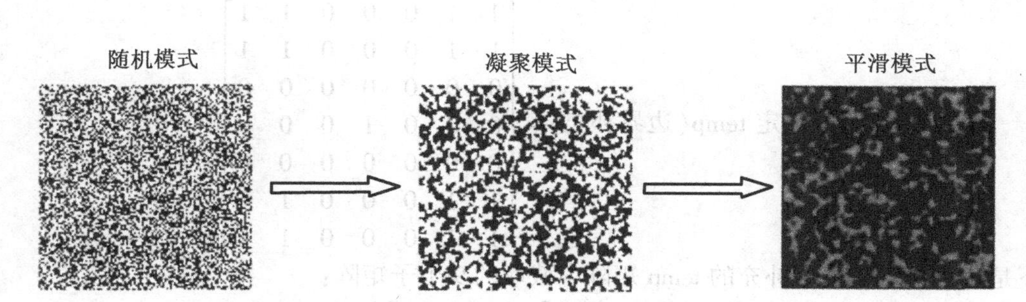

图 7.36 细胞自动机水印各阶段形态

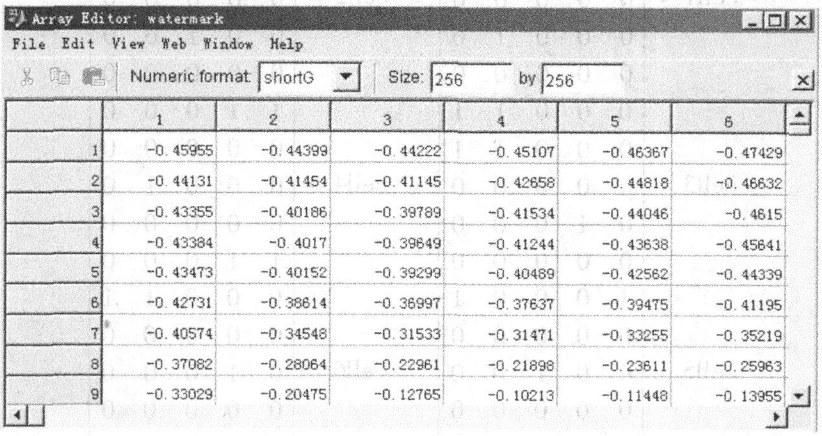

Array Editor: watermark

File Edit View Web Window Help

Numeric format: shortG Size: 256 by 256

	1	2	3	4	5	6
1	-0.45955	-0.44399	-0.44222	-0.45107	-0.46367	-0.47429
2	-0.44131	-0.41454	-0.41145	-0.42658	-0.44818	-0.46632
3	-0.43355	-0.40186	-0.39789	-0.41534	-0.44046	-0.4615
4	-0.43384	-0.4017	-0.39649	-0.41244	-0.43638	-0.45641
5	-0.43473	-0.40152	-0.39299	-0.40489	-0.42562	-0.44339
6	-0.42731	-0.38614	-0.36997	-0.37637	-0.39475	-0.41195
7	-0.40574	-0.34548	-0.31533	-0.31471	-0.33255	-0.35219
8	-0.37082	-0.28064	-0.22961	-0.21898	-0.23611	-0.25963
9	-0.33029	-0.20475	-0.12765	-0.10213	-0.11448	-0.13955

图 7.37 细胞自动机水印模板

将前面程序中使用的细胞自动机运作算法记为 vote1，对应该程序，我们以一个 5×5 的矩阵 A 来具体观察一下该细胞自动机运作一次的情况。

矩阵 A 如下：

$$A=\begin{bmatrix}1&0&0&0&1\\0&0&0&0&0\\0&0&1&0&0\\0&0&0&0&0\\1&0&0&0&1\end{bmatrix}$$

生成一个临时矩阵 temp，temp 的中心部分就是原始矩阵 A。

$$\text{temp}=\begin{bmatrix}0&0&0&0&0&0&0\\0&1&0&0&0&1&0\\0&0&0&0&0&0&0\\0&0&0&1&0&0&0\\0&0&0&0&0&0&0\\0&1&0&0&0&1&0\\0&0&0&0&0&0&0\end{bmatrix}$$

将 temp 的边界进行补充，得到如下矩阵：

$$规定\ temp(边界补充) = \begin{bmatrix} 1 & 1 & 0 & 0 & 0 & 1 & 1 \\ 1 & 1 & 0 & 0 & 0 & 1 & 1 \\ 0 & 0 & 0 & 0 & 0 & 0 & 0 \\ 0 & 0 & 0 & 1 & 0 & 0 & 0 \\ 0 & 0 & 0 & 0 & 0 & 0 & 0 \\ 1 & 1 & 0 & 0 & 0 & 1 & 1 \\ 1 & 1 & 0 & 0 & 0 & 1 & 1 \end{bmatrix}$$

以下是分别从经过边界补充的 temp 矩阵中截取的 9 个子矩阵：

$$cell1 = \begin{bmatrix} 1 & 1 & 0 & 0 & 0 \\ 1 & 1 & 0 & 0 & 0 \\ 0 & 0 & 0 & 0 & 0 \\ 0 & 0 & 0 & 1 & 0 \\ 0 & 0 & 0 & 0 & 0 \end{bmatrix}, \quad cell2 = \begin{bmatrix} 1 & 0 & 0 & 0 & 1 \\ 1 & 0 & 0 & 0 & 1 \\ 0 & 0 & 0 & 0 & 0 \\ 0 & 0 & 1 & 0 & 0 \\ 0 & 0 & 0 & 0 & 0 \end{bmatrix}$$

$$cell3 = \begin{bmatrix} 0 & 0 & 0 & 1 & 1 \\ 0 & 0 & 0 & 1 & 1 \\ 0 & 0 & 0 & 0 & 0 \\ 0 & 1 & 0 & 0 & 0 \\ 0 & 0 & 0 & 0 & 0 \end{bmatrix}, \quad cell4 = \begin{bmatrix} 1 & 1 & 0 & 0 & 0 \\ 0 & 0 & 0 & 0 & 0 \\ 0 & 0 & 0 & 1 & 0 \\ 0 & 0 & 0 & 0 & 0 \\ 1 & 1 & 0 & 0 & 0 \end{bmatrix}$$

$$cell5 = \begin{bmatrix} 1 & 0 & 0 & 0 & 1 \\ 0 & 0 & 0 & 0 & 0 \\ 0 & 0 & 1 & 0 & 0 \\ 0 & 0 & 0 & 0 & 0 \\ 1 & 0 & 0 & 0 & 1 \end{bmatrix}, \quad cell6 = \begin{bmatrix} 0 & 0 & 0 & 1 & 1 \\ 0 & 0 & 0 & 0 & 0 \\ 0 & 1 & 0 & 0 & 0 \\ 0 & 0 & 0 & 0 & 0 \\ 0 & 0 & 0 & 1 & 1 \end{bmatrix}$$

$$cell7 = \begin{bmatrix} 0 & 0 & 0 & 0 & 0 \\ 0 & 0 & 0 & 1 & 0 \\ 0 & 0 & 0 & 0 & 0 \\ 1 & 1 & 0 & 0 & 0 \\ 1 & 1 & 0 & 0 & 0 \end{bmatrix}, \quad cell8 = \begin{bmatrix} 0 & 0 & 0 & 0 & 0 \\ 0 & 0 & 1 & 0 & 0 \\ 0 & 0 & 0 & 0 & 0 \\ 1 & 0 & 0 & 0 & 1 \\ 1 & 0 & 0 & 0 & 1 \end{bmatrix}$$

$$cell9 = \begin{bmatrix} 0 & 0 & 0 & 0 & 0 \\ 0 & 1 & 0 & 0 & 0 \\ 0 & 0 & 0 & 0 & 0 \\ 0 & 0 & 0 & 1 & 1 \\ 0 & 0 & 0 & 1 & 1 \end{bmatrix}$$

将这 9 个子矩阵相加，得到一个和矩阵：

$$summation = \begin{bmatrix} 1 & 1 & 0 & 0 & 0 & 1 & 1 \\ 1 & 4 & 2 & 0 & 2 & 4 & 1 \\ 0 & 2 & 2 & 1 & 2 & 2 & 0 \\ 0 & 0 & 1 & 1 & 1 & 0 & 0 \\ 0 & 2 & 2 & 1 & 2 & 2 & 0 \\ 1 & 4 & 2 & 0 & 2 & 4 & 1 \\ 1 & 1 & 0 & 0 & 0 & 1 & 1 \end{bmatrix}$$

将这个和矩阵的各元大于 4 的写成 1，小于等于 4 的写成 0，就完成了 1 次细胞自动处理。

事实上,细胞自动机的运作规则有很多种,比如 Life, Brain, Aurora 和 Vote 等等。仅就投票规则而言,除了我们上面提供的一种方式外,我们再给出一种常用的基于投票原理的细胞自动机运作算法(Vote2),供大家参考。

算法 Vote2 以一个计数值 p 记录二值矩阵中每 3×3 邻域内 1 的个数,如果 p 小于 5,则将这个 3×3 邻域中心的数值设置为 0,否则设置为 1。假设二值矩阵 old 为n×n,则相应的经过细胞自动机 Vote2 处理得到新二值矩阵的每一个数值 new(i,j)。用伪 C 代码描述如下:

```
for (i=2;i<=n-1;i++)
    for(j=2;j<=n-1;j++)
    {
        p=0;
        for(ii=i-1;ii<=i+1;ii++)      //考察3×3 邻域内1 的个数
          for(jj=j-1;jj<=j+1,j++)
          {
            if(old(ii,jj)=1)
               p++;
          }
        if(p<5)   //根据 p 的投票数确定细胞自动机输出
          new(i,j)=0;
        else
          new(i,j)=1;
    }
```

当然,就投票规则而言,大家也可以自己定义新的算法,只要能保证随机模式下的水印模板有效的转变为凝聚模式下的水印模板就行了。

(2) 平滑处理的方法

我们这里采用的平滑处理方法是图像的均值滤波。有关均值滤波的原理我们将在第九章介绍。

MATLAB 中的 fspecial. m 函数可以根据生成的参数得到一个滤波的冲击响应核,其调用方式为:

h=fspecial('average',hsize)

其中,'average'表示均值滤波,hsize 是冲击响应模板的大小,默认值为 3×3。

(3) 混沌细胞自动机

所谓"混沌细胞自动机"实际上就是指水印最初的随机数矩阵不是用一般的随机数发生器获得的,而是用具有混沌特性的随机数发生器获得的。我们在第二章专门介绍了具有混沌特性的随机数发生器。以混合光学双稳模型为例(函数 randCS. m),将生成的随机数模板按照特定的判定规则调整为二值模板,接下来的步骤就与前面使用线性同余发生器的步骤一样了。这种特定的判定规则可以描述为:

if (x_i>=$2A/3$)

  $S_i=1$;

else

  $S_i=0$;

其中,A 是混沌模型的既定参数。

7.4.2 水印的嵌入和检测策略

单纯获得细胞自动机水印是不够的。接下来的问题就是:水印往哪嵌入。一般来说,这时的水印可以往 DCT 系数或小波低频系数中嵌入。下面我们分别来简单实现这些方法。

(1) DCT 域嵌入策略

正如前面所述,本水印算法的水印生成策略和水印嵌入策略是不相关联的。嵌入的方式为:

E(image)=IDCT(DCT(image)+δ * watermark.)

考虑到原始图像 DCT 系数的大小,我们必须用参数 δ 对水印强度进行控制。图 7.38 和图 7.39 分别是 $\delta=0.01$ 和 $\delta=5$ 时嵌入水印后的 lenna 图像。可以发现,当 δ 较大时,原图像的低频部分首先被破坏了。

下面给出 DCT 域嵌入此水印的函数,函数代码如下:

```
% 文件名:dctwatermark.m
% 程序员:李巍
% 编写时间:2004.3.20
% 函数功能:本函数是一个嵌入水印的函数
% 输入格式举例:
% [corr_coef,corr_DCTcoef]=dctwatermark('lenna.jpg','lenna1.jpg',jpg,1024,3,0.2)
% 参数说明:
% original 为原始图像文件名
% goal 为嵌入水印图像
% permission 为图像文件格式
% seed 为随机序列种子
% alpha 是尺度参数
% do_num 参数是进行投票选择的次数
function[watermark,datared,datadct,datared2]=dctwatermark(orignal,goal,permission,seed,
do_num,alpha)
data=imread(orignal,permission);
data=double(data)/255;
datared=data(:,:,1);
[row,col]=size(datared);
datadct=dct2(datared);
% 调用函数 cellauto
[chaoticrand,chaoticcell,watermark]=cellauto(row,col,seed,do_num);
dataadd=datadct+alpha * watermark;
datared2=idct2(dataadd);
data(:,:,1)=datared2;
% 显示结果
subplot(131);imshow(datared2);title('R 层图像');
```

```
%subplot(132);imshow(data);title('加入水印后的图像')
imwrite(data,goal,permission);
```

图 7.38 δ = 0.01 的水印图像

图 7.39 δ = 5 的水印图像

我们采用类似 W-SVD 检测算法对水印进行检测,函数代码如下:

```
%文件名:wavedetect2.m
%程序员:李巍
%编写时间:2004.3.20
%函数功能:本函数是一个检测 DCT 水印的函数
%输入格式举例:
%corr_coef=wavedetect2('lenna1.jpg',jpg,'lenna.jpg',jpg,1024,3,0.1)
%参数说明:
%test 为待检测的 RGB 图像文件名
%permission1 为待检测的 RGB 图像文件格式
%original 为原始图像文件名
%permission2 为原始图像文件格式
%seed 为随机序列种子
%do_num 参数是进行投票选择的次数
%alpha 是尺度参数
%corr_coef 是检测相关值
function corr_coef=wavedetect2(test,permission1,original,permission2,seed,do_num,alpha)
dataoriginal=imread(original,permission2);
datatest=imread(test,permission1);
dataoriginal=dataoriginal(:,:,1);
[m,n]=size(dataoriginal);
datatest=datatest(:,:,1);
%提取加有水印的图像的 DCT 系数
waterdct=dct2(datatest);
%提取原始图像的 DCT 系数
waterdcto=dct2(dataoriginal);
```

```
%生成两种水印
realwatermark=cellauto(m,n,seed,do_num);
testwatermark=(waterdct-waterdcto)/alpha;
%计算相关性值
corr_coef=trace(realwatermark' * testwatermark)/(norm(realwatermark,'fro') * norm(testwatermark,'fro'));
```

图7.40是水印检测的SC曲线。

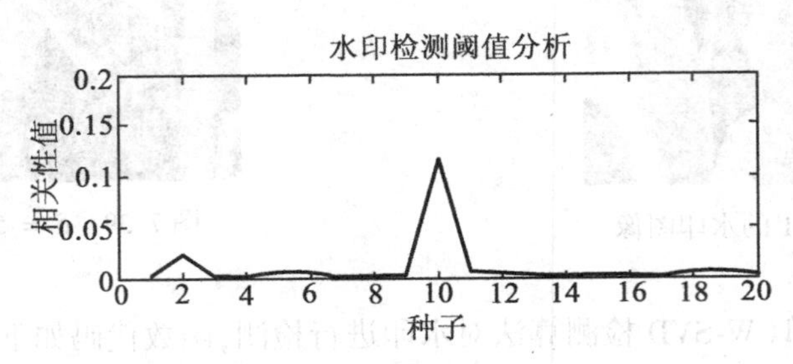

图7.40 水印检测的SC曲线

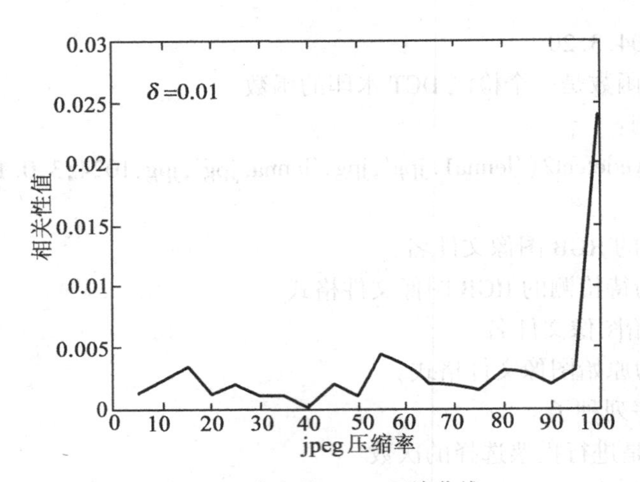

图7.41 水印抗JPEG压缩曲线1

最后,我们简单地考察一下参数δ与水印鲁棒性的关系。我们采用的攻击手段是JPEG压缩。由于我们是将水印直接加往DCT全部系数中,可以想像,该算法抵抗JPEG压缩的能力是很低的。图7.41和图7.42证实了我们的推断。虽然图7.42中显示可以容忍的压缩率为63%,但事实上当$\delta=0.1$时图像已经被所嵌入的水印部分破坏了(与图7.39情况相似)。所以,只能认为δ值与W-SVD算法中的α一样,起了一个水印强度因子的作用,它的具体取值读者可自己去分析。

(2) DWT域嵌入策略

细胞自动机水印还可以往图像小波分解的低频系数中嵌入。嵌入的方法与前面的DCT方法和W-SVD都有类似的地方。在W-SVD中,水印模板是通过SVD分解替换构造的,这里将这些部分统一用细胞自动机水印替换就可以了,其余的步骤大体相同。读者可自行完成并

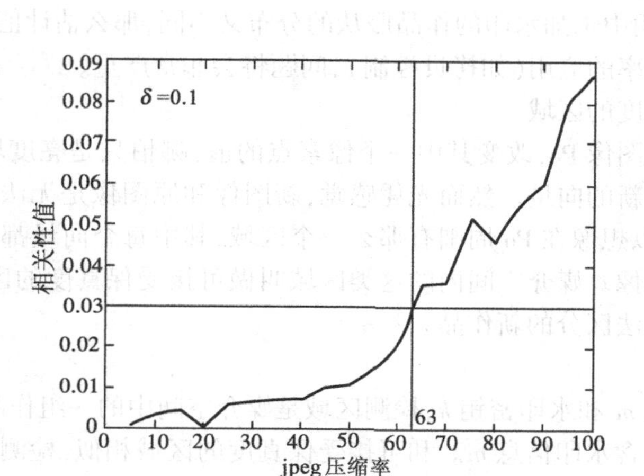

图7.42　水印抗JPEG压缩曲线2

与W-SVD对照，分析这种水印算法的性能。

7.5　数字水印的几何解释

这一节我们主要从几何模型上认识一下数字水印。假设有一个N维空间，这个空间中的每一个元素代表一件数字作品，这个空间就被称为媒体空间。维度N表示原始作品所需的样本数。对于单色图像，N是像素点总数。对于RGB图像，N是像素点总数的3倍。对于连续的时序内容（如音频或视频），假设水印嵌入到信号的固定长度的一段内，并且内容已经过时间采样，因此，对音频来说，N是段内的样本数，对视频来说，N是段内的帧数与每帧像素点数的乘积（如果是彩色的还要再乘以3）。媒体空间在一定方式下的投影或变形得到的子空间又被称为标志空间。

以8比特灰度图像为例，其每点像素值都映射为0～255之间的一个整数。这表明实际作品的集合是有限的（尽管非常大），它们在媒介空间构成一个离散格点空间。格点之间或区域以外的点不代表有效的数字作品。因为量化间隔往往很小，区域范围往往很大，通常忽略媒介空间的离散性，把它看做连续的（也就是说，即使是那些不在格点上的点，也都代表了可实现的作品）。

(1) 未加水印作品的分布

在不同作品中嵌入或检测到水印的可能性是不同的。诸如音乐和自然图像等作品的内容具有独特的统计分布，我们必须把这些分布考虑进去。

当估计水印系统的虚警率和有效性等特性时，建立作品内容的先验分布模型对于研究系统很重要。我们既可以用格点集上的概率分布来表示数字作品的分布，也可以用媒介空间上所有点的概率密度函数来表示此分布。

有文献指出，对于未加水印作品格点集的概率分布，其中最简单的模型是假设作品满足椭圆高斯分布。而对大部分媒介来说，更精确的模型满足拉普拉斯或广义高斯分布。事实上，未加水印作品格点集的概率分布取决于具体应用。不同种类作品具有的多种不同分布会造成某些问题。如果我们根据某种分布来估计水印检测器的虚警率，然后在另外一个应用领域使用该检测器，而这个应用中未加水印的作品服从的分布又不同，那么估计值就会不精确。尤其对于那些严格要求虚警率的应用（如拷贝控制），问题将会非常严重。

（2）可接受保真度的区域

想像有这么一幅图像 Po，改变其中一个像素点的值，哪怕只是亮度增加 1 或减少 1，也会在媒介空间形成一个新的向量。然而光凭感觉，新图像和原图像是无法区分的。显然有很多这样的图像，我们可以想像在 Po 周围有那么一个区域，其中每个向量都表示一幅和原作品凭感觉无法区分的新图像。媒介空间内的这类区域叫做可接受保真度的区域，区域中每个向量都表示和载体作品无法区分的新作品。

（3）检测区域

对应于给定信息 m 和水印密钥 k，检测区域是媒介空间中的一组作品，检测器解码输出的结果表明这组作品包含水印信息 m。和可接受保真度的区域相似，检测区域通常是由检测器输入和嵌入信息 m 的模板之间的相关性值以及检测阈值定义的。

在 7.2 节的水印基本模型实验算法中，检测度量是线性相关性值 $Z_{lp}(p,\mathrm{wr})$。为了刻画检测区域的形状，首先看到接收的作品和参考模板之间的线性相关 $p\cdot\mathrm{wr}/N$ 等于其的欧式长度和两者之间夹角余弦的乘积再除以 N。因为 wr 的欧式长度是常数，故该度量等价于 N 维向量 p 在 N 维向量 wr 上的正交投影。该度量值超过阈值 τ_{lp} 的所有点都位于某个与 wr 垂直的平面的一侧。这些点构成的半空间表示 $m=1$ 的检测区域。同样，$m=0$ 的检测区域在由 $-\tau_{lp}$ 决定的平面一侧。

如果水印作品在媒介空间中位于可接受保真度的区域和检测区域的交叠部分，那么该水印嵌入就是成功的。如图 7.43 所示，图中通过误差图像与原始图像的均方差来确定可接受保真度的区域，通过接收的作品和参考模板 wr 之间的线性相关检测阈值确定检测区域。图中显示的是媒介空间的二维截面，其中包括两个向量 Po 和 wr。经过调整，向量 wr 正好位于横轴上，因为高维空间内随机选择的向量很可能靠近于 wr 正交的方向，所以 Po 离纵轴很近。可接受保真度的区域是 N 维球体，它在二维截面上的投影是一个填充圆。检测区域和媒介空间其他区域的分割平面在二维截面上的投影是一条与 wr 垂直的直线。所有既在可接受保真度的圆形区域内，同时又位于检测区域边界右侧的点都对应了 Po 的不同版本。这些点在可接受保真度的范围内，并且检测器也能正确地检测出其中的水印信息。也就是说，这些点代表着那些已经成功地嵌入了水印信息的作品。

（4）嵌入分布和嵌入区域

水印嵌入器相当于一个函数，它把作品、信息或密钥映射为新作品。这个函数通常是确定性的，给定原始作品 Po、信息 m 和密钥 k，嵌入器总是输出相同的加了水印的作品 Pw。水印嵌入器实际上包括了水印生成和嵌入两方面的策略。因为原始作品由未加水印作品的分布随机决定，所以嵌入器的输出结果也可以看成是随机的。嵌入器输出特定作品 Pw 的概率等于从未加水印作品的分布中得到 Po 的概率，其中 Pw 是 Po 输入嵌入器后的结果。如果几幅未加水印的作品都可以映射为 Pw，则嵌入器输出 Pw 的概率等于这些未加水印作品的概率之和。我们把 Pw 的概率分布叫做嵌入分布。

通常的水印嵌入策略有以下两种：

一种策略是在一些嵌入策略定义的嵌入分布中，每幅可能的图像，甚至包括那些在检测区域以外的图像，都可以由其他图像嵌入水印后生成。仍以 7.2 节的水印基本模型实验算法为例，与每个原始作品 Po 相加的都是和作品无关的相同向量 $\mathrm{wa}=\alpha\mathrm{wr}$。图 7.44 说明了这一点。

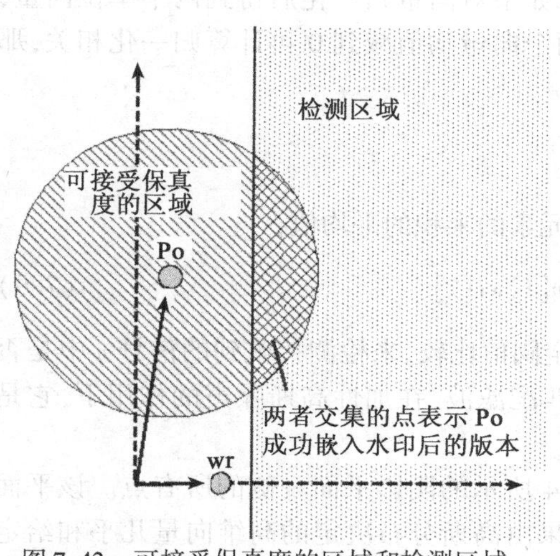

图 7.43　可接受保真度的区域和检测区域

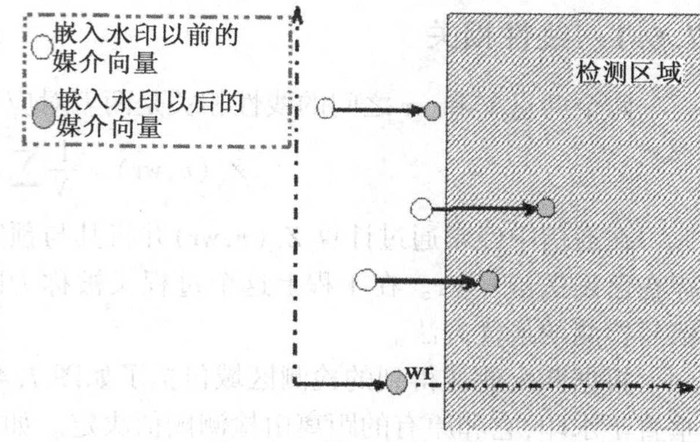

图 7.44　第一种嵌入策略

这样的算法存在的问题就是不能保证 100% 的有效性,因为嵌入器输出一幅位于检测区域以外的作品的概率不等于 0。

另一种策略是,其水印的生成和嵌入策略可以保证对于给定的水印模板和原始作品,嵌入器输出的图像总能位于某一特定的平面上。其几何模型见图 7.45。对这类系统而言,讨论给定信息的嵌入区域(也就是嵌入器所有可能输出作品的集合)是有意义的。当且仅当嵌入区域完全位于检测区域内时,系统才具有 100% 的有效性。

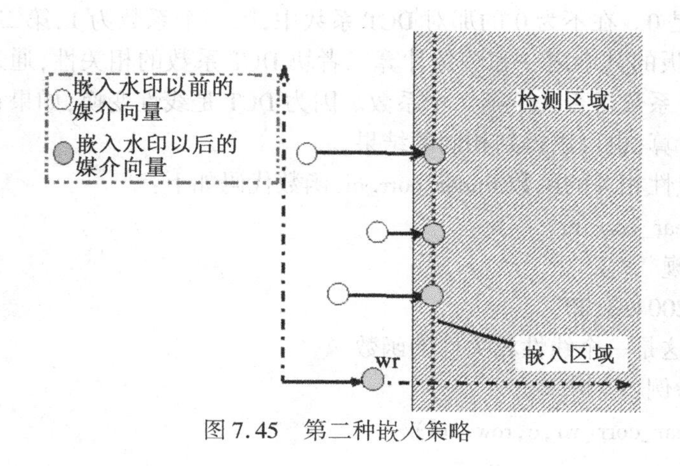

图 7.45　第二种嵌入策略

7.6　水印的相关检测

前面几节介绍了比较常用的几种水印系统,也分别简单地讨论了各种水印的检测。下面将详细地讨论水印的相关检测。

常见的水印检测策略中一般都涉及这样几种相关性的计算:线性相关、归一化相关和相关系数。其中,最基本的是线性相关,在介绍基本模型实验时已经对此有所了解。另一种相关性与它的区别在于计算内积前先对向量进行归一化。如果对向量归一化后得到两个单位向量，就可以计算出两者之间的归一化相关。如果先将两个向量均值减到0再计算归一化相关，那么就可以求得向量之间的相关系数。

7.6.1 线性相关

两个向量 V 和 wr 之间的线性相关是两者对应元素的乘积的平均值：

$$Z_{lp}(v,\mathrm{wr}) = \frac{1}{N}\sum_{i} v[i]\,\mathrm{wr}[i] \tag{7.9}$$

在通信中经常通过计算 $Z_{lp}(v,\mathrm{wr})$ 并将其与预定阈值比较，来检测接收到的信号 v 中是否存在已发送信号 wr。在工程上这个过程又被称为匹配滤波，在加性高斯噪声的作用下，它是信号检测的最优方法。

根据匹配滤波得到的检测区域包括了如图7.44所示的阴影平面一侧的所有点。该平面垂直于水印，它和原有的距离由检测阈值决定。如果由高斯分布决定的高维向量几乎和给定的水印是正交的，我们就能了解检测区域的鲁棒性。若参与检测的是一个无关的噪声向量，则噪声向量和检测区域的边界面平行，很少会穿过平面。

从广义上来说，一切检测算法，只要计算作品模板间的线性函数并且将函数值与特定阈值进行比较，都可以认为使用了线性相关检测。

比如 Koch 和 Zhao 提出过一种在图像中嵌入水印的算法。首先对图像的每个8×8块进行离散余弦变换（DCT），然后从每个块中选择一对 DCT 系数排序后进行分组。算法的主要思路是在每对系数中都嵌入1比特水印信息，具体值取决于组内第一个系数是否大于第二个系数。如果大于就嵌入比特1，否则就嵌入比特0。除了对该比特进行编码的一对系数外，每个模板的块 DCT 系数都是0。在不为0的那对 DCT 系数中，第一个系数为1，第二个系数为-1 。因此，如果将这些模板的其中之一和图像计算二者块 DCT 系数的相关性，通过比较结果的正负就可以知道第一个系数是否大于第二个系数。因为 DCT 是线性变换，如果在空间域对模板和图像进行相关性计算，也可以得到相同的结果。

下面编写求线性相关的函数 linear_corr.m，函数代码如下：

```
%文件名:linear_corr.m
%程序员:李巍
%编写时间:2004.3.20
%函数功能:这是一个线性相关性的函数
%输入格式举例:
%L_corr=linear_corr(wr,c,row,col)
%参数说明:
%realwatermark 为真实的水印
%testwatermark 为待检测的水印
%row,col 是水印矩阵的维度
%L_corr 为函数计算出的两矩阵的线性相关
function L_corr=linear_corr(realwatermark,testwatermark,row,col)
N=row * col;
corr=0;
```

```
for i=1 : row
    for j=1 : col
        corr=corr+realwatermark(i,j) * testwatermark(i,j);
    end
end
L_corr=corr/N;
```

7.6.2 归一化相关

线性相关的一大问题是检测值在很大程度上依赖于从作品中提取的向量幅度。这表明水印对于一些简单处理,如改变图像的亮度或降低音乐的音量,不具备鲁棒性,等等。有文献指出,线性相关检测器的虚警概率也很难预测。

有学者采用归一化相关的计算方法来改进线性相关的不足。在计算内积之前先对提取信号模板和参考模板进行归一化,使它们成为单位向量,就可以解决这个问题。即:

$$v' = \frac{v}{|v|}$$

$$\mathrm{wr}' = \frac{\mathrm{wr}}{|\mathrm{wr}|}$$

$$Z_{nc}(v,\mathrm{wr}) = \sum_i v'[i]\mathrm{wr}'[i] \tag{7.10}$$

称为归一化相关。

由归一化相关的阈值决定的检测区域和由线性相关的阈值决定的检测区域完全不一样。线性相关的检测区域包含了阴影平面一侧的所有点,而与归一化相关对应的是圆锥形的检测区域。这和以下事实是一致的,即两个向量的内积等于它们的欧氏长度与夹角余弦的乘积,表示为:

$$v \cdot \mathrm{wr} = |v|\,|\mathrm{wr}|\cos\theta \tag{7.11}$$

其中,θ 表示 v 和 wr 之间的夹角。因此,两个向量之间的归一化相关就等于它们之间夹角的余弦值。设置内积的阈值等价于设置夹角的阈值,即:

$$\frac{v \cdot \mathrm{wr}}{|v|\,|\mathrm{wr}|} > \tau_{\mathrm{nc}} \Leftrightarrow \theta < \tau_\theta \tag{7.12}$$

其中,

$$\tau_\theta = \cos^{-1}(\tau_{\mathrm{nc}}) \tag{7.13}$$

因此,对于给定的参考向量 wr,其检测区域是以 wr 为轴、顶角为 $2\tau_\theta$ 的 N 维圆锥。

图7.46 描述了参考向量 wr 在阈值 τ_{nc} 下的检测区域。图中显示的是标志空间的截面。参考标志沿着 x 轴方向,y 轴是任一与参考标志正交的方向。阴影部分表示平面上检测结果为包含参考标志 wr 的所有点。这是个 N 维圆锥体的二维截面,对于包含 wr 的所有平面来说形状都相同。也就是说,如果选择了不同的 y 轴方向(只要它仍然与 x 轴方向正交),该区域也不会变化。注意图中显示的阈值相当高,低阈值会使锥形变钝。

虽然有时线性相关可以作为检测度量,但是检测阈值必须根据已提取标志的幅值进行缩放。这等价于使用归一化检测度量。为了说明这一点,首先要注意用已提取向量的幅值去除相关值可以得到相同的检测效果,于是有检测度量:

$$Z_1(v,\mathrm{wr}) = \frac{v \cdot \mathrm{wr}}{|v|} \tag{7.14}$$

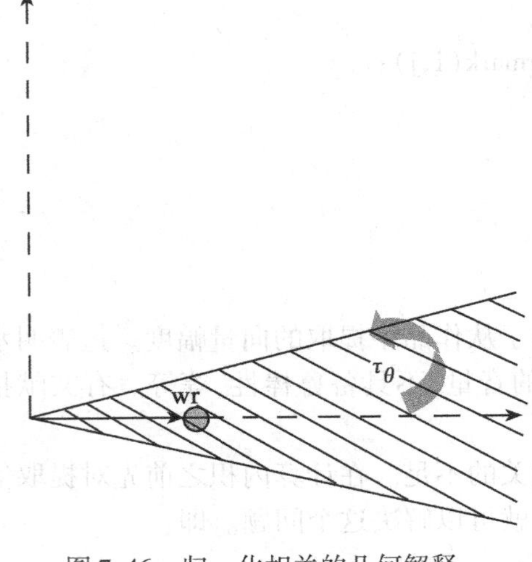

图 7.46 归一化相关的几何解释

根据上述定义，它和归一化相关之间的惟一区别在于，在此没有对参考标志进行归一化。不过，通常限制参考标志的幅度为常数，由此看来这两者之间至多相差一个常数因子。

下面编写求线性相关的函数 unification_corr.m，函数代码如下：

```
%文件名:unification_corr.m
%程序员:李巍
%编写时间:2004.3.20
%函数功能:这是一个归一化相关函数
%输入格式举例:
%U_corr=unification_corr(wr,c)
%参数说明:
%realwatermark 为真实的水印
%testwatermark 为待检测的水印
%U_corr 为函数计算出的两矩阵的归一化相关
function U_corr=unification_corr(realwatermark,testwatermark)
mtimes=trace(realwatermark * testwatermark);
modulus=norm(realwatermark,'fro') * norm(testwatermark,'fro');
U_corr=mtimes/modulus;
```

7.6.3 相关系数

在本节中使用的最后一种相关形式是相关系数。先将两个向量的均值都减到0，然后再计算它们的归一化相关，由此得到向量的相关系数如下：

$$v' = v - \bar{v}$$

$$\mathrm{wr}' = \mathrm{wr} - \overline{\mathrm{wr}}$$

$$Z_{cc}(v,\mathrm{wr}) = Z_{nc}(\bar{v},\overline{\mathrm{wr}}) \tag{7.15}$$

这就保证了水印对作品中直流量的变化（比如图像中每个像素值都增加一个常数）具备鲁棒性。

归一化相关和相关系数之间具有简单明了的几何关系：N 维空间中两个向量之间的相关系数就是这两个向量投影到$(N-1)$维空间上的归一化相关。也就是说，减去向量均值的运算相当于投影到低维空间上。我们可以把它看做向量运算。例如，如果 v 是三维空间内的向量 $[x,y,z]$，那么 $v-\bar{v}=[x,y,z]-[\bar{v},\bar{v},\bar{v}]$ 。向量$[\bar{v},\bar{v},\bar{v}]$表示坐标系统对角线上距向量 v 最近的点。因此，经过减法运算就得到了和对角线正交的向量。这表明运算得到的向量位于$(N-1)$空间内，该$(N-1)$维空间和原 N 维坐标系统的对角线正交。一个简单的二维的例子如图7.47所示，两个二维空间向量减去它们的均值，结果相当于沿对角线方向投影到一维子空间。

因为相关系数是归一化相关投影后的结果，所以经常交叉使用这两种度量，考察归一化相关的理论，然后利用相关系数建立系统来说明理论。如果根据已提取向量的样本标准差对线性相关进行缩放，就得到了下列检测度量：

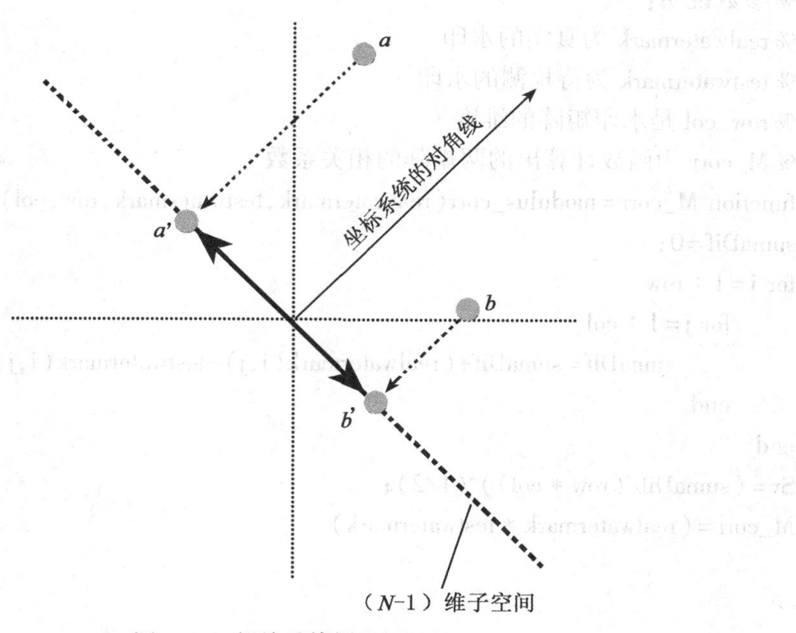

图 7.47　相关系数的几何解释

$$Z_2(v,\mathrm{wr})=\frac{v\cdot\mathrm{wr}}{S_v} \tag{7.16}$$

这与根据已提取标志的幅度（检测度量 Z_1）尺度变换相比，尽管只有细微差别，但该检测度量属于相关系数而不是归一化相关。已提取向量 v 的样本标准方差 S_v 表示为：

$$\begin{aligned}S_v&=\sqrt{\frac{1}{N}\sum_i^N\left(v[i]-\overline{v[i]}\right)^2}\\&=\frac{1}{\sqrt{N}}\left|v-\bar{v}\right|\\&=\frac{1}{\sqrt{N}}\left|v'\right|\end{aligned} \tag{7.17}$$

其中 v' 根据式(7.15)定义。于是有：

$$Z_2(v,\mathrm{wr})=\sqrt{N}\,\frac{v\cdot\mathrm{wr}}{|v'|} \tag{7.18}$$

如果限制参考标志的幅度为常数并且均值为0，则这个检测度量等价于相关系数，因为 $\mathrm{wr}=\mathrm{wr}'$ 和 $v\cdot\mathrm{wr}=v'\cdot\mathrm{wr}'$（因为 v 的均值对于它和一个均值为0的向量之间的内积没有影响）。

下面编写求线性相关的函数 modulus_corr。函数代码如下：

```
%文件名:modulus_corr.m
%程序员:李巍
%编写时间:2004.3.20
%函数功能:这是一个相关系数函数
%输入格式举例:
%M_corr=modulus_corr(wr,c,256,256)
```

```
%参数说明:
%realwatermark 为真实的水印
%testwatermark 为待检测的水印
%row,col 是水印矩阵的维度
%M_corr 为函数计算出的两矩阵的相关系数
function M_corr=modulus_corr(realwatermark,testwatermark,row,col)
sumaDif=0;
for i=1:row
    for j=1:col
        sumaDif=sumaDif+(realwatermark(i,j)-testwatermark(i,j))^2;
    end
end
Sv=(sumaDif/(row*col))^(1/2);
M_corr=(realwatermark*testwatermark)
```

第8章 视觉感知与基于感知的数字水印

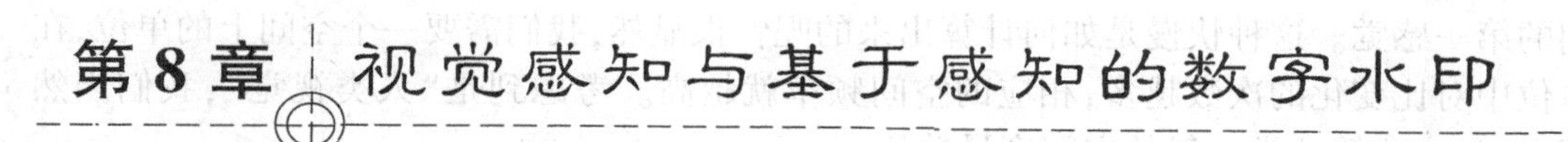

在水印性能评价中，我们有必要分析水印的不可见性。一个良好的水印系统，其基本要求就是在鲁棒性、不可见性以及诸如安全性等多方面都达到较高的水平。对水印不可见性的评价是一个多学科复合的研究问题，我们这里仅对图像视觉信号作一定的分析和评估。在数字水印之前，大量的图像视觉感知评估方法就已经应用于图像纹理分割和图像压缩等领域。对于水印图像的感知质量评估可以参照这些研究成果进行，当然鉴于数字水印的特殊性，有些评价手段也是不适用的。

谈到图像感知质量不可回避地要涉及人类的视觉系统(HVS)。本章我们就由 HVS 展开，先对其作一个简单的了解。在阐述 HVS 之后，我们开始对图像的感知质量进行评估。评估分为主观和客观两方面进行。主观方面采用二选一迫选实验为实验方法，涉及物理心理学上有关 JND 和图像感知级别等方面的问题。客观方面，我们选取了几种常规的又具有代表性的图像视觉感知评价方法加以介绍和实现。最后，我们以经典的 Watson 视觉模型为基础，完成了一个基于感知的数字水印实验，供大家参考。

8.1 人类视觉系统

研究视觉感知不能不提到人类视觉系统(Human Visual System，HVS)。对于 HVS 的研究，学术界表现出了极大的热情。研究内容本身也构成了一个结合生物学、心理学、数学和工程信号处理等多学科的庞大体系。在图像数字水印中，视觉感知能力是一个非常重要的性能评价方向。将人类视觉的某些特征与水印算法本身结合起来就成了当前数字水印研究的热点，而这一切的基础当然就是 HVS。

8.1.1 空间频率

在接触 HVS 之前，我们先来看一种新的频率定义：空间频率(Spatial Frequency)。在日常生活以及我们以前的研究中，大量出现了"频率"的概念。这些频率基本上都是定义在时间上的，所以也叫做"时间频率(Temporal Frequency)"。简单地形容时间频率，就是一个信号在单位时间内幅度变化的快慢，我们用赫兹(Hz)表示它，1Hz = 1/1s。也就是说，时间频率一般由三个方面组成：时间、幅度变化和时间单位(秒)。将这三个概念作牵引，在空间上，我们也可以定义一组度量：空间、空间中的变化和空间单位。

空间是一个很广泛的表述。一幅放在我们面前的图像就可以看做一个平面二维空间。它也是我们研究的对象。我们知道，在时间频率上，我们强调的变化一般是指信号幅度的变化，那么在空间上有哪些变化呢？

在视觉上，我们提到的变化是亮度强度的变化。不同的亮度强度对我们的视觉系统构成了不同的刺激(Stimulus)。亮度的变化我们以"对比(Contrast)"的概念来描述。图 8.1 给出了一组黑白间隔的条纹,其黑白间隔的条纹排列起来在水平方向不断重复变化,也就是亮度上对比的不断变化。对比变化一次称为一个 cycle。

从图 8.1 上我们可以很直观地感受到,图 8.1(c)的变化最快,图 8.1(a)的变化最慢,这是我们的第一感觉。这种快慢是如何计算出来的呢?很显然,我们需要一个空间上的单位,在这个单位中对比变化的次数越多,相应的空间频率就越高。考虑到是“人类视觉”,我们当然不能用 m,cm,m^2 等这类一般的空间度量单位。

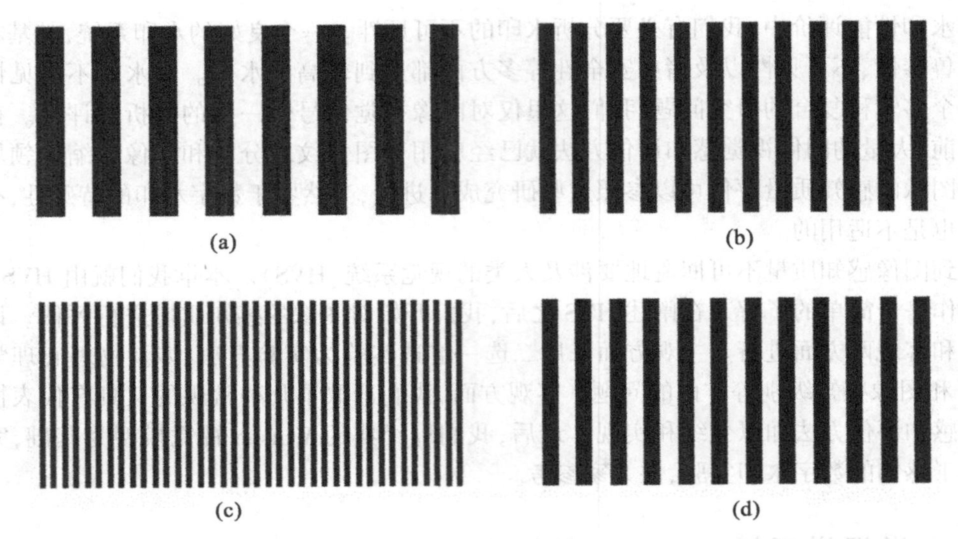

图 8.1　亮度栅栏

在视觉上,我们有一种特殊的度量单位:视角(Visual Angle),如图 8.2 所示。视角的单位也是度(Degree)。大家将手臂向前伸直并竖起拇指,看到一个拇指的宽度大概需要 2°的视角。将视角作为空间的单位,就如同秒作为时间单位一样,可以很准确地描述整个空间的大小。

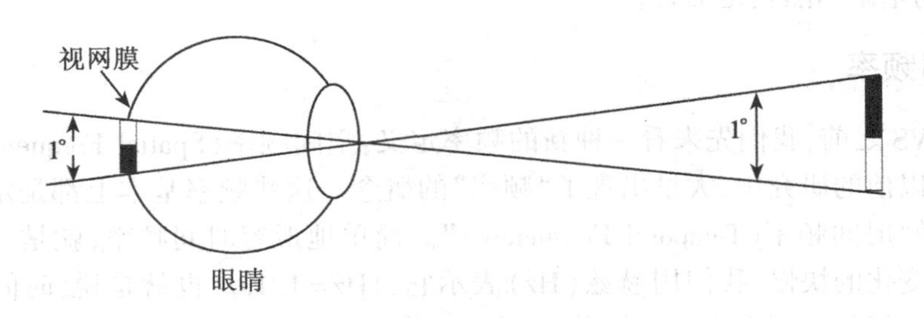

图 8.2　视角

有了空间、空间中的变化(对比变化)和空间单位(视角),我们就可以定义空间频率了。空间频率是指在单位视角中对比变化的次数,记为 cycle/degree,cpd。

在日常生活中,我们似乎很难与以上定义联系起来,因为我们看到的多彩世界绝对不是像一组黑白栅栏那么简单。在视觉感知的研究中,我们如何分析人类的视觉系统接收到的不同刺激呢?在生物学上,生物学者是将电极插入神经元旁边来收集刺激信号的。他们发现在人类的大脑视觉皮层中,有对不同空间频率感应的细胞。也就是说,尽管我们的视觉集中反映出来的是通常所说的"五颜六色",但细化到每一个脑细胞,仍然是对空间频率的一种感应,空间频率是一个并不"直觉"的物理量。

这里有一个生物视觉研究上经常做的实验。大家先注视图8.1(a)和图8.1(c)半分钟以上,然后再去瞟一眼图8.1(b)和图8.1(d),图8.1(b)和图8.1(d)谁的空间频率高?一般大家都会说是图8.1(b)高(图8.1(b)的栅栏看上去细一些)。事实是这样吗?请眺望一下远方休息一下再看,或者用尺量一下栅栏宽度,原来图8.1(b)和图8.1(d)根本上就是一幅图。为什么会这样呢?这是因为长时间注视图8.1(a)和图8.1(c),导致对位于上方的图案低频感应细胞疲劳,对位于下方的图案高频感应细胞也疲劳而造成的。再去看图8.1(b)和图8.1(d),疲劳的细胞感应灵敏度就降低了,所以将位于上方的图8.1(b)认为是高频而将位于下方的图8.1(d)认为是低频了。这种"认为"也称做适应(adaptation)。

其实,在日常生活中,空间频率有时还是可以被"直觉"到的。图8.3(a)是将lenna经过马赛克处理的图像。就大家现在看书的这一距离,一定感到左右两幅图像很不一样。那么把书拿远一点呢?左边的lenna伴随着观察距离的增大,似乎越来越清晰了!事实上,马赛克处理的实质就是用一个小范围内的平均颜色替换整个范围内的像素,所以处理后的图像看上去是一块一块的。将这种变化理解为是对比变化,显然在观察距离近的时候空间频率低,而观察距离远的时候空间频率高。当提升观察距离时,图8.3左右两图在单位视角中的变化均比较高,所以比较接近。

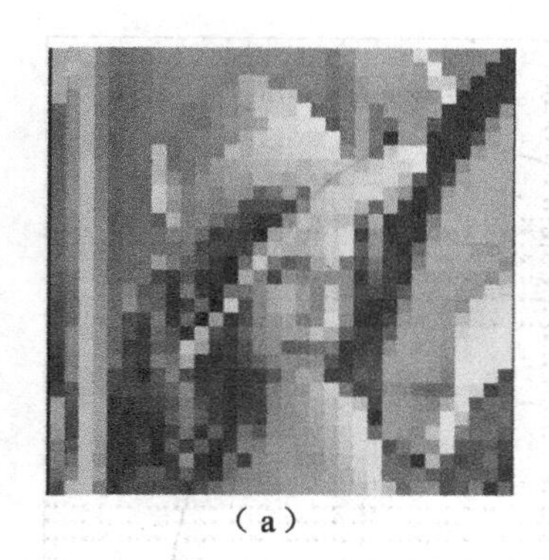

(a)

(b)

图8.3　lenna的马赛克处理

在工程上,我们经常要使用到空间频率滤波。这时,我们所谓的"对比变化"就过于抽象了,所以,我们一般是将空间上正弦波的变化理解为空间频率。根据物理Fourier光学的有关知识,光从物面到频谱以及从频谱到像面的传播都可以用Fourier变换描述。对于图像的二维Fourier变换,有:

$$F(p,q)=\sum_{m=0}^{M-1}\sum_{n=0}^{N-1}f(m,n)\mathrm{e}^{-j(2\pi/M)pm}\mathrm{e}^{-j(2\pi/N)qn}$$

$$p=0,1,2,\cdots,M-1\quad q=0,1,2,\cdots,N-1$$

其中,p,q就是水平和垂直方向上的空间频率。这样一来,图像的空间频率滤波就与我们熟悉的数字信号处理的有关内容结合到一起了。当然,在不同的视觉模型中,我们也可以定义其他的空间频率计算方法。

8.1.2 人类视觉系统的一般描述

下面我们从空间频率、时间频率、方向、光谱特性、掩蔽和误差合并六个方面来认识 HVS。

(1)空间频率与对比敏感度

研究表明,人们对于高空间频率的敏感度较低而对于低空间频率的敏感度较高。如图8.3所示,在相对低空间频率的情况下,我们很容易发现左右两幅图的不同,而在相对高空间频率的情况下则就不那么容易发现左右两幅图的不同了。人类眼睛的视网膜有 X 和 Y 两种神经细胞。Y 细胞对空间频率呈低通特性,X 细胞也呈低通特性但低频衰减快,高频有延伸,截止频率较 Y 细胞高。事实上,HVS 的空间频率响应可以看做是一个窄带通滤波器,由亮度对比的敏感度与空间频率组成的函数来描述。峰值亮度对比敏感度对应的空间的频率是 4 cpd。

一个信号只有当其对比度高于某个对比度阈值(contrast threshold)的时候才能被 HVS 感受到。对比阈值随着空间频率的变化而变化,构成一个对比阈值函数(Contrast Threshold Function,CTF)。该函数在整个可见光的空间频率(0 ~ 60 cpd)内度量,在每一个空间频率下的对比阈值是在给定的空间频率下刚好能够感受到一个正弦波所需要的最小正弦幅值。对比敏感度(contrast sensitiveness)就是对比阈值的倒数。由对比敏感度和空间频率组成的函数被称为对比敏感函数(Contrast Sensitivity Function,CSF)。CSF 是研究视觉感知的基础中的基础。一个典型的 CSF 如图 8.4 所示。

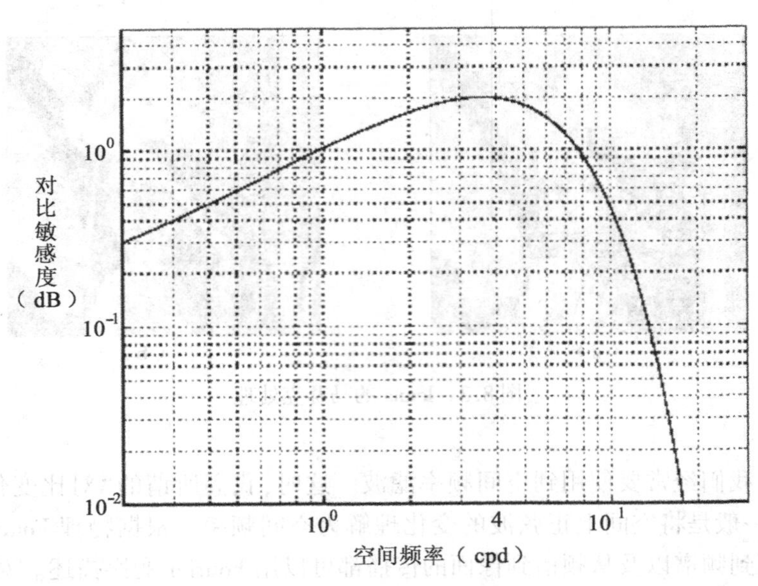

图 8.4 对比敏感函数 CSF

可以看到,HVS 对空间频率的最大响应区为 2 ~ 10cpd。CSF 受到方向性、图像亮度、图像空间的大小和观察距离等多方面的影响,一般将 CSF 认为是一个带通滤波器(band pass filter)。前面已经具体说明过,当观察距离增大时,低频的失真将进入最大响应区。所以,有时也将 CSF 定义为低通滤波器(low pass filter)。

(2)视觉时间频率特性

时间频率通常是以抖动、运动等形式被我们感知的。人眼对于不同时间频率有不同的反应。图 8.5 表示时间频率敏感度与时间频率构成的函数图像。

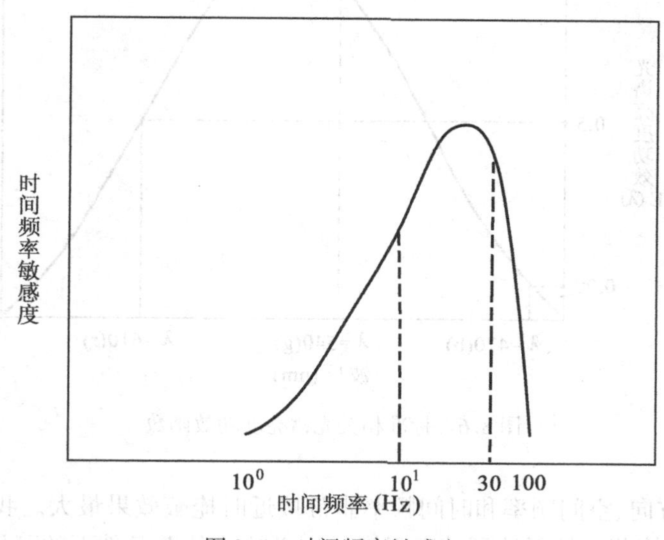

图 8.5　时间频率敏感度

研究表明，当频率高于 30Hz 时，HVS 敏感度就会迅速衰减。所以，电影、电视的传输速度都不会超过每秒 60 帧。

(3) 视觉感知在方向上的分解

研究表明，视觉感知对水平(horizontal)和垂直(vertical)方向上的刺激最敏感，对对角(diagonal)方向尤其是 45°(135°)方向上的刺激最不敏感。一个 HVS 可以由多个并列的视觉通道(channel)组成，这些通道的空间频率带宽约为一个倍频程，方向上的选择宽度在 15°～60°之间。为了模拟实现 HVS 这种在空间频率和方向上的分解特性，人们使用了大量方法，最典型的就是用一组 Gabor 多分辨滤波器建模或对信号使用小波变换。

(4) HVS 的光谱特性

HVS 对于不同的颜色其敏感度也不同。眼睛对各种颜色的敏感度可以用标准相关光谱亮度功效函数来描述。标准相关光谱亮度功效函数如图 8.6 所示。由图 8.6 可以看出，对于三原色 R，G，B，人眼对绿色最敏感，对蓝色最不敏感。联想到前面我们多次给出的亮度方程，一个像素点的亮度 Y 有：

$$Y=0.299R+0.587G+0.144B$$

其各项系数的确定也是根据 HVS 得到的。

(5) 掩蔽

众所周知，一个信号的存在能淹没或掩蔽另一个信号，如两个人在十分吵闹的足球场说悄悄话，球场的噪声足以掩蔽他们的对话。在视觉上，有两种掩蔽经常出现：对比度(频率)掩蔽与亮度掩蔽。我们主要谈对比度掩蔽。

HVS 对刺激信号的响应并不取决于刺激信号的绝对亮度，而是取决于刺激相对于背景(刺激信号的平均亮度)的局部变化，即刺激信号的背景对比度。人眼在不同背景对比度下可以感知的最小亮度差被称为可见度阈值(visible threshold)。研究表明，当背景(background)和

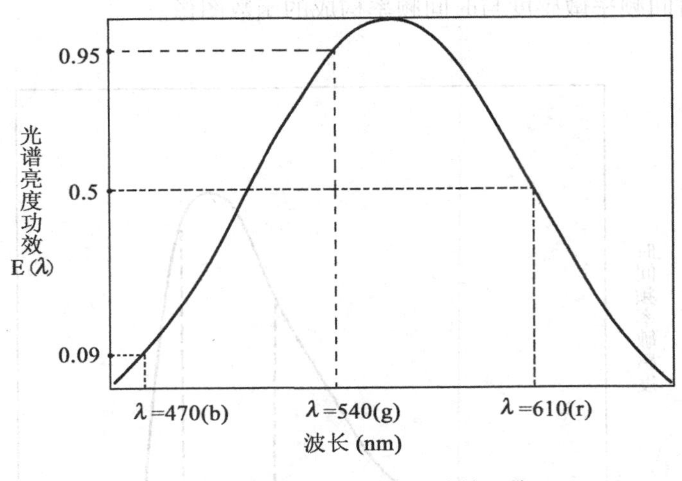

图 8.6　标准相关光谱亮度功效函数

刺激(stimulus)在方向、空间频率和时间频率非常接近时掩蔽效果最大。我们定义一个 C_{T0} 为从 CSF 上获得的无掩蔽条件下的可见度阈值。C_T 为在有掩蔽条件下的可见度阈值。C_M 为背景对比度,表示为背景信号与刺激信号的比例。图 8.7 是一个在对数坐标下的掩蔽与可见度阈值构成的函数图像。

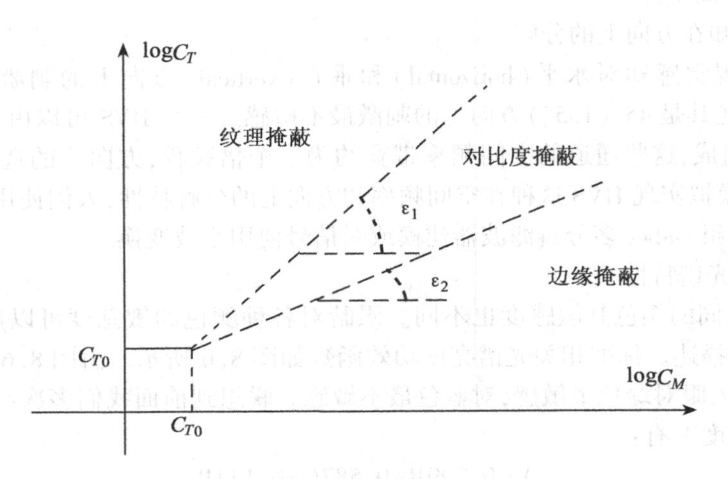

图 8.7　掩蔽

可以看到,当 C_M 较低时,可见度阈值 $C_T=C_{T0}$。事实上,当 C_M 逐渐接近 C_{T0} 时,可见度阈值开始提升,由于其处于一个短暂阶段,在图 8.7 中我们忽略这一情况。当 C_M 大于 C_{T0} 且继续不断增大时,可见度阈值在对数坐标下呈现线性增长的态势。一般情况下,可以将 C_T 描述为:

$$C_T=\begin{cases}C_{T0} & C_M<C_{T0}\\ C_{T0}(C_M/C_{T0})^{\varepsilon} & \text{其他}\end{cases}\tag{8.1}$$

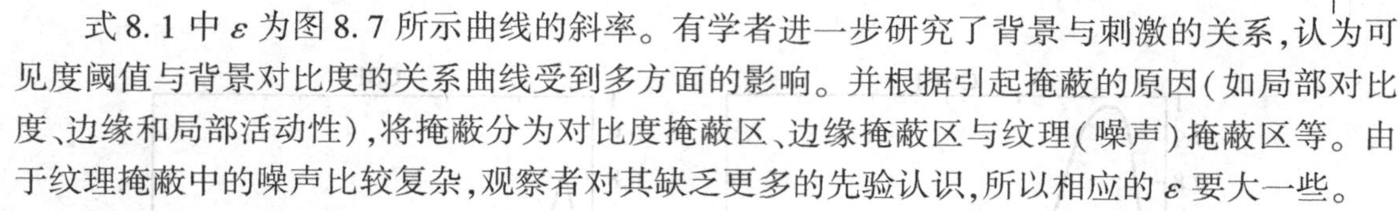

式 8.1 中 ε 为图 8.7 所示曲线的斜率。有学者进一步研究了背景与刺激的关系,认为可见度阈值与背景对比度的关系曲线受到多方面的影响。并根据引起掩蔽的原因(如局部对比度、边缘和局部活动性),将掩蔽分为对比度掩蔽区、边缘掩蔽区与纹理(噪声)掩蔽区等。由于纹理掩蔽中的噪声比较复杂,观察者对其缺乏更多的先验认识,所以相应的 ε 要大一些。

(6)误差合并

前面提到的频率敏感度、方向分解和掩蔽等均是从不同的层面衡量一个视觉感知质量。事实上,我们对一个图像的直观质量评价就是 HVS 对多方面评估结果的一种合并。为了模拟这种合并,一般采用明科斯基和(Minkowski summation)(L^P 范数)来计算。明科斯基和可以表示为:

$$E = \left| \sum_i |S_i|^\beta \right|^{\frac{1}{\beta}} \tag{8.2}$$

S_i 为观察者可以得到的各种评估质量,β 是求和指数,对于图像在一般情况下 β 取为 4 比较恰当。

8.1.3　CSF 的实现方式

前面已经阐述了 CSF 的来源及其基本特点。由于观察角度不同,对于 CSF 的实现也不尽相同(或者说是用 CSF 模拟 HVS 的程度和方式不同)。本小节我们给出两种低通 CSF 的形式表示并完成其 MATLAB 实现。

(1)Mannos 的 CSF

经典的低通 CSF 是由 J · Mannos 和 D · Sakrison 提出的,如图 8.8(a)所示。通过该 CSF 能够成功地反映图像的感知质量,其频率响应为:

$$H(f_r) = 2.6(0.0192 + 0.114f_r) \cdot \exp(-(0.114f_r)^{1.1}) \tag{8.3}$$

其中,f_r 是径向频率(radial frequency),由以下公式计算获得:

$$f_r = \frac{\pi}{180\arcsin\left(\frac{1}{\sqrt{1+d^2}}\right)}\sqrt{u^2+v^2} \tag{8.4}$$

径向频率是一种视觉频率,由水平空间频率 u 和垂直空间频率 v 以及观察距离 d 共同计算得到。由式(8.3)和式(8.4)构成的 CSF 频率响应的峰值响应频率是 8cpd。

(2)Makoto Miyahara 的 CSF

Makoto Miyahara 在其有关编码图像的质量尺度(Picture Quality Scale,PQS)的文章中提出了另一种 CSF 的实现方式,如图 8.8(b)所示。其 CSF 的空间频率响应为:

$$S(\omega) = 1.5e^{\frac{-\sigma^2\omega^2}{2}} - e^{-2\sigma^2\omega^2} \tag{8.5}$$

其中,$\sigma=2$,$\omega=\frac{2\pi f}{60}$,$f=\sqrt{u^2+v^2}$。u,v 分别是水平和垂直方向上的空间频率。同时,Makoto Miyahara 等还认为,式(8.5)所给出的 *CSF* 比较注重对图像边界重构起重要作用的低频系数的量化,而弱化了高频系数。所以,在式(8.5)的基础上,还给出了一个针对高频的频率响应:

$$O(\omega,\theta) = \frac{1+e^{\beta(\omega-\omega_0)}\cos^4 2\theta}{1+e^{\beta(\omega-\omega_0)}} \tag{8.6}$$

其中,$\theta=\arctan(\frac{v}{u})$,$\beta=8$,$f_0=11.13$cpd。将以上两个频率响应结合起来,就得到了最终的

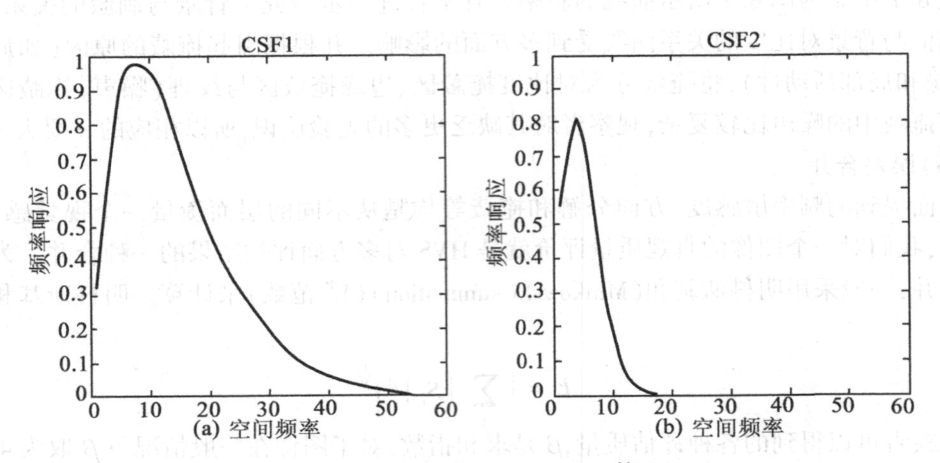

图 8.8　Mannos 和 Makoto Miyahara 的 CSF

CSF 滤波器：

$$S_a(u,v) = S(\omega)O(\omega,\theta) \tag{8.7}$$

通过式(8.7)所示的 CSF 滤波器对图像失真进行量化，可以得到需要的失真度量。

(3)两种 CSF 的比较和实现

比较两种 CSF 的实现形式，前者(CSF1)关注到了观察距离(viewing distance)对滤波结果的影响，后者(CSF2)在高频部分引入了观察方向的影响。与图 8.4 所示的理想 CSF 比较而言，CSF1 在峰值响应频率上并不十分准确。事实上，有关 CSF 的实现形式有很多。Nill 和 Nagn 等就分别设计了峰值响应频率为 5cpd 和 3cpd 的低通 CSF。此外，由于 HSV 在对比敏感上呈现带通的特性，所以有不少学者如 Barten 等也设计出了许多带通 CSF。低通 CSF 与带通 CSF 各有优缺点，有兴趣的读者可以参考相关的文献。

MATLAB 可以根据频率采样法创建滤波器。我们重点完成对 CSF2 的实现。其核心思想是给出一个所需的频率响应幅值矩阵，根据频率响应设计的滤波器频率响应将经过所有的给定点，从而确定滤波器的系数。研究表明，人眼可感受到的视觉频率大概为 0～60cpd，所以我们将滤波器的水平和垂直空间频率分别从-20cpd 取到 20cpd。在 20×20 的笛卡儿平面上，利用式(8.7)计算出各点对应的频率响应(如图 8.9 所示)。将所得到频率响应利用 MATLAB 的 fsamp2. m 函数计算出滤波器系数。fsamp2. m 可以根据在笛卡儿平面上定义的各点的频率响应设计一个 FIR 滤波器，其最基本的调用格式为：

filtercoefficients = fsamp2(frequencyresponse)

其中，frequencyresponse 是所输入的频率响应。如果 frequencyresponse 是 M×N 的，返回的滤波器系数相应的也是 M×N 大小。

编写函数 csf. m 完成滤波器设计，函数代码如下：

```
%文件名:csf. m
%程序员:郭迟
%编写时间:2004. 3. 22
%函数功能:本函数将完成一个 CSF 的设计
```

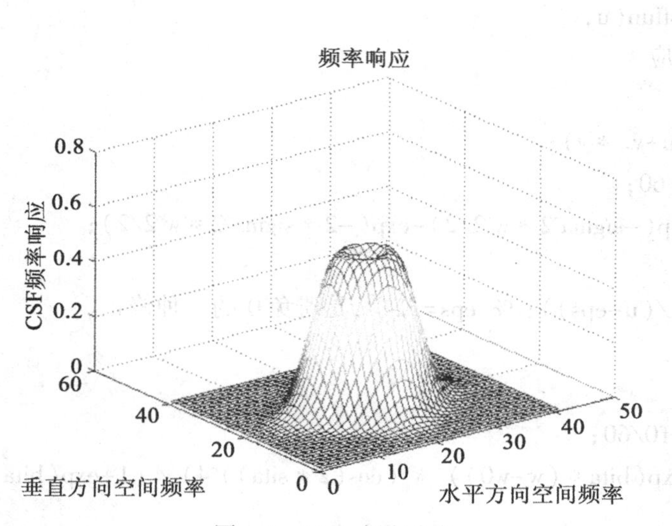

图 8.9　CSF2 频率响应

```
%输入格式举例:filtercoefficients=csf
%参数说明:
%filtercoefficients 为 CSF 的滤波器系数
function filtercoefficients=csf()
%调用子函数计算频率响应矩阵
Fmatrix = csfmat;
%画出频率响应
%figure(1);mesh(Fmatrix),title('频率响应'),xlabel('水平方向空间频率');ylabel('垂直方向空间频率');zlabel('CSF 频率响应');
%利用 FSAMP2 函数计算频率系数
filtercoefficients=fsamp2(Fmatrix);
%子函数,计算频率响应矩阵
function Fmatrix=csfmat()
u = -20 : 1 : 20;
v = -20 : 1 : 20;
n = length(u);
Z = zeros(n);
for i=1 : n
    for j=1 : n
          Z(i,j)=csffun(u(i),v(j)); % 调用子函数计算相应空间频率下的频响
    end
end
Fmatrix = Z;
%子函数,计算 u,v 下的频率响应
```

```
function Sa=csffun(u,v)
% CSF 频率响应
sigma = 2;
f = sqrt(u. * u+v. * v);
w = 2 * pi * f/60;
Sw = 1.5 * exp(-sigma^2 * w^2/2)-exp(-2 * sigma^2 * w^2/2);
% 高频修正
sita = atan(v./(u+eps)); % eps= 2^-52,是避免0的一种修正
bita = 8;
f0 = 11.13;
w0 = 2 * pi * f0/60;
Ow = ( 1 + exp(bita * (w-w0)) * (cos(2 * sita))^4) / (1+exp(bita * (w-w0)));
% 最终结果
Sa = Sw * Ow;
```

图 8.10 是根据图 8.9 定义的频率响应构建的 FIR 滤波器系数。在后面的章节中,我们会利用这里设计的 CSF 滤波器完成对图像失真的度量。

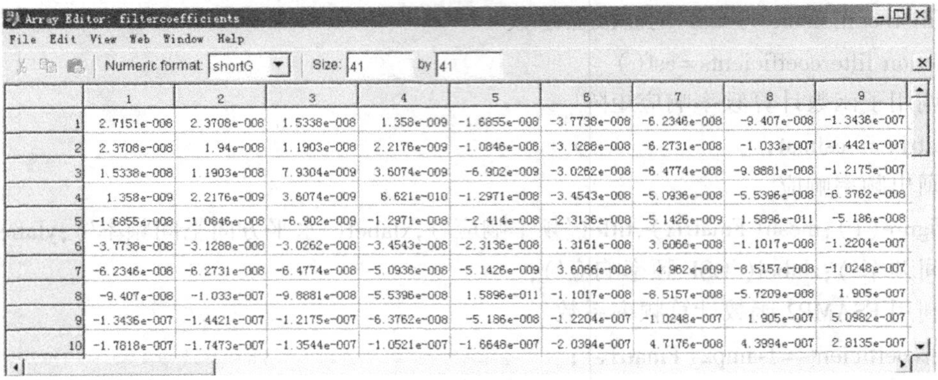

Array Editor: filtercoefficients

File Edit View Web Window Help

Numeric format: shortG Size: 41 by 41

	1	2	3	4	5	6	7	8	9
1	2.7151e-008	2.3708e-008	1.5338e-008	1.358e-009	-1.6855e-008	-3.7738e-008	-6.2346e-008	-9.407e-008	-1.3436e-007
2	2.3708e-008	1.94e-008	1.1903e-008	2.2176e-009	-1.0846e-008	-3.1288e-008	-6.2731e-008	-1.033e-007	-1.4421e-007
3	1.5338e-008	1.1903e-008	7.9304e-009	3.6074e-009	-6.902e-009	-3.0262e-008	-6.4774e-008	-9.8881e-008	-1.2175e-007
4	1.358e-009	2.2176e-009	3.6074e-009	6.621e-010	-1.2971e-008	-3.4543e-008	-5.0936e-008	-5.5396e-008	-6.3762e-008
5	-1.6855e-008	-1.0846e-008	-6.902e-009	-1.2971e-008	-2.414e-008	-2.3136e-008	-5.1426e-009	1.5896e-011	-5.186e-008
6	-3.7738e-008	-3.1288e-008	-3.0262e-008	-3.4543e-008	-2.3136e-008	1.3161e-008	3.6066e-008	-1.1017e-008	-1.2204e-007
7	-6.2346e-008	-6.2731e-008	-6.4774e-008	-5.0936e-008	-5.1426e-009	3.6066e-008	4.962e-009	-8.5157e-008	-1.0248e-007
8	-9.407e-008	-1.033e-007	-9.8881e-008	-5.5396e-008	1.5896e-011	-1.1017e-008	-8.5157e-008	-5.7209e-008	1.905e-007
9	-1.3436e-007	-1.4421e-007	-1.2175e-007	-6.3762e-008	-5.186e-008	-1.2204e-007	-1.0248e-007	1.905e-007	5.0982e-007
10	-1.7818e-007	-1.7473e-007	-1.3544e-007	-1.0521e-007	-1.6648e-007	-2.0394e-007	4.7176e-008	4.3994e-007	2.8135e-007

图 8.10 由 CSF 频率响应构建的 FIR 滤波器系数

8.1.4 Gabor 滤波器设计

在许多中文文献上,“Gabor”被翻译为“伽柏”或“盖博”等。1946 年 Dennis Gabor 创建了将 Fourier 变换用于分析一个特定短时间内信号的方法——短时 Fourier 变换(Short-Time Fourier Transform ,STFT)。在小波分析产生以前,Gabor 变换一直是一种通用的加窗 Fourier 变换,能够将一个信号映射到时间和频率两个域上,弥补了 Fourier 变换的许多不足。

在图像处理和视觉感知分析领域,人们经常使用 Gabor 多通道滤波来获取不同分辨率下的图像数据特征。这种多通道分解极大地符合了 HVS 感知多通道的特点,成功地模拟了视觉多分辨的现象。相对于单通道的感知质量测试方法,多通道测试有着极大的优势。

下面先来解释什么是“通道”。

前文已经说过,科学研究者经过大量的生理和心理实验都证实了人类大脑拥有一个分别机制,即对不同的频率有不同的细胞去感应。这就要求我们在设计模拟 HVS 的滤波器时,应

该与 HVS 一样，能够将收集到的视觉信号按照空间频率、观察方向等分解到不同的频带中去。这里每一个频带就称为一个通道。

一般来说，将空间频率和方向分解到 4 ~ 8 个频带是合适的，尽管这种分解可以是线性的。许多研究者都采用以下方法：整个空间滤波频带由 17 个 Gabor 滤波器组成，整个频率平面将根据径向频率和方向两个方面被划分。5 个径向频率根据 1 个倍频程取为 0,2,4,8 和 16cpd。所谓频率 f_1 与 f_2 相差 N 个倍频程是指 f_1 与 f_2 满足 $\log_2\left(\frac{f_1}{f_2}\right)=N$。四个方向分别为 $0,\pi/4,\pi/2,3\pi/4$。每个方向与不同的空间频率滤波器结合，可以构建 17 个通道（中心频率 0 对应的通道是一样的）对应 17 个 Gobar 滤波器，形成一个多分辨滤波器组。

下面我们来具体定义这 17 个 Gabor 滤波器。

一个二维 Gabor 滤波器的冲击响应（impulse response）可以表示为：

$$h(x,y)=\frac{1}{2\pi\sigma^2}e^{\frac{-(x^2+y^2)}{2\sigma^2}}\cos(2\pi u_0(x\cdot\cos\theta+y\cdot\cos\theta)) \tag{8.8}$$

其中 u_0 是径向频率，θ 表示方向。σ 是 Gabor 函数中的高斯（Gauss）窗宽度（一个形如式（8.8）的 Gabor 函数可以看成一个二维 Gauss 函数调制的有向复正弦栅格。其中的 $\frac{1}{2\pi\sigma^2}\cdot e^{\frac{-(x^2+y^2)}{2\sigma^2}}$ 部分就是一个被复正弦调制的 Gauss 函数）。事实上，式（8.8）是一个极坐标下的函数，u_0 和 θ 都是由水平和垂直的空间频率 u,v 决定的。$\theta=\arctan\left(\frac{v}{u}\right)$ 看做是滤波器的方向，$u_0=\sqrt{u^2+v^2}$ 为径向频率。此外，我们将 Gauss 窗定义为等方性的（isotropic），所以其垂直和水平宽度相同，均记为 σ（否则 Gauss 函数将比这里的复杂）。根据我们前面的分析，取 $\theta=\{0,\pi/4,\pi/2,3\pi/4\}$，$u_0=\{0,2,4,8,16\}$ 则可以得到需要的 Gabor 滤波器组。

图 8.11 是被 17 个通道划分的空间频带。

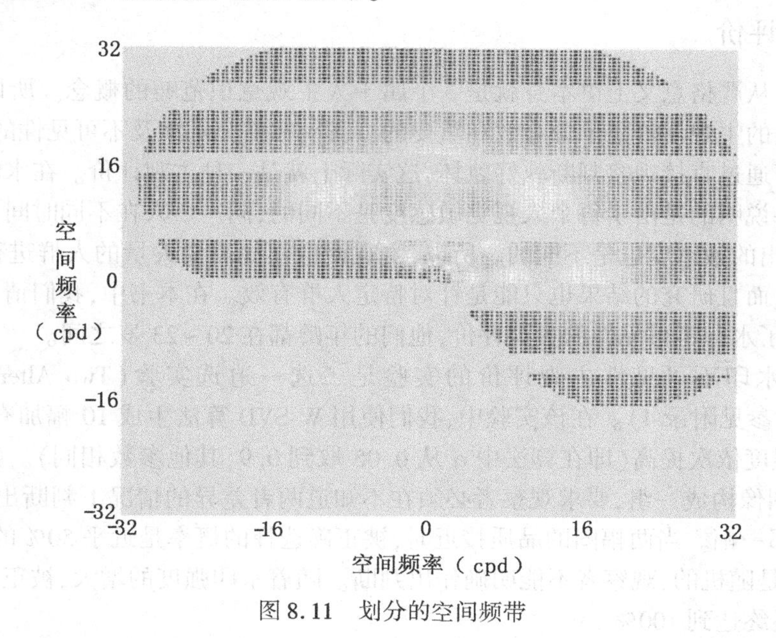

图 8.11　划分的空间频带

有了 Gabor 滤波器的冲激响应，再根据二维卷积的定义，则 Gabor 滤波器 O_h 可以表示为：

$$m(x,y) = O_h(i(x,y)) = i(x,y) * h(x,y) \tag{8.9}$$

其中 $m(x,y)$ 为滤波输出，$i(x,y)$ 为图像，$*$ 为二维卷积运算。

如此一来，决定 Gabor 滤波器的就剩下高斯窗宽度 σ 这一个参数了。σ 不同，多分辨分析的效果是不同的。如在有关图像纹理分割(texture segmentation)的研究中，人们的研究重点就是确定 σ。

8.2 常用的感知评价方法

首先，由于中英文翻译上的差异和计算机专业的特定性，我们有必要定义几个词。

在数字水印的性能评价中，水印的不可见性是十分重要的一个评价方面。在许多文献中，将不可见性也称之为透明性(invisibility)。但事实上，invisibility 是"看不见"的意思，而"透明"的英文是 transparence。由于在计算机专业中，"透明(transparence)"一词往往有特定的含义：所谓透明的，就是指由机器自动完成的而不需要人关心和了解的意思。比如在 CPU 中，我们说描述符寄存器是透明装入的，这里的透明就是上述意思。我们在水印和隐秘性能的评价中所谈到的"透明"显然不是不需要人关心和了解的意思，而指的是不可感知，不容易被人发觉，对原始图像(载体)破坏不大等。所以，本书中我们为了避免歧义，将感知方面的性能统一称为不可见性(imperceptible)，这是与 invisibility 的意思一致的。

此外，在数字水印部分，不可见性是针对原始作品和加有水印的作品两者之间的一个评价方面。如果将加有水印的作品和受到攻击的水印作品进行比较，对不可见性的评价往往衍生为对保真性(fidelity)的评价。总而言之，透明性、不可见性和保真性只是用词上的差异，三者并无较大区别。一般地说，不可见性和鲁棒性(robustness)是对立的，一个良好的水印系统一定是追求二者都达到相对最优的系统。

8.2.1 主观评价

所谓感知，从严格意义上讲本身就是一个属于人主观意识范畴的概念。所以对于图像的感知性能，人类的主观评价是十分有效和重要的。我们在前几章涉及不可见性的评价中，都是给出一组结果，通过直接观察判断孰好孰坏，这实际上就是一种主观评价。在水印性能的主观评价中，有必要说明的是由于每个人视觉敏感度是不同的，同一个人在不同时间、不同年龄、不同环境下体现出的敏感度也是不同的。所以，主观评价往往需要大量的人群进行大量的实验才能说明问题，而且研究的结果也只能是针对特定人群有效。在本书中，我们请了 100 位同学帮助我们进行了水印不可见性的主观评价，他们的年龄都在 20 ~ 23 岁之间。

我们进行水印不可见性主观评价的实验是二选一迫选实验(Two Alternatives Forced Choice，TAFC，参见附录4)。在该实验中，我们使用 W-SVD 算法生成 10 幅加有水印的 lenna 图像，其水印强度依次提高(即在算法中 α 从 0.05 取到 0.9，其他参数相同)。每一幅图像与原始的 lenna 图像构成一组，要求观察者必须在不知道两者差异的情况下判断出加有水印(感知质量低)的那一幅。当两幅图的品质接近时，被正确选择的概率是近乎 50% 的，也就是说预期得到的反应是随机的，观察者不能明确作出判断。随着水印强度的增大，被正确选择的概率会越来越大，最终达到 100%。

显然，随着水印强度的增大，原始作品与加有水印的作品之间的感知差异也越来越大。为了衡量这种差异，我们引入一个心理物理学上有关感知差异的概念——JND(Just Noticeable

Difference,临界可觉察差异)来说明。

感知总是由外界刺激引起的,刺激的存在以及它的变化是感知产生和发生变化的重要条件。研究刺激和心理量之间的关系的学科称为心理物理学(psychological and physical research)。心理量与物理量之间的关系是用感受性的大小来说明的。检验感受性大小的基本指标称感觉阈值。感觉阈值是人感到某个刺激存在或刺激发生变化所需刺激强度的临界值,又分为绝对感觉阈值和差别感觉阈值。绝对感觉阈值指最小可觉察的刺激量,也就是有50%的可能被觉察到的最小刺激量。早期心理物理学家研究总结得出,一般人视觉绝对感觉阈限相当于30英里(约48公里)以外的一烛光,那是相当小的。差别感觉阈值是指那种刚能引起差别感觉的两个刺激之间的最小差异量。研究发现,为了辨别一个刺激出现了差异,所需差异大小与该刺激本身的大小有关。心理物理学上的韦伯定律(Weber's law)指出,在一个刺激上发现一个最小可觉察的感觉差异所需要的刺激变化量与原有刺激的大小有固定的比例关系。这个固定比例对不同感觉是不同的。所以,差别感觉阈值又表示为刺激变化量与原有刺激量之间的固定比例关系。在刺激变化时所产生的最小感觉差异就是JND。无论是绝对感觉阈值和差别感觉阈值都是因人而异的,它可以因对观察者训练或其他方式而改变。

在水印不可见性评价中,人们通常将在TAFC中有50%正确率的那一组原始图像和加有水印的图像之间的差异称为零JND。由于JND是对刺激的一个最小变化的觉察量,那么就可以用它作为测量知觉变化的单位。具体计算出是几倍JND的方法并不统一。比如在后面介绍Watson水印算法时我们将了解到Watson对多倍JND的定义。

表8.1是我们找100个同学对10组lenna图像进行TAFC的结果,相应的曲线图如图8.12所示。图8.13是α取0.1那一组的两幅图像,图8.13(b)是加有水印的图像。两者的差异可以认为是零JND。

表8.1　**100个同学进行TAFC的结果**

水印强度(α取值)	正确人数	错误人数	正确率
0.05	48	52	48%
0.1	53	47	53%
0.2	61	39	61%
0.3	75	25	75%
0.4	96	4	96%
0.5	95	5	95%
0.6	100	0	100%
0.7	100	0	100%
0.8	99	1	99%
0.9	98	2	98%

前面我们已经说过,将JND看做测量知觉变化的单位时,具体多倍JND的确定方法是不统一的。如我们可以将在TAFC中正确率为75%的那组图像的差异定义为1倍JND。图8.14

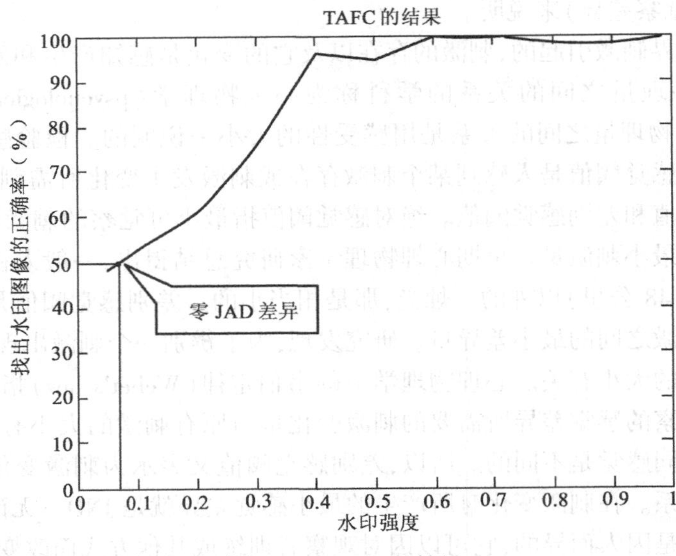

图 8.12　TAFC 的结果

(a)　(b)

图 8.13　(a)与(b)之间有零 JND 的差异(TAFC 的第二组实验图)

表明了这种定义下的感知差异。

(a)　(b)

图 8.14　(a)与(b)之间有 1 倍 JND 的差异(TAFC 的第四组实验图)

除了 TAFC，主观评价的另一个典型实验就是要求观察者将作品按照感知质量优劣排成等级。如对于电视图像的感知质量，ITU-R Rec. 500 有如表 8.2 的等级定义。

表 8.2　**ITU-R Rec. 500 中对图像品质的定义**

等级(rating)	损伤程度(impairment)	品质(quality)
5	不可感知的(imperceptible)	Excellent
4	可感知,但不妨碍观看 (perceptible,not annoying)	Good
3	轻微妨碍观看的(slightly annoying)	Fair
2	妨碍观看的(annoying)	poor
1	十分妨碍观看的(very annoying)	Bad

8.2.2　客观评价

主观评价存在的最大问题就是因人而异。在衡量一个水印系统的不可见性上,我们希望有一种(多种)客观的评价方法,能够将感知差异量化为一定的数值,通过数值大小的比较直接评定感知质量。我们将这种量化后的数值称为感知距离。这里,我们选择性地介绍一些常用的和具有代表意义的图像感知质量客观评价策略。

(1)均方差 MSE

MSE(Mean Square Error)是最普遍的使用于图像感知质量评价的手段之一。MSE 可以直接反映出评估对象发生的改变。对于衡量加有水印信息的图像与原始图像在品质上的差异,我们完全可以使用 MSE 作为一种估计的手段,得到图像质量变化的客观指标。图像之间的 MSE 由以下公式计算得到:

$$\mathrm{MSE}=\frac{1}{MN}\sum_{x=1}^{M}\sum_{y=1}^{N}(I(x,y)-I_W(x,y))^2 \tag{8.10}$$

其中,$I(x,y)$ 表示原始图像各像素,$I_W(x,y)$ 表示加有水印的图像各像素。$M\times N$ 是图像的尺寸。

值得注意的是,我们通常使用的图像是 RGB 图像。考虑到 RGB 像素是以一个 3 维矢量的形式出现的,所以在本节的各种评价方法的实现中,我们都是先将图像转化为灰度图像再进行计算的。换句话说,我们计算的误差实际上是评价对象在亮度上的误差,这种误差在图像感知质量中也是尤为值得重视的。

另外,在 MATLAB 中,对于图像的像素值,我们在转换为 double 型计算时并不将其缩小到[0,1]区间,即使用的是'image = double(image)'命令而不是前面经常使用的'image = double(image)/255'命令,这是为了保证计算结果有一定的数量级,便于区分。

编写函数 mse. m 完成两幅图像的 MSE 计算,函数代码如下:

```
%文件名:mse.m
%程序员:郭迟
%编写时间:2004.3.20
%函数功能:本函数将完成对输入图像的 MSE 计算
%输入格式举例:msevalue=mse('c:\lenna.jpg','c:\test.jpg')
```

```
%参数说明：
%original 为原始图像
%test 加有水印的图像
%msevalue 为两者均方差
function msevalue=mse(original,test);
%读取图像并处理到亮度关系
A=imread(original);
A=rgb2gray(A);
A=double(A);
B=imread(test);
B=rgb2gray(B);
B=double(B);
%判断输入图像是否有效
[m,n]=size(A);
[m2,n2]=size(B);
if m2~=m || n2~=n
    error('图像选择错误');
end
%计算 MSE
msevalue=0;
for i=1:m
    for j=1:n
        msevalue=msevalue+(A(i,j)-B(i,j))^2;
    end
end
msevalue=msevalue/(m*n);
disp(['输入数据的 MSE 为:',num2str(msevalue)]);
```

结合我们在上一小节中进行 TAFC 的 10 组样本(每组有一幅原始图像和一幅加有水印的图像),我们计算出其相应的 MSE 如表 8.3 所示。显然,表 8.3 的数据与表 8.1 中我们进行主观评价的结果是一致的。

表 8.3　**10 组嵌有不同强度的水印图像与原始图像的 MSE**

组号(水印强度)	MSE
1(0.05)	0.026672
2(0.1)	0.18658
3(0.2)	0.78499
4(0.3)	1.8336
5(0.4)	3.0933

续表

组号(水印强度)	MSE
6(0.5)	4.6069
7(0.6)	6.2051
8(0.7)	7.9844
9(0.8)	10.0265
10(0.9)	12.3536

MSE 的优点就是简单,便于理解。但在实际应用中,利用 MSE 去对图像感知质量进行评价存在很大的缺点。简而言之就是 MSE 会对图像的感知质量进行低估或高估。

所谓低估图像的感知质量,是指对在主观评价中普遍认为品质高的图像计算出的 MSE 过大,从而造成客观评价与主观评价不一致的现象。图 8.15 给出了四幅图像。其中图 8.15(a)是原始 lenna 图像,图 8.15(b)是对图 8.15(a)进行压缩率为 6% 的 JPEG 压缩后的图像,图 8.15(c)是在 lenna 图像中加入高斯白噪声并利用第三章小波降噪的方法对其进行降噪后的图像,图 8.15(d)是在 lenna 图像的高频(包括部分中频)DCT 系数中加入随机噪声(类似蓝噪声)后的图像。经过计算我们发现:

$$MSE(a,b)=151.7369$$
$$MSE(a,c)=176.9037$$
$$MSE(a,d)=148.9751$$

单从 MSE 这一指标上看,三者的感知质量是差不多的。但事实上,图 8.15(d)由于是对高频系数进行的调整,图像品质是明显好于图 8.15(b)和图 8.15(d)的。换句话说,MSE 在评定图 8.15(d)的感知质量时,过于低估了图 8.15(d)的品质。

所谓高估图像的感知质量,是指对在主观评价中普遍认为品质低的图像计算出的 MSE 过小,从而造成客观评价与主观评价不一致的现象。图 8.16 给出了两幅图像。图 8.16(a)是对 lenna 图像进行压缩率为 8% 的 JPEG 压缩后的图像,图 8.16(b)是将 lenna 图像整体向下平移一行(即图 8.16(b)的第 2 行是原始 lenna 图像的第 1 行……依次进行的)后的图像。经过计算得到:

$$MSE(lenna,a)=116.5538$$
$$MSE(lenna,b)=127.8253$$

单从 MSE 这一指标上看,图 8.16(a)的感知质量应高于图 8.16(b),而事实上这是明显不符合实际的,也就是说,MSE 过于高估了图 8.16(a)的品质。

所谓"低估"与"高估"实际上是一个相对的概念,主要是评价的对象不同罢了。当我们用 MSE 衡量一个主观评价低的图像时就可能会造成高估,反之就可能造成低估。

(2)信噪比 SNR 和峰值信噪比 PSNR

在一定意义上说,SNR(Signal to Noise Ratio)与 PSNR(Peak Signal to Noise Ratio)是最通行的评定信号品质的指标。如在通信系统中,输出 SNR 与输入 SNR 的比例就构成了系统增益,增益越大系统越优。由于水印模型是与通信系统模型紧密联系的(这一点在第七章已经阐述),相对原始作品来说,水印信号可以认为是随机噪声。有噪声就会影响原始作品的品质,

（a）原始图像

（b） MSE=151.7369

（c） MSE=176.9037

（d） MSE=148.9751

图 8.15　MSE 低估了图像的品质

（a） MSE=116.5538

（b） MSE=127.8253

图 8.16　MSE 高估了图像的品质

也自然存在 SNR 和 PSNR 这些指标。理论上的 SNR 与 PSNR 都应该是针对信号功率和噪声功率来说的，而我们这里的定义有所不同。在图像处理和水印不可见性评价中，用以下公式定

义加有水印的图像的 SNR 和 PSNR：

$$\mathrm{SNR(dB)} = 10\log_{10}\frac{\sum_{x=1}^{M}\sum_{y=1}^{N}I(x,y)^2}{\sum_{x=1}^{M}\sum_{y=1}^{N}(I(x,y)-I_W(x,y))^2} \tag{8.11}$$

$$\mathrm{PSNR(dB)} = 10\log_{10}\frac{D^2MN}{\sum_{x=1}^{M}\sum_{y=1}^{N}(I(x,y)-I_W(x,y))^2} \tag{8.12}$$

其中，D 是信号的峰值。对于一个 8 位图像来说，每个像素值的峰值就是 255，我们这里 D 都等于 255（如果将像素值归一化到[0,1]区间，则有 $D=1$；若是针对 16 位图，则 $D=65\ 535$）。式(8.11)与式(8.12)均取 10 倍的以 10 为底的对数，目的是将计算出来的值换算成分贝（dB）这一标准单位。

在具体应用中，我们一般采用 PSNR 代替 SNR，这是因为 SNR 的计算复杂度要大一些。主观上可以容忍的图像的 PSNR 值都在 20dB 以上。通过计算原始图像与加有水印的图像之间的 SNR 或 PSNR，可以在一定程度上对不可见性作出评价。

稍加留意不难发现，SNR 与 PSNR 与 MSE 有十分相同的部分。事实上，式(8.11)与式(8.12)用 MSE 作为参数可以直接表示为：

$$\mathrm{SNR(MSE)} = 10\log_{10}\frac{\sum_{x=1}^{M}\sum_{y=1}^{N}I(x,y)^2}{MN\cdot\mathrm{MSE}}$$

$$\mathrm{PSNR(MSE)} = 10\log_{10}\frac{D^2}{\mathrm{MSE}} \tag{8.13}$$

可以看到，MSE 在评定图像品质的时候出现的问题，SNR 与 PSNR 同样具有。此外，在有些文献中，将 PSNR 定义为：

$$\mathrm{PSNR(MSE)} = 10\log_{10}\frac{D}{\sqrt{\mathrm{MSE}}}$$

但由于我们关心的只是一个比例，所以，这两种定义不存在谁对谁错的问题，尽管二者之间存在一个 2 倍关系。

编写函数 snr.m 完成计算图像 SNR 和 PSNR 的实验，函数代码如下：

```
% 文件名：snr.m
% 程序员：郭迟
% 编写时间：2004.3.21
% 函数功能：本函数将完成对输入图像的信噪比、峰值信噪比计算
% 输入格式举例：[snrvalue,psnrvalue]=snr('c:\lenna.jpg','c:\test.jpg')
% 参数说明：
% original 为原始图像
% test 为加有水印的图像
% snrvalue 为两者信噪比
% psnrvalue 为两者峰值信噪比
function [snrvalue,psnrvalue]=snr(original,test);
% 调用函数，计算 MSE
```

```
msevalue=mse(original,test);
if msevalue ==0
    error('图像选择错误');
end
%计算原始图像的信号功率
A=imread(original);
A=rgb2gray(A);
A=double(A);
[m,n]=size(A);
signal=0;
for i=1:m
    for j=1:n
        signal=signal+A(i,j)^2;
    end
end
signal=signal/(m*n);
%计算信噪比,峰值信噪比
snrvalue=signal/msevalue;
snrvalue=10*log10(snrvalue);
psnrvalue=255^2/msevalue;
psnrvalue=10*log10(psnrvalue);
disp(['待测图像的信噪比为:',num2str(snrvalue),'dB']);
disp(['待测图像的峰值信噪比为:',num2str(psnrvalue),'dB']);
```

与表8.3、图8.15和图8.16对应,我们将前面计算过MSE的图像用SNR和PSNR衡量一次,结果如表8.4所示。

表8.4　**MSE与SNR、PSNR**

内　容		MSE	SNR(dB)	PSNR(dB)
TAFC的10组图像(与表8.1对应)	1	0.026672	57.2072	63.8702
	2	0.18658	48.7591	55.422
	3	0.78499	42.5192	49.1822
	4	1.8336	38.8348	45.4978
	5	3.0933	36.5636	43.2266
	6	4.6069	34.8338	41.4967
	7	6.2051	33.5403	40.2033
	8	7.9844	32.4454	39.1084
	9	10.0265	31.4563	38.1193
	10	12.3536	30.5499	37.2129

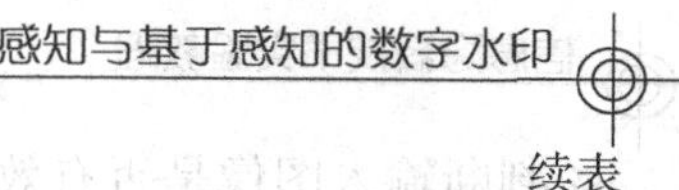

续表

内　容		MSE	SNR(dB)	PSNR(dB)
图8.15	b	151.7369	19.6569	26.3199
	c	176.9037	18.9905	25.6534
	d	148.9751	19.7367	26.3997
图8.16	a	116.5538	20.8026	27.4655
	b	127.8253	20.4017	27.0646

(3)加权信噪比 WSNR

无论是 MSE 还是 SNR,PSNR,在衡量图像感知质量时只关注了图像信号本身固有的一些统计特性,而没有与 HVS 联系起来,达到主客观评价完全一致的要求。如何将客观评价方法尽可能地与 HVS 结合起来,是当前在图像感知评价领域非常受关注的一个问题。下面我们将介绍一种有对比敏感函数 CSF 滤波参与的信噪比计算方法。得到的信噪比就称为 WSNR (Weighted Signal to Noise Ratio)。

在早期的图像感知质量评价中,通常使用的方法基本上都是按照以下几个步骤进行的:

① 将原始图像与待测图像的区别计算出来,这种区别被称为错误图像(error image)。

② 将错误图像经过 CSF 滤波。

③ 按照信噪比的形式计算一个度量值。

根据选用的 CSF 的不同,这种度量方式可以考虑到观察距离、亮度变化等方面的影响,但对于对比掩蔽、亮度掩蔽等方面则无能为力。WSNP 就是比较典型的一种。

对于 WSNR 的具体实现方式,也有不同的理解。我们是利用前面的 CSF2 完成 WSNR 的计算实验,函数代码如下:

```
%文件名:wsnr.m
%程序员:郭迟
%编写时间:2004.3.21
%函数功能:本函数将完成对输入图像的 WSNR 计算
%输入格式举例:wsnrvalue=wsnr('c:\lenna.jpg','c:\test.jpg')
%参数说明:
%original 为原始图像
%test 为加有水印的图像
%wnrvalue 为两者加权信噪比
function wsnrvalue=wsnr(original,test)
%读取图像并处理到亮度关系
A=imread(original);
A=rgb2gray(A);
A=double(A);
B=imread(test);
B=rgb2gray(B);
B=double(B);
```

```
%判断输入图像是否有效
[m,n]=size(A);
[m2,n2]=size(B);
if m2 ~ =m || n2 ~ =n
        error('图像选择错误');
end
if A ==B
    error('图像选择错误');
end
%计算失真度
e=A-B;
%CSF 滤波
filtercoefficients=csf;
result=filter2(filtercoefficients,e);
%计算信噪比
wsnrvalue=10 * log10((255^2)/(mean(mean(result^2))));
disp(['待测图像的 WSNR 为:',num2str(wsnrvalue1),'dB']);
```

下面我们来看看 WSNR 相对于 PSNR 改进的地方。前面已经说过,由于 MSE 存在感知高(低)估的问题,PSNR 并不能满足主客观一致的要求。仍然以表 8.4 所列的图像为评价对象,我们具体来看一下计算出的 WSNR 是否对 PSNR 有一定改观(如表 8.5 所示)。

表 8.5　　**PSNR 和 WSNR**

评价对象		PSNR	WSNR
图 8.15	b	26.3199	36.3125
	c	25.6534	35.2346
	d	26.3997	60.4151
图 8.16	a	27.4655	37.6706
	b	27.0646	52.4243

很明显,WSNR 在主客观一致的方面明显强于 PSNR。

WSNR 粗略地应用了部分的视觉特性,评价的结果与主观评价更为接近。但事实上,对于不同类型的图像以及不同的图像编码方式,它还不具备足够优秀的图像感观质量预测能力。WSNR 的基础是 CSF,而 CSF 可以认为是 HVS 的线性空间不变(linear spatially invariant)的系统,对于非线性和空间变化的影响无法估量。它不能模拟由于其他空间频率的振幅带来的对比变化,同时也忽略了局部背景带来的掩蔽效应。

对于加噪图像,Thomas D. Kite 等人曾分析了错误图像与原始图像的相关系数对 WSNR 的影响。从理论上讲,错误图像只应该是由噪声构成的,其和原始图像的相关系数应该为 0。但事实上,通过计算可以发现,相关系数并不为 0,这就是信噪比计算不精确的原因。如果用以下的方式进行图像加噪:

$$J=\alpha I+N$$

其中,I 为原始图像,N 为白噪声模板,α 是比例因子,J 是加噪后的图像,那么错误图像就应该为:

$$E=J-I=(\alpha-1)I+N$$

实验表明,当 α 从1.0变化到1.03时,计算出的 J 与 I 的SNR和WSNR都变化了2~3dB。而当 α 等于1.03时其相关系数仅为0.115。也就是说,错误图像与原始图像越相关,计算出的WSNR(SNR,PSNR)越小,越容易造成评价低估。

在第七章的水印基本模型中,我们提到过有一种水印模型本身就是根据原始图像的有关性质生成水印。将水印信号看做噪声,则此时的错误图像与原始图像的相关系数肯定是不为0的。所以,在水印不可见性的评价中,无论是SNR,PSNR还是WSNR,我们都不能认为它们计算出的结果是精确的,只有当其与主观评价一致时,才能说明问题。

(4)掩蔽峰值信噪比MPSNR

Christian J. Van 等人在有关运动图像的感知质量评价体制(Moving Pictures Quality Metric, MPQM)中提出了MPSNR(Masked Peak Signal to Noise Ratio)的概念。由于运动图像需要考虑到视觉的时间特性等因素,其评价方法比较复杂。Iván Kopilovic 等人也将其修改后用于静止图像的评价中。顾名思义,MPSNR考虑到了图像的掩蔽效应,因而是更为理想的图像感知质量评价的方法。事实上,MPSNR利用了多通道滤波、掩蔽计算、误差求和等多种手段,很符合当前图像质量评价的趋势和特点。我们简要地说明一下MPSNR的计算。MPSNR的计算机制,如图8.17所示。

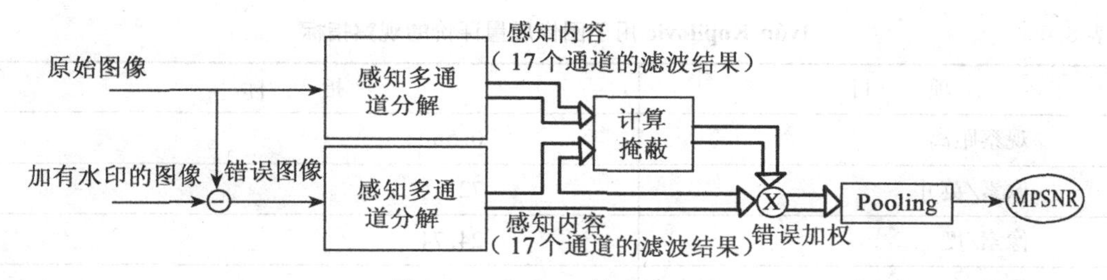

图8.17　MPSNR的计算机制

1)感知多通道分解

Christian J. Van 等人使用的感知多通道分解的方法就是前面我们提到的Gabor滤波(在MPQM中除了17个Gabor滤波器外还使用了暂态、稳态两个时间滤波器),滤波器共有17个,径向频率按倍频程取为0,2,4,8,16,方向为0,π/4, π/2, 3π/4。

2)计算掩蔽

对于多通道分解出来的结果,逐一对应地计算掩蔽。即对同一通道的原始图像分解结果和错误图像分解结果进行计算,这里是将原始图像看做错误图像的掩蔽。也就是将错误图像看做刺激,原始图像看做背景。对于错误图像经过分解滤波后的每一个通道的结果,取其中的每一个像素逐一与可见度阈值 C_T 进行比较,将可见度阈值 C_T 认为是一个JND单位,求得一个JND的倍数关系。结合图8.7和式(8.1)所示有关HVS的掩蔽特性,我们具体来分析掩蔽的计算。

对应式(8.1),每个像素的可见度阈值 C_T 有:

$$C_T(x,y)=\begin{cases}C_{T0} & (C_M < C_{T0})\\ C_{T0}(C_M(x,y)/C_{T0})^{\varepsilon} & (C_M > C_{T0})\end{cases}$$

其中，C_{T0}是信号在没有掩蔽情况下的最小感知阈值，我们通过一个与具体通道有同样的径向频率和方向等参数的 CSF 可以得到。$C_M(x,y)$是原始滤波图像与错误滤波图像逐一地将像素相比得到的对比图像。从而我们可以计算获得 C_T。对于错误图像的每一个像素(x,y)，都计算：

$$\frac{(x,y)}{C_T(x,y)}=N(\text{JNDS})$$

N 是得到的一个具体的实数。得到了每一个像素的 JND 倍数，也就实际上得到了原始图像对错误图像的视觉影响。相应地，将这些数据乘到错误图像上，完成错误加权。

3) Pooling

Pooling 是一个集合数据进行高水平质量评价的一种操作，一般来说包括以下几个步骤：首先，Pooling 对加权后的错误图像进行分块。所分的块在运动图像中是一个三维分量（空间水平、空间垂直和时间）。时间分量关注的是信号在视网膜上停留的时间，空间分量关注的是我们对图像观察时的视觉焦点。在静止图像中，所分的块当然只包括两个空间分量。原则上，块的大小与视觉焦点要统一，一般为在水平和垂直方向上覆盖 2°视角，这是由人眼视网膜中央凹的特性所决定的。Iván Kopilovic 在其研究中采用的是这样一组参数，可供大家参考，如表 8.6 所示。

表 8.6　**Iván Kopilovic 用于图像质量评价的观察指标**

项　　目	指　　标
观察距离	0.5m
像素/英寸	72
像素/度	24.74
像素大小（度）	0.04042

视觉真正关注的实际上是图像中的一块，参与计算的也是其中的一块。当然，为了简便，也可以不分块。

Pooling 对每个通道的加权错误图像的每块进行误差合并。合并的方法是求明科斯基和。

$$E=\left(\frac{1}{N}\sum_{c=1}^{N}\left(\frac{1}{N_xN_y}\sum_{x=1}^{N_x}\sum_{y=1}^{N_y}\left|e[x,y,c]\right|\right)^{\beta}\right)^{\frac{1}{\beta}} \tag{8.14}$$

其中，$e[x,y,c]$是(x,y)在通道 c 下当前块中的处于(x,y)位置的加权错误像素值。N_x 和 N_y 是块或图像的大小。N 是通道的数量。对应我们前面的例子，$N=17$。β 为求和指数，一般取 4。

4) 计算掩蔽峰值信噪比

E 为类似 MPQM 计算出的具有掩蔽特性的失真度。为了便于理解，一般再经过以下处理，将 E 转化为信噪比的形式，称为 MPSNR。因为 MPSNR 仍然取 dB 为单位，所以同时也将以 dB 为单位的 MPSNR 称为视觉分贝（visual decibels，vdB's）。视觉分贝有：

$$\text{MPSNR(dB)} = 10\log_{10}\frac{255^2}{E^2} \tag{8.15}$$

5)计算视觉感知质量

将误差合并后的这一客观评价的结果与ITU-R Rec5.00的主观评价等级制度相结合,就得到了所谓的视觉感知质量Q:

$$Q = \frac{5}{1+\gamma E} \tag{8.16}$$

这里,Q是视觉质量,取值在1~5间。γ是一标准常数。γ的选取一般取决于参照的视觉模型。一般地说,假设水印图像在每一个通道中的每一块的每一个像素都只含有一个JND的感知误差,这时的水印在理论上就有最小的不可见性,此时的视觉质量Q就应该处于一个高等级(4级以上)。假设将这时的视觉质量定义为4.99,Christian J. Van给出了一个γ的取值,此时,$\gamma=0.623$。

MPSNR的求解比较复杂。大家可以到国际信号处理协会(ITS)的官方网站上下载有关MPQM的评价程序,其地址为:http://ltswww.epfl.ch/。

8.3　Watson基于DCT的视觉模型

Watson提出的基于DCT的视觉模型是一个经典的综合敏感度、掩蔽和误差合并的感知模型。与前面我们提到的方法不同的是,Watson采用DCT取代了多通道分解,与JPEG和一些水印算法能很好地结合。

Watson模型由以下几个部分组成:对比敏感表、亮度掩蔽、对比度掩蔽和感知质量度量。

8.3.1　对比敏感表

该模型定义了一个对比敏感表,表中每一个数字代表在不存在掩蔽的情况下可被感知的最小DCT系数,并将这个系数认为是1个JND。数值越小说明人眼对该频率越敏感。对比敏感表由以下方法(可以认为也是一种CSF)计算出来。

对于每一个表元素$t_{i,j}$,有:

$$\log_{10}t_{i,j} = \log_{10}\frac{T_{\min}}{r_{i,j}} + k(\log_{10}f_{i,j} - \log_{10}f_{\min})^2 \tag{8.17}$$

其中,$r_{i,j}=r+(1-r)\cos^2\theta_{i,j}$。式(8.17)中有几个参数$T_{\min}$,$k$,$f_{\min}$和$f_{i,j}$分别由式(8.18),式(8.19),式(8.20)和式(8.21)给出,它们都是平均亮度L的函数。具体地说,$T_{\min}$是在阈值频率$f_{\min}$下的亮度阈值,k决定了抛物线的开口。

$$T_{\min} = \begin{cases} \dfrac{L}{S_0} & L > L_T \\ \dfrac{L}{S_0}\left(\dfrac{L_T}{L}\right)^{1-a} & L \leqslant L_T \end{cases} \tag{8.18}$$

其中,L_T取为13.45cd/m^2。cd/m^{2}是亮度的单位,以每单位面积上的发光强度来表示。发光强度的单位就是国际单位坎得拉(cd)。$S_0=94.7$,$a=0.649$。

$$k = \begin{cases} k_0 & L > L_k \\ k_0\left(\dfrac{L}{L_k}\right)^{b} & L \leqslant L_k \end{cases} \tag{8.19}$$

其中，$L_k=300\text{cd/m}^2$，$k_0=3.125$，$b=0.0706$。

$$f_{\min}=\begin{cases}f_0 & L>L_f\\ f_0\left(\dfrac{L}{L_f}\right)^c & L\leqslant L_f\end{cases} \tag{8.20}$$

其中，$L_f=300\text{cd/m}^2$，$f_0=6.78\text{cpd}$，$c=0.182$。

$f_{i,j}$是空间频率，与DCT变换结合，可以得到：

$$f_{i,j}=\frac{1}{16}\sqrt{\left(\frac{i}{W_x}\right)^2+\left(\frac{j}{W_y}\right)^2} \tag{8.21}$$

其中，W_x 和 W_y 分别是水平和垂直方向上1个像素占有的视觉度数。

最后，r一般取0.7。$\theta_{i,j}$与$f_{i,j}$有关，表示为：

$$\theta_{i,j}=\arcsin\frac{2\cdot f_{i,0}\cdot f_{0,j}}{f_{i,j}^2} \tag{8.22}$$

Ingemar J. Cox 等人给出了一个具体的对比敏感表，如表8.7所示。

表8.7 Watson模型下的一种对比敏感表（对应8×8DCT块）

1.40	1.01	1.16	1.66	2.40	3.43	4.79	6.56
1.01	1.45	1.32	1.52	2.00	2.71	3.67	4.93
1.16	1.32	2.24	2.59	2.98	3.64	4.60	5.88
1.66	1.52	2.59	3.77	4.55	5.30	6.28	7.60
2.40	2.00	2.98	4.55	6.15	7.46	8.71	10.17
3.43	2.71	3.64	5.30	7.46	9.62	11.58	13.51
4.79	3.67	4.60	6.28	8.71	11.58	14.50	17.29
6.56	4.93	5.88	7.60	10.17	13.51	17.29	21.15

8.3.2 亮度掩蔽

Watson认为，在8×8块中，如果像素的平均亮度大，那么DCT系数可以进行较大幅度的修改。他利用每个DCT块的DC系数（直流系数代表平均能量）和对比敏感表，求得了相应的亮度掩蔽阈值。对于每个DCT块，有：

$$t_{L_{i,j}}=t_{i,j}\left(\frac{C_k}{\overline{\text{DC}}}\right)^a \tag{8.23}$$

其中$t_{i,j}$就是表8.7中的数据，C_k是当前DCT块的DC系数，$\overline{\text{DC}}$为原始图像的DCT变换矩阵中的平均DC系数或者一个预期的显示亮度。a与式(8.18)一致，一般取为0.649。

从式(8.23)可以看出，在一幅图像中，比较明亮的区域可以进行较大的修改而不被感知。编写函数lummask.m完成亮度阈值的计算，函数代码如下：

```
%文件名:lummask.m
%程序员:郭迟
%编写时间:2004.4.2
%函数功能:本函数将完成Watson模型下图像亮度阈值的计算
```

```
%输入格式举例:lumthreshold=lummask('c:\lenna.jpg')
%参数说明:
%image 为输入图像
%lumthreshold 为输出矩阵
function lumthreshold=lummask(image);
%读取图像转亮度
i=imread(image);
i=double(i);
i=rgb2gray(i);
%分块 DCT 变换
T=dctmtx(8);
DCTcoef=blkproc(i,[8 8],'P1 * x * P2',T,T');
%计算平均 DC 系数
[m,n]=size(DCTcoef);
meandc=0;
count=0;
for i=0 : ceil(m/8-1)
    for j=0 : ceil(n/8-1)
        meandc=meandc+DCTcoef(8 * i+1,8 * j+1);
        count=count+1;
    end
end
meandc=meandc/count;
%计算亮度掩蔽
fun=@ blocklum;%调用子函数
lumthreshold=blkproc(DCTcoef,[8 8],fun,meandc);
function result=blocklum(matrix,meandc);
%敏感表
t=[1.40  1.01  1.16  1.66  2.40  3.43  4.79  6.56
   1.01  1.45  1.32  1.52  2.00  2.71  3.67  4.93
   1.16  1.32  2.24  2.59  2.98  3.64  4.60  5.88
   1.66  1.52  2.59  3.77  4.55  5.30  6.28  7.60
   2.40  2.00  2.98  4.55  6.15  7.46  8.71  10.17
   3.43  2.71  3.64  5.30  7.46  9.62  11.58 13.51
   4.79  3.67  4.60  6.28  8.71  11.58 14.50 17.29
   6.56  4.93  5.88  7.60  10.17 13.51 17.29 21.15];
%计算
for i=1 : 8;
    for j=1 : 8
```

```
        result(i,j)=t(i,j)*(matrix(1,1)/meandc)^0.649;
    end
end
```

图 8.18 直观地显示了 lenna 的亮度掩蔽阈值,明亮的地方表示亮度掩蔽高的块。

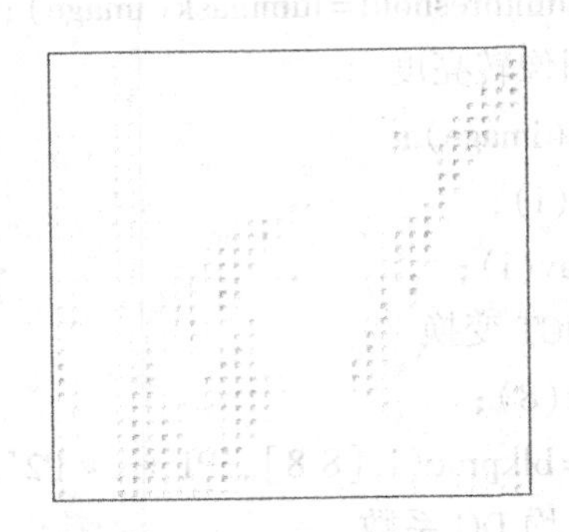

图 8.18　lenna 的亮度掩蔽

8.3.3　对比度掩蔽

亮度掩蔽阈值的取值要受到对比度掩蔽的影响,对比度掩蔽存在一个对比掩蔽阈值。对于每一个 DCT 块,有:

$$t_{C_{i,j}} = \max\{t_{L_{i,j}}, |\ \mathrm{DCTcoef}_{i,j}|^{w_{i,j}} \cdot t_{L_{i,j}}^{1-w_{i,j}}\} \tag{8.24}$$

其中,$w_{i,j}$是一个常数,因频率系数不同而不同,决定对比掩蔽的度数。一般情况下,w_{00}取为 0,其他的 $w_{i,j}$取为 0.7(也可以全取为 0.7)。$\mathrm{DCTcoef}_{i,j}$是每块的 DCT 系数。最终求得的对比阈值是亮度阈值和经 $w_{i,j}$调整的系数结果中最大的一个。$t_{C_{i,j}}$表明了每块 DCT 系数中各项在一个 JND 范围内可调整的大小,一般地又将这些阈值称为间隙。

编写函数 Watsonthreshold.m 完成图像间隙的计算,函数代码如下:

```
%文件名:Watsonthreshold.m
%程序员:郭迟
%编写时间:2004.4.2
%函数功能:本函数将完成 Watson 模型下图像对比阈值的计算
%输入格式举例:threshold=Watsonthreshold('c:\lenna.jpg')
%参数说明:
%image 为输入图像
%threshold 为输出矩阵
function threshold=Watsonthreshold(image)
%读取图像转亮度
i=imread(image);
i=double(i);
i=rgb2gray(i);
%分块 DCT 变换
T=dctmtx(8);
DCTcoef=blkproc(i,[8 8],'P1*x*P2',T,T');
```

```
%调用函数计算亮度阈值
lumthreshold=lummask(image);
%计算W(ij)的修正值
[m,n]=size(DCTcoef);
for i=1:m
    for j=1:n
        another(i,j)=(abs(DCTcoef(i,j))^0.7)*(lumthreshold(i,j)^0.3);
    end
end
%计算对比阈值
threshold=zeros([m n]);
for i=1:m
    for j=1:n
        if lumthreshold(i,j)<=another(i,j)
            threshold(i,j)=another(i,j);
        else
            threshold(i,j)=lumthreshold(i,j);
        end
    end
end
```

8.3.4 感知质量度量

Watson 的感知质量度量方法分以下几个步骤完成：

① 计算原始图像与待测图像的 DCT 系数差，求得 DCT 系数的错误图像 E；

② 将 E 除以间隙，得到每一个像素的感知误差 $d_{i,j}$。$d_{i,j}$ 表明了第 (i,j) 个频率以 JND 为单位下的误差，是 JND 的倍数或分数；

③ 用明科斯基和对误差进行合并。合并公式为：

$$D(I,I_w) = \left(\sum_{i,j} |d_{i,j}|^{\beta}\right)^{\frac{1}{\beta}} \tag{8.25}$$

与前面提到的一样，β 取 4。

编写函数 Watsondistorsion.m 完成图像的感知质量度量实验。函数代码如下：

```
%文件名:Watsondistorsion.m
%程序员:郭迟
%编写时间:2004.4.2
%函数功能:本函数将完成 Watson 模型下图像感知质量度量
%输入格式举例:result=Watsondistorsion('c:\lenna.jpg','c:\test.jpg')
%参数说明:
%original 为原始图像
%test 加有水印的图像
```

```
%result 为两者误差估计
function result=Watsondistorsion(original,test)
%读取图像转亮度
io=imread(original);
io=rgb2gray(io);
io=double(io);
iw=imread(test);
iw=rgb2gray(iw);
iw=double(iw);
%分块 DCT 变换求错误图像
T=dctmtx(8);
DCTcoefo=blkproc(io,[8 8],'P1 * x * P2',T,T');
DCTcoefw=blkproc(iw,[8 8],'P1 * x * P2',T,T');
e=DCTcoefw-DCTcoefo;
%求间隙
threshold=Watsonthreshold(original);
%计算 JND 倍数
[m,n]=size(e);
d=zeros([m n]);
for i=1:m
    for j=1:n
        d(i,j)=e(i,j)/threshold(i,j);
    end
end
%误差合并
distortion=0;
for i=1:m
    for j=1:n
        d(i,j)=d(i,j)^4;
        distortion=distortion+d(i,j);
    end
end
result=sqrt(sqrt(distortion));
disp(['图像的感知误差为:',num2str(result)]);
```

图 8.19 是图 8.15 在 Watson 模型下评价出来的感知质量。Watson 模型下求出来的感知质量本身就可以理解为一个以 JND 为单位的量值。与信噪比方法不一样,这里数值越小表明评估的图像质量越高。

原始 lenna图像

（a）原始图像

JPEG压缩率为 6% 的 lenna图像

(b)Watson 质量： 188.4(JNDs)

全频加入高斯白噪并适当降噪后的 lenna图像

(c)Watson 质量： 363.6779(JNDs)

加入高频噪的 lenna 图像

(d)Watson 质量： 49.3627(JNDs)

图 8.19　Watson 模型对图像质量的评估

8.4　感知自适应水印初步

自适应(self-adaptive)水印是当前数字水印研究的热点。一般来说，自适应水印都是与HVS 相结合的，称为感知自适应水印。一般的水印算法都会有一个(组)水印强度的参数，我们简单地记为 α。α 越大水印的鲁棒性越强，当然其不可见性就越差。早期的水印算法都是通过大量实验的结果，人为地指定 α 的取值，以达到鲁棒性和不可见性相统一。随着研究的不断深入，人们发现既然图像的感知质量可以用一些客观评价方法计算出来，那何不将这种客观评价方法与水印算法结合起来，让算法自动选取比较合适的水印强度参数 α 呢？我们下面介绍的就是利用 Watson 感知模型设计的简单自适应数字水印算法以及其实现。

在谈“自适应”之前，我们先来简单地介绍一下这里使用的水印算法。

我们的水印模板取长度为 64 的高斯随机数以模拟高斯白噪。水印模型采用第七章介绍的基本模型。将原始图像做 8×8 的分块 DCT，并将 DCT 系数按照 zigzag 方法重新排列，将生成的高斯噪声加入到 DCT 系数中去。设原始图像为 I，加有水印的图像为 I_w，水印信号为 W，$\tilde{I}$，$\tilde{I}_w$ 分别表示其 DCT 变换后的 DCT 矩阵，则水印算法可以由式(8.26)描述：

$$\tilde{I}_w = \tilde{I} + \alpha W \tag{8.26}$$

其中,α 就是我们重点要考虑的强度因子。

在 8.3 节我们详细地介绍了 Watson 提出的感知模型和图像质量评估方法,现作以下推导:

由式(8.25)得 $$D(I,I_w)=\left[\sum_{i,j}\left(\frac{\tilde{I}_w-\tilde{I}}{t_{C_{i,j}}}\right)^4\right]^{\frac{1}{4}}$$

又因为 $$\tilde{I}_w = \tilde{I} + \alpha W$$

所以 $$D(I,I_w)=\alpha\left[\sum_{i,j}\left(\frac{W}{t_{C_{i,j}}}\right)^4\right]^{\frac{1}{4}} = \alpha \cdot D(I,I_W')$$

其中 I_W' 是当 $\alpha=1$ 时的水印图像。可以发现,Watson 感知质量 $D(I,I_w)$ 实际上是 α 的函数。对于种子一定的高斯水印模板,$D(I,I_W')$ 是一定的,要改变水印强度就必须调整 α。当我们预先设定一个期望的感知质量 D_{equal} 时,α 就可以由以下公式计算出来:

$$\alpha = \frac{D_{\text{equal}}}{D(I,I_W')} \tag{8.27}$$

根据期望的感知质量 D_{equal} 自动地对水印强度 α 进行调整,这就是全局自适应算法。

在具体实现中,这里的全局自适应算法应注意以下两个问题:

①期望的感知质量 D_{equal} 如何选取。一般的根据主观评价的结果,将零 JND 对应的图像与原始图像进行计算感知质量,经过一定样本计算后求平均,可以得到一个相对较优的期望质量。如我们在 8.2 节对 lenna 的主观评价中就得到过零 JND 的图像,其与原始图像的 Watson 质量经过计算为 7 左右。在这里,我们取 $D_{\text{equal}}=4\sim7$ 比较合适;

②考虑到舍入和修剪等细微操作都会对 α 强度下的水印图像带来不同的 JND 值,所以有必要在求得 α 后,再从 0.2α 到 1.1α 之间求取一定数量的水印图像,找到视觉质量最好的结果。

编写函数 globaladaptive.m 完成实验,函数代码如下:

```
%文件名:globaladaptive.m
%程序员:郭迟
%编写时间:2004.4.7
%函数功能:本函数将完成 Watson 模型下全局自适应水印
%输入格式举例:[result,alf]=globaladaptive('c:\lenna.jpg',0.1,1983,'c:\wm.jpg')
%参数说明:
%image 为输入原始图像
%equal 为期望的感知质量
%seed 为随机数种子
%goal 为结果存放的地址
%result 为加有水印的结果
%alf 为求得的全局强度
function [imagergb,alf]=globaladaptive(image,equal,seed,goal)
```

```
%读取图像做DCT变换
imagergb=imread(image);
imagergb=double(imagergb);
imagergb1=imagergb;%求基本误差时使用
imagergb2=imagergb/255;%显示时使用
r=imagergb(:,:,1);%往R层加水印
T=dctmtx(8);
DCTcoef=blkproc(r,[8 8],'P1*x*P2',T,T');
%生成长度为64的高斯随机数作为水印模板
rand('seed',seed);
wm=randn(1,64);
%调用子函数,给图像加α为1时的水印
fun=@wmadd;
result=blkproc(DCTcoef,[8 8],fun,wm,1);
%DCT反变换
T=dctmtx(8);
r=blkproc(result,[8 8],'P1*x*P2',T',T);
imagergb1(:,:,1)=r;
imagergb1=imagergb1/255;%结果归一化才能存储
imwrite(imagergb1,'temp.jpg');
%计算α为1时的感知误差
basic=Watsondistorsion(image,'temp.jpg');
disp('(α为1时的基本误差)');
%计算全局强度因子α
alf=equal/basic;
%正式加水印
fun=@wmadd;
result=blkproc(DCTcoef,[8 8],fun,wm,alf);
T=dctmtx(8);
r=blkproc(result,[8 8],'P1*x*P2',T',T);
imagergb(:,:,1)=r;
imagergb=imagergb/255;%结果归一化才能存储
imwrite(imagergb,goal);
imagergb=double(imread(goal))/255;
Watsondistorsion(image,goal);
disp('(α经过适应后的感知误差)');
%输出结果
disp(['全局强度因子α=',num2str(alf)]);
subplot(121),imshow(imagergb2),title('原始图像');
subplot(122),imshow(imagergb),title(['加有水印强度α=',num2str(alf),'的图像']);
```

```
function block=wmadd(test,wm,alf)
zigdone=zigzag(test,1);% zigzag 排列
for i=3:8
    for j=1:8
        zigdone(i,j)=zigdone(i,j)+alf*(wm((i-1)*8+j));%低频系数是不加水印的
    end
end
block=zigzag(zigdone,2);
```

由于我们在添加水印时回避了每块最低频的16个系数,所以实际算出来的水印图像感知质量是要高于期望的感知质量的。

水印的检测仍然采用非盲相关检测法进行。检测的框架与W-SVD类似。这里我们就不重复叙述了。需要说明的是,我们的实验仅仅关心的是水印不可见性的适应。在实际应用中,还必须结合鲁棒性来一起考虑,而鲁棒性的评价往往就是分析检测错误的概率以及在水印图像受到攻击的前提下水印被检测出来的可能性。将鲁棒性与不可见性统一分析,求出的水印强度适应值才是理想的。

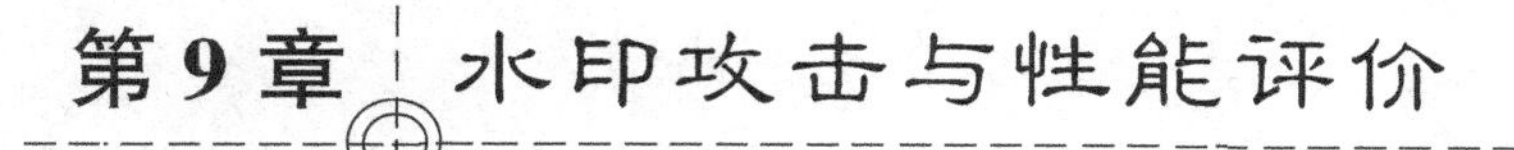

第9章 水印攻击与性能评价

前面两章我们分别从水印系统的基本原理和图像感知质量度量两方面认识了数字水印。由于数字水印的主要功能是保护作品的版权，在诸如拷贝跟踪等方面提供判断和辨别的依据。不法者要侵犯数字作品版权就一定会对其中的水印进行攻击，以达到其不法目的。这样一来，作为版权持有者除了要给作品添加水印外，还必须考虑所使用的水印系统的性能如何。

那么我们如何知道一个具体的水印系统的性能好坏呢？评价一个数字水印系统的好坏应包括多个方面，这是因为数字水印系统本身是一个复杂的综合体。水印不同、载体不同、嵌入的方法不同等都决定了各个水印系统的性能是不同的，具体来说包括以下的几个因素：

①嵌入信息的数量。它显然是一个重要的因素，在较小的载体内嵌入太多的信息，不仅仅是容量的问题，它还会直接影响到水印的鲁棒性；

②水印嵌入的强度。在嵌入水印的方法中，大多数会引入强度系数来施加水印，对于强度系数的影响我们可以在前面的章节中直观地了解到，嵌入的强度高会影响水印的不可见性，强度太低水印就变得脆弱；

③数据的大小和种类；

④密钥控制机制。这一点主要考虑的是水印的安全性。无论是直接用随机数来充当水印还是利用随机数来决定水印嵌入的位置，都需要保证这些秘密信息（密钥）不会被攻击者穷举出来或用其他方法求出来，也就是说要遵循密码学基本的原则；

⑤对抗攻击的能力。

对含有水印图像的常见的攻击方法分为有意攻击和无意攻击两大类：有意攻击最常见的是解释攻击，这不是单纯加强水印策略能够解决的问题，它涉及有关协议的制定。无意攻击是可以通过改善水印系统来解决的，依照 Stirmark 和 Checkmark 等常用的水印测试基准程序，无意攻击通常有：

- 剪切。
- 增强，模糊和其他滤波算法。
- 放大、缩小和旋转。
- 有损压缩，如 JPEG 压缩。
- 在图像中添加噪声等。

对于这些攻击，好的水印系统是具有一定的鲁棒性的，即经过这些攻击还能够保证水印的正确检测和提取。

需要明确的是，水印性能测试与水印攻击往往是一致的。我们在这里将水印的攻击和性能的评价放在一章中来论述，正是因为评价一个水印系统是和水印攻击分不开的，离开了具体的攻击方法，对水印系统的评价是无从谈起的。在很多时候，研究遭受某种攻击后水印的误差更能有效地说明水印系统的好坏。

9.1 检测错误和误比特率

9.1.1 检测错误

一个水印系统的应用包括三个方面:水印的生成策略、嵌入策略和检测策略。广义的水印检测应该解决两个问题,即判断一幅图像中是否藏有水印和用适当的方法将水印完整地、正确地提取出来。检测错误指的是在判断是否存在水印时出现的错误。对于一个水印系统的检测策略来说,其出现的检测错误越低,水印系统的性能是越优的。在一定程度上,水印系统的检测策略直接影响对水印作品鲁棒性的判断。

在检测水印时,可以根据不同的水印系统设计各自系统的水印检测器,由该检测器的输出值判断有无水印,而检测器的输入当然是需要判断的图像,可以根据是否为盲检测来决定是否输入原始图像。

常用的水印检测策略是相关检测。在相关检测中,检测阈值的取值对检测结果有着决定性的影响。这样的检测可以看成一个二元的假设校验,它存在着两类错误:

第一类错误,该类错误是指在没有嵌入水印的接收图像中检测到了水印,也就是说水印检测器输出的相关性值大于给定的阈值。由于检测器错误地发出报警,因此,这类错误也被称为虚警错误(falce positive)。

第二类错误,该类错误是指在有嵌入水印的接收图像中没有检测到水印,也就是说水印检测器的输出的相关性值小于给定的阈值。在这种情况下,检测器应该没有报警,因此这类错误又被称为漏警错误(falce negative)。

图 9.1 中可以直观地看出这两类错误产生的情况。图中的横坐标表示检测器所设的阈值,纵坐标表示数字作品的检测值概率分布。虚线表示没有嵌入水印的图像经过检测器得到的输出值的概率密度函数,实线表示嵌有水印的图像经过检测器得到的输出值的概率密度函数,垂直的直线表示检测阈值,横轴从左到右取值在 0~1。无论是嵌入水印的作品还是未嵌入水印的作品的检测值分布,其函数图像与阈值线右边所包围的面积就是检测有水印的概率。可以直观地看到,当阈值越靠右,其与数字作品的检测值概率密度分布函数所围成的面积越小,则越难检测到水印。图 9.1 中的阴影部分表示的是发生第一类错误的概率,大家可以分析,自己找出发生第二类错误的概率对应的区域。

要注意的是,水印系统不同,嵌入的方法不同,检测器的设计方法不同,阈值的不同都将会影响到发生检测错误概率的大小。仅仅就阈值来看,阈值设定得越大,发生第二类错误的可能性越大;反之,则发生第一类错误的可能性越大。

为了进一步了解和分析这两类错误,我们引进利用 ROC(Receiver Operating Characteristic)曲线的 ROC 分析法来说明它。ROC 曲线是关于检测阈值的函数曲线。它直观地反映了水印检测的灵敏度和特异性以及两类错误率之间的关系。ROC 曲线上每个点由两个分量构成,其纵坐标定义为 TPR(True Positive Ratio),我们也称之为灵敏度(sensitivity),用公式表示为:

$$\mathrm{TPR} = \frac{\mathrm{TP}}{\mathrm{TP} + \mathrm{FN}} \tag{9.1}$$

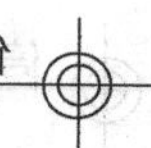

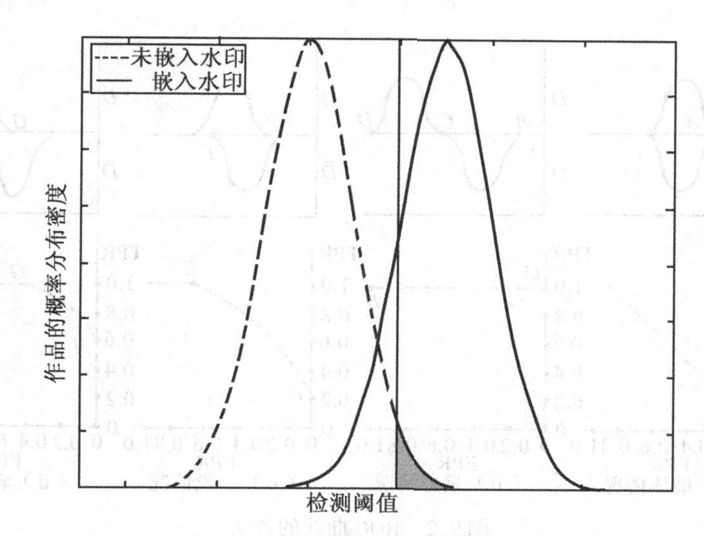

图 9.1　检测器输出分布和阈值

式(9.1)中的 TP 表示正确接受测试结果的次数，也就是在嵌有水印的接收图像中检测到水印的次数；FN 表示错误拒绝测试结果的次数，也就是在嵌有水印的接收图像中没有检测到水印的次数。

同理，ROC 曲线上每个点的横坐标定义为 FPR(False Positive Ratio)，它与特异性(specificity)是互补的关系，即 FPR=1-特异性。同样用公式表示为：

$$\text{FPR} = \frac{\text{FP}}{\text{TN} + \text{FP}} \tag{9.2}$$

式(9.2)中的 FP 表示错误报警测试结果的次数，即在没有嵌入水印的接收图像中检测到水印的次数；TN 表示正确拒绝测试结果的次数，即在没有嵌入水印的接收图像中没有检测到水印的次数。需要注意的是，我们在这里虽然用 ROC 曲线来表示两类错误的关系，但是 ROC 曲线的两个轴并不是直接对应着两类错误，FPR 可以看做对应的第一类错误，但是与第二类错误对应的不是 TPR，而是(1-TPR)。

关于 ROC 曲线的含义，也就是如何去判断它的理想程度，可以用图 9.2 加以说明。

ROC 曲线越向左上偏，曲线与坐标轴围成的面积越大，表明检测器性能就越好。图 9.2 上半部分所示的是 4 种加有水印的图像和没有加水印的图像的检测值分布的概率密度函数。图 9.2(a)中嵌有水印图像的检测值和没有嵌入水印图像的检测值分布完全相同，也就是说，不管阈值取在哪里都不能通过检测值来判断有没有水印存在。图 9.2(b)则是另一个极端，即嵌有水印图像的检测值和没有嵌入水印图像的检测值是在 C 点分开的，是完全不重叠的。我们如果将阈值定在 C 点和 D 点之间，则 FPR 为 0；一般情况是像图 9.2(c)和图 9.2(d)那样的，检测值分布是有重叠的，这样就会产生检测错误了。但二者的检测灵敏度和特异性是不同的。图 9.2 的下半部分是上半部分对应的 ROC 曲线，我们可以明显地看出，图 9.2(b)的曲线最理想。

下面通过一个实例来绘制 ROC 曲线，使大家方便地掌握一些基本概念和方法。

我们使用的水印系统是第七章中介绍过的 W-SVD 水印系统。在标准图像库中我们选取

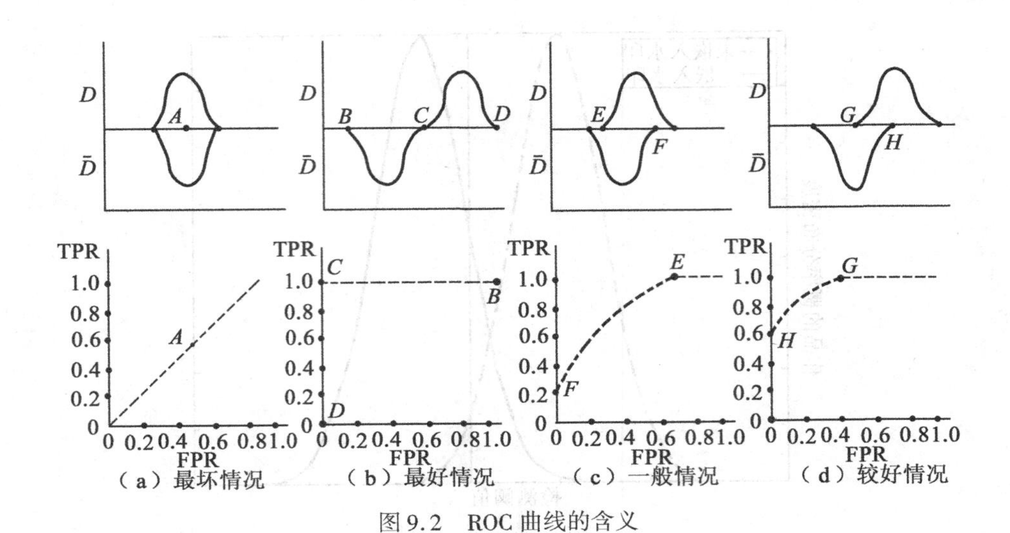

图 9.2　ROC 曲线的含义

如图 9.3 所示的 5 幅 JPEG 图像，其大小均为 256×256。我们将使用它们来生成实验的样本空间。

图 9.3　ROC 样本生成图像

检测的样本空间由以下几个方面构成：5 幅原始图像；每幅原始图像做以 10% 压缩率为间隔的压缩得到的 9 幅 JPEG 压缩图像，一共得到 45 幅图像；对每幅原始图像各自加入 10 个不同种子的水印，得到 50 幅加有水印的图像；再分别对 5 幅图像加入水印，并进行压缩，也得到 45 幅经过不同程度压缩的嵌有水印的图像和 5 幅嵌入水印但没有压缩的图像。这样共有 100

幅加有水印的图像(不管有没有压缩),以此作为后面检测漏警错误的样本空间。50幅没有加入水印的图像,作为检测虚警错误的样本空间。

以某一个检测阈值(如0.05)检测一幅图像,结果有4种组合:图像加有水印并被检测出来(TP)、图像加有水印没有被检测出来(FN)、图像没有加水印检测结果也无水印(TN)、图像没有加水印但检测出水印(FP)。

我们在前面已经说明了什么叫灵敏度和特异性,它们分别表示了在嵌有水印的图像中检测到水印的比例和在没有嵌入水印的图像中没有检测到水印的比例。对于一个检测方法的衡量我们就是用这两个指标。为了提高检测的灵敏度,我们只需将阈值取小就行了,要提高检测的特异性,只需将检测阈值取大就行了,可以看出,这两种特性是矛盾的。

我们采用W-SVD中的两种检测方法对水印进行检测,分别称为常规检测器和DCT检测器(参见7.3)。每一幅图像检测都会得到两个检测相关性值corr_coef和corr_DCTcoef。表9.1是以常规检测器检测得到的相关性值corr_coef的分布情况。表9.2是以DCT检测器检测得到的相关性值corr_coef的分布情况。

表9.1　常规检测器的检测结果

阈值	水印图像中检测到水印的累计数目(TP)	水印图像中没有检测到水印的累计数目(FN)	无水印图像中检测到水印的累计数目(FP)	无水印图像中没有检测到水印的累计数目(TN)	灵敏度(TPR)	特异性(TNR)
0.01	98	2	44	6	0.98	0.12
0.02	89	11	38	12	0.89	0.24
0.03	85	15	25	25	0.85	0.5
0.04	85	15	19	31	0.85	0.62
0.05	84	16	18	32	0.84	0.64
0.06	83	17	12	38	0.83	0.76
0.08	81	19	6	44	0.81	0.88
0.1	80	20	0	50	0.8	1
0.15	76	24	0	50	0.76	1
0.2	70	30	0	50	0.7	1
0.25	68	32	0	50	0.68	1
0.3	62	38	0	50	0.62	1
0.4	58	42	0	50	0.58	1
0.5	54	46	0	50	0.54	1
0.6	53	47	0	50	0.53	1
0.7	52	48	0	50	0.52	1

表 9.2 DCT 检测器的检测结果

阈值	水印图像中检测到水印的累计数目(TP)	水印图像中没有检测到水印的累计数目(FN)	无水印图像中检测到水印的累计数目(FP)	无水印图像中没有检测到水印的累计数目(TN)	灵敏度(TPR)	特异性(TNR)
0.02	96	4	43	7	0.96	0.14
0.04	93	7	36	14	0.93	0.28
0.06	90	10	30	20	0.9	0.4
0.08	88	12	26	24	0.88	0.48
0.10	86	14	18	32	0.86	0.4
0.15	83	17	13	37	0.83	0.74
0.20	81	19	5	45	0.81	0.9
0.25	78	22	3	47	0.78	0.94
0.30	75	25	0	50	0.75	1
0.35	71	29	0	50	0.71	1
0.40	69	31	0	50	0.69	1
0.50	64	36	0	50	0.64	1
0.60	58	42	0	50	0.58	1
0.70	56	44	0	50	0.56	1
0.80	53	47	0	50	0.53	1

图 9.4 是根据表 9.1 和表 9.2 绘制的 ROC 曲线。我们使用 MATLAB 中的 trapz 函数来分别计算图 9.4 中两组 ROC 曲线与坐标轴所围成的曲边梯形的面积,得到两个面积分别为 0.7525和0.7459,由此可见,这两种检测器的性能是相当的。

9.1.2 误比特率

误比特率也是用来检测水印系统好坏的参数,我们在这一节主要介绍一种误比特率的高斯模型,用到的水印系统是 7.2 节介绍的基本水印模型的改进系统。7.2 节所介绍的系统是实现水印嵌入的很简单的一种方法,但它只能实现对一位信息的嵌入,下面简单介绍一下对多位信息嵌入该如何改进。

要嵌入多位信息(以 8 位为例),我们就按 Basic_wm 系统模型中的模板,不过这次的模板取为 8 个,基本参考模板记为 $W_{r1}, W_{r2}, W_{r3}, \cdots, W_{r8}$,它们都是根据给定可以被当做水印密钥的种子伪随机产生的,而且服从独立的相同高斯分布,将每个模板标准化使其均值为 0,并归一化使其具有单位方差。8 位信息记为 $m[1], \cdots, m[8]$,编码方式一样,信息模板如下式:

$$W_{mi} = W_{ri} \quad m[i] = 1 \tag{9.3}$$

$$W_{mi} = -W_{ri} \quad m[i] = 0 \tag{9.4}$$

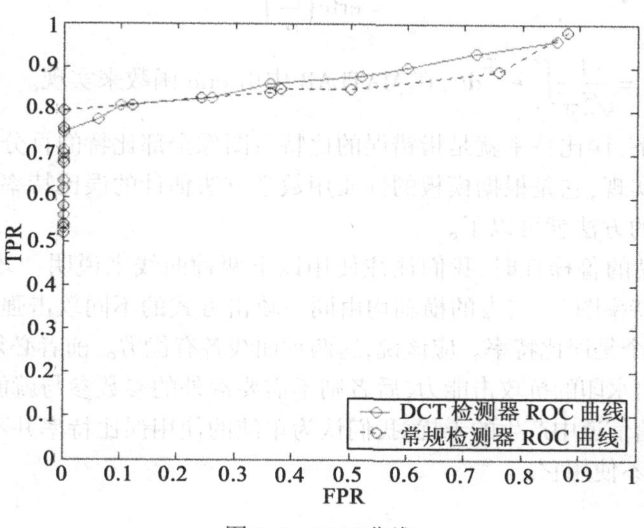

图9.4　ROC曲线

再取 W_{tmp} 为归一化之前的信息标志：

$$W_{\text{tmp}} = \sum_{i} W_{mi} \tag{9.5}$$

最后水印确定为 W_m：

$$W_m = \frac{W_{\text{tmp}}}{S_{W_{\text{tmp}}}} \tag{9.6}$$

$S_{W_{\text{tmp}}}$ 为样本标准差。按下式嵌入：

$$C_W = C_0 + \alpha W_m \tag{9.7}$$

检测器计算接收图像与8个基本模板的相关性来确定8位的值。

基于上述的水印系统，模板取为相互正交的白噪声，8个模板组合作为信息嵌入模板，以 $\frac{1}{\sqrt{8}}$ 为尺寸进行放缩使其具有单位方差。按式(9.7)嵌入后，则每位数据的嵌入强度为 $\frac{\alpha}{\sqrt{8}}$。

假设对应于每位数据，检测器输出满足高斯分布，则该假设对于白噪声模板显然成立。对应于每一位的检测相关均值 μ 为：

$$\mu = \frac{\alpha}{\sqrt{8}} \tag{9.8}$$

方差为 σ^2：

$$\sigma^2 = \sigma_{W_{ri}}^2 (\sigma_{C_0}^2 + \sigma_n^2) \tag{9.9}$$

每个模板的方差 $\sigma_{W_{ri}}^2$ 为1，$\sigma_{C_0}^2$，σ_n^2 分别为作品和信道方差，此时的错误比特率为：

$$\begin{aligned} p &= \int_{-\infty}^{0} \frac{1}{\sqrt{2\pi}\sigma} \mathrm{e}^{-\frac{(x-\mu)^2}{2\sigma^2}} \mathrm{d}x \\ &= \int_{-\infty}^{-\mu} \frac{1}{\sqrt{2\pi}\sigma} \mathrm{e}^{-\frac{x^2}{2\sigma^2}} \mathrm{d}x \\ &= \int_{\mu}^{\infty} \frac{1}{\sqrt{2\pi}\sigma} \mathrm{e}^{-\frac{x^2}{2\sigma^2}} \mathrm{d}x \end{aligned}$$

$$= \mathrm{erfc}\left(\frac{\mu}{\sigma}\right) \tag{9.10}$$

式(9.10)中 $\mathrm{erfc}(x) = \frac{1}{\sqrt{2\pi}}\int_x^{\infty} e^{-\frac{t^2}{2}}\mathrm{d}t$,在 MATLAB 中由 erfc 函数来实现。

这里要说明一下,误比特率就是指错误的比特占图像全部比特的百分比,上面提到的高斯模型是具体的一种实现,它是根据模板的性质用数学方法估计的误比特率,实际的误比特率用简单的计算百分比的方法就可以了。

在衡量水印作品的鲁棒性时,我们往往使用以下两种曲线来说明:“攻击—检测相关性值图”和“攻击—误比特率图”。二者的横轴均由同一攻击方式的不同攻击强度构成;纵轴一个是检测相关性值,另一个是误比特率。应该说,这两种曲线各有优劣。前者必须结合明确且相对正确的阈值才能分析出水印的抗攻击能力,后者则不需要额外的参数参与就能直观体现水印的性能。但考虑到在通信信道中产生的干扰,我们认为单纯的使用误比特率并不能真实反映水印的强度,所以在本书中不使用它。

9.2 几种常见的无意攻击

本节将重点阐述几种常见的无意攻击方法的原理及实现。同时,由于在衡量水印作品鲁棒性时,我们经常使用“攻击—检测相关性值图”。在本节中,还将重点说明在每种攻击下这种曲线的绘制方法,其中使用到的水印系统仍然为 W-SVD。

9.2.1 中值滤波

中值滤波(median filtering)是基于排序统计理论的一种能有效抑制噪声的非线性信号处理技术。它的优点主要表现在以下几点:

①运算简单且速度较快;

②在滤除噪声的同时能很好地保护信号的细节信息(如边缘、锐角等);

③很容易自适应化,可进一步提高滤波的性能。

因此,中值滤波被广泛应用于数字图像处理场合。正因为如此,它也被我们看做对水印的无意攻击中比较重要的一种,我们将简要地阐述中值滤波的理论,给出它的 MATLAB 实现方法和滤波结果以及它对数字水印的影响。

(1)一维中值滤波

当 n 为奇数时,一个 n 个数的序列 $x_1, x_2, \cdots, x_n$ 按从小到大的顺序排列,处于中间位置的数就称为这个序列的中值,当 n 为偶数时,则定义处于中间两个数的平均值为这个序列的中值,用符号表示如下:

$$\mathrm{med}(x_1, x_2, \cdots, x_n) \tag{9.11}$$

例如:med(0,9,4,3,6,7,2)=4。因为在中值滤波器中的 n 通常为奇数,我们以后的讨论也仅仅涉及 n 为奇数的情况。我们再给出中值滤波器的定义。设中值滤波器的大小为 n,对序列 $\{x_i | i \in Z\}$ 的标准中值滤波器有:

$$y_i = \mathrm{med}\{x_i, i \in Z\} = \mathrm{med}(x_{i-k}, \cdots, x_i, \cdots, x_{i+k}) \quad i \in Z \tag{9.12}$$

式(9.12)中的 $k=(n-1)/2$,Z 为所有自然数的集合。这种滤波器也称为滑动滤波器,它的工作原理是:大小为 n 的滤波器的窗口的长度为 n,n 为奇数,对任一时刻该窗口内的所有值排序取中值,即为滤波器的输出。图9.5直观地给出了它的工作原理,在这个例子中的中值滤波器的大小为$n=3$,即它的窗口大小也为3,此时的$k=(n-1)/2=1$,信号的长度为5,图中圆点的高度对应该点信号的值,为了让处于首尾的两点也能被滤波,在两端先扩展1点(一般地,扩展的点数为k)。

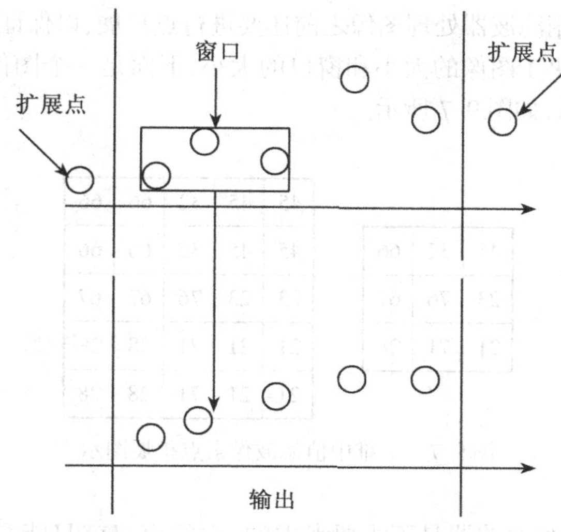

图9.5　窗口为3的中值滤波图示

由图9.5还可以看到中值滤波器在去除脉冲噪声的同时有保护信号细节的性质,具体来说,中值滤波器窗口长度为n时,如果信号中的一个脉冲的长度大于或等于$k+1$,滤波后该脉冲将得到保留,如果信号中的一个脉冲的长度小于或等于k,滤波后该脉冲将被去除。对此,还是用图9.6来说明,该例中的k还是取1。

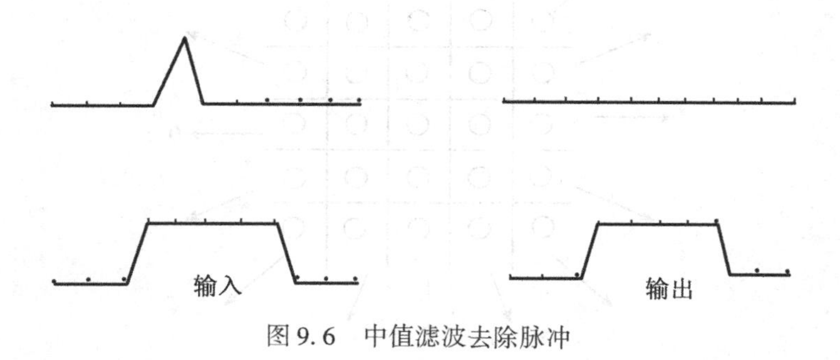

图9.6　中值滤波去除脉冲

由此性质,得到的结论是:中值滤波器保护边缘去除脉冲和振荡信号,而且长窗口滤波器去除脉冲和振荡信号比短窗口滤波器去除得多。

(2)二维中值滤波

要应用到图像处理中的中值滤波器应该是二维的形式,虽然一维的中值滤波器也能通过适当的运用来处理二维的图像,方法我们将在下面略为提及,但是那样相对比较麻烦。二维中值滤波器的窗口也应该是二维的,下面来看看是如何定义的。

设若用数集$\{x_{ij}\}$表示一幅数字图像，广泛地来说，这里的(i,j)遍取Z^2或它的一个子集，滤波器窗口A的尺寸为$N=(2k+1)(2k+1)$，定义二维中值滤波器为：

$$y_{ij}=\mathrm{med}\{x_{i+r,j+s},(r,s)\in A\} \tag{9.13}$$

与一维的中值滤波器的原理相似，二维中值滤波器对图像的处理是用一个二维的窗口去依次成块地覆盖图像中的像素，用覆盖的那些像素值的中值去取代窗口正中的那个像素的值。假设图像的大小为$K\times L$，在用滤波器处理图像之前还要进行点扩展，以保证输出的图像大小与原来的一致，扩展点的个数取决于图像的大小和窗口的大小，下面是一个图像大小为3×3，窗口大小也为3×3的点扩展的图示，如图9.7所示。

45	32	66
23	76	67
21	71	28

45	45	32	66	66
45	45	32	66	66
23	23	76	67	67
21	21	71	28	28
21	21	71	28	28

图9.7　二维中值滤波像素点扩展图示

对于窗口的选择，一维滤波器是不需要考虑的，它的窗口就只能是一维的形式，但是对于二维的中值滤波器，窗口的形状变得多种多样，这时也出现了子窗口的设计和选择的问题，二维中值滤波器保存边缘消除噪声的特性与此密切相关。我们采用图9.8所示的全方位子窗口来实现这种特性。

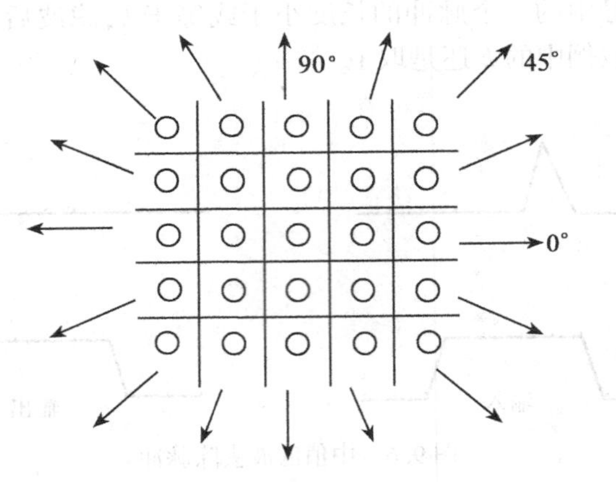

图9.8　全方位子窗口

一般地，我们称在全窗口A下进行的二维中值滤波为常规二维中值滤波，它的计算方法我们在前面提到过，就是用该窗口下的像素的中值来取代处于中间的像素的值，它可以通过连续运用两次一维中值滤波来实现，即先按行再按列，或先按列再按行，表达式如下：

$$z_{ij}=\mathrm{med}(x_{i,j-k},\cdots,x_{ij},\cdots,x_{i,j+k}) \tag{9.14}$$

$$y_{ij}=\mathrm{med}(z_{i-k,j},\cdots,z_{ij},\cdots,z_{j+k,j}) \tag{9.15}$$

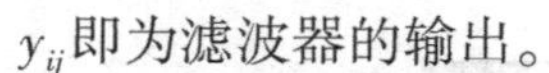

y_{ij}即为滤波器的输出。

(3)二维中值滤波器的 MATLAB 实现

我们重点关注二维中值滤波的实现。编写函数 median16. m 完成实验,这里面主要用到了 MATLAB 中已有的 medfilt2 函数,函数代码如下。

```
%文件名:median16.m
%作者:李鹏
%创作时间:2004.3.24
%目的:完成对图像的中值滤波
%引用举例: image_opd=median16('test.png',3);
%参数说明:
%image 为待做中值滤波的图像
%a 为二维中值滤波器的窗口尺寸参数,窗口大小为 a×a,这里的二维中值滤波器为常规中值滤波器
function image_opd=median16(image,a);
A=imread(image);
[row,col]=size(A);
%以下是对 8 位图的处理方式
%  A=double(A)/255;
%以下是对 16 位图的处理方式
A=double(A)/65535;
original=A;
B=reshape(A,row,col);
C= medfilt2(B,[a a]);
col=col/3;
image_opd=reshape(C,row,col,3);
%以下是对 8 位图的处理方式
%imwrite( image_opd,imagegoal);
%以下是对 16 位图的处理方式
imwrite(image_opd,'temp2.png','BitDepth',16);%以 png 格式存储
```

图 9.9 是 lenna 的原始图像和做 7×7 的常规中值滤波后的结果。

下面我们来说明“中值滤波—检测相关性图”(W-SVD 抗中值滤波攻击曲线)的绘制方法。

中值滤波是最常见的无意攻击之一,“中值滤波—检测相关性图”能刻画中值滤波攻击对嵌入水印图像的影响,其中的 x 轴表示中值滤波器的模板尺寸的大小,y 轴表示检测器检测出的相关性值。编写函数 plotmedian. m 完成实验,函数代码如下:

```
%文件名:plotmedian.m
%程序员:李鹏
%编写时间:2004.3.29
%函数功能:本函数用于绘制对加有水印的图像做中值滤波(对 RGB 图像)后,检测相关性值与滤波程度的关系曲线
```

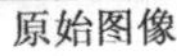
原始图像

7×7中值滤波后的结果

图9.9 真彩色图像的中值滤波

```
%输入格式举例:plotmedian('test.png',21,'lenna.jpg',10,'db6',2,0.1,0.99);
%函数说明:
%横坐标表示模板的大小,纵坐标为相关性值
%参数说明:
%test为已经加入水印的待检测图像
%x为处理图像模板的最大值
%original为输入原始图像
%seed为随机数种子
%wavelet为使用的小波函数
%level为小波分解的尺度
%alpha为水印强度
%ratio为算法中d/n的比例
function plotmedian(test,x,original,seed,wavelet,level,alpha,ratio)
quality=1:2:x;
corr_coef=zeros(max(size(quality)),1);
count=0;
for q=quality
    count=count+1;
    image_opd=median16(test,q);
        [corr_coef(count),corr_DCTcoef(count)]=wavedetect('temp2.png',original,
seed,wavelet,level,alpha,ratio);
end
plot(quality,abs(corr_DCTcoef));
xlabel('模板尺寸');
ylabel('相关性值');
```

从图9.10中可以明显地看出,随着中值滤波模板的增大,检测到的相关性值减小,说明对水印的破坏越大。

中值滤波器是最常用的非线性平滑滤波器,在实际应用中还存在另一种图像平滑处理的方法——均值滤波。在MATLAB中均值滤波的模板用h = fspecial('average')语句来获得,用

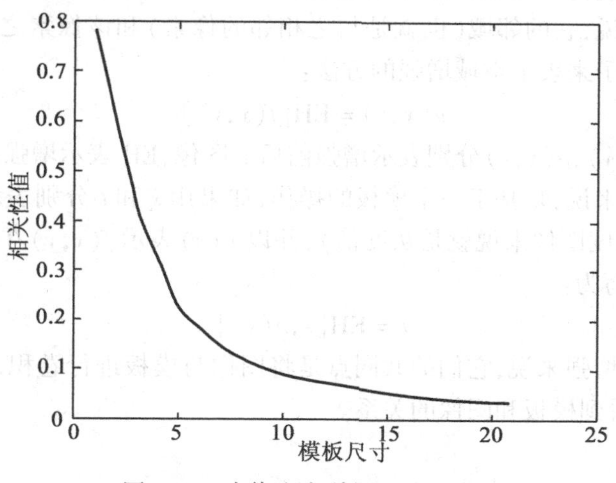

图 9.10　中值滤波-检测相关性值图

该模板和图像做二维卷积就得到均值滤波后的图像。中值滤波与均值滤波的不同之处在于，中值滤波器的输出是模板下像素的中间值，而均值滤波器输出的是模板下像素的平均值。中值滤波对极限像素值（也就是与周围像素值相差较大的像素值）的平滑处理效果比均值滤波好。图9.11 说明了这种情况。

图 9.11　中值滤波与均值滤波

9.2.2　锐化滤波

锐化是空域滤波增强的一种方法，我们首先来看看什么叫空域滤波增强，然后再对锐化进行讨论并进一步给出锐化在 MATLAB 中的实现。

对于一个像素来说，它的邻域（也就是与之相邻的像素）和该像素之间是有密切联系的，我们用一个一般的式子来表示空域增强的方法：

$$g(x,y)=\mathrm{EH}[f(x,y)] \tag{9.16}$$

式(9.16)中 $f(x,y)$，$g(x,y)$ 分别表示增强前后的图像，EH 表示增强操作。对于锐化这种空域滤波增强的方法来说，是基于一个模板的操作，如果用 s 和 t 分别表示 $f(x,y)$，$g(x,y)$ 在 (x,y) 处的值（对于灰度图像来说就是灰度值），并以 $n(s)$ 表示 $f(x,y)$ 在 (x,y) 邻域内像素的值，可以把式(9.16)写为：

$$t=\mathrm{EH}[s,n(s)] \tag{9.17}$$

对于不同的滤波增强来说，它们的共同点是将图像与模板进行卷积，不同的是模板不同，图 9.12 可以直观地看到模板和图像的关系。

…	…	…	…	…
…	S4	S3	S2	…
…	S5	S0	S1	…
…	S6	S7	S8	…
…	…	…	…	…

图像像素

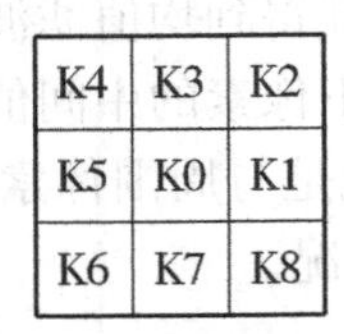

滤波模板

图 9.12　锐化图像像素和模板

将模板作用在图像上，输出是每次模板作用的区域的中间像素经修改后的值，以 3×3 的模板为例，输出用公式表示为：

$$R=K_0S_0+K_1S_1+\cdots+K_8S_8 \tag{9.18}$$

(1)线性锐化滤波

线性锐化滤波通常就是一个高通滤波器，对于一个 3×3 的模板来说，典型的系数是：

$$\begin{bmatrix} -1 & -1 & -1 \\ -1 & 8 & -1 \\ -1 & -1 & -1 \end{bmatrix}$$

该模板所有系数之和为 0，这个滤波器将原图像中零频率分量去除。下面是采用拉普拉斯算子作为模板的线性锐化函数 sharpL. m。

```
%文件名:sharpL. m
%作者:李鹏
%创作时间:2004. 3. 26
%函数功能:对图像做线性锐化
%函数说明:本函数的线性锐化滤波器采用'laplacian'算子
%引用举例: image_opd=sharpL('lenna. jpg','1. jpg');
%参数说明:
```

```
%image 为待做锐化的图像
%imagegoal 为锐化后的图像
function image_opd=sharpL(image,imagegoal)
A=imread(image);
[row,col]=size(A);
A=double(A)/255;original=A;
B=reshape(A,row,col);
h=fspecial('laplacian');
C=filter2(h,B);
col=col/3;
image_opd=reshape(C,row,col,3);
imwrite( image_opd,imagegoal);
```

图9.13 是 lenna 的原始图像和经过线性锐化后的图像。

原始图像

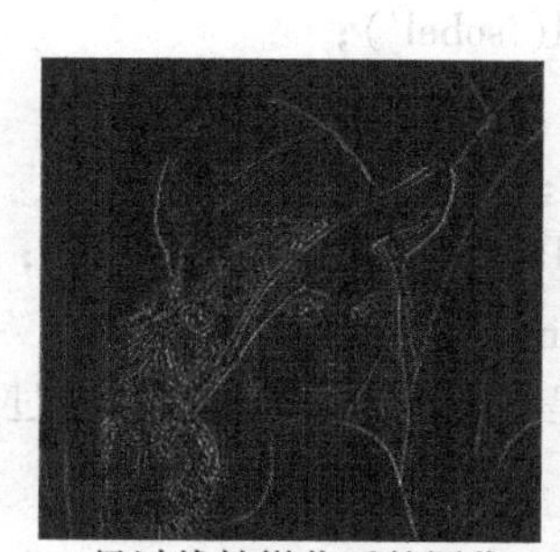
经过线性锐化后的图像

图9.13　真彩色图像的线性锐化

(2)非线性锐化滤波

利用微分可以对图像进行锐化处理。对图像的微分我们通常用梯度完成。一个连续函数的梯度定义为:

$$\nabla f=\left[\frac{\partial f}{\partial x},\frac{\partial f}{\partial y}\right] \tag{9.19}$$

它以2为模后:

$$|\nabla f_{(2)}|=\mathrm{mag}(\nabla f)\left[\left(\frac{\partial f}{\partial x}\right)^2+\left(\frac{\partial f}{\partial y}\right)^2\right]^{\frac{1}{2}} \tag{9.20}$$

简单点取1为模或以无穷大为模,分别表示为:

$$|\nabla f_{(1)}|=\left|\frac{\partial f}{\partial x}\right|+\left|\frac{\partial f}{\partial y}\right| \tag{9.21}$$

$$|\nabla f_{(\infty)}|=\max\left\{\left|\frac{\partial f}{\partial x}\right|,\left|\frac{\partial f}{\partial y}\right|\right\} \tag{9.22}$$

同线性锐化一样,微分算子也有很多种,我们以 sobel 算子为例给出非线性锐化的函数 sharpS.m。

```
%文件名:sharpS.m
```

```
%作者:李鹏
%创作时间:2004.3.26
%函数功能:对图像做非线性锐化
%函数说明:本函数的非线性锐化滤波器采用'sobel'算子
%引用举例: image_opd=sharpS('lenna.jpg','1.jpg');
%参数说明:
%image 为待做锐化的图像
%imagegoal 为锐化后的图像
function image_opd=sharpS(image,imagegoal)
A=imread(image);
[row,col]=size(A);
A=double(A)/255;original=A;
B=reshape(A,row,col);
h=fspecial('sobel');
C=filter2(h,B);
col=col/3;
image_opd=reshape(C,row,col,3);
imwrite( image_opd,imagegoal);
```

图9.14是lenna的原始图像和经过非线性锐化后的图像。

原始图像

经过非线性锐化后的图像

图9.14 真彩色图像的非线性锐化

9.2.3 马赛克攻击

马赛克是我们平常生活中经常接触到的一个词。在装修房屋时使用马赛克的瓷砖,使厨房更加美观。在家中用影碟机欣赏电影时因为碟片划伤会出现马赛克现象,这让我们很头疼。在这里讲到的马赛克攻击也是图像经常会受到的无意攻击的一种,它将对水印产生怎样的影响是我们所关心的。

对于图像的马赛克攻击,原理很简单,就是将一幅图像中的像素按照一定大小的模板与相邻的像素一起取平均值,再将这个值赋给模板下的每一个像素,下面以3×3的模板为例,用图简单直观地分析,如图9.15所示。

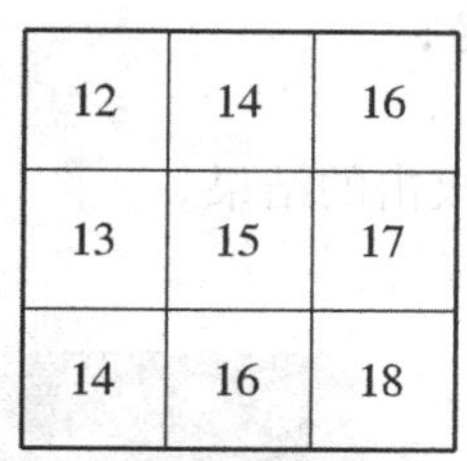

处理前的像素值

15	15	15
15	15	15
15	15	15

处理后的像素值

图 9.15　马赛克处理示例

编写函数 mosaic16.m 完成对图像进行马赛克处理的函数,函数代码如下:

```
%文件名:mosaic16.m
%程序员:李鹏
%编写时间:2004.3.20
%函数功能:本函数用于对图像做马赛克处理(对 RGB 图像)
%输入格式举例:image_opd=mosaic16('test.png',3);
%参数说明:
%image 为待处理图像
%x 为处理图像模板的大小
function image_opd=mosaic16(image,x);
A=imread(image);
[row,col]=size(A);
%以下是对 8 位图的处理方式
%  A=double(A)/255;
%以下是对 16 位图的处理方式
A=double(A)/65535;
original=A;
B=reshape(A,row,col);
r=x;
for i=1:r:row
    for j=1:r:col
        C(i:min(i+r-1,row),j:min(j+r-1,col))=mean2(B(i:min(i+r-1,row),j:
min(j+r-1,col)));
    end
end
col=col/3;
image_opd=reshape(C,row,col,3);
%以下是对 8 位图的处理方式
%imwrite(image_opd,imagegoal);
%以下是对 16 位图的处理方式
```

```
imwrite(image_opd,'temp2.png','BitDepth',16);
%以png格式存储
```

图9.16是对lenna进行模板为7×7的马赛克攻击的结果。

原始图像

经过7×7的马赛克处理的图像

图9.16　真彩色图像的马赛克处理

下面我们来说明"马赛克—检测相关性图"(W-SVD抗马赛克处理攻击曲线)的绘制方法。

"马赛克—检测相关性图"能刻画马赛克处理对嵌入水印图像的影响,其中的 x 轴表示马赛克模板尺寸的大小, y 轴表示检测器检测出的相关性值。编写函数plotmosaic.m完成实验,函数代码如下:

```
%文件名:plotmosaic.m
%程序员:李鹏
%编写时间:2004.3.28
%函数功能:本函数用于绘制对加有水印的图像做马赛克处理(对RGB图像)后,检测相关性值与马赛克程度的关系曲线
%输入格式举例:plotmosaic('test.png',40,'lenna.jpg',10,'db6',2,0.1,0.99);
%函数说明:
%横坐标表示模板的大小,纵坐标为相关性值
%参数说明:
%test为已经加入水印的待检测图像
%x为处理图像模板的最大值
%original为输入原始图像
%seed为随机数种子
%wavelet为使用的小波函数
%level为小波分解的尺度
%alpha为水印强度
%ratio为算法中d/n的比例
function plotmosaic(test,x,original,seed,wavelet,level,alpha,ratio)
quality=2:2:x;
corr_coef=zeros(max(size(quality)),1);
count=0;
```

```
for q=quality
    count=count+1;
    image_opd=mosaic16(test,q);
[corr_coef(count),corr_DCTcoef(count)]=wavedetect('temp2.png',original,seed,wavelet,
level,alpha,ratio);
end
plot(quality,abs(corr_DCTcoef));
xlabel('模板尺寸');
ylabel('相关性值');
```

从图9.17可以看到，随着马赛克模板的增大，检测值是逐渐减小的，也就是说，对图像的破坏是越来越大的。

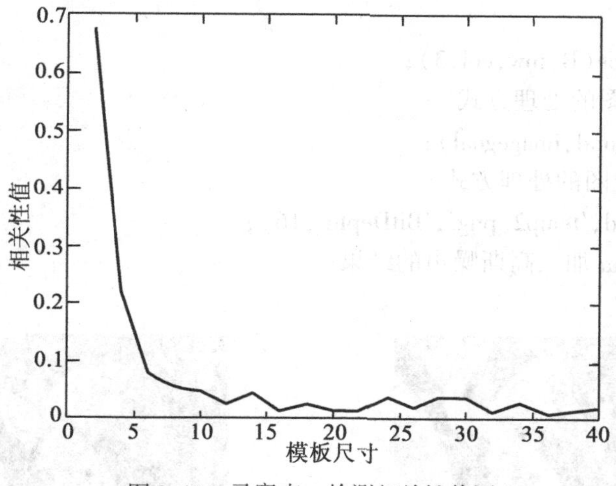

图9.17　马赛克—检测相关性值图

9.2.4　加噪攻击

图像在传播的过程中最容易受到也是必然会受到的攻击就是加入的噪声了，因此，噪声也是一种典型的无意攻击，它对嵌入的水印也会产生影响。通常最常见到的噪声是服从高斯分布的随机噪声。直接利用MATLAB中的imnoise函数，我们编写向嵌入水印的图像中加入高斯噪声的函数，函数代码如下：

```
%文件名:noiseadd16.m
%程序员:李鹏
%编写时间:2004.3.25
%函数功能:本函数用于对16位图像加gaussian噪声
%输入格式举例: image_opd=noiseadd16('test.png',0,0.01);
%函数说明:本函数用到MATLAB中自带的imnoise函数,这里所加的噪声仅仅是gaussian
噪声,其他噪声的参数不同,这里不再列举,同学们可以自己查看imnoise函数
%参数说明:
```

```
%image 为待处理图像
%M 为噪声的均值
%V 为噪声的方差
function image_opd=noiseadd16(image,M,V)
A=imread(image);
original=A;
[row,col]=size(A);
%以下是对 8 位图的处理方式
% A=double(A)/255;
%以下是对 16 位图的处理方式
A=double(A)/65535;
B=imnoise(A,'gaussian',M,V);
col=col/3;
image_opd=reshape(B,row,col,3);
%以下是对 8 位图的处理方式
%imwrite(image_opd,imagegoal);
%以下是对 16 位图的处理方式
imwrite(image_opd,'temp2.png','BitDepth',16);
```

图 9.18 是对 lenna 加入高斯噪声的结果。

原始图像

加入噪声后的图像

图 9.18 真彩色图像的加噪处理

下面我们来说明“噪声—检测相关性图”(W-SVD 抗加噪处理攻击曲线)的绘制方法。

“噪声—检测相关性图”能刻画噪声处理对嵌入水印图像的影响,其中的 x 轴表示高斯噪声的方差,y 轴表示检测器检测出的相关性值。编写函数 plotaddnoise.m 完成实验,函数代码如下:

```
%文件名:plotaddnoise.m
%程序员:李鹏
%编写时间:2004.3.29
%函数功能:本函数用于绘制对加有水印的图像加入噪声(对 RGB 图像)后,检测相关性值与加入噪声强度的关系曲线
%输入格式举例:plotaddnoise('test.png',0.2,'lenna.jpg',10,'db6',2,0.1,0.99);
```

```
% 函数说明:
% 横坐标表示方差,纵坐标为相关性值
% 参数说明:
% test 为已经加入水印的待检测图像
% x 为方差最大值
% original 为输入原始图像
% seed 为随机数种子
% wavelet 为使用的小波函数
% level 为小波分解的尺度
% alpha 为水印强度
% ratio 为算法中 d/n 的比例
function plotaddnoise(test,x,original,seed,wavelet,level,alpha,ratio)
quality=0.01:0.01:x;
corr_coef=zeros(max(size(quality)),1);
count=0;
for q=quality
    count=count+1;
    image_opd=noiseadd16(test,0,q);
[corr_coef(count),corr_DCTcoef(count)]=wavedetect('temp2.png',original,seed,wavelet,
level,alpha,ratio);
end
plot(quality,abs(corr_DCTcoef));
xlabel('方差');
ylabel('相关性值');
```

图9.19的总体趋势表明,随着所加噪声的方差的增大,图像被破坏得越厉害,检测出水印的难度越大。

9.2.5　图像的旋转、剪切和改变大小

在图像的处理中,经常要对图像进行一系列的操作,包括图像的旋转、剪切和改变图像的大小,这些功能都能用一些简单的图像处理工具实现,在MATLAB中也有很方便简单的函数实现,我们在这一小节里把它们放在一起进行介绍。

旋转是指将图像按照一定的角度转动一定的度数,用MATLAB实现很方便,例如,下面的操作是将lenna旋转45°,旋转后的结果如图9.20所示。

```
>>A=imread('lenna.jpg');
>>B=imrotate(A,45,'bilinear');
>>imshow(B);
```

其中的参数'bilinear'是指用双线性插补的方法来完成旋转操作,所谓双线性插补是指输出像素的赋值为2×2矩阵所包含的有效点的加权平均值。

用MATLAB来改变图像的大小也是十分方便的,我们可以用以下的操作将图像改变为一个100×150的图像,这里的大小是指图像的尺寸,不包含其他的意义。图9.21是改变的结果。

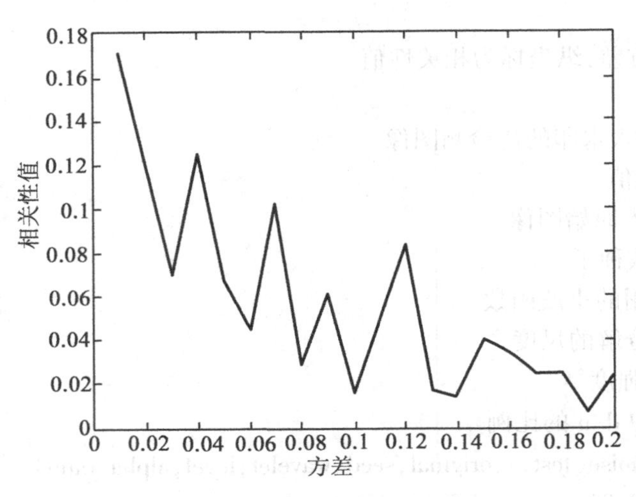

图 9.19　噪声—检测相关性值图

```
>>A=imread('lenna.jpg');
>>B=imresize(A,[100 150]);
>> imshow(B);
```

也可以用 imresize 函数来缩放图像,下面的操作是放大图像为原来的两倍。

```
>> A=imread('lenna.jpg');
>>B=imresize(A,2);
>>imshow(B);
```

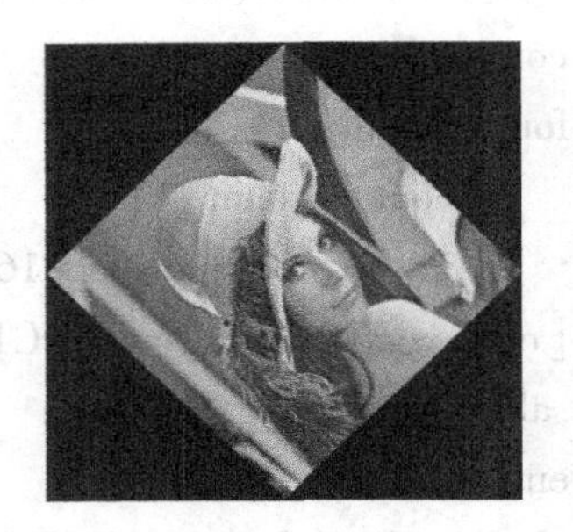

图 9.20　旋转 45 度以后的图像

图像的剪切有两种方法,一种是剪取鼠标左键拖动选取的矩形区域,另一种是给定一组参数,包括剪切图像起始坐标、剪切图像的长宽等,再按参数剪切,我们给出第二种方式的剪切函数。下面的操作是剪取起始坐标为(60,40),长宽分别为 100 和 90 的一块图像的演示,图 9.22 是剪切的结果。

```
>>A=imread('lenna.jpg');
>>B = imcrop(A,[40 60 100 90]);
>>imshow(B);
```

图 9.21　100×150 的 lenna

图 9.22　剪切后的图像

9.2.6　JPEG 压缩

JPEG 压缩是对图像处理的最普遍的方法,由于我们在前面的章节中多次讲述它的概念及模型,也给出了实现压缩的函数(用 MATLAB 最简单的实现方式是在读取图像后,写入时用

imwrite(data,'1.jpg','jpg','quality',q),直接生成按压缩比 q 压缩后的图像 1.jpg)。当然,用一些图像处理的工具也可以很方便地进行压缩。我们在这里只作为一种典型的无意攻击的方法提出来,图 9.23 是 lenna 的原始图像和经过 10% JPEG 压缩后的图像。

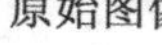

原始图像　　　　　　　　　　压缩后的图像

图 9.23　lenna 经过 10% JPEG 压缩后的图像

下面我们来说明"JPEG 压缩—检测相关性图"(W-SVD 抗 JPEG 压缩攻击曲线)的绘制方法。

"JPEG 压缩—检测相关性图"能刻画 JPEG 压缩率对嵌入水印图像的影响,其中的 x 轴表示压缩率,y 轴表示检测器检测出的相关性值。编写函数 plotjpeg.m 完成实验,函数代码如下:

```
%文件名:plotjpeg.m
%程序员:李鹏
%编写时间:2004.3.29
%函数功能:本函数用于绘制对加有水印的图像做 JPEG 压缩(对 RGB 图像)后,检测相关性值与 JPEG 压缩率的关系曲线
%输入格式举例:plotjpeg('test.png','lenna.jpg',10,'db6',2,0.1,0.99);
%函数说明:
%横坐标表示模板的大小,纵坐标为相关性值
%参数说明:
%test 为已经加入水印的待检测图像
%original 为输入原始图像
%seed 为随机数种子
%wavelet 为所使用的小波函数
%level 为小波分解的尺度
%alpha 为水印强度
%ratio 为算法中 d/n 的比例
function plotmedian(test,original,seed,wavelet,level,alpha,ratio)
data=imread(test);
data=double(data)/65535;
[M,N]=size(data);
quality=5:5:100;
```

```
corr_coef=zeros(max(size(quality)),1);
count=0;
for q=quality
        count=count+1;
        imwrite(data,'temp.jpg','jpg','quality',q);
        temp=imread('temp.jpg');
        temp=double(temp)/255;
        imwrite(temp,'temp2.png','BitDepth',16);
        [corr_coef(count),corr_DCTcoef(count)]=wavedetect('temp2.png',original,seed,
wavelet,level,alpha,ratio);
end
plot(quality,abs(corr_DCTcoef));
xlabel('jpeg 压缩率');
ylabel('相关性值');
```

图 9.24 表明,对加有水印的图像压缩得越厉害,对水印的破坏就越大,这也是符合我们直观认识的。

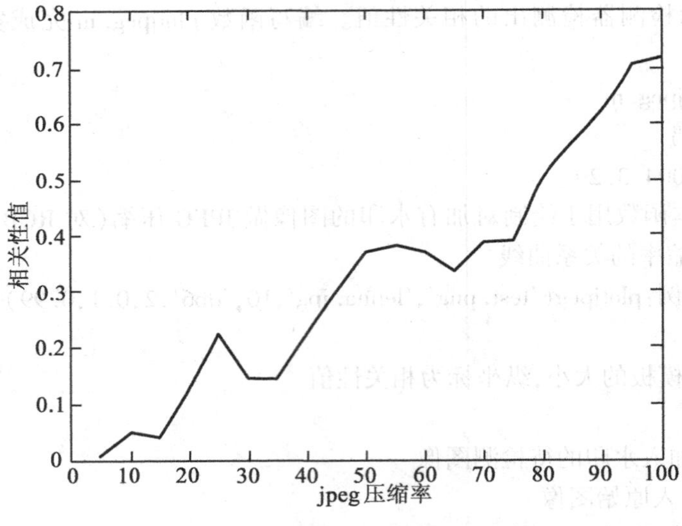

图 9.24　JPEG 压缩—检测相关性值图

9.2.7　模糊处理

模糊处理(blurring)技术也是经常用到的处理图像的方法。这种方法的原理十分简单,其核心在于一个二维的卷积,我们可以很方便地使用 MATLAB 中的 conv2 函数来实现这个卷积。卷积的模板通常取为如图 9.25 所示的一个 5×5 模板,该模板又被称为模糊核(blurring kernel)。

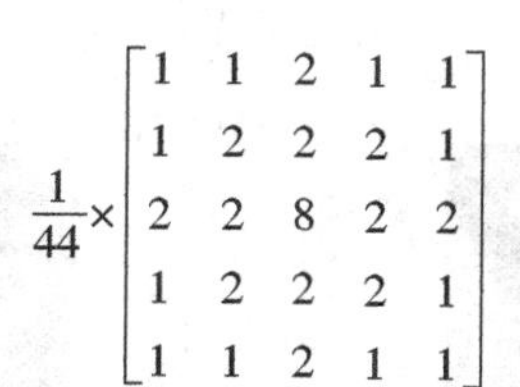

$$\frac{1}{44}\times\begin{bmatrix}1&1&2&1&1\\1&2&2&2&1\\2&2&8&2&2\\1&2&2&2&1\\1&1&2&1&1\end{bmatrix}$$

图 9.25　模糊处理的模糊核

在将图像与模糊核做卷积之前，我们需要像中值滤波那样先对图像矩阵做一定的处理，也就是将图像矩阵按照一定的方法扩充。方法是：首先生成一个比图像矩阵的行和列都多4的全0矩阵，再将图像矩阵嵌入全0矩阵的正中，然后，按图像矩阵的边缘做扩充，填满整个全0矩阵。下面以一个3×3的矩阵为例，假设它就是像素矩阵，设为A，如图9.26所示。扩充后的矩阵叫Xe，如图9.27所示。

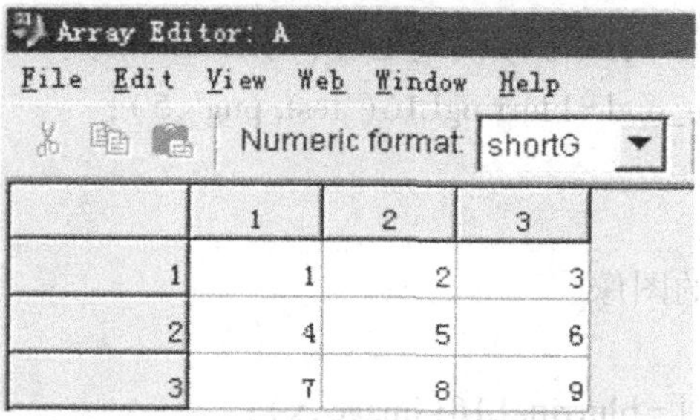

Array Editor: A

File　Edit　View　Web　Window　Help

Numeric format: shortG

	1	2	3
1	1	2	3
2	4	5	6
3	7	8	9

图 9.26　原始像素

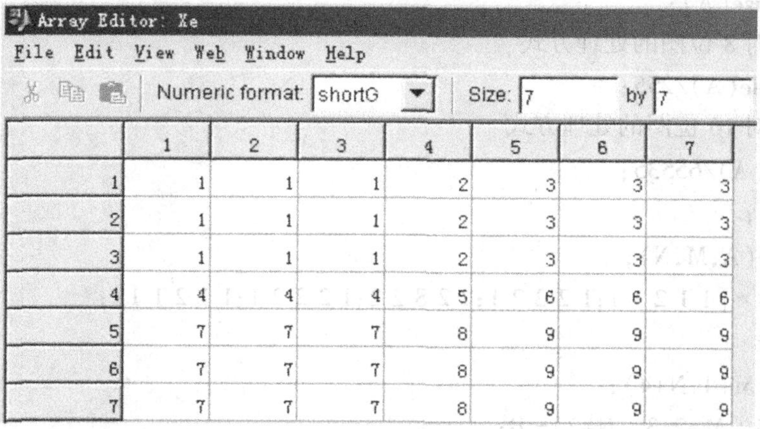

Array Editor: Xe

File　Edit　View　Web　Window　Help

Numeric format: shortG　Size: 7 by 7

	1	2	3	4	5	6	7
1	1	1	1	2	3	3	3
2	1	1	1	2	3	3	3
3	1	1	1	2	3	3	3
4	4	4	4	5	6	6	6
5	7	7	7	8	9	9	9
6	7	7	7	8	9	9	9
7	7	7	7	8	9	9	9

图 9.27　扩展后的像素模板

可见，扩充是按照原始矩阵的边缘进行的，最外面的行和列分别向两边缘扩展，剩下的四个角上的位置分别由原始像素矩阵的四个顶上的值来填充。这样，就从图像得到了做二维卷积的另一个矩阵。下面是用该模板做模糊处理的函数，图9.28是对lenna做处理的结果。

编写函数blurringL16.m完成模糊处理的实验，函数代码如下：

```
%文件名:blurringL16.m
```

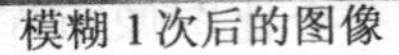
模糊1次后的图像

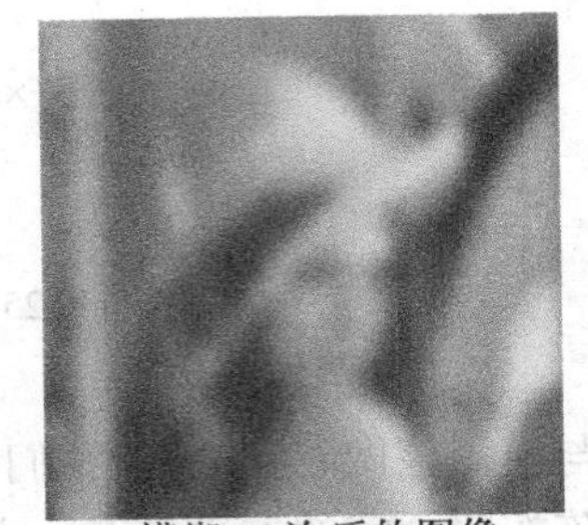
模糊20次后的图像

图9.28　对图像进行模糊处理

```
%程序员:李鹏
%编写时间:2004.3.20
%函数功能:本函数用于对图像做模糊处理(对 RGB 图像)
%输入格式举例:image_opd=blurringL16('test.png',5);
%参数说明:
%image 为待处理图像
%imagegoal 为处理后的图像
%x 为模糊的次数
function [image_opd,C]=blurringL16(image,x);
A=imread(image);
[M,N]=size(A);
%下面是对8位图的处理方式
%A=double(A)/255;
%下面是对16位图的处理方式
A=double(A)/65535;
original=A;
B=reshape(A,M,N);
blur=1/44*[1 1 2 1 1;1 2 2 2 1;2 2 8 2 2;1 2 2 2 1;1 1 2 1 1];
for i=1:x
Xe=zeros(M+4,N+4);
    Xe(3:M+2,3:N+2)=B;
    Xe(1,3:N+2)=B(1,1:N);
    Xe(2,3:N+2)=B(1,1:N);
    Xe(M+3,3:N+2)=B(M,1:N);
    Xe(M+4,3:N+2)=B(M,1:N);
    Xe(3:M+2,1)=B(1:M,1);
    Xe(3:M+2,2)=B(1:M,1);
    Xe(3:M+2,N+3)=B(1:M,N);
```

```
        Xe(3 : M+2,N+4)=B(1 : M,N);
        Xe(1 : 2,1 : 2)=B(1,1);
        Xe(M+3 : M+4,N+3 : N+4)=B(M,N);
        Xe(M+3 : M+4,1 : 2)=B(M,1);
        Xe(1 : 2,N+3 : N+4)=B(1,N);
    C=conv2(Xe,blur,'valid');
    B=C;
    end
    N=N/3;
    image_opd=reshape(C,M,N,3);
    %下面是对8位图的处理方式
    % imwrite( image_opd,imagegoal);
    %下面是对16位图的处理方式
    imwrite(image_opd,'temp2.png','BitDepth',16);
    imshow('temp2.png');
```

下面我们来说明“模糊处理—检测相关性图”（W-SVD抗模糊处理攻击曲线）的绘制方法。

“模糊处理—检测相关性图”能刻画模糊处理次数对嵌入水印图像的影响，其中的 x 轴表示模糊的次数，y 轴表示检测器检测出的相关性值。编写函数 plotblurring.m 完成实验，函数代码如下：

```
%文件名:plotblurring.m
%程序员:李鹏
%编写时间:2004.4.1
%函数功能:本函数用于绘制对加有水印的图像进行模糊处理(对RGB图像)后,检测相关性值与模糊程度的关系曲线
%输入格式举例:plotblurring('test.png',20,'lenna.jpg',10,'db6',2,0.1,0.99);
%函数说明:
%横坐标表示模糊的次数,纵坐标为相关性值
%参数说明:
%test为已经加入水印的待检测图像
%original为输入原始图像
%x为模糊处理的最大次数
%seed为随机数种子
%wavelet为使用的小波函数
%level为小波分解的尺度
%alpha为水印强度
%ratio为算法中d/n的比例
function plotblurring(test,x,original,seed,wavelet,level,alpha,ratio)
```

```
quality=1:1:x;
corr_coef=zeros(max(size(quality)),1);
count=0;
for q=quality
    count=count+1;
    image_opd=blurringL16('test.png',q);
[corr_coef(count),corr_DCTcoef(count)]=wavedetect('temp2.png',original,seed,wavelet,level,alpha,ratio);
end
plot(quality,abs(corr_DCTcoef));
xlabel('模糊次数');
ylabel('相关性值');
```

模糊处理对加有水印的图像的破坏是很大的,而且随着模糊次数的增加,这种破坏还会更大,从图9.29中可以看出这两点,曲线的趋势也是符合我们直观理解的。

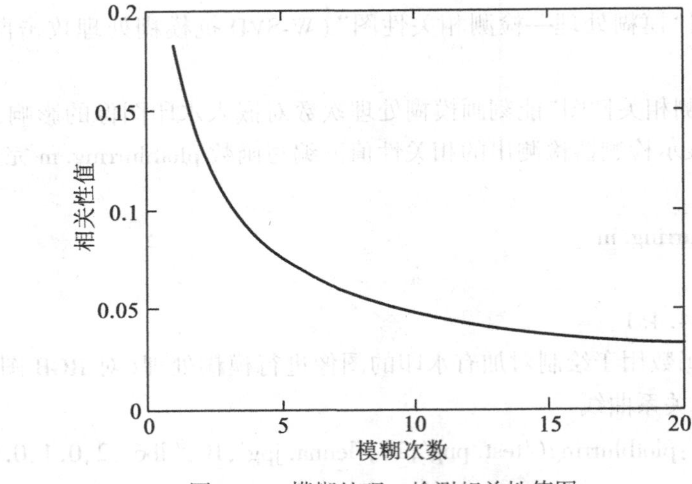

图9.29 模糊处理—检测相关性值图

9.3 水印攻击者

有这样一些水印系统的攻击者是我们必须认识的。

(1)无知的攻击者

所谓"无知的攻击者"是指试图非法获取某作品版权的人(组织)完全不知道该作品所含的水印是何种水印系统嵌入的,并且也不具有任何具体的与水印系统相关的工具(如水印检测器)。在这种情况下,攻击者只能依照对水印的一般认识来对作品进行攻击。使用的方法更多的也就是"无意攻击"。

(2)拥有多个水印作品的攻击者

这一类攻击者的危险性是比较大的。在一般情况下,他们会有意识地收集大量的含有某水印系统所嵌入水印的作品。这样一来,即使他们不知道任何水印的具体算法,也可以利用手中拥有的大量样本的优势来去除水印。这一攻击的典型代表就是“合谋攻击”。

(3)知道算法的攻击者

根据 Kerckhoff 准则,水印系统的算法往往是应该公开的,所以,这一类攻击者是最多的。完全掌握水印算法的他们可以通过分析算法的方式找到算法中的弱点,简单的话就可以通过穷举密钥来攻击,当穷举不现实时,也能结合其他方法攻击。

这一类攻击者另一个重点攻击的方向是水印检测器。一旦他们获得检测器无法校正的一个特定攻击手段时,就可以利用此手段成功实施对水印的削弱。在极端情况下,攻击者还可以获得水印检测器。使用检测器能给他们在攻击水印方面带来极大的好处。将检测器看做一个“黑盒”,攻击者可以将一个水印作品输出而得到相应的检测区域,从而也能找到一些检测器的盲点进行作品伪造。

9.4　有意攻击

这一节我们介绍对水印攻击的另外一类方式,即有意攻击。顾名思义,这种攻击是攻击者有目的、有计划地对水印进行的攻击,以达到破坏水印、伪造水印和抽取水印等非法目的。

有意攻击可分为以下几类:

①伪造水印的抽取。攻击者从嵌有水印的图像中用自己的密钥产生一个并不存在的水印,用以说明对作品的所有权;

②伪造肯定检测。攻击者用一定的办法使水印检测器产生一个肯定的结论,用以说明自己是向作品嵌入了水印的;

③统计学上的水印抽取;

④多重水印。攻击者也在水印作品中加入自己的水印,并能够检测出来。

9.4.1　多重水印与解释攻击示例

对于可逆且非盲水印,IBM 攻击是一种典型的解释攻击。其基本原理为:设原始图像为 I,加入水印 W_A 得到加有水印的图像 $I_A=I+W_A$。攻击者首先生成自己的伪造水印 W_B,然后创建一个伪造的水印图像 $I_B=I_A-W_B$,即 $I_A=I_B+W_B$。此后攻击者声称自己拥有作品 I_A 的版权。由于在伪造作品 I_B 中既可以检测出 W_A 又可以检测出 W_B,从而给水印认证造成很难解释的困境。

类似 IBM 攻击,我们以 W-SVD 为例进行一次多重水印攻击。

已经在前面讲过,对有意攻击的防止和解决不仅仅需要技术手段,还要求有一套协议来防止这种攻击,而这种协议比水印嵌入的方法更加重要。

我们还是使用 lenna 图像为原始载体,在这里我们理解为需要保护版权的作品,我们向其中加入水印,使用到的参数为:a)$\alpha=0.1$; b)$d/n=0.99$; c)db6 小波; d)2 尺度分解; e)seed=10。图 9.30 显示的是水印图像和加入水印后的图像。

对该水印进行检测,得到检测相关性值为 0.83212。

对于没有任何保护协议的水印系统来说,攻击者的攻击行为就变得十分简单,他们获取传播的图像(即加有水印的图像)后,无需知道加入水印的种子,他们只需自己随便取一个种子

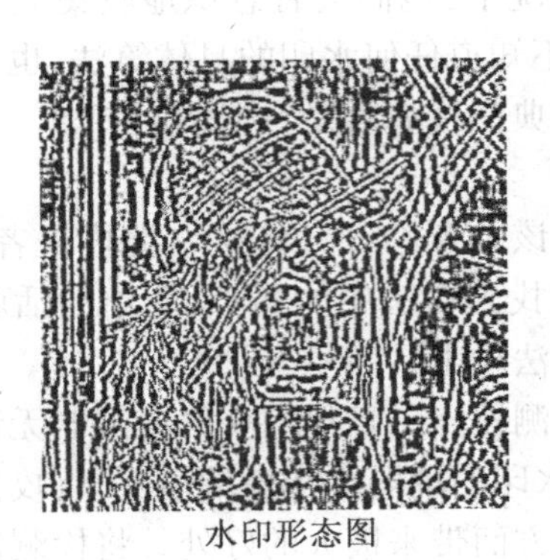
水印形态图

加入水印后的图像

图 9.30 第一重水印和图像

(如 8),就可以再生成自己的水印,把这个水印再次加入到传播的图像中,他们可以声称自己是作品的制作者,也可以从水印作品中检测到自己的水印,使真正的所有者很难反驳。图 9.31(a)是第二重水印(种子为 8)图 9.31(b)是双重水印图像。可以看到,加一次水印的图像和加两次水印的图像是用肉眼区分不出来的。

(a)第二重水印形态图

(b)双重水印图像

图 9.31 第二重水印和双重水印图像

对伪造的水印进行检测,得到相关性值为 0.76215,这也足够证明第二重水印的存在。

正如前面所提到的,防止多重水印攻击的方法是一个系统工程,涉及仲裁协议、实施框架等多方面的问题。一般来说,原始作品的制作者再加入自己的水印后,是有必要将原始作品提供给可信任的第三方的,在提交作品给仲裁机构时还应该引入诸如 Hash 时戳等技术,这些都在一定程度上可以对抗解释攻击。

9.4.2 合谋攻击

所谓合谋攻击(collusion attack)是指攻击者在拥有多个水印作品的情况下进行的一种攻击,在这种情况下,攻击者即使不知道算法,也常常可以利用这种优势来去除水印,或者使水印嵌入者很难检测出自己的水印。

合谋攻击有两种类型。

第一类合谋攻击是指攻击者设法获得包含同一水印的不同作品,并且将这些作品结合起来进行研究,用以了解算法是如何进行的。这一类攻击最简单的例子是攻击者对几个不同标志作品进行平均,如果加到所有作品的水印模板是相同的,这一平均就可以得到与此模板非常接近的结果,然后攻击者只需从作品中将此模板减去,就可以去除水印了。

第二类合谋攻击是指攻击者获得了同一作品含有不同水印的副本,在这种情况下,攻击者可以通过结合几个独立的副本从而得到原始作品的精密近似。最简单的结合方法是平均所有副本,从而将不同的水印混合在一起并且减小它们各自的能量,使各自嵌入者很难检测到自己的水印。

下面就第二种类型的合谋攻击做出实验。

有五个嵌入者分别以100,200,300,400,500为种子在原始图像中嵌入自己的水印,得到的结果为图9.32所示的前五幅图像,攻击者获取了这五幅图像,并且将它们做平均,得到平均后的结果如图9.32所示的第六幅图。

图9.32　不同水印的图像与合谋攻击

表9.3是在各自的水印图像中使用各自的种子做DCT检测的相关性值。

表9.3　合谋攻击前相关性值表

种子	100	200	300	400	500
DCT检测值	0.73716	0.76708	0.7682	0.81644	0.77644

表9.4是在平均后的水印图像中做检测的相关值。

表9.4　　　　合谋攻击后相关性值表

种子	100	200	300	400	500
DCT检测值	0.37884	0.3416	0.3429	0.35176	0.36618

可以看出,攻击过后的检测值明显降低,攻击者达到他的目的。

对于其他的有意攻击,有的需要采取的措施要复杂得多,所遵循的协议也很多,我们在此不再赘述,需要更多的了解可以参考有关资料。我们在这一章里简单地介绍了对水印系统的性能评价和对它的攻击。其实,评价水印系统是一个很复杂的技术,需要用到多方面的知识。对于水印的攻击,我们举例说明了一些,联系前面章节介绍的各种水印系统,可以实验验证一下它们各自抵抗不同攻击的优缺点,以方便实际应用中的选择。

第10章 视频水印

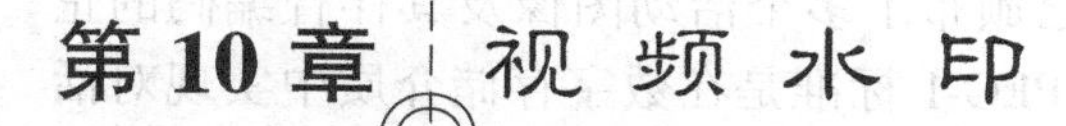

早期的数字水印研究主要面向静态的数字图像对象。如今,作为互联网信息环境下的主要多媒体对象——视频数据越来越多地被考虑以数字水印技术手段来实现保护。视频水印可以理解为以视频为载体对象,加入可识别的数字信号或模式,既不影响视频数据的视觉质量,又能达到用于视频数据对象的版权和内容保护等目的技术手段。由于视频载体信息具有时间和空间上的三维结构或者伴随着复杂的编码标准与格式,视频水印的研究一直是数字水印中的难点。第 1 节我们先从了解视频数据信息本身入手,进而了解视频水印设计的特点,主要包括 MPEG-2 的编码原理和快速 DCT 正反变换的 VC++实现。第 2 节介绍视频水印的视觉模式选择以及水印信息模式,重点介绍了 BonehShaw 数字指纹的 VC 实现。第 3 节对目前的基于 VC++的 MPEG-2 视频水印平台的操作做了介绍,包括 MPEG-2 视频水印的水印嵌入和提取、水印后的视频帧分析以及水印攻击等。第 4 节详细地介绍了 DEW 的 MPEG-2 水印算法以及若干实验性能分析步骤。最后给出了部分 MPEG-2 水印的源码作为我们水印设计的参考。

10.1 视频压缩介绍

10.1.1 MPEG-2 编码原理

视频水印是数字水印技术中的热点和难点。由于视频信息的复杂性,且在存储和传输过程中往往以压缩的形式出现,所以视频水印算法的设计也要考虑到视频信息的这些特点。视频信息可分为原始视频数据和压缩视频数据两大类。一般可以这样认为,原始视频相当于时间轴上的连续图像序列(如图 10.1);压缩后的视频数据则是以特定的压缩标准而存在的比特数据流。为了更好地研究视频水印算法,必须首先了解视频信息的特点。

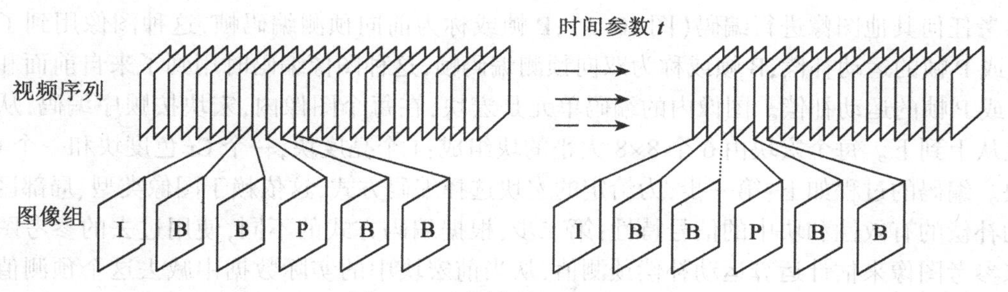

图 10.1 原始视频序列信号

数字视频信号,是指由运动信息连接在一起的数字图像。由于原始数字视频信号数据量较大,在传输和存储遇到困难,所以视频压缩技术一直是多媒体技术工作者的研究对象。压缩技术种类繁多,目前国际标准化组织的 MPEG 工作组和 ITU-T 分别对视频压缩技术进行了标准化,从而诞生了 MPEG 视频编码标准系列以及 H.261 和 H.263 等系列标准。由于基本原理一致,本节主要以 MPEG 编码标准为研究对象。MPEG 是活动图像专家组(Moving Picture Exports Group)的缩写,成立于 1988 年。目前 MPEG 已颁布了多个活动图像及其伴音编码的正式国际标准,MPEG-1 和 MPEG-2 是其中的两个。MPEG-1 标准是在数字存储介质中实现对活动图像和声音的压缩编码,编码码率最高为每秒 1.5 兆比特,标准的正式规范在 ISO/IEC11172 中。MPEG-1 是一个开放的、统一的标准,在商业上获得了巨大的成功。尽管其图像质量仅相当于 VHS 视频的质量,还不能满足广播级的要求,但已广泛应用于 VCD 等家庭视像产品中。MPEG-2 标准是针对标准数字电视和高清晰度电视在各种应用下的压缩方案和系统层的详细规定,编码码率从每秒 3 兆比特~100 兆比特,标准的正式规范在 ISO/IEC13818 中。MPEG-2 不是 MPEG-1 的简单升级,MPEG-2 在系统和传送方面做了更加详细的规定和进一步的完善。MPEG-2 特别适用于广播级的数字电视的编码和传送,被认定为 SDTV 和 HDTV 的编码标准。

MPEG 视频编码系统原理及关键技术概括地说,就是利用了图像中的两种特性:空间相关性和时间相关性。一帧图像内的任何一个场景都是由若干像素点构成的,因此一个像素通常与它周围的某些像素在亮度和色度上存在一定的关系,这种关系叫做空间相关性;一个节目中的一个情节常常由若干帧连续图像组成的图像序列构成,一个图像序列中前后帧图像间也存在一定的关系,这种关系叫做时间相关性。这两种相关性使得图像中存在大量的冗余信息。如果我们能将这些冗余信息去除,只保留少量非相关信息进行传输,就可以大大节省传输频带。而接收机利用这些非相关信息,按照一定的解码算法,可以在保证一定的图像质量的前提下恢复原始图像。

MPEG-1 和 MPEG-2 都采用了基于离散余弦变换/运动补偿(DCT/MC)的混合编码方案(图 10.2)。这种编码方案使用到了三项基本技术:第一项是运动补偿,这是因为视频中的动态图像的每一帧和它的前帧都有很多相似之处,可以近似地从前一帧来构造;第二项技术是变换编码,它基于以下两个事实:一是人眼对高频可视信息不敏感;二是变换编码能够把图像的能量相对集中,从而可以用较少的数据位来表示图像。DCT 的压缩技术可以减少空间域的冗余度,它不仅用于帧内压缩,也用于帧间残差数据的压缩;第三项技术是熵编码,在运动补偿和变换编码后,对得到的数据进行哈夫曼编码。

视频数据中,动态图像的每一帧有三种基本编码类型:I 帧或称为帧内编码帧,这种图像不参考任何其他图像进行编码(图 10.3);P 帧或称为前向预测编码帧,这种图像用到了前面的 I 或 P 帧的运动补偿;B 帧或称为双向预测编码帧,这种图像编码时用到了来自前面和后面的 I 或 P 帧的运动补偿。图像内的编码单元是宏块,在每个图像内,宏块按顺序编码,从左到右且从上到下。每个宏块由 6 个 8×8 大小的块组成:4 个亮度块,一个 Cr 色度块和一个 Cb 色度块。编码的过程如下:第一步,为给定的宏块选择编码方式,这依赖于图像类型、局部区域中运动补偿的有效性和块中的信号特性;第二步,根据编码方式的不同,使用过去的参考图像或将来参考图像来估计运算运动补偿预测值,从当前宏块中的实际数据中减去这个预测值得到帧间预测误差信号;第三步,把误差信号分成 8×8 块,并对每个块完成离散余弦选变换(DCT),对经过 DCT 变换后的 DCT 系数进行量化,对两维块按"之"形顺序进行扫描,以形成一维量化系数串;第四步,对每个宏块的附加信息和量化系数进行编码;最后,对量化系数数据进行变长编码。最后得到的 MPEG 视频流分层语法表示如图 10.4 所示。关于 MPEG-2 的编

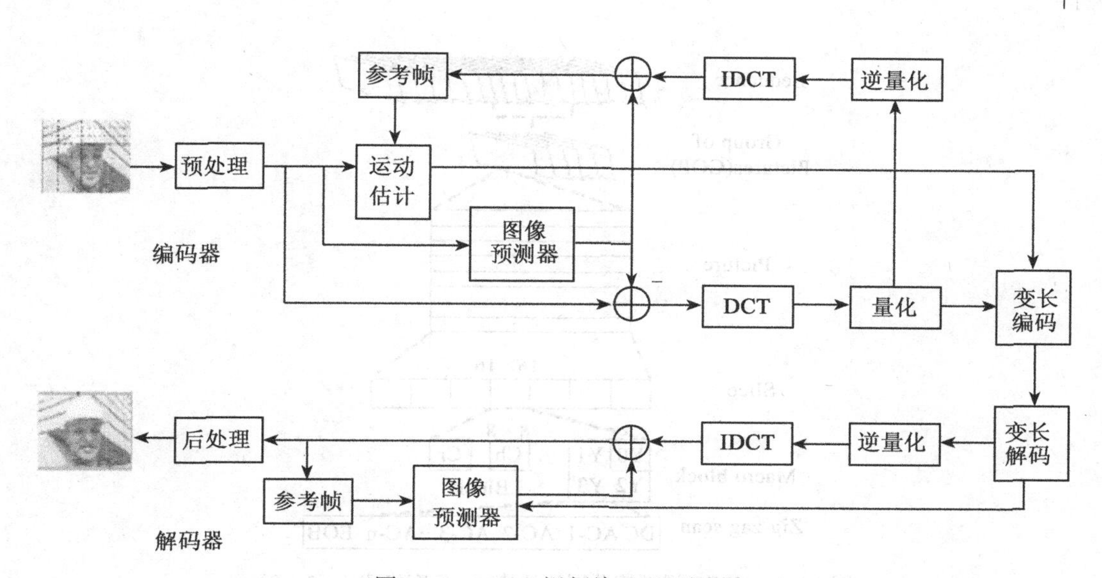

图 10.2　MPEG 视频编码原理框图

解码 VC 实现可在附录的源代码中参考，这里我们只介绍快速 DCT 正反变换的 VC 实现方法。

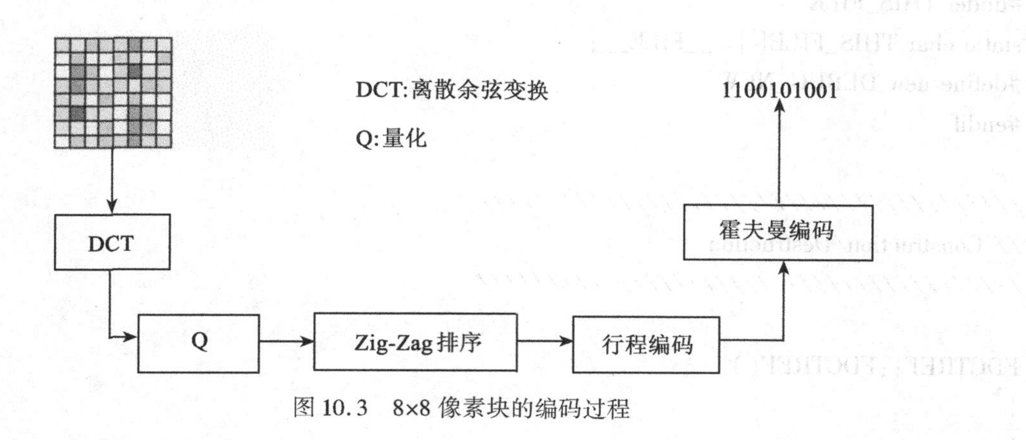

图 10.3　8×8 像素块的编码过程

10.1.2　快速 DCT 变换与反变换 VC++实现

1. 快速 DCT 变换的实现

```
// FDCTREF.cpp:implementation of the FDCTREF class.
//
////////////////////////////////////////


#include "stdafx.h"
#include "..\..\..\MPEGWatermarks.h"
#include "FDCTREF.h"
```

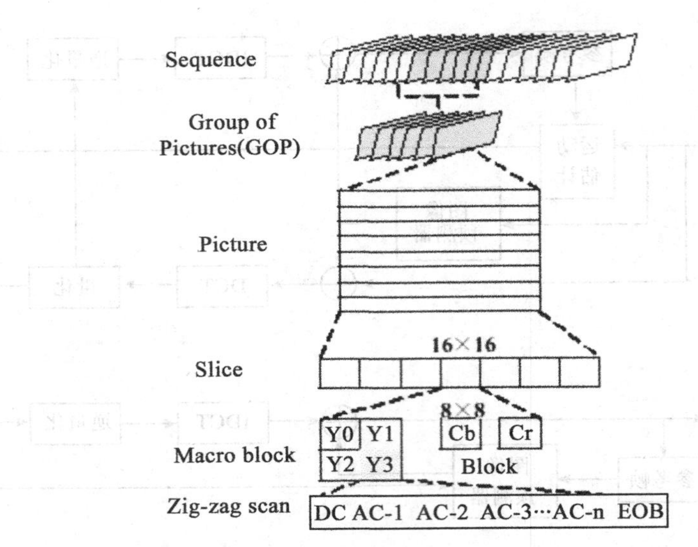

图 10.4　MPEG 视频流分层语法表示(色度格式 4：2：0)

```
#ifdef _DEBUG
#undef THIS_FILE
static char THIS_FILE[ ] = __FILE__;
#define new DEBUG_NEW
#endif

//////////////////////////////////////////
// Construction/Destruction
//////////////////////////////////////////

FDCTREF::FDCTREF()
{
}

FDCTREF:: ~FDCTREF()
{
}

void FDCTREF::init_fdct()
{
    int i,j;
    double s;
    for (i=0;i<8;i++)
    {
```

```
        s=(i==0)? sqrt(0.125) : 0.5;
        for (j=0;j<8;j++)          c1[i][j]=s * cos((PI/8.0) * i * (j+0.5));
    }
}

void FDCTREF::fdct(short *block)
{
    int i,j,k;
    double s;
    double tmp[64];
    for (i=0;i<8;i++)
    {
        for (j=0;j<8;j++)
        {
            s=0.0;
            for (k=0;k<8;k++)          s +=c1[j][k] * block[8 * i+k];
            tmp[8 * i+j]=s;
        }
    }
    for (j=0;j<8;j++)
    {
        for (i=0;i<8;i++)
        {
            s=0.0;
            for (k=0;k<8;k++)          s +=c1[i][k] * tmp[8 * k+j];
            block[8 * i+j]=(int)floor(s+0.499999);
            /*
             * reason for adding 0.499999 instead of 0.5:
             * s is quite often x.5 (at least for i and/or j=0 or 4)
             * and setting the rounding threshold exactly to 0.5 leads to an
             * extremely high arithmetic implementation dependency of the result;
             * s being between x.5 and x.500001 (which is now incorrectly rounded
             * downwards instead of upwards) is assumed to occur less often
             * (if at all)
             */
        }
    }
}
```

2. IDCT 变换的实现

```
// IDCTREF.cpp:implementation of the IDCTREF class.
//
////////////////////////////////////////

#include "stdafx.h"
#include "..\..\..\MPEGWatermarks.h"
#include "IDCTREF.h"

#ifdef _DEBUG
#undef THIS_FILE
static char THIS_FILE[]=__FILE__;
#define new DEBUG_NEW
#endif

////////////////////////////////////////
// Construction/Destruction
////////////////////////////////////////

IDCTREF::IDCTREF()
{
}

IDCTREF::~IDCTREF()
{
}

/* initialize DCT coefficient matrix */
void IDCTREF::Initialize_Reference_IDCT()
{
    int freq,time;
    double scale;
    for (freq=0;freq<8;freq++)
    {
        if (freq==0)     scale=sqrt(0.125);
        else             scale=0.5;
        //scale=(freq==0)? sqrt(0.125) : 0.5;
        for (time=0;time<8;time++)      c[freq][time]=scale * cos((PI/8.0) * freq * (time
+0.5));
    }
}
```

```
/* perform IDCT matrix multiply for 8×8 coefficient block */

void IDCTREF::Reference_IDCT(short *block)
{
    int i,j,k,v;
    double partial_product;
    double tmp[64];

    for (i=0;i<8;i++)
    {
        for (j=0;j<8;j++)
        {
            partial_product=0.0;
            for (k=0;k<8;k++)     partial_product+=c[k][j] * block[8 * i+k];
            tmp[8 * i+j]=partial_product;
        }
    }

    /* Transpose operation is integrated into address mapping by switching
       loop order of i and j */

    for (j=0;j<8;j++)
    {
        for (i=0;i<8;i++)
        {
            partial_product=0.0;
            for (k=0;k<8;k++)partial_product+=c[k][i] * tmp[8 * k+j];
            v=(int) floor(partial_product+0.5);
            block[8 * i+j]=(v<-256)? -256 : ((v>255)? 255 : v);
        }
    }
}
```

10.2 水印视觉模式和水印信息

10.2.1 Visual Model

为更好地优化性能,MPEG 视频水印一般会利用视频视觉模式分析来自适应地选择嵌入强度和位置。本节实验内容介绍 VC++中的 Visual Model 功能的实现,主要包括 DCT 块的分析和平滑边缘检测两种算法:

```
// VisualModel.cpp:implementation of the VisualModel class.
//
//////////////////////////////////////////////////////////////////////
#include "stdafx.h"
#include "..\..\MPEGWatermarks.h"
#include "VisualModel.h"

#ifdef _DEBUG
#undef THIS_FILE
static char THIS_FILE[ ]=__FILE__;
#define new DEBUG_NEW
#endif

//////////////////////////////////////////////////////////////////////
// Construction/Destruction
//////////////////////////////////////////////////////////////////////

VisualModel::VisualModel(Parameter *Parameter,Table *table)
{
    if (Parameter->VisualModel==SMOOTH_EDGE_DETECTION) {smooth_edge_detection=
new SmoothEdgeDetection(Parameter,table);}
    if (Parameter->VisualModel==DCT_BLOCK_ANALYSE)    {dct_block_analyse=new
DCTBlockAnalyse(Parameter,table);}
    DieParameter=Parameter;
    tablenew=table;

}

VisualModel::~VisualModel()
{
    if (DieParameter->VisualModel==SMOOTH_EDGE_DETECTION) {delete (smooth_edge_
detection);}//选择平滑边缘检测模式
    if (DieParameter->VisualModel==DCT_BLOCK_ANALYSE) {delete (dct_block_ana-
lyse);}//选择DCT块分析模式
}
```

1. DCT块的分析功能实现(DCT Block Analyses类函数)

```
// DCTBlockAnalyse.cpp:implementation of the DCTBlockAnalyse class.
//
```

```
////////////////////////////////////////

#include "stdafx.h"
#include "..\..\..\MPEGWatermarks.h"
#include "DCTBlockAnalyse.h"

#ifdef _DEBUG
#undef THIS_FILE
static char THIS_FILE[]=__FILE__;
#define new DEBUG_NEW
#endif

////////////////////////////////////////
// Construction/Destruction
////////////////////////////////////////

DCTBlockAnalyse::DCTBlockAnalyse(Parameter *Parameter,Table *table)
{
    dctalgorithm=new DCTAlgorithm(Parameter,table);
    newtable=table;
    DieParameter=Parameter;
}

DCTBlockAnalyse::~DCTBlockAnalyse()
{
    delete (dctalgorithm);
}

double DCTBlockAnalyse::calculateFactor(Collect *collect,short *block)
{
    int klasse=0;
    double factor;
    int countnonzero=0;
    int brightness=0;          //亮度值

    for (int i=0;i<64;i++)
    {
        if (block[i]!=0) countnonzero +=1;
    }
    brightness=block[0];
```

```
    //统计 DCT 块的非零个数
    //统计 DCT 块的平均强度


    //Klassen festlegen,
    if ( (countnonzero < DieParameter -> ThresholdT1 ) && ( brightness < DieParameter ->
ThresholdT2) )          klasse = 1;
    else if ( (countnonzero > DieParameter -> ThresholdT3 ) && ( brightness > DieParameter ->
ThresholdT4) )       klasse = 3;
    else
                       klasse = 2;

    switch (klasse)
    {
        case 3:          factor = 3;
                         break;
        case 1:          factor = 1.0/3.0;
                         break;
        default:      factor = 1.0;
    }
    return factor;//每种分类赋不同加权因子
}
```

2. 平滑边缘检测功能实现(Smooth Edge Detection 类函数)

```
// SmoothEdgeDetection.cpp:implementation of the SmoothEdgeDetection class.
//
//////////////////////////////////////////

#include "stdafx.h"
#include "..\..\..\MPEGWatermarks.h"
#include "SmoothEdgeDetection.h"

#ifdef _DEBUG
#undef THIS_FILE
static char THIS_FILE[ ] =__FILE__;
#define new DEBUG_NEW
#endif

//////////////////////////////////////////
```

```
// Construction/Destruction
//////////////////////////////////////

SmoothEdgeDetection::SmoothEdgeDetection(Parameter *Parameter,Table *table)
{
    DieParameter=Parameter;
    tablenew=table;
}

SmoothEdgeDetection::~SmoothEdgeDetection()
{
}

int SmoothEdgeDetection::smooth_edge_estimation(short *Block)
{
    double help;
    int k;
    int result;
    double level;
    int edge;
    int smooth;

    smooth=0;

    for (k=1;k<64;k++)
    {
        //if (abs(Block[k]/quant_matrix[k])! =0)
        if (abs(Block[k]/tablenew->default_intra_quantizer_matrix[k])! =0)
        {
            help=fabs((double)Block[k]/(double)tablenew->default_intra_quantizer_matrix
[k]);

            if (help<=2)        smooth++;
            else                smooth+=2;

        }
    }

    edge=abs(Block[1])+abs(Block[2])+abs(Block[3])+abs(Block[4])+abs(Block[8])+
        abs(Block[9])+abs(Block[24])+abs(Block[16])+abs(Block[17])+abs(Block
```

```
[32]);
    level=DieParameter->SmoothScale * (double)smooth+DieParameter->EdgeScale * (double)
edge+DieParameter->Offset;

    level/=DieParameter->watermark_strength;

    if (level>50) level=50;
    if (level<0) level=0;

    // * WMLevel=1-level/50;
    result=(int)level/5 + 1;

    return result;
}

double SmoothEdgeDetection::calculate_watermarkstrength(int result)
{
    double watermarkstrength;

    switch (result)
    {
        case 1:         watermarkstrength=0.10;
            break;
        case 2:         watermarkstrength=0.20;
            break;
        case 3:         watermarkstrength=0.30;
            break;
        case 4:         watermarkstrength=0.40;
            break;
        case 5:         watermarkstrength=0.50;
            break;
        case 6:         watermarkstrength=0.60;
            break;
        case 7:         watermarkstrength=0.70;
            break;
        case 8:         watermarkstrength=0.80;
            break;
        case 9:         watermarkstrength=0.90;
            break;
        case 10:    watermarkstrength=1.00;
```

```
            break;
        default:      watermarkstrength=1.10;
    }
    return watermarkstrength;
}
```

10.2.2 水印信息

在本实验教程中考虑两种水印信息模式：一种是消息码 CharacterMessage（消息码 VC 源代码在附录中可参考），另外一种是数字指纹编码 fingerprint。数字指纹是视频水印的重要分支，用于跟踪非授权的拷贝分发行为。其主要性能要求在于一般意义的水印鲁棒性要求，以及针对数字指纹的合谋攻击。这里介绍一种经典的数字指纹，BonehShaw 指纹（另外的一种重要的 Schwenk 指纹可参考附录）。

BonehShaw Fingerprint

```
// BonehShawFingerprint.cpp:implementation of the BonehShawFingerprint class.
//
//////////////////////////////////////////

#include "stdafx.h"
#include "..\..\..\..\MPEGWatermarks.h"
#include "BonehShawFingerprint.h"

#ifdef _DEBUG
#undef THIS_FILE
static char THIS_FILE[]=__FILE__;
#define new DEBUG_NEW
#endif

//////////////////////////////////////////
// Construction/Destruction
//////////////////////////////////////////

BonehShawFingerprint::BonehShawFingerprint(Parameter *Parameter,HWND hWnd,CString *
pAction)
{

    DieParameter=Parameter;
    m_hWnd=hWnd;
    m_pAction=pAction;
```

```
}

BonehShawFingerprint::~BonehShawFingerprint()
{

}

/*      Berechnung des Kundenvektores nach BonehShaw
*/
char * BonehShawFingerprint::getVector()
{
    char * vector;      //the customer vector
    int check;          //check variable for errors in input

    check=checkParameter();
    if (check)
    {
        length=length_bitvector();
        vector=getnewVector(length);
        return vector;
    }
    else
    {
        getchar();
        vector="";
        return vector;
    }

}

/*      Berechnung der L鋘ge des Kundenvektores nach BonehShaw
*/
int BonehShawFingerprint::length_bitvector()
{
    int length;

    length=(DieParameter->n-1) * DieParameter->d;
    return length;
}
```

```
char * BonehShawFingerprint::getnewVector(int length)
{
    char * vector, * pa;
    char * pa_help;
    int * pperm;

    pa=(char * )calloc(length,sizeof(char));
    pa_help=(char * )malloc(length * sizeof(char));
    vector=(char * )calloc(length,sizeof(char));
    pperm=(int * ) calloc(length,sizeof(int));

    //fill the vector
    for (int i=0;i<(DieParameter->kn-1) * DieParameter->d;i++)
    {
        pa[i]='0';
    }
    for (i=(DieParameter->kn-1) * DieParameter->d;i<length;i++)
    {
        pa[i]='1';
    }

    for (i=0;i<length;i++) pa_help[i]=pa[i];
    /* Erzeugen der Permutation pperm aus key */
    getPerm(length,DieParameter->UserKey,pperm);

    /* Anwendung der Permutation pperm */
    for (i=0;i<length;i++) vector[i]=pa_help[pperm[i]];

    free (pa);
    free (pa_help);
    free (pperm);
    return vector;
}

/*      输入参数的控制参数
 */
int BonehShawFingerprint::checkParameter()
{
    int check;
```

```
    if (DieParameter->kn<1)
    {
        printf(" \nthe value of customer is needed");
        AfxMessageBox("The value of customer is needed",MB_OK);
        check=0;
    }
    else if (DieParameter->d<1)
    {
        printf(" \nthe value of security d is needed");
        AfxMessageBox("The value of security d is needed",MB_OK);
        check=0;
    }
    else if (DieParameter->n<1)
    {
        printf(" \nthe number of customer n is needed");
        AfxMessageBox("The number of customer n is needed",MB_OK);
        check=0;
    }
    else if (DieParameter->kn>DieParameter->n)
    {
        printf(" \nthe value of the customer can not be bigger as the number of customer");
        AfxMessageBox("The value of the customer can not be bigger as the number of custom-
er",MB_OK);
        check=0;
    }
    else check=1;

    return check;
}

void BonehShawFingerprint::getCustomer(int *result)
{

    int i,index;
    int k;
    float epsilon;
    float L;
    int cid=0;
    int length;
    int *pperm;
    char *pv;
```

```
    int d,n;

    d=DieParameter->d;
    n=DieParameter->n;

    epsilon=(float)(2 * n / 2^(d/(2 * n^2)));
    length=length_bitvector();

    pperm=(int * ) calloc(length,sizeof(int));
    pv=(char * ) calloc(length,sizeof(char));

    // Erzeugung der Permutation pperm//
    getPerm(length,DieParameter->UserKey,pperm);

/ *
    CString output;

     * m_pAction=_T("");

    for (i=0;i < length;i++)
    {
        output.Format("%d",result[i]);
         * m_pAction=    * m_pAction + output;
    } */

    for (i=0;i<length;i++)
    {
        index=pperm[i];
        pv[pperm[i]]=result[i];
    }

    /* Berechnung von cid nach Boneh-Shaw */
    if (weightB(1,d,pv) > 0) cid=1;
    else if (weightB(n-1,d,pv) < d) cid=n;
    else
    {
        for (i=2;i<n;i++)
        {
            k=weightR(i,d,pv);
            L=k/2 - sqrt(k/2 + log(2 * n/(double)epsilon)/log(2));
            if (weightB(i-1,d,pv) < L) cid=i;
```

```
        }
    }
    printf("\n");
    for (i=0;i<length;i++)      printf("%d",result[i]);
    printf("\n");
    for (i=0;i<length;i++)      printf("   %d",pperm[i]);
    printf("\n");
    for (i=0;i<length;i++)      printf("%d",pv[i]);
    printf("\nCustomer=%d",cid);

//ST

    CString output;

    *m_pAction=_T("");

    for (i=0;i < length;i++)
    {
        output.Format("%d",pv[i]);
        *m_pAction=   *m_pAction + output;
    }

    output.Format("%d",cid);
    *m_pAction= *m_pAction + _T("=Customer:") + output;

    ::PostMessage(m_hWnd,WM_UPDATE,0,0);

    free(pv);
    free(pperm);
}

float BonehShawFingerprint::getEpsilon()
{
    int d,n;
    float epsilon;

    d=DieParameter->d;
    n=DieParameter->n;

    epsilon=(float)(2 * n / 2^(d/(2 * n^2)));
```

```
    return epsilon;
}

/*---------------------------------*/
void BonehShawFingerprint::getPerm(int length,unsigned long key,int *pperm)

/* Die Funktion getPerm gibt einen Pointer auf ein array
 * of int der L鋘ge length zur點k. Dieses Array enth鋖t
 * an der i-ten Stelle den Wert der Permutation "permutation"
 * angewendet aud i.
 *
 */

{
   int  i,k,help;
   unsigned long aa,c,m,x;

   aa=3759254743;
   c=2759362777;
   m=4294967189;
   x=key;

   /* Generiere die Permutation gem濞 Knuth 2,S. 145 */
   for (i=0;i<length;i++)
       //pperm[i]=i+1;
       pperm[i]=i;
   for (i=length;i>0;i--)
   {
       /* Linearer Kongruenzgenerator mit
        * Inkrement c=nextprime(2759362759)=2759362777,
        * Multiplikator aa=nextprime(3759254734)=3759254743,
        * Modulus m=nextprime(2^32-110)=4294967189 */
       x=(aa*x+c) % m;

       /* k 为1与i之间某个值 */
       k=(x % i)+1;
```

```
        /* i und k liegen zwischen 1 und length,
         * ein array beginnt aber bei 0 */
        help=pperm[i-1];
        pperm[i-1]=pperm[k-1];
        pperm[k-1]=help;

    }

}

/* ------------------------------------ */
int BonehShawFingerprint::weightB(int i,int d,char *pv)

/* Berechnung von weight(B_i) */
{
    int j;
    int w=0;

    for (j=(i-1)*d;j<i*d;j++) /* w=w+pv[j]; */
    {
        if (pv[j]==1) w=w+1;

    }
    return w;
}


/* ------------------------------------ */
int BonehShawFingerprint::weightR(int i,int d,char *pv)

/* Berechnung von weight(R_i) */
{
    int j;
    int w=0;

    for (j=(i-2)*d;j<i*d;j++) /* w=w+pv[j]; */
    {
        if (pv[j]==1) w=w+1;
    }

    return w;
}
```

10.3 MPEG-2 水印实验平台介绍

本教程的 MPEG 视频水印实验平台提供若干菜单选择，首先是 MPEG 视频文件的输入和输出选择。在参数一栏可选择水印嵌入和提取模式，5 种典型水印算法模式，水印信息模式等。视频帧分析一栏可选择水印前后视频的动静态对比，包括初始化、帧选取、帧差主客观对比、峰值信噪比 PSNR 计算等。在视频水印攻击一栏可选择包括视频重编码攻击、尺度攻击、加值攻击、删除攻击、合谋攻击以及 GOP 替换等 6 种典型攻击。

10.3.1 水印信息设置(如图 10.5)

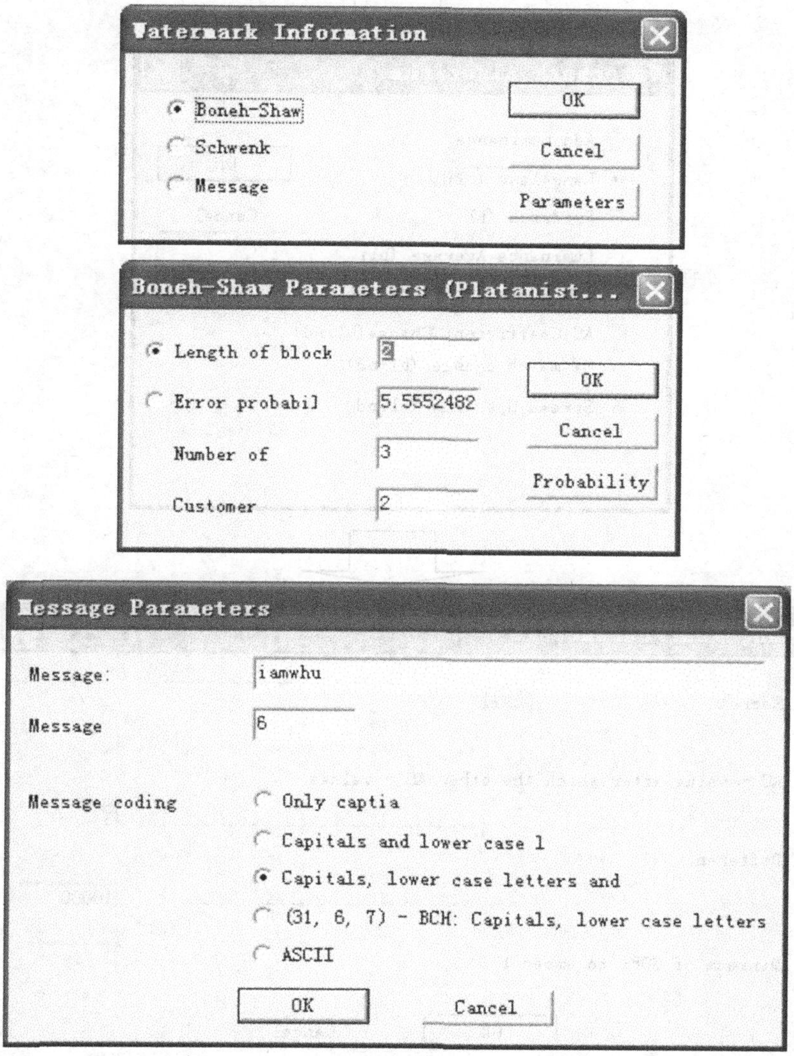

Watermark Information

Boneh-Shaw
Schwenk
Message
OK
Cancel
Parameters

Boneh-Shaw Parameters (Platanist...

Length of block 2
Error probabil 5.5552482
Number of 3
Customer 2
OK
Cancel
Probability

Message Parameters

Message: iamwhu
Message 6
Message coding
Only captia
Capitals and lower case l
Capitals, lower case letters and
(31, 6, 7) - BCH: Capitals, lower case letters
ASCII
OK
Cancel

图 10.5

10.3.2 水印嵌入与提取(如图 10.6、10.7)

水印嵌入

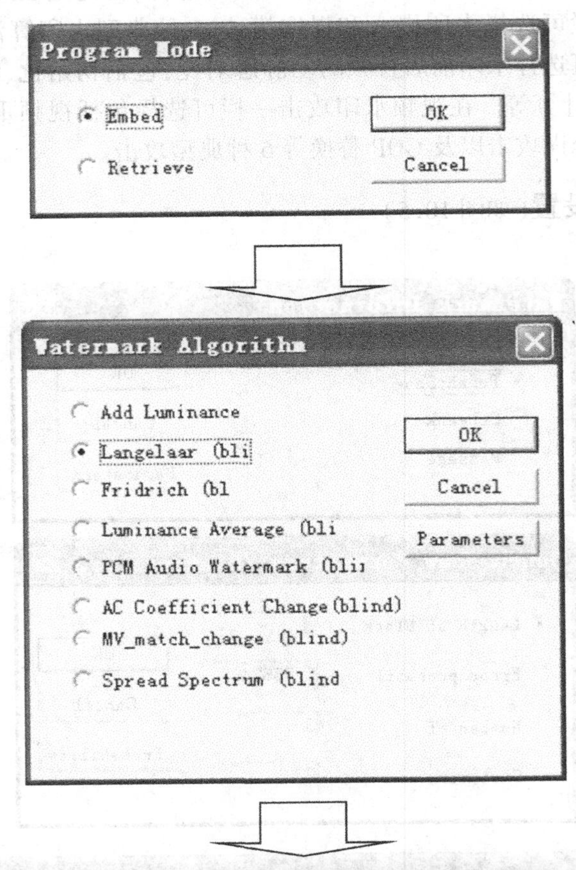

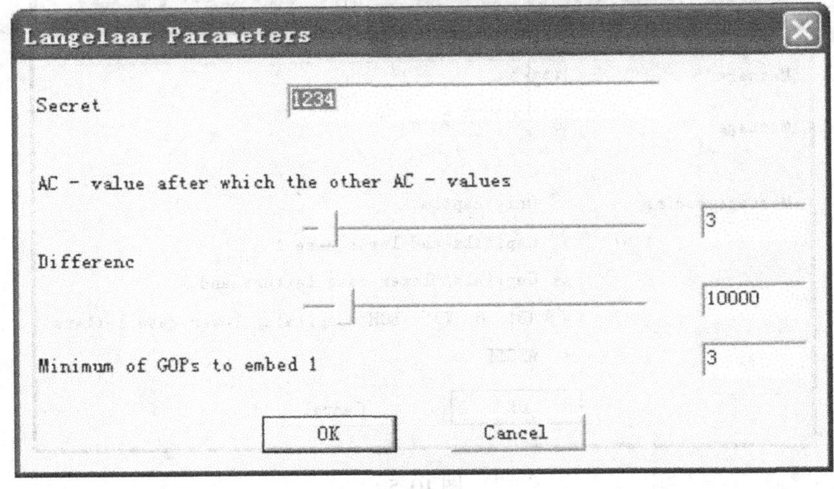

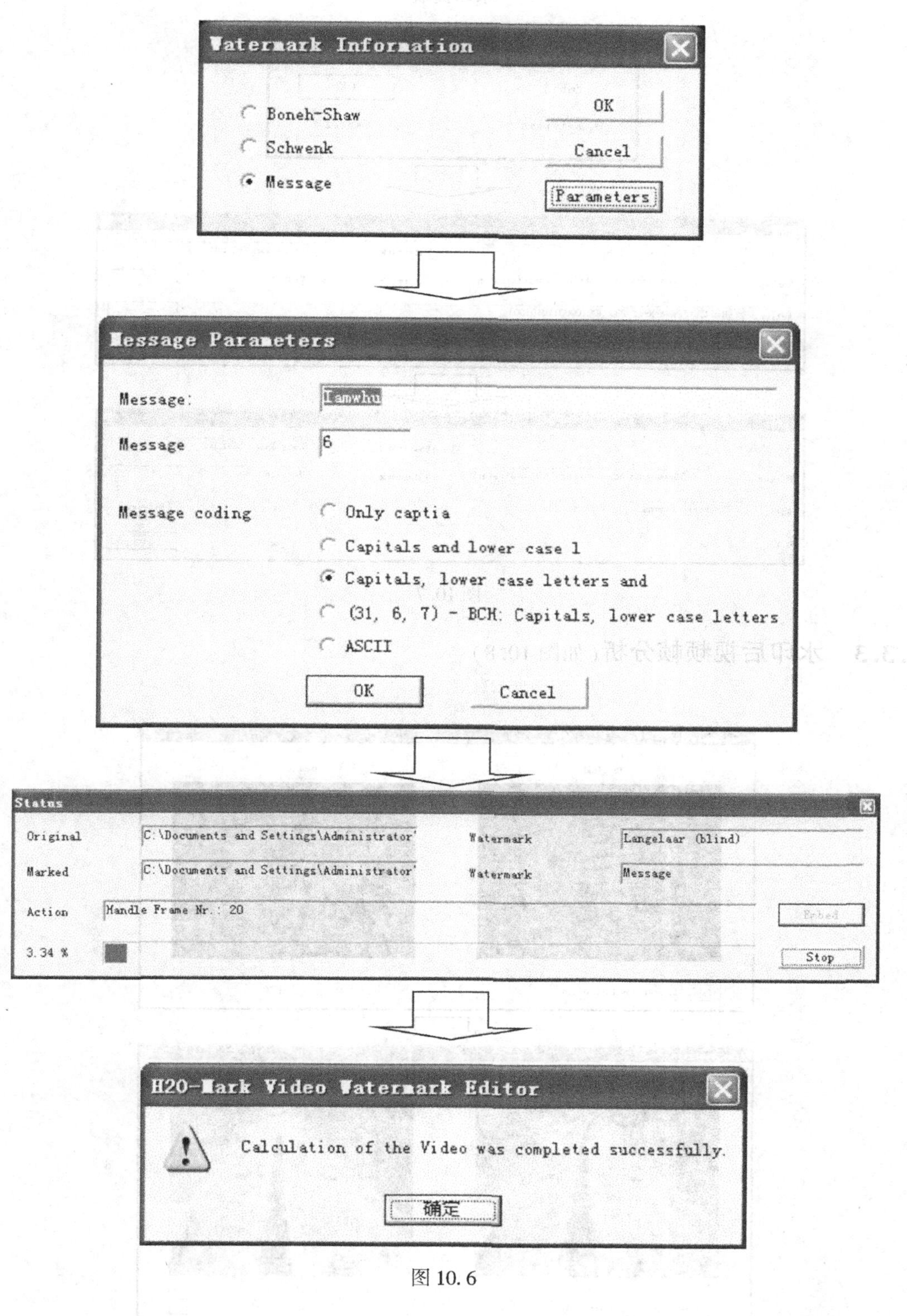
Watermark Information
Boneh-Shaw
Schwenk
Message
OK
Cancel
Parameters
Message Parameters
Message:
Iamwhu
Message
6
Message coding
Only captia
Capitals and lower case l
Capitals, lower case letters and
(31, 6, 7) - BCH: Capitals, lower case letters
ASCII
OK
Cancel
Status
Original
C:\Documents and Settings\Administrator'
Marked
C:\Documents and Settings\Administrator'
Watermark
Langelaar (blind)
Watermark
Message
Action
Handle Frame Nr.: 20
3.34 %
Stop
H20-Mark Video Watermark Editor
Calculation of the Video was completed successfully.
确定

图 10.6

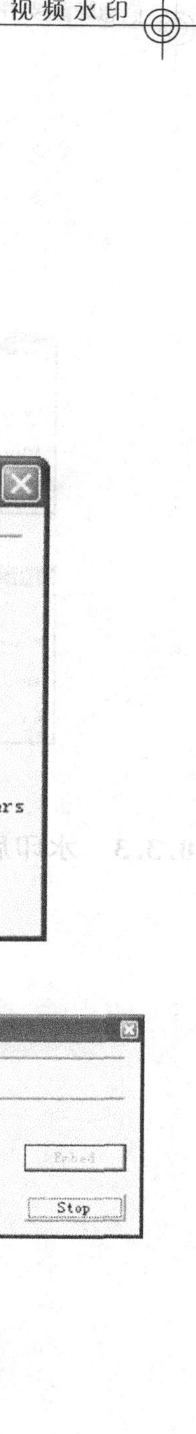

水印提取

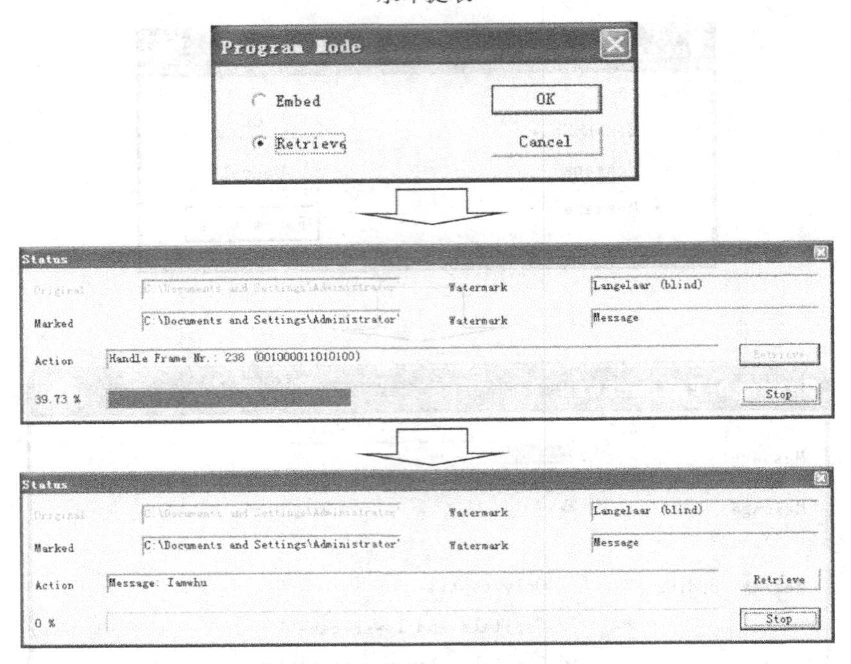

图 10.7

10.3.3 水印后视频帧分析(如图 10.8)

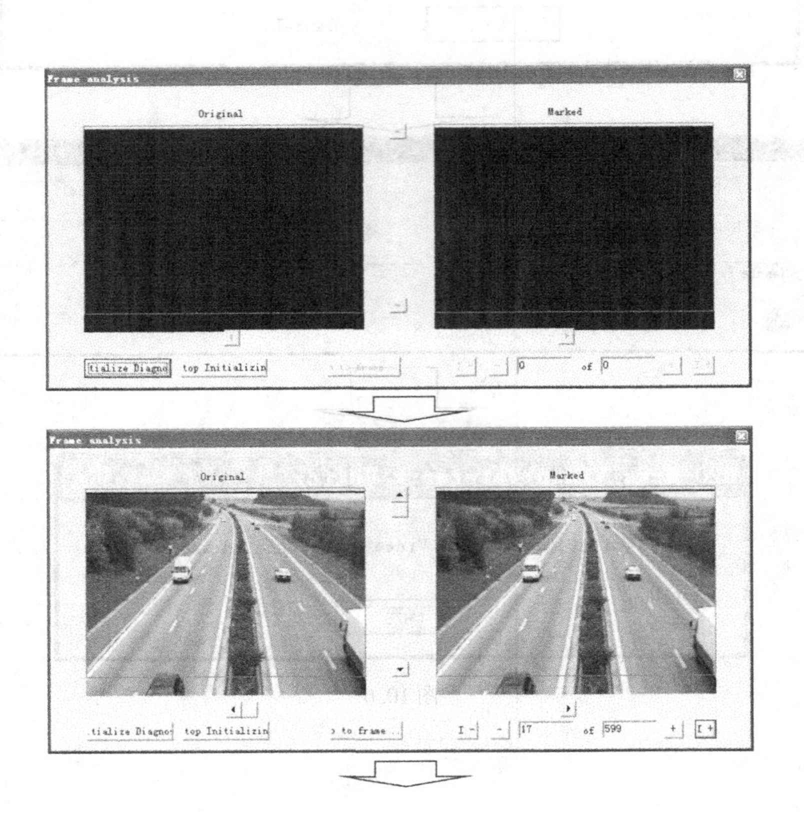

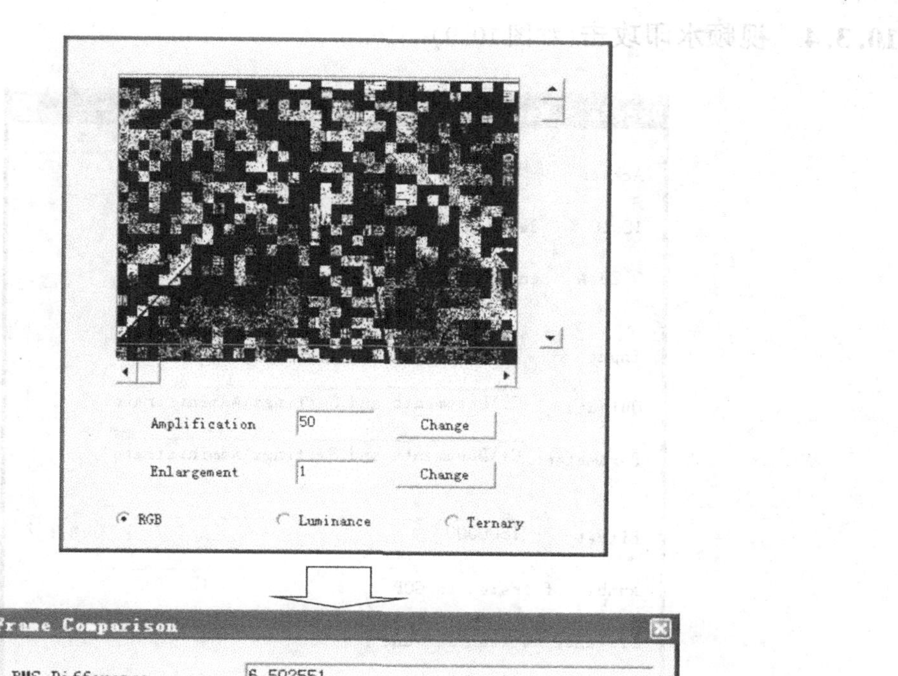
Amplification
50
Change
Enlargement
1
Change
RGB
Luminance
Ternary
Frame Comparison
RMS Difference
6.502551
X
8.812770
Y
8.672449
Z
5.644144
Just Noticeable
7.000000
Note
1 - Strong Differences, No Longer Accepta
Frame
17
Compare
Stop Comparison

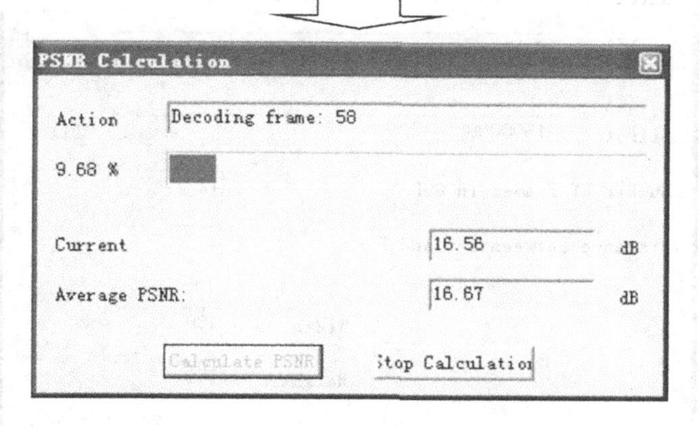
PSNR Calculation
Action
Decoding frame: 58
9.68 %
Current
16.56
dB
Average PSNR:
16.67
dB
Calculate PSNR
Stop Calculation

图 10.8

10.3.4 视频水印攻击(如图 10.9)

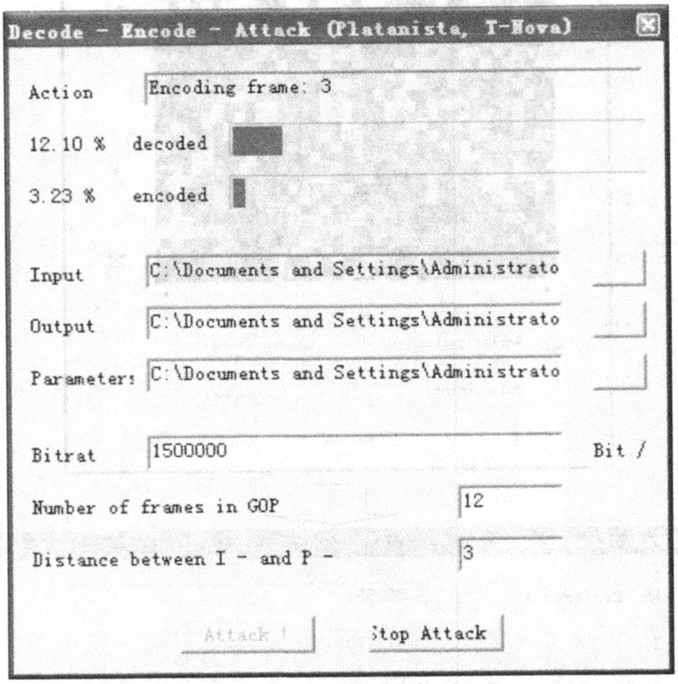

Decode - Encode - Attack (Platanista, T-Nova)

Action Encoding frame: 3

12.10 % decoded

3.23 % encoded

Input C:\Documents and Settings\Administrato

Output C:\Documents and Settings\Administrato

Parameter: C:\Documents and Settings\Administrato

Bitrat 1500000 Bit /

Number of frames in GOP 12

Distance between I - and P - 3

Attack ! Stop Attack

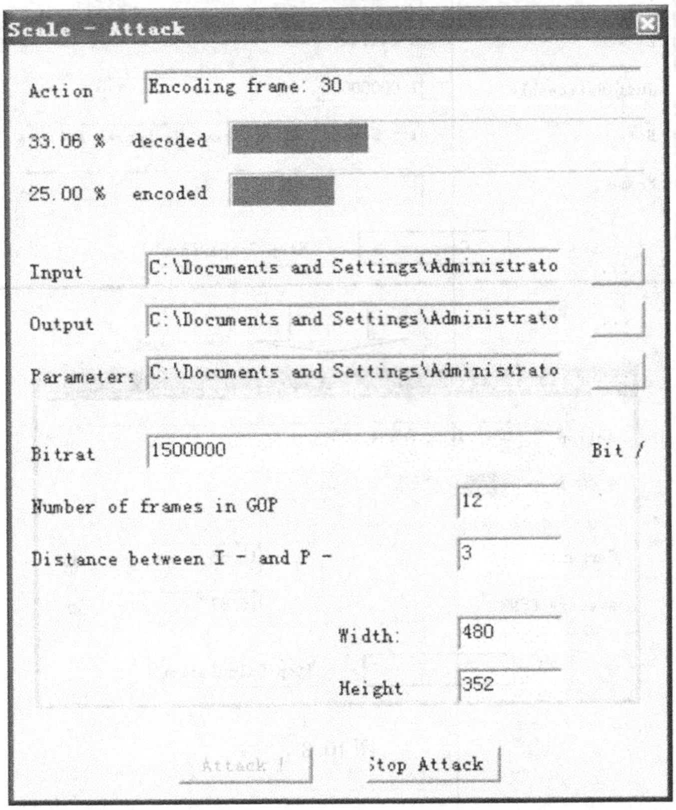

Scale - Attack

Action Encoding frame: 30

33.06 % decoded

25.00 % encoded

Input C:\Documents and Settings\Administrato

Output C:\Documents and Settings\Administrato

Parameter: C:\Documents and Settings\Administrato

Bitrat 1500000 Bit /

Number of frames in GOP 12

Distance between I - and P - 3

Width: 480

Height 352

Attack ! Stop Attack

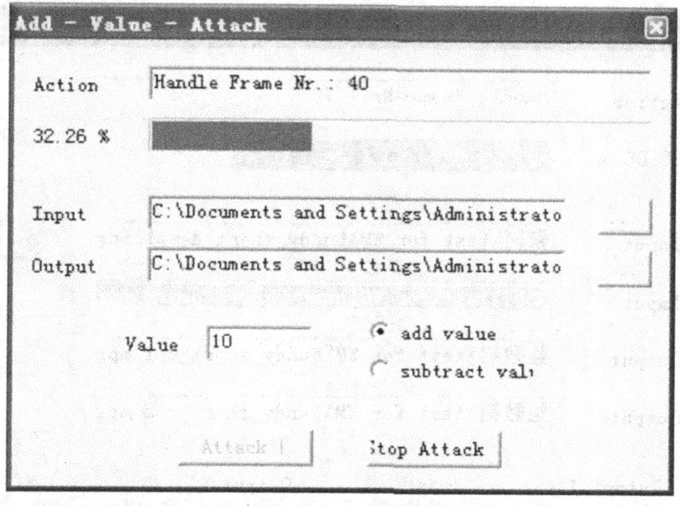

Delete - Attack

Action Encoding frame: 6

12.10 % decoded

5.65 % encoded

Input C:\Documents and Settings\Administrato

Output C:\Documents and Settings\Administrato

Parameters C:\Documents and Settings\Administrato

Bitrat 1500000 Bit /

Number of frames in GOP 12

Distance between I - and P - 3

Analyze Video

Row < 11 of 288 > replace

Column < 14 of 384 > replace

Delete all Interpolati Replacement

Attack ! Stop Attack

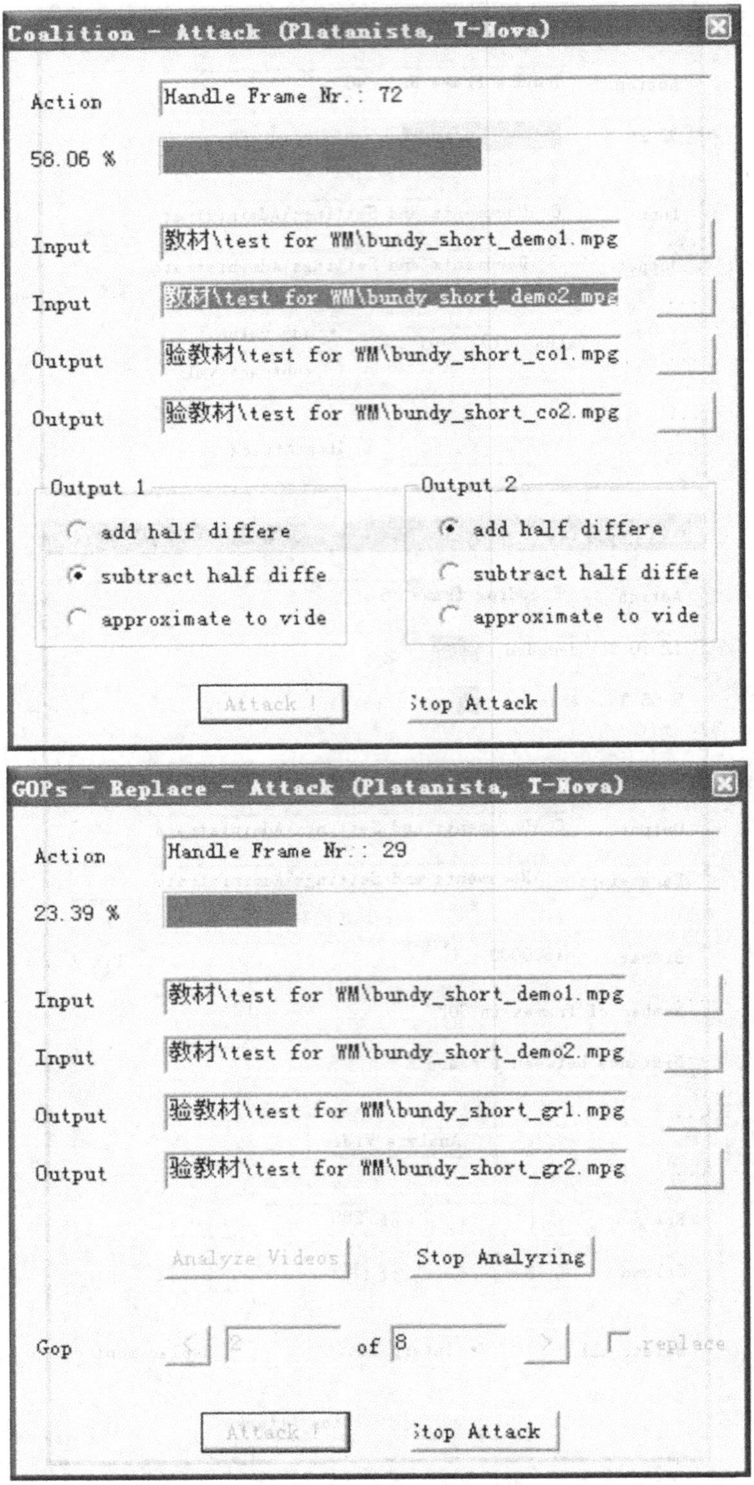

Coalition - Attack (Platanista, T-Nova)

Action　Handle Frame Nr.: 72

58.06 %

Input　教材\test for WM\bundy_short_demo1.mpg

Input　教材\test for WM\bundy_short_demo2.mpg

Output　验教材\test for WM\bundy_short_co1.mpg

Output　验教材\test for WM\bundy_short_co2.mpg

Output 1
- add half differe
- subtract half diffe
- approximate to vide

Output 2
- add half differe
- subtract half diffe
- approximate to vide

Attack !　Stop Attack

GOPs - Replace - Attack (Platanista, T-Nova)

Action　Handle Frame Nr.: 29

23.39 %

Input　教材\test for WM\bundy_short_demo1.mpg

Input　教材\test for WM\bundy_short_demo2.mpg

Output　验教材\test for WM\bundy_short_gr1.mpg

Output　验教材\test for WM\bundy_short_gr2.mpg

Analyze Videos　Stop Analyzing

Gop　<　2　of　8　>　replace

Attack !　Stop Attack

图 10.9

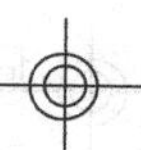

10.4 DEW 水印算法实验与分析

10.4.1 DEW 算法原理

差分能量水印算法将 L 位的水印信息 b_j（j=0,1,2,L,L-1）嵌入至 MPEG 压缩视频码流中的 I 帧。水印信息中的每一标记位都有其特定的水印嵌入区域，由 n 个 8×8 亮度块的 DCT 系数矩阵组成。水印标记区域中 8×8 亮度块的 DCT 系数矩阵的个数决定了标记比特率，即水印的嵌入率。当 n 值越大的时候，水印的嵌入率也就越低。我们选择 n 为 16 进行算法描述。此外，当视频码流系数不是 DCT 变换值而是原始像素时，需要对原始像素值进行 DCT 转换进行预处理。

下面我们来说明水印嵌入的过程。通过在水印标记区域中引入"能量差"将水印位被嵌入到视频 I 帧中。所谓"能量差"即是指水印标记区域中上半部分 DCT 系数值（由区域 A 表示）和下半部分 DCT 系数（由区域 B 表示）的"能量"差值。而"能量"则是指在水印嵌入区域中特定子集的 DCT 系数的平方和。该子集为图 10.10 中的白色三角形区域，用 S(c) 表示。

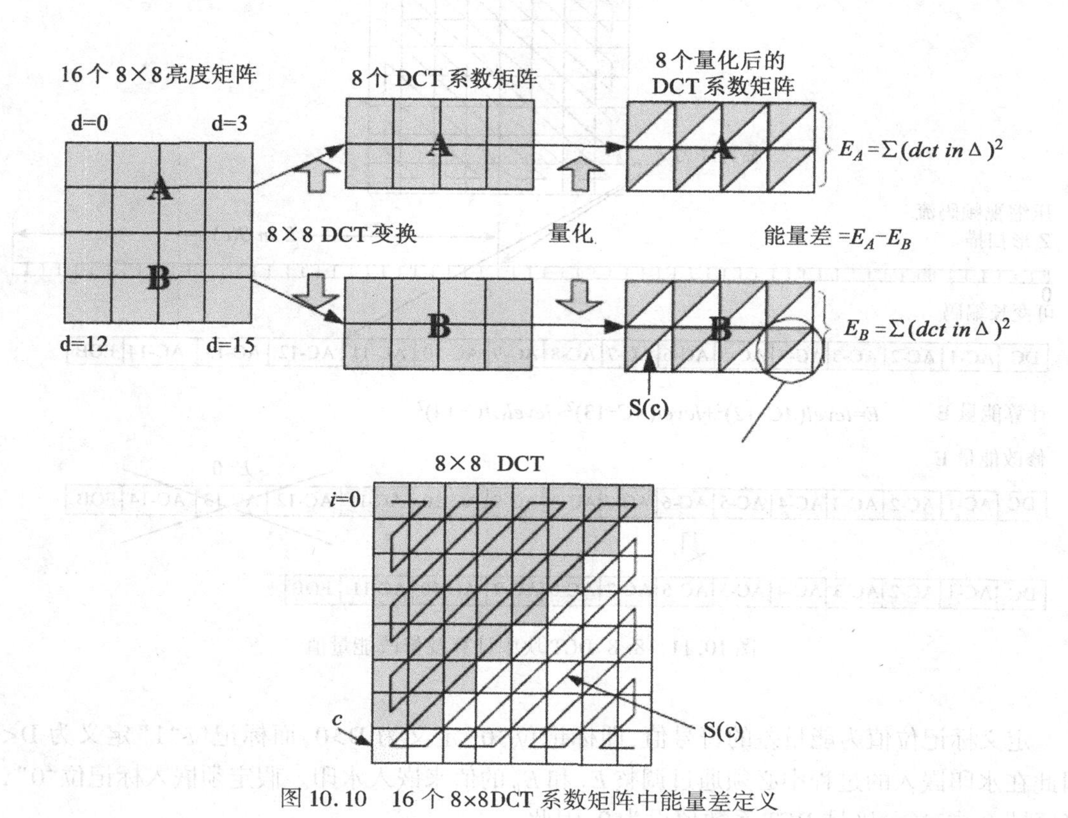

图 10.10　16 个 8×8DCT 系数矩阵中能量差定义

我们定义在区域 A 中的 8 个 DCT 系数矩阵中 S(c) 区域的总能量为：

$$E_A(c,n,Q_{jpeg})=\sum_{d=0}^{n/2-1}\sum_{i=S(c)}\left([\theta_{i,d}]_{Q_{jpeg}}\right)^2 \tag{10-1}$$

上式中，$\theta_{i,d}$ 为区域A中Z形扫描的第d个DCT系数矩阵序号为i的DCT系数值。而 $[\ ]_{Q_{jpeg}}$ 表示在计算能量 E_A 前，JPEG压缩的视频码流的DCT系数可选的用标准JPEG压缩标准[ ]中的质量因子 Q_{jpeg} 进行量化。对于MPEG压缩视频码流中的I帧也可以采用类似的方法。预量化仅仅用于计算能量，而并不是用于在实际的压缩视频码流中嵌入水印。区域B中的能量也按照上式进行相同的定义。

区域S(c)的大小是由Z形扫描DCT系数矩阵中临界序号c来确定的，为：

$$S(c) = \{h \in \{1.63\} \mid (h \geqslant c)\} \tag{10-2}$$

适当地选择临界点对水印信息嵌入的鲁棒性和不可见性都有非常大的影响，在下一节中将说明这个问题。此处，我们假定已经选择了合适的临界序号，则区域A和区域B中的能量差D表示为：

$$D(c,n,Q_{jpeg}) = E_A(c,n,Q_{jpeg}) - E_B(c,n,Q_{jpeg}) \tag{10-3}$$

在图10.11中计算当n=16时的能量差的全过程。

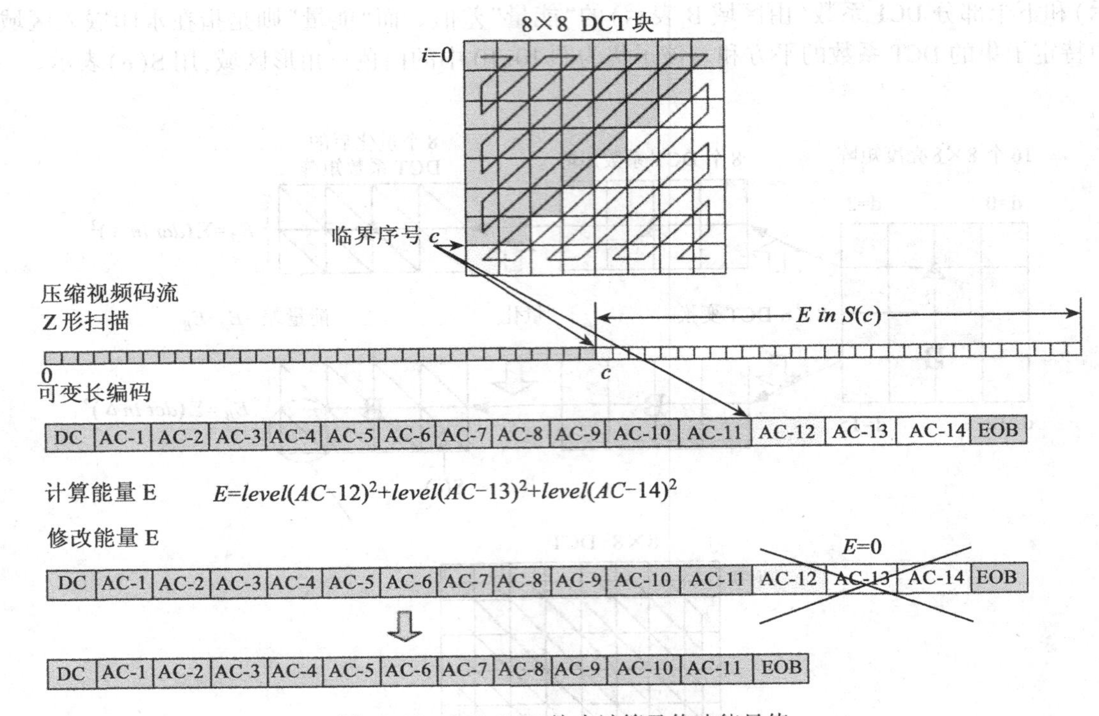

图10.11　8×8 DCT块中计算及修改能量值

定义标记位值为能量差的符号值，即标记位“0”定义为D>0，而标记位“1”定义为D<0。因此在水印嵌入的过程中必须通过调整 E_A 和 E_B 的值来嵌入水印。假定须嵌入标记位“0”，则将区域B中S(c)区域DCT系数值设为0，因此：

$$D = E_A - E_B = E_A - 0 = + E_A \tag{10-4}$$

当须嵌入标记位“1”，则将区域A中S(c)区域DCT系数值设为0，因此：

$$D = E_A - E_B = 0 - E_B = - E_B \tag{10-5}$$

我们可以看出，区域S(c)的选择是按照Z形扫描来获得的，因而我们可以在压缩视频码

流上直接计算能量差 D 以及修改 E_A 和 E_B 的值。计算时通过改变 DCT 系数块中 EOB 的位置将 DCT 系数设为0,而无需进行再次的编码过程,大大节约了计算量。图 10.6 中描述了该计算过程。通过丢掉高频 DCT 系数来嵌入水印有其特定的优点。首先由于在压缩视频码流中没有修改或添加 DCT 系数,则在系数域中的编码过程可以被省略,其复杂性大大降低了。此外,仅仅丢掉高频系数不会增加原始压缩视频码流的长度,如需保证其原始长度,也可以通过添加零位来实现。

10.4.2 参数选择及流程描述

1. DEW 算法的参数选择

由式 10-2 和式 10-3 可以知道区域 A 和 B 中的能量大小受到以下几个因素的影响:

①域 A 和 B 中的图像内容;

②在每个水印嵌入区域中所包含的 n 大小;

③预量化 JPEG 质量因子 Q_{jpeg} ;

④S(c)区域的大小。

如果水印嵌入区域中的图像内容平滑并且只使用了直流系数进行编码时,那么交流系数将为零,其能量将大于具有较多纹理和边缘的图像内容。而 n 值越大时,水印嵌入区域中包含的 DCT 块也就越多,由能量是各 DCT 块中能量的叠加可以简单推出总能量也就越大。

可选的预量化 JPEG 质量因子 Q_{jpeg} 对水印抵抗再编码攻击的鲁棒性有影响。所谓再编码攻击就是将已嵌入水印的压缩视频码流完全或部分解码然后再以低码率进行再次编码。通过设置合适的 Q_{jpeg} 大小,DEW 算法可以在一定程度上抵抗再编码攻击。当 Q_{jpeg} 越小时,其抵抗再编码攻击的能力也就越强,但能量 E_A 和 E_B 也就越小,因为大部分的高频系数被量化为零了。

由式 10-2 我们知道区域 S(c)的大小由临界序号 c 决定。8×8 的 DCT 块中 Z 形扫描的 DCT 系数按序号从 0 到 63 依次排列,其中序号 0 代表的是直流系数,而序号 63 代表的是最高频的交流系数。S(c)区域则包含从 c 到 63 的 DCT 系数值。在图 10.12 中给出了当 c 值变化时 S(c)区域大小的变化以及 c 值和 S(c)区域能量的关系示意图。

为了将水印嵌入,必须强制性地得到能量差,因此在水印嵌入的过程中必须丢掉区域 A 或 B 中 S(c)区域内的 DCT 系数。由于丢掉 DCT 系数,势必影响到图像质量并引起视觉畸变,因而在处理时必须丢掉尽量少的 DCT 系数,也就是说必须通过选择合适的临界序号 c 值以达到确定最小的 S(c)区域的目的。为了找到合适的临界序号 c 值,首先计算当 c=1…,63 时能量 $E_A(c,n,Q_{jpeg})$ 和 $E_B(c,n,Q_{jpeg})$ 的值。为了保证能量差已嵌入水印,当式 10-3 的值恰大于区域 A 和 B 所需的能量差值时,c 值即为所求的临界序号。

为了保证图像质量,必须避免丢掉低频的 DCT 系数,因此设定临界序号 c 值大于一个最小值 $C_{\min}$,以公式给出如下:

$$c(n,Q_{jpeg},D,c_{\min}) = \max\{c_{\min},\max\{g \in \{1.63\} \mid (E_A(g,n,Q_{jpeg}) > D)\Lambda(E_B(g,n,Q_{jpeg}) > D)\}\} \qquad (10\text{-}6)$$

下面我们举例说明。在图 10.13 中,需在 n=2 的水印嵌入区域 DCT 块中嵌入水印比特 $b_0=0$,且能量差 D=500。在区域 A 中,当 c=35 时,E_A >D;而在区域 B 中,当 c=36 时,E_B >D。这就说明临界序号的最小取值为 35。由于需嵌入比特 0,则区域 B 中临界序号后的 DCT 系数值被置为零。

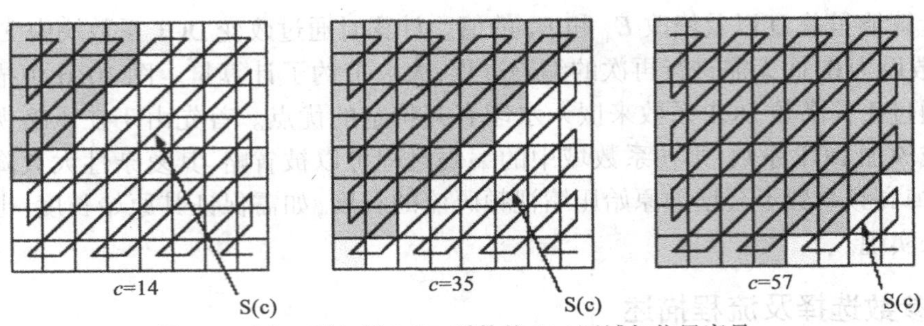

图 10.12(1) Z形扫描 DCT 系数的 S(c)区域与临界序号 c

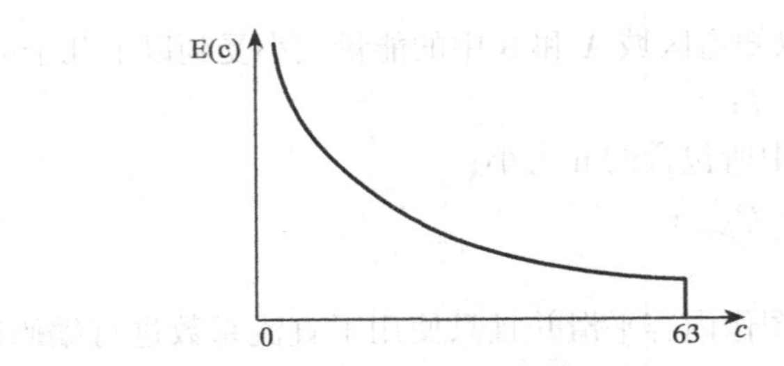

图 10.12(2) 能量和临界序号 c 的关系

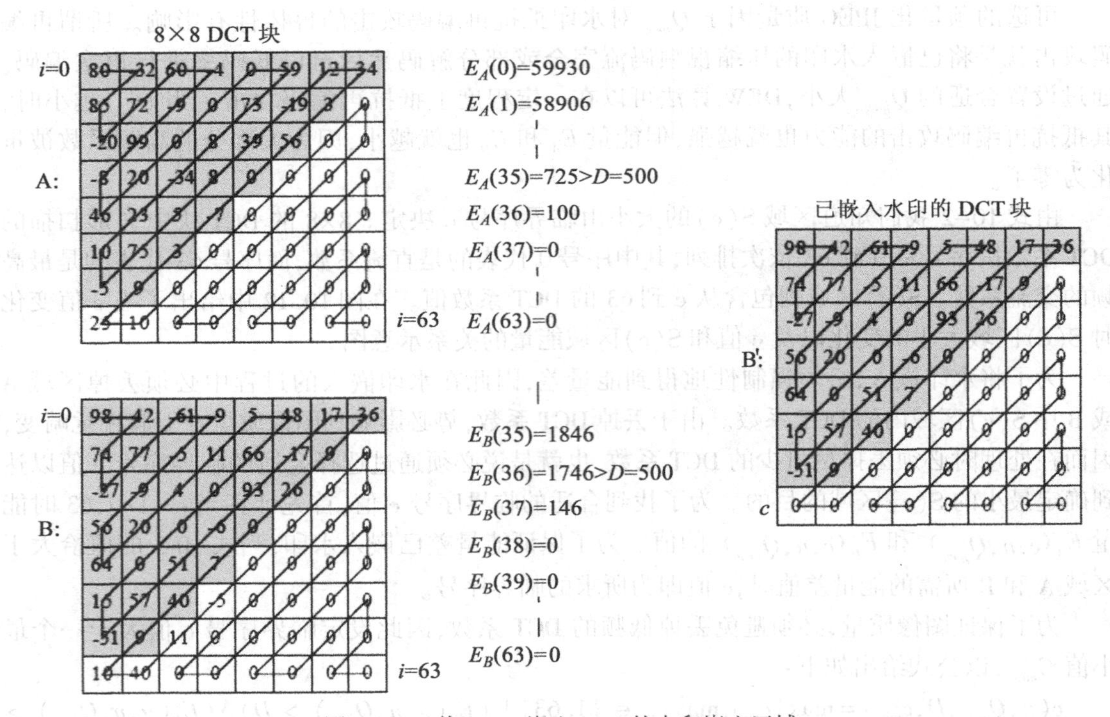

图 10.13 将 $b_0=0$ 嵌入 $n=2$ 的水印嵌入区域

在已嵌入水印信息的视频图像中提取比特时，我们需再次找回临界序号 c 值。首先，需计算当 c=1 …,63 时所有的能量值 $E_A(c,n,Q_{jpeg})$ 和 $E_B(c,n,Q_{jpeg})$ 。在水印嵌入的过程中，区域 A 或 B 中的部分 DCT 系数被置为零，因而先找到在区域 A 和 B 中使得式 10-3 计算所得的

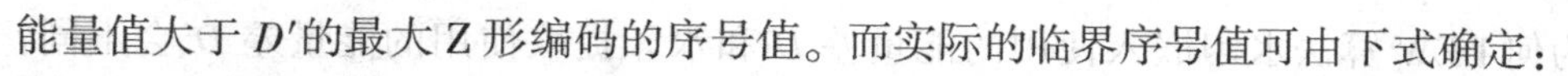

能量值大于 D' 的最大 Z 形编码的序号值。而实际的临界序号值可由下式确定：

$$c(n,Q_{jpeg},D')=\max\{\max\{g\in\{1.63\}\mid(E_A(g,n,Q'_{jpeg})>D'),\max\{g\in\{1.63\}\mid E_B(g,n,Q'_{jpeg}>D')\}\}\} \tag{10-7}$$

式 10-7 中的参数 D' 和 Q'_{joeg} 可以选择为和嵌入过程中所采用的 D 和 Q_{jpeg} 参数值相等。检测临界点 D' 值的大小会影响临界序号 c 值的确定，它必须小于 D 且大于零。当 $D'=0$ 时，只有在无噪声影响的情况下才可正确提取水印信息；一旦受到噪声影响，临界序号的值将会比实际值要大。D' 的大小决定了有多少的能量可以被看作噪声。事实上，D' 和 Q'_{joeg} 并不是固定值，而会随图像变化而变化，提取过程中必须选择合适的 D' 和 Q'_{joeg}。可靠的方法就是事先以几位固定的水印比特值进行测试。

2. 算法的流程描述

(1)水印嵌入过程：

欲将水印信息 L 中的 b_j 嵌入压缩视频码流的 I 帧图像，则：

① 确定 n/2 个 8×8 的 DCT 块的水印嵌入 A 区域；

② 计算临界序号 c 值：

$$c(n,Q_{jpeg},D,c_{\min})=\max\{c_{\min},\max\{g\in\{1.63\}\mid(E_A(g,n,Q_{jpeg})\Lambda(E_B(g,n,Q_{jpeg})>D))\}\}$$

$$\text{其中 } E_{A,B}(c,n,Q_{jpeg})=\sum_{d=0}^{n/2-1}\sum_{i\in S(c)}([\theta_{i,d}]_{Q_{jpeg}})^2$$

$$S(c)=\{h\in\{1.63\}\mid(h\geqslant c)\}$$

③ 如果 $b_j=0$，则将区域 B 中 S(c) 内的 DCT 系数置为 0；如果 $b_j=1$，则将区域 A 中 S(c) 内的 DCT 系数置为 0；确定 n/2 个 8×8 的 DCT 块的水印嵌入 B 区域。

(2)水印提取过程

欲从已嵌入水印的视频帧图像中提取出水印信息位 b_j，则：

① 确定 n/2 个 8×8 的 DCT 块的水印嵌入 A 区域；

确定 n/2 个 8×8 的 DCT 块的水印嵌入 B 区域；

② 计算临界序号 c 值：

$$c(n,Q_{jpeg},D')=\max\{\max\{g\in\{1.63\}\mid(E_A(g,n,Q'_{jpeg})>D'),\max\{g\in\{1.63\}\mid E_B(g,n,Q'_{jpeg}>D')\}\}\}$$

$$\text{其中 } E_{A,B}(c,n,Q_{jpeg})=\sum_{d=0}^{n/2-1}\sum_{i\in S(c)}([\theta_{i,d}]_{Q_{jpeg}})^2$$

$$S(c)=\{h\in\{1.63\}\mid(h\geqslant c)\}$$

③ 计算能量差 D

$$D=E_A(c^{(extract)},n,Q'_{jpeg})-E_B(c^{(extract)},n,Q'_{jpeg})$$

如果 $D>0$，则 $b_j=0$；否则 $b_j=1$。

10.4.3 DEW 算法实验分析

实验一：不同 D、最小截断因子 $C_{\min}$ 对水印性能关系（置乱前后可用块数量比率、视觉质量和水印误码率）。

实验二：相同 D 条件下不同的 VIDEO 为载体截断因子序列的不同。

实验三：利用 Block Sequence 达到视频置乱的效果。

问题1：为何 DEW 算法水印嵌入使用的能量差 D 和水印提取使用的能量差 D' 会不同？哪个大一些？能量差 D 的选取对于水印性能的关系？能量差 D、Block 组合的大小对截断因子的影响进而对 MPEG 水印容量(可用块数)、视觉质量以及鲁棒性的影响？

问题2：Block sequence 函数如何随机选取用以统计能量值 E 的块的？

问题3：统计截断因子的大小与嵌入区域内容特点的关系？

MPEG 测试视频“Bundy、Highway、Bus、Flower”如下(如图 10.14)：

Bundy.mpg

Highway.mpg

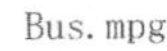

Bus.mpg

Flower.mpg

图 10.14　测试视频

实验一：不同 D 对水印性能的影响

程序中嵌入使用的 D 和提取用的 D' 是同一个值，理论上 D' 应该小于等于 D 且大于零。若 $D'>D$，在提取信息时，较大概率上临界序号 C′会比 C(嵌入时)的值小得多，影响 E(a)与 E(b)的大小判别，从而使提取到相反的比特信息(嵌入 1 可能提取出 0)。

当 $D=0$ 时，只有在无噪声影响的情况下才可正确提取水印信息；一旦受到噪声影响，临界序号的值将会比实际值(不受噪声影响时)要大。所以，D 的值太小会影响算法的鲁棒性；太大则会对视频的视觉不变性产生影响，同时也会减少可用嵌入块的数量，降低水印容量。为保证视频质量，程序中设置了一个最小 AC 序号(默认为3)，C 的值必须大于等于这个值，否则不允许嵌入信息。

Block 长度越大，可嵌入的信息量就越少，同时也会降低相同信息量下视频的质量。

说明：在\Videos\marked(最后一个打开的目录)文件夹中，engine. txt 记录了 embed 过程中，每一个 I 帧中每个嵌入区域的 Engine_a，Engine_b 值；wert. txt 记录了区域第一个 Macro-

block(宏块序号)、每个区域的 cutoff_point 的值、每一个 I 帧的平均 cutoff_point 的值，以及每个 I 帧的嵌入率；bit_embed. txt、bit_retrieve. txt 分别记录了嵌入和提取的比特信息。

A) $D=100$ 时水印容量、视觉质量以及鲁棒性指标

说明：以下实验以视频文件\Videos\ORIGINAL\1 bundy_short_demo. mpg 为载体。

1. 嵌入率(wert. txt 中的记录)：

The serial number of I_Frame:68

Macroblock Nr. 71,　cutoff_point=35,　Area_SNum=1
Macroblock Nr. 173,　cutoff_point=31,　Area_SNum=2
Macroblock Nr. 213,　cutoff_point=29,　Area_SNum=3
Macroblock Nr. 209,　cutoff_point=44,　Area_SNum=4
Macroblock Nr. 56,　cutoff_point=31,　Area_SNum=5
Macroblock Nr. 181,　cutoff_point=42,　Area_SNum=6
Macroblock Nr. 182,　cutoff_point=42,　Area_SNum=7
Macroblock Nr. 137,　cutoff_point=26,　Area_SNum=8
Macroblock Nr. 84,　cutoff_point=41,　Area_SNum=9
……
Macroblock Nr. 15,　cutoff_point=32,　Area_SNum=103
Macroblock Nr. 132,　cutoff_point=30,　Area_SNum=104
Macroblock Nr. 3,　cutoff_point=31,　Area_SNum=105
Macroblock Nr. 160,　cutoff_point=44,　Area_SNum=106
Macroblock Nr. 91,　cutoff_point=31,　Area_SNum=107
Macroblock Nr. 196,　cutoff_point=40,　Area_SNum=108
langelaarblocknumber=108,　markedblocknumber=108,　rate=100.00%

由结果知，临界序号都大于 AC 值(这里是3)，符合嵌入要求。第 68 帧嵌入率为 100%。

2. PSNR 计算(如图 10.15)：

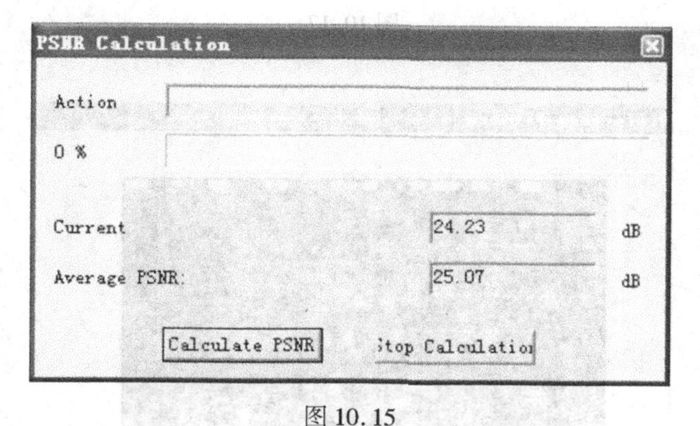

图 10.15

3. 帧比较(如图 10.16、10.17、10.18)：

4. 编解码攻击下的误码率(2.0M/S，1.0M/S，0.5M/S)

首先，使用 attacks 里面的 Decode-Encode 把原始视频的码率转换为 4M/S，如图 10.19，后面就用转换过码率的视频进行实验。

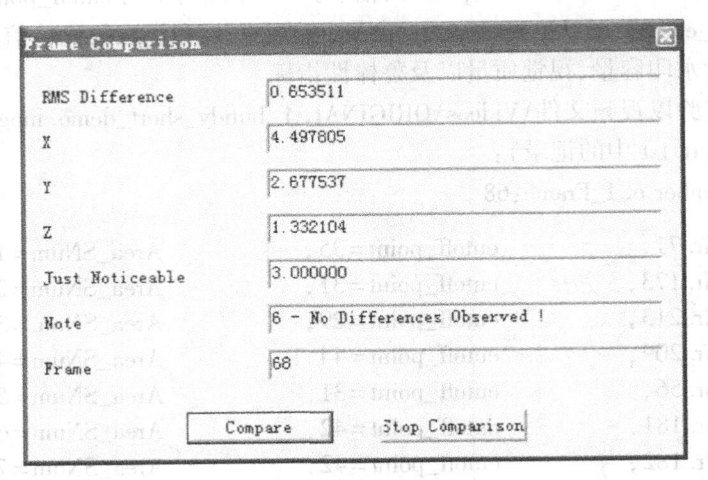

图 10.16

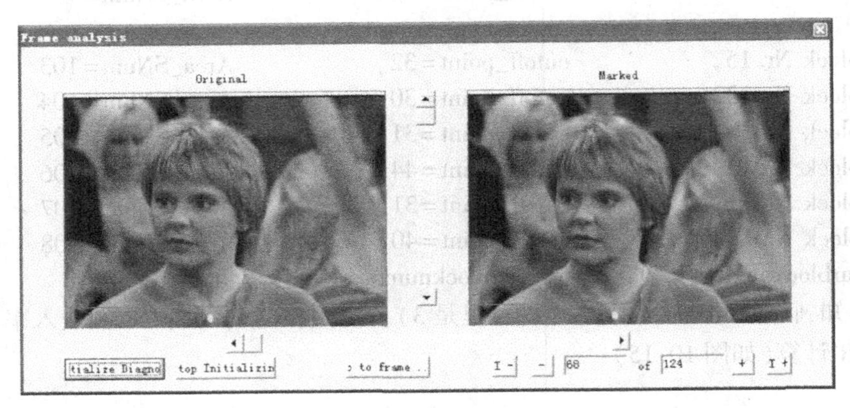

图 10.17

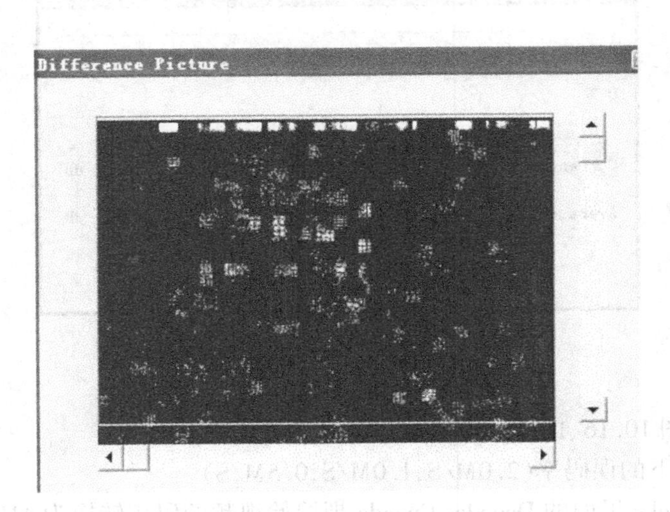

图 10.18

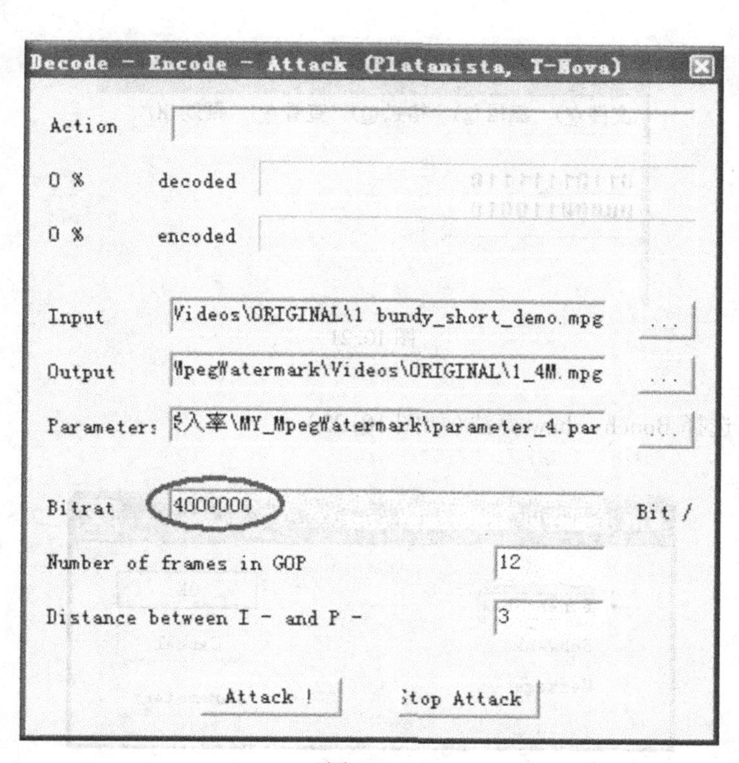

图 10.19

码率为 2.0Mb/S：

提取嵌入信息如图 10.20：

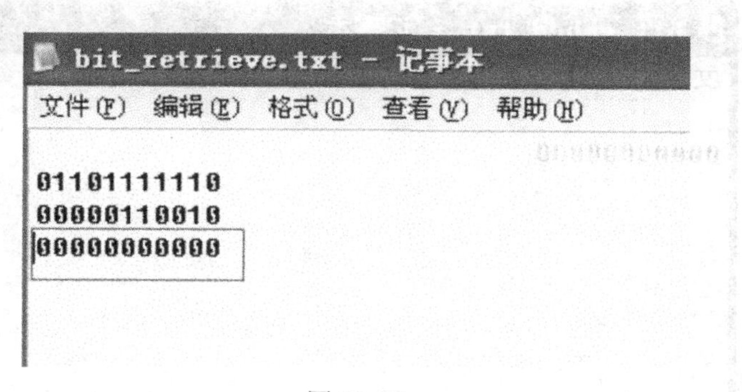

图 10.20

提取的比特信息为 0000 0000 000，与嵌入的 0000 0000 000 相比较，得出误码率为 0%。

码率为 1.0Mb/S：

提取嵌入信息（如图 10.21）：

提取出来的信息为 0000 0110 010，与嵌入的 0000 0000 000 相比较，得出误码率为 3/11 =27.27%。

攻击码率为 0.5Mb/S：

图 10.21

1. 嵌入信息选择 Boneh-Shaw 算法(如图 10.22)

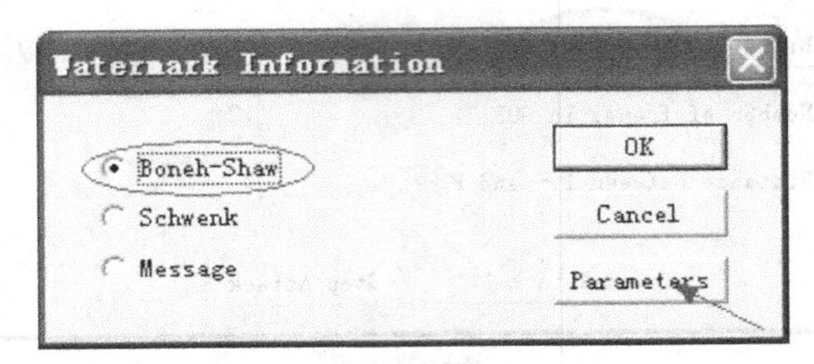

图 10.22

2. 记录嵌入信息的比特值,bit_embed.txt 中内容如图 10.23:

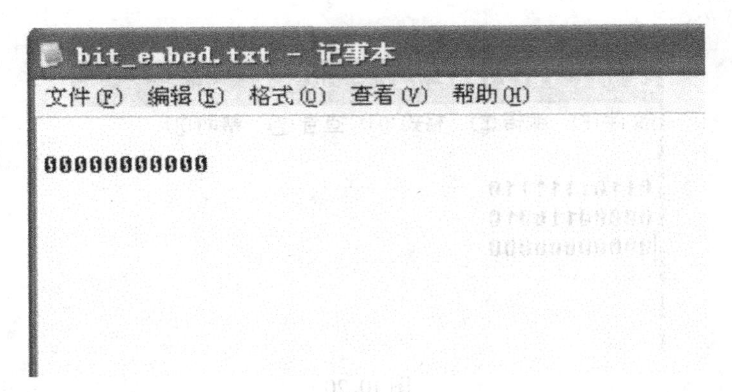

图 10.23

3. 对嵌入信息后的视频采用编解码进行攻击,选择码率为 500000b/s(如图 10.24):

4. 对编解码攻击后得到的视频进行提取操作,最后查看 bit_retrieve.txt 中记录的提取信息(如图 10.25):

提取出来的有效比特值是 0110 1111 110,与嵌入的 0000 0000 000 相比较,得出误码率为 8/11=72.73%.

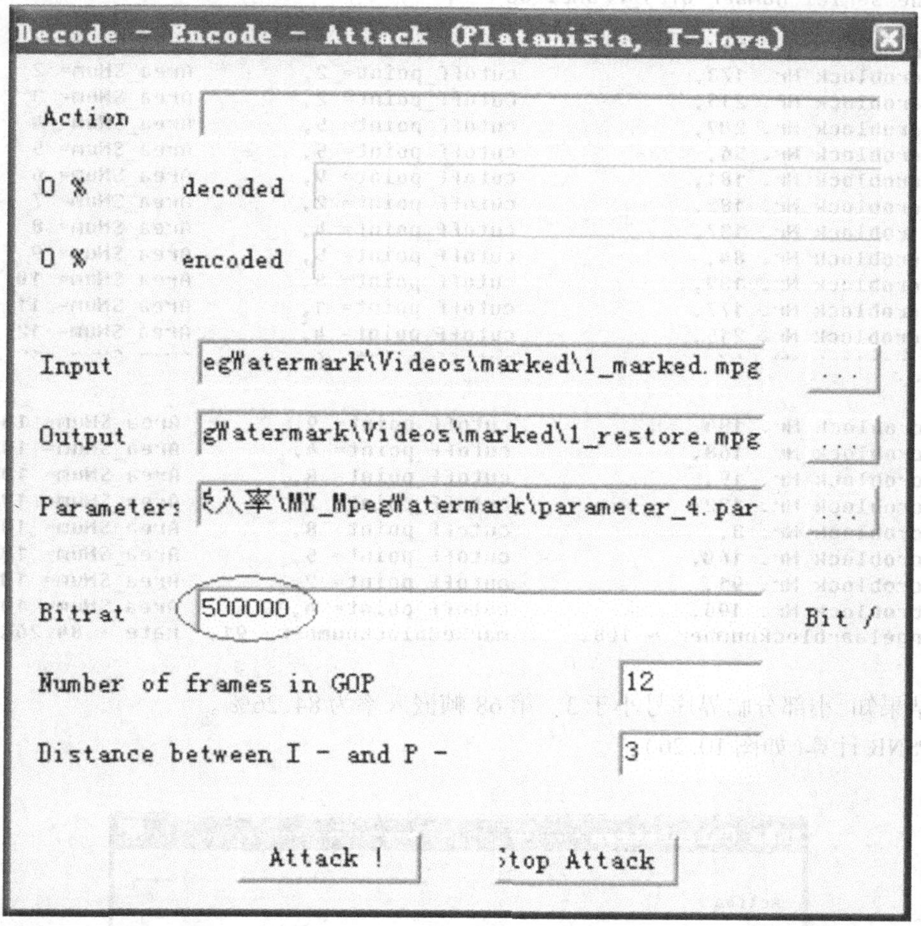

Decode - Encode - Attack (Platanista, T-Nova)

Action

0 % decoded

0 % encoded

Input egWatermark\Videos\marked\1_marked.mpg ...

Output gWatermark\Videos\marked\1_restore.mpg ...

Parameter: 嵌入率\MY_MpegWatermark\parameter_4.par ...

Bitrat 500000 Bit /

Number of frames in GOP 12

Distance between I - and P - 3

Attack ! Stop Attack

图 10.24

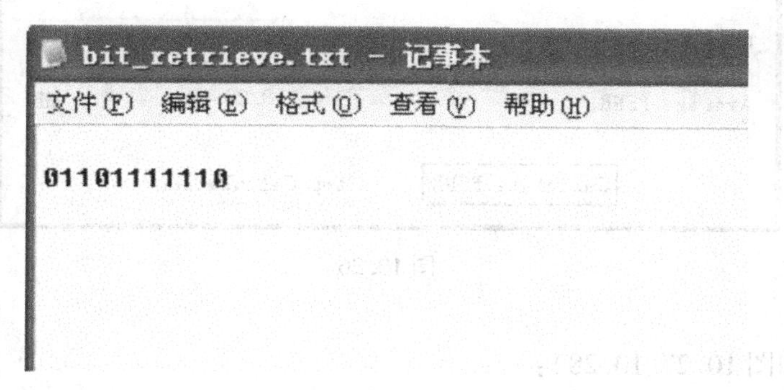

图 10.25

B) D=10000 时水印容量、视觉质量以及鲁棒性指标

1. 嵌入率(wert. txt 中的记录)：

```
The serial number of I_Frame: 68

Macroblock Nr. 71,          cutoff_point= 5,     Area_SNum= 1
Macroblock Nr. 173,         cutoff_point= 2,     Area_SNum= 2
Macroblock Nr. 213,         cutoff_point= 2,     Area_SNum= 3
Macroblock Nr. 209,         cutoff_point= 5,     Area_SNum= 4
Macroblock Nr. 56,          cutoff_point= 5,     Area_SNum= 5
Macroblock Nr. 181,         cutoff_point= 9,     Area_SNum= 6
Macroblock Nr. 182,         cutoff_point= 2,     Area_SNum= 7
Macroblock Nr. 137,         cutoff_point= 4,     Area_SNum= 8
Macroblock Nr. 84,          cutoff_point= 5,     Area_SNum= 9
Macroblock Nr. 139,         cutoff_point= 3,     Area_SNum= 10
Macroblock Nr. 177,         cutoff_point= 1,     Area_SNum= 11
Macroblock Nr. 215,         cutoff_point= 4,     Area_SNum= 12
……

Macroblock Nr. 184,         cutoff_point= 9,     Area_SNum= 101
Macroblock Nr. 168,         cutoff_point= 4,     Area_SNum= 102
Macroblock Nr. 15,          cutoff_point= 8,     Area_SNum= 103
Macroblock Nr. 132,         cutoff_point= 2,     Area_SNum= 104
Macroblock Nr. 3,           cutoff_point= 8,     Area_SNum= 105
Macroblock Nr. 160,         cutoff_point= 5,     Area_SNum= 106
Macroblock Nr. 91,          cutoff_point= 2,     Area_SNum= 107
Macroblock Nr. 196,         cutoff_point= 4,     Area_SNum= 108
langelaarblocknumber = 108, markedblocknumber= 91, rate = 84.26%
```

由结果知，小部分临界序号小于3。第68帧嵌入率为84.26%。

2. PSNR计算（如图10.26）：

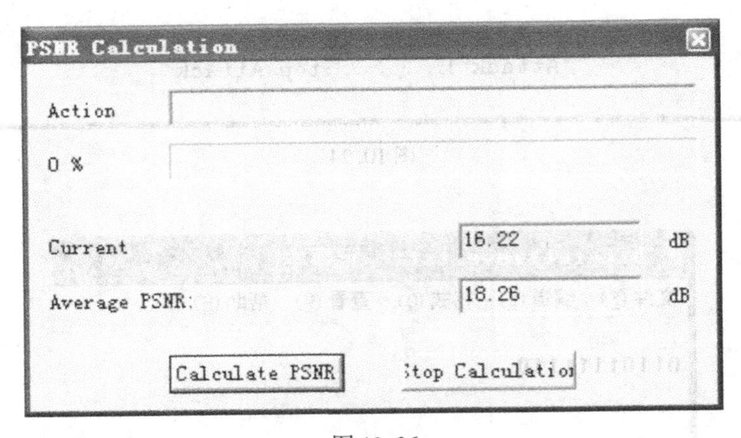

图10.26

3. 帧比较（如图10.27、10.28）：

4. 编解码攻击下的误码率(2.0M/S,1.0M/S,0.5M/S)

码率为2.0Mb/S：

除了嵌入信息时，D的选择不同，步骤和嵌入信息(0000 0000 000)跟上小节一样，最后提取嵌入的信息（如图10.29）：

提取出来的比特信息是0000 0000 000，得出误码率为0%。

码率为1.0Mb/S：

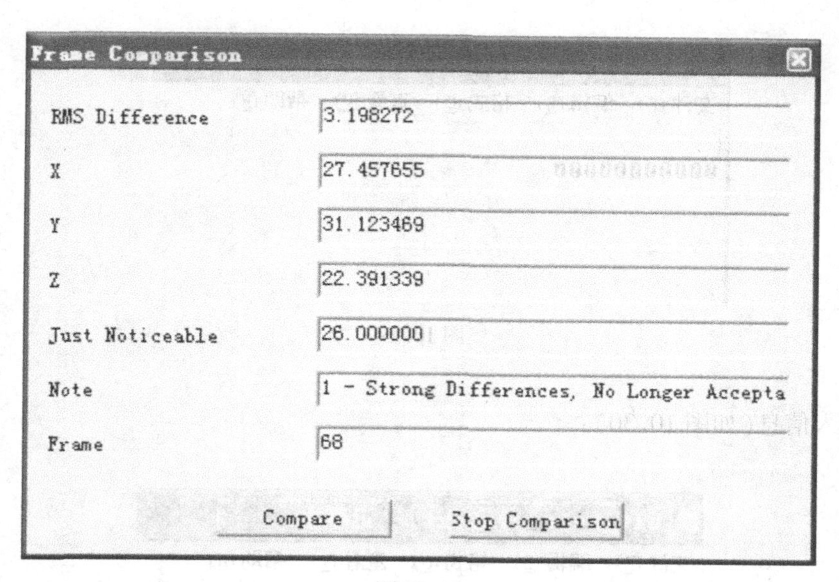
Frame Comparison
RMS Difference
3.198272
X
27.457655
Y
31.123469
Z
22.391339
Just Noticeable
26.000000
Note
1 - Strong Differences, No Longer Accepta
Frame
68
Compare
Stop Comparison

图 10.27

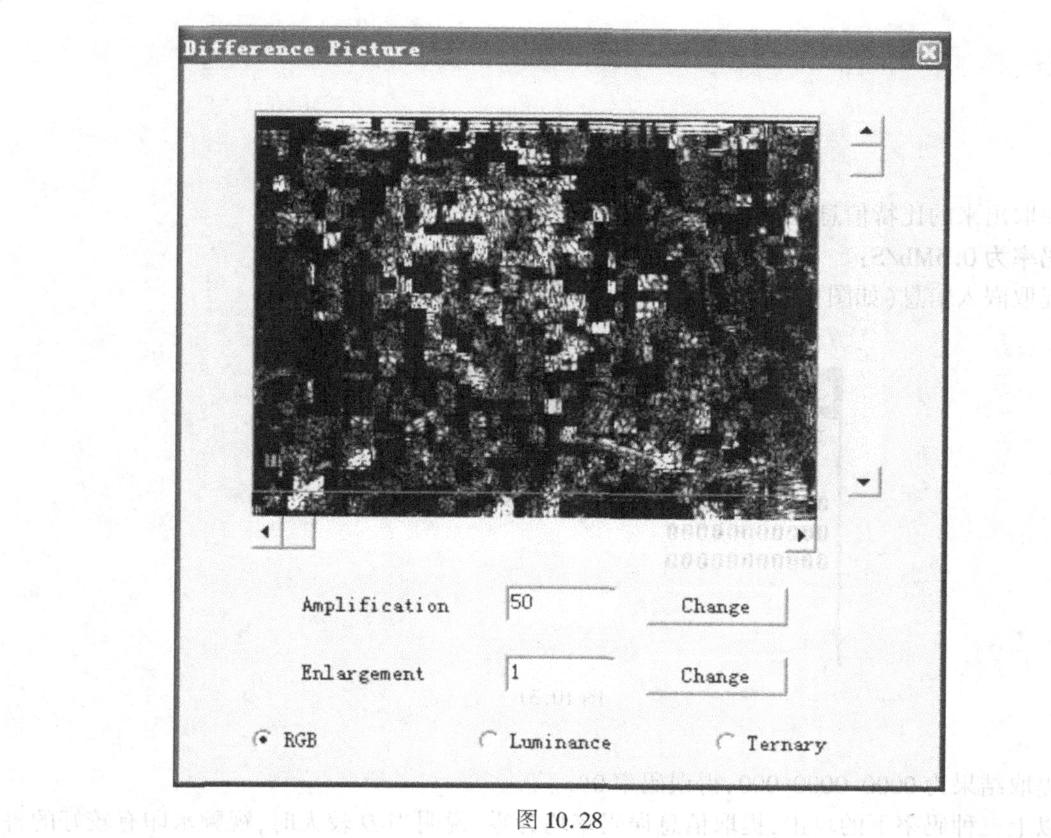
Difference Picture
Amplification
50
Change
Enlargement
1
Change
RGB
Luminance
Ternary

图 10.28

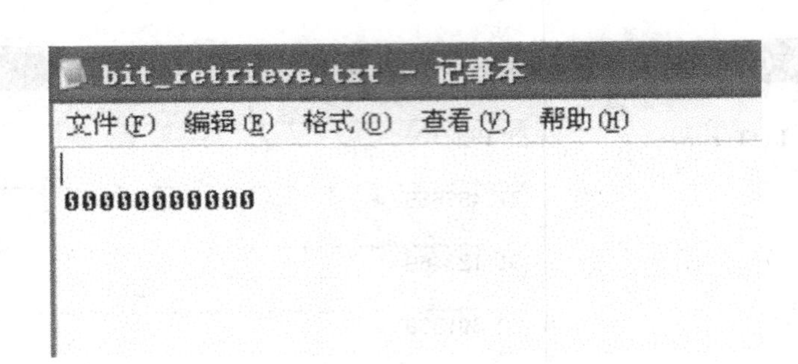

图 10.29

提取嵌入信息(如图 10.30):

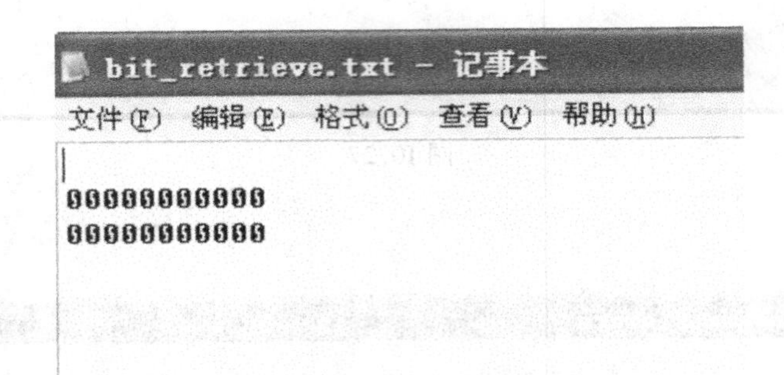

图 10.30

提取出来的比特信息是 0000 0000 000,得出误码率为 0%。

攻击码率为 0.5Mb/S:

提取嵌入信息(如图 10.31):

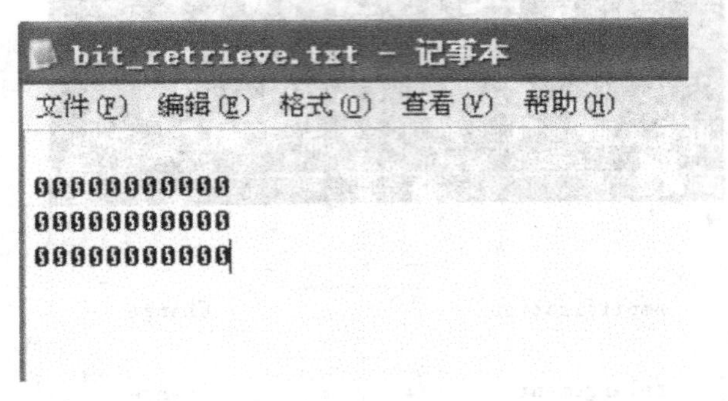

图 10.31

提取结果为 0000 0000 000,得误码率 0%。

以上三种码率下的攻击,提取信息误码率均为零,说明当 D 较大时,视频水印有较好的鲁棒性。

C) $D = 100000$ 时水印容量、视觉质量以及鲁棒性指标

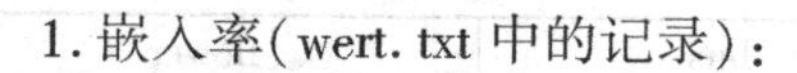
1. 嵌入率(wert. txt 中的记录):

```
The serial number of I_Frame: 68

Macroblock Nr. 71,          cutoff_point= 0,      Area_SNum= 1
Macroblock Nr. 173,         cutoff_point= 0,      Area_SNum= 2
Macroblock Nr. 213,         cutoff_point= 0,      Area_SNum= 3
Macroblock Nr. 209,         cutoff_point= 0,      Area_SNum= 4
Macroblock Nr. 56,          cutoff_point= 0,      Area_SNum= 5
Macroblock Nr. 181,         cutoff_point= 1,      Area_SNum= 6
Macroblock Nr. 182,         cutoff_point= 0,      Area_SNum= 7
......
Macroblock Nr. 132,         cutoff_point= 0,      Area_SNum= 104
Macroblock Nr. 3,           cutoff_point= 0,      Area_SNum= 105
Macroblock Nr. 160,         cutoff_point= 0,      Area_SNum= 106
Macroblock Nr. 91,          cutoff_point= 0,      Area_SNum= 107
Macroblock Nr. 196,         cutoff_point= 0,      Area_SNum= 108
langelaarblocknumber = 108,  markedblocknumber= 0,  rate =  0.00%
```

由结果可以看到,大部分临界序号都等于零,说明 Engine_a,Engine_b 的值都小于此时的 D,无法嵌入信息。

2. PSNR 计算:

因为没有嵌入任何信息,所以处理过的视频还是跟原来的一样,没有区别。

3. 帧比较(如图 10.32):

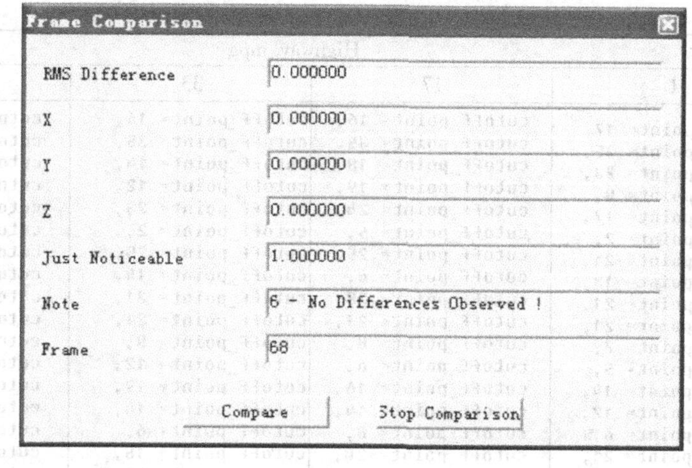

图 10.32

4. 编解码攻击下的误码率:

因为没有嵌入任何信息,也就不存在误码率问题了。

实验二:不同的视频为载体得出临界序号的差异性

下面分别是四个视频的第一个 I 帧的部分 cutoff_point 值序列及平均值(如图 10.33):

视频	bundy	Highway	bus	flower
帧号	1	1	1	1
临界序号	cutoff_point= 25, cutoff_point= 9, cutoff_point= 4, cutoff_point= 5, cutoff_point= 16, cutoff_point= 13, cutoff_point= 16, cutoff_point= 10, cutoff_point= 24, cutoff_point= 9, cutoff_point= 18, cutoff_point= 13, cutoff_point= 15, cutoff_point= 14, cutoff_point= 21, cutoff_point= 13, cutoff_point= 9, cutoff_point= 6, cutoff_point= 14, cutoff_point= 22, cutoff_point= 21, cutoff_point= 25, cutoff_point= 15, cutoff_point= 21, cutoff_point= 21, ……	cutoff_point= 17, cutoff_point= 35, cutoff_point= 23, cutoff_point= 8, cutoff_point= 17, cutoff_point= 2, cutoff_point= 21, cutoff_point= 13, cutoff_point= 21, cutoff_point= 21, cutoff_point= 7, cutoff_point= 5, cutoff_point= 14, cutoff_point= 12, cutoff_point= 6, cutoff_point= 21, cutoff_point= 24, cutoff_point= 23, cutoff_point= 22, cutoff_point= 5, cutoff_point= 16, cutoff_point= 15, cutoff_point= 5, cutoff_point= 9, cutoff_point= 20, ……	cutoff_point= 27, cutoff_point= 35, cutoff_point= 43, cutoff_point= 33, cutoff_point= 38, cutoff_point= 31, cutoff_point= 36, cutoff_point= 35, cutoff_point= 36, cutoff_point= 36, cutoff_point= 35, cutoff_point= 31, cutoff_point= 38, cutoff_point= 35, cutoff_point= 34, cutoff_point= 35, cutoff_point= 39, cutoff_point= 39, cutoff_point= 45, cutoff_point= 23, cutoff_point= 35, cutoff_point= 39, cutoff_point= 38, cutoff_point= 36, cutoff_point= 42, ……	cutoff_point= 48, cutoff_point= 37, cutoff_point= 45, cutoff_point= 47, cutoff_point= 47, cutoff_point= 46, cutoff_point= 47, cutoff_point= 47, cutoff_point= 47, cutoff_point= 47, cutoff_point= 43, cutoff_point= 47, cutoff_point= 47, cutoff_point= 38, cutoff_point= 47, cutoff_point= 38, cutoff_point= 41, cutoff_point= 39, cutoff_point= 38, cutoff_point= 47, cutoff_point= 37, cutoff_point= 46, cutoff_point= 40, cutoff_point= 47, cutoff_point= 43, ……
平均	15	16	36	43

图 10.33

下面是同一个视频不同帧的临界序号(如图 10.34):

视频	Highway. mpg			
帧号	1	17	33	545
临界序号	cutoff_point= 17, cutoff_point= 35, cutoff_point= 23, cutoff_point= 8, cutoff_point= 17, cutoff_point= 2, cutoff_point= 21, cutoff_point= 13, cutoff_point= 21, cutoff_point= 21, cutoff_point= 7, cutoff_point= 5, cutoff_point= 14, cutoff_point= 12, cutoff_point= 6, cutoff_point= 21, cutoff_point= 24, cutoff_point= 23, cutoff_point= 22, cutoff_point= 5, cutoff_point= 16, cutoff_point= 15, cutoff_point= 5, cutoff_point= 9, cutoff_point= 20, ……	cutoff_point= 16, cutoff_point= 35, cutoff_point= 18, cutoff_point= 19, cutoff_point= 24, cutoff_point= 5, cutoff_point= 25, cutoff_point= 6, cutoff_point= 28, cutoff_point= 21, cutoff_point= 8, cutoff_point= 6, cutoff_point= 16, cutoff_point= 14, cutoff_point= 8, cutoff_point= 20, cutoff_point= 23, cutoff_point= 35, cutoff_point= 8, cutoff_point= 7, cutoff_point= 24, cutoff_point= 13, cutoff_point= 2, cutoff_point= 9, cutoff_point= 14, ……	cutoff_point= 16, cutoff_point= 35, cutoff_point= 14, cutoff_point= 12, cutoff_point= 23, cutoff_point= 2, cutoff_point= 25, cutoff_point= 14, cutoff_point= 31, cutoff_point= 21, cutoff_point= 8, cutoff_point= 12, cutoff_point= 19, cutoff_point= 14, cutoff_point= 6, cutoff_point= 18, cutoff_point= 25, cutoff_point= 24, cutoff_point= 8, cutoff_point= 8, cutoff_point= 23, cutoff_point= 18, cutoff_point= 12, cutoff_point= 9, cutoff_point= 13, ……	cutoff_point= 24, cutoff_point= 35, cutoff_point= 21, cutoff_point= 19, cutoff_point= 29, cutoff_point= 4, cutoff_point= 26, cutoff_point= 15, cutoff_point= 35, cutoff_point= 21, cutoff_point= 17, cutoff_point= 10, cutoff_point= 29, cutoff_point= 22, cutoff_point= 6, cutoff_point= 23, cutoff_point= 35, cutoff_point= 26, cutoff_point= 13, cutoff_point= 13, cutoff_point= 27, cutoff_point= 32, cutoff_point= 12, cutoff_point= 10, cutoff_point= 21, ……
平均	16	18	17	21

图 10.34

不同的视频,其临界序号(平均值)一般不一样;同一个视频,不同 I 帧的临界序号也可能不一样。由此可见,临界序号的值与每个区域的 DCT 值的特性,也即是该区域视频内容特点有关。

实验三:利用 BlockSepuence 达到视频置乱效果

DCTCoefficientRemoval. cpp 中的 BlockSepuence 序列由 GenerateBlockSequence 函数生成。其原理就是以用户 key 为随机数种子,随机置乱原始 BlockSequence 序列,用来选择嵌入信息的块。

用 BlockSepuence 作为随机数值,来置乱视频每个 I 帧的亮度块,效果如图 10. 35、图 10. 36 所示:

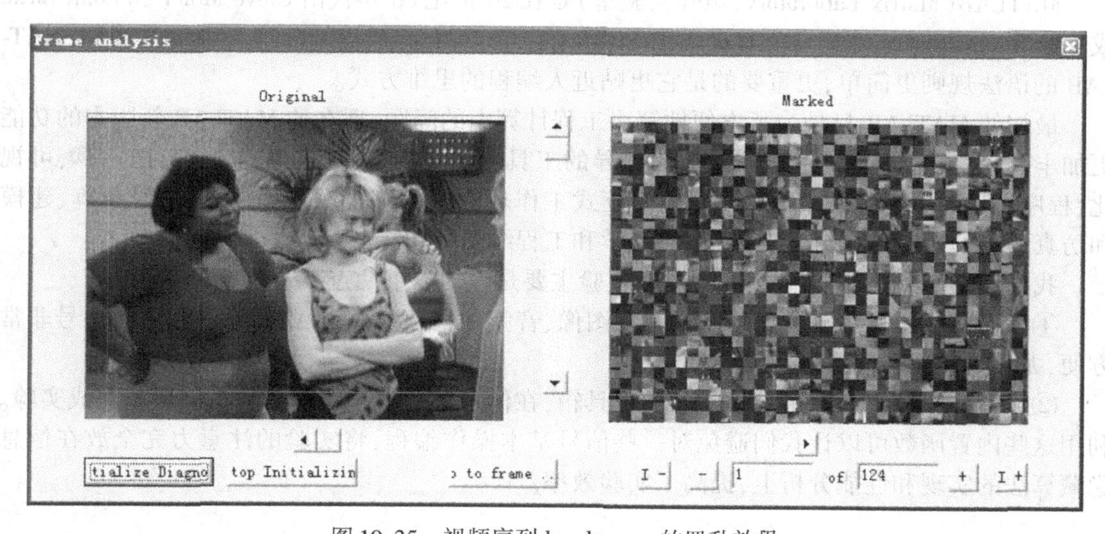

图 10. 35 视频序列 bundy. mpg 的置乱效果

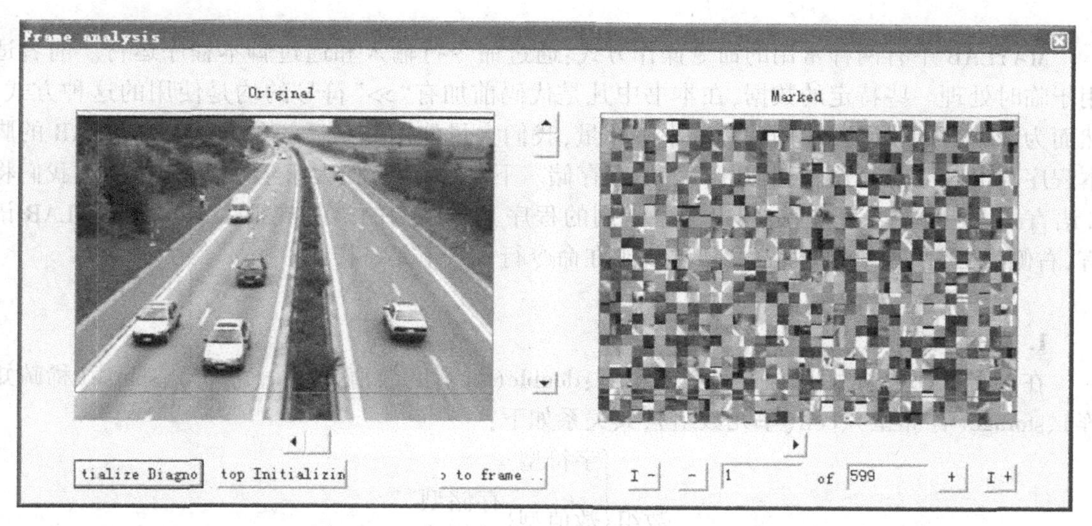

图 10. 36 视频序列 highway. mpg 的置乱效果

附录一 MATLAB 基础

一、MATLAB 简介

MATLAB(Matrix Laboratory,矩阵实验室)是在20世纪80年代由 Cleve Moler 和 Lohn Little 成立的 Mathworks 软件开发公司正式推向市场的,与 Fortran 语言和 C 等高级语言相比,MATLAB 的语法规则更简单,更重要的是它更贴近人编程的思维方式。

最初的 MATLAB 只是为了方便地解决工程计算中的问题,现在的 MATLAB 新版本的功能更加丰富,它由主包、Simulink 以及功能各异的工具箱组成,以矩阵运算为基础,把计算、可视化、程序设计融合到了一个简单易用的交互式工作环境中。可实现工程计算、符号运算、建模和仿真、原型开发、数据分析及可视化、科学和工程绘图等功能。

我们使用 MATLAB 来做信息隐藏的实验主要是因为以下两点:

①我们选择信息隐藏的载体基本上为图像、音频和视频信号,MATLAB 处理这些信号非常方便,尤其是图像矩阵运算更是方便快捷;

②MATLAB 内置有数量庞大的函数工具箱,在信号处理等方面能帮助我们快速完成实验。利用这些内置函数可以让我们避免对一些信号基本操作编程,将实验的注意力完全放在信息隐藏算法的实现和性能分析上,提高了实验效率。

二、MATLAB 脚本程序(.m 程序)的基本语法(与 C 语言对照)

MATLAB 中有两种常用的命令操作方式:通过命令行输入和通过脚本程序运行。前者适用于临时处理一些特定的数据,在本书中凡是代码前加有“>>”符号的均是使用的这种方式。然而为了编写的代码有通用性且减小工作量,我们大量使用的是后一种方式。MATLAB 的脚本程序与 Pascal 语言比较相似,以.m 后缀存储。下面,为了方便大家学习,在有些地方我们将 C 语言与.m 程序语言对照,列出一些常用的程序基本结构的语法规则(左侧为 MATLAB 语言,右侧为 C 语言)。当然,这些语法规则在命令行方式下是一样的。

1. 数据类型

在 MATLAB 中常用以下5种数据类型:double(双精度数值)、char(字符)、sparse(稀疏矩阵)、storage(存储型)、cell(单元数组),其关系如下:

数组
- 字符型
- 数值型
  - 存储型
  - 双精度
- 单元数组

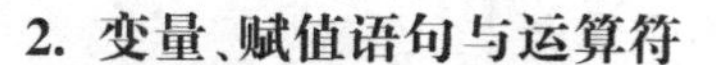

2. 变量、赋值语句与运算符

1)变量命名的规则:

★ 必须以字母开头

★ 可以由字母、数字和下画线混合组成

★ 字符长度应不大于31个

另外,MATLAB区分大小写。

2)赋值语句

例如:a=3;

这个赋值语句,在C语言(以下简称为:C)中必须对a先声明后使用,但在MATLAB中就可以直接使用a而不必事先声明。

在MATLAB语句的后面经常用一个分号结束,与C的分号作用不同,这里分号的作用是使变量结果不在屏幕上显示出来。

3)运算符

MATLAB的运算符有:算数、关系、逻辑、位和赋值运算符。这些运算符与C中的大多数相同,下面比较一些它们的不同点(C语言在右侧):

★ 算数运算符

```
+ - * /                            + - * / %
```

在C中%表示取模,在MATLAB中%表示其后面是注释,取模用函数mod完成。

★ 关系运算符

```
> < == >= <= ~=                    > < == >= <= !=
```

MATLAB与C只有"不等于"不相同。

★ 逻辑运算符

```
~ && ||                            ! && ||
```

MATLAB与C只有"非"不同。

★ 位运算符

MATLAB中没有位运算符,其位运算是利用函数bitor,bitand,bitxor,bitshift完成的。

3. 程序的选择结构

1) if的三种形式

if语句有三种形式,即判断转入、二值选择与多值选择,下面就其基本的语法结构编写程序段如下:

```
if a==b                            if (a==b)
  c=d;                             {
  e=f;                               c=d;
end                                  e=f;
                                   }
```

```
if a==b                            if (a==b)
```

```
  c=d;                                  c=d;
else                                  else
  e=f;                                  e=f;
end
```

```
if a==b                               if (a==b)
  c=d;                                  c=d;
elseif          % 注意没有空格          else if
  e=f;                                  e=f;
else                                  else
  g=h;                                  g=h;
end
```

2) if 的嵌套

if 的嵌套是在程序中要大量用到的。下面举一个小例子说明这种语法结构的写法。所引用的变量本身没有任何意义,大家也不必要了解这个例子的实际意义。

```
if a==b                               if (a==b)
  if c ~=d                              {
    matlab=c;                           if (c!=d)
  else                                      matlab=c;
    matlab=~c;                          else
    pascal=matlab;                          {
  end                                       matlab=! c;
elseif a==c                                 pascal=matlab;
  if b ~=d                                  }
    Matlab=c;                           }
  elseif b==e                         else if(a==c)
    Matlab=pascal;                      {
  else                                  if (b!=d)
    Matlab=matlab;                          Matlab=c;
  end                                   else if(b==e)
else                                        Matlab=pascal;
  if matlab==0                          else
     c=0;                                   Matlab=matlab;
     pascal=0;                          }
  end                                 else
end                                     {
                                        if (matlab==0)
                                          {
```

```
                              c=0;
                              pascal=0;
                              }
                              }
```

3）switch 语句

格式为：

MATLAB	C
switch 表达式(标量或字符串)	switch 表达式(标量或字符串)
case 常量表达式 1	{case 常量表达式 1:
语句 1	语句 1;break;
case 常量表达式 2	case 常量表达式 2 :
语句 2	语句 2;break;
……	……
otherwise/default	default:语句 n
语句 n	}
end	

由上面的格式比较可以看到，C 中终止 switch 语句的执行需要用一个 break 语句，而 MATLAB 中则不需要；C 中所有的选择分支都包含在一个大括号内，当然这个括号也可以不要，MATLAB 中需要在结尾加一个 end；在 MATLAB 中 otherwise/default 语句可以不要，这时如果表达式的值和列出的情况都不同，则继续向下执行，C 中则需要处理这种情况，要用 default 语句，或是再用一个 case 语句处理其他的情况。

4. 程序的循环结构

1）while 语句

while 循环的格式为：

MATLAB	C
while a==b	while (a==b)
c=c+1;	{c++;}
end	

在 c 中，当 while 循环体的语句有一个以上时，要用一对大括号括起来，表达式需要用括号括起来，在 MATLAB 中则都不需要，但需要在结尾加一个 end。

2）do-while 语句

do-while 循环的格式为：

MATLAB	C
do	do
c=c+1;	{c++;}
while (a==b)	while(a==b)

3）for 语句

for 循环语句的格式为：

MATLAB	C
for i=1 : 2 : 100	for(i=1;i<=100;i=i+2)
c(i)=c(i)+1;	{

```
end                    c(i)=c(i)+1;
                       }
```

MATLAB 中循环变量的步长缺省值是 1。步长可以在正实数或负实数范围内任意指定,循环变量的值大于(步长为负数时小于)终止值时,循环结束。

5. 函数参数的传递

MATLAB 中函数的调用格式为:[output1,output2,…]=functionname(input1,input2,…);在涉及函数参数返回和调用时,不受到输出参数数量的限制。这一点是与 C 有很大不同的,C 的函数只能利用 return 语句返回一个参数。具体地说,MATLAB 函数有以下几个值得注意的地方:

①根据函数内部结构的要求,输入参数的个数可以不同。只要是函数内部对某些输入参数作了规定的,有时可以缺省输入;

②函数输出参数的数量也可以不定。一般在编写函数时,我们把最需要输出的参数放在第 1 位,如一个函数是这样定义的:[a,b,c,d,e]=fun(x,y,z);如果我们只需要 c 这个参数,则可以这样调用:[a,b,c]=fun(x,y,z);但如果我们需要 e,就必须将输出参数写全。试图通过这样调用得到 c,d,e 是错误的[c,d,e]=fun(x,y,z);此时得到的 c,d,e 实际上是函数 a,b,c 的返回值,因为 MATLAB 同样也存在实参和形参的问题。

三、MATLAB 的基本绘图功能

1. 经常用来绘制二维图形的函数 plot

其格式如下:

★ plot(Y)若 Y 为向量,则以 Y 的索引坐标作为横坐标,以 Y 本身的元素作为纵坐标值。若 Y 为矩阵,则绘制 Y 的列向量对其坐标索引的图形。若 Y 是复向量(矩阵),则 plot(Y)相当于 plot(real(Y),imag(Y))。在其他形式的函数调用中,元素的虚部将被忽略。

例如:

```
>>y=rand(100,1);
>>plot(y);
```

绘图结果如图附录一-1 所示。

如果 Y 为复数向量,则以该向量实部作为横坐标,虚部作为纵坐标绘图,当输入向量不止一个时,将忽略输入变量的虚部,而直接绘制各变量实部间的图形。

例如:

```
>>x=rand(100,1);
>>y=rand(100,1);
>>z=x+y.*i;
>>plot(z);
```

绘图结果如图附录一-2 所示。

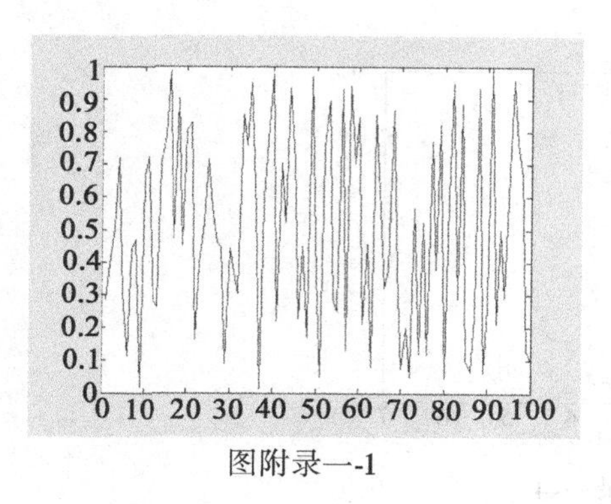

图附录一-1

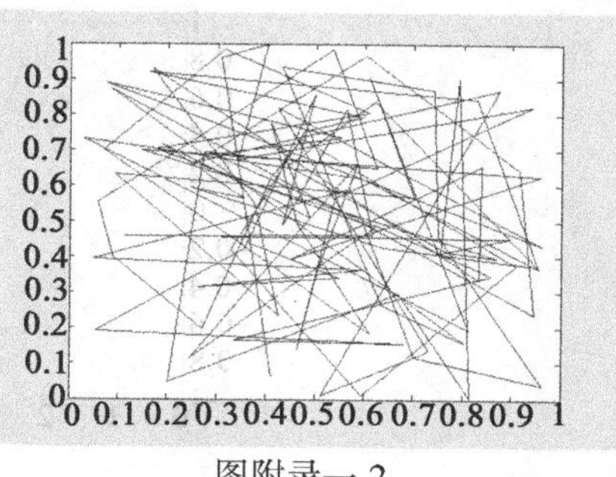

图附录一-2

★ plot(X,Y)绘图以第一个变量为横坐标,以第二个变量为纵坐标,这个格式是经常用到的。当两个输入量同为向量时,必须是相同的维数,而且必须同是行向量或同是列向量。

例如:

```
>>x=0:0.01*pi:2*pi;
>>y=sin(x).*cos(x);
>>plot(X,Y);
```

绘图结果如图附录一-3 所示。

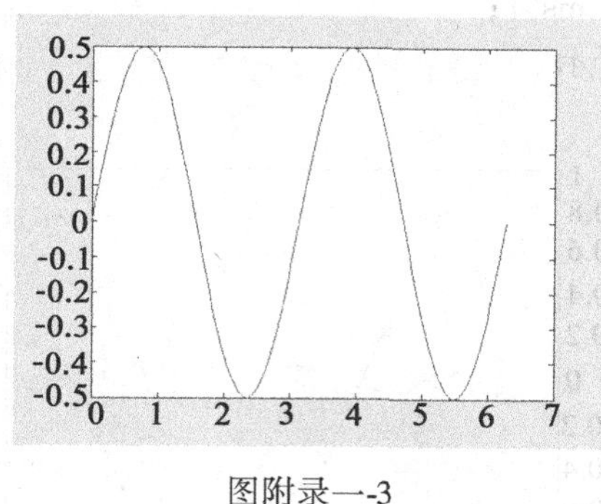

图附录一-3

当变量X,Y是同阶矩阵时,将按矩阵的行或列进行操作。变量Y可以包含多个符合要求的向量,这时将在同一幅图中绘出所有曲线,MATLAB会自动地把不同的曲线绘制成不同的颜色,以加以区别。

例如:

```
>>X=0:0.01*pi:2*pi;
>> Y=[sin(X'),cos(X')];
>> plot([X',X'],Y);
```

绘图结果如图附录一-4 所示。

★ plot(X,Y,S) 第三个输入量S为图形显示属性的设置选项,可选如下:

-(实线) 。(点) :(点线) o(圆) -.(点画线)

x(x-符号) --------(虚线) +(加号) *(星号) s(方形)

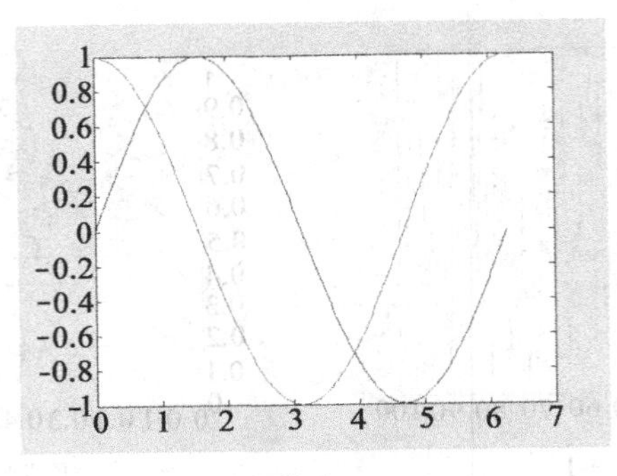

图附录一-4

d(菱形)　v(下三角)　^(上三角)　<(左三角)　>(右三角)
p(正五边形)　y(黄色)　m(紫红色)　c(蓝绿色)　r(红色)
g(绿色)　b(蓝色)　w(白色)　k(黑色)

例如：

```
>>x=1:0.1*pi:2*pi;
>>y=sin(x);
>>z=cos(x);
>> plot(x,y,'-ob',x,z,':ms');
```

绘图结果如图附录一-5 所示。

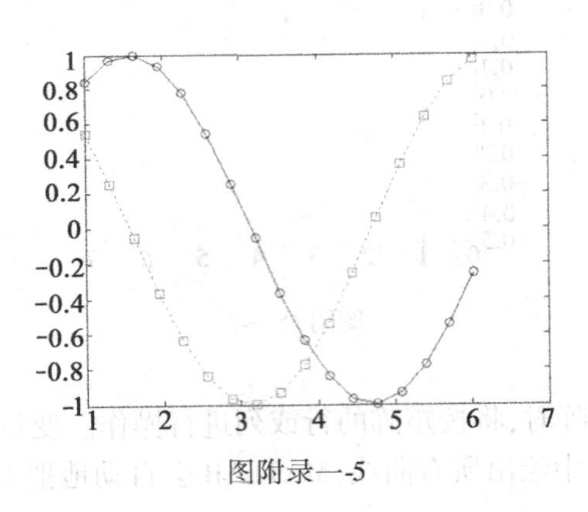

图附录一-5

2. 特殊的二维图形函数

① semilogx　以 X 坐标为对数坐标绘制对数坐标曲线；

② semilogy　以 Y 坐标为对数坐标绘制对数坐标曲线；

③ loglog　绘制双对数坐标曲线。

以上三个函数的输入格式与 plot 函数类似；

④ polar　绘制极坐标下的曲线，格式如下：

★　polar(theta,rho)或 polar(theta,rho,s)，其中，theta 为弧度表示的角度向量，rho 是相应的幅向量，s 为图形属性设置选项；

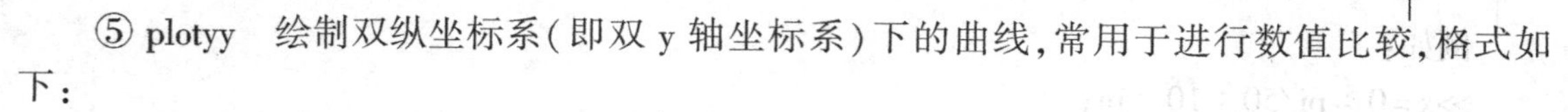

⑤ plotyy 绘制双纵坐标系(即双 y 轴坐标系)下的曲线,常用于进行数值比较,格式如下:

★ plotyy(X1,Y1,X2,Y2)

★ plotyy(X1,Y1,X2,Y2,fun)

★ plotyy(X1,Y1,X2,Y2,fun1,fun2) 以 fun1 绘制(X1,Y1), 以 fun2 绘制(X2,Y2);其中,fun 可以为 plot,semilogx,semilogy,loglog 等。

例如:

```
>>x=0:0.01*pi:2*pi;
>>y=sin(X);
>>z=exp(X);
>>plotyy(X,Y,X,Z,'plot','semilogy');
```

绘图结果如图附录一-6 所示。

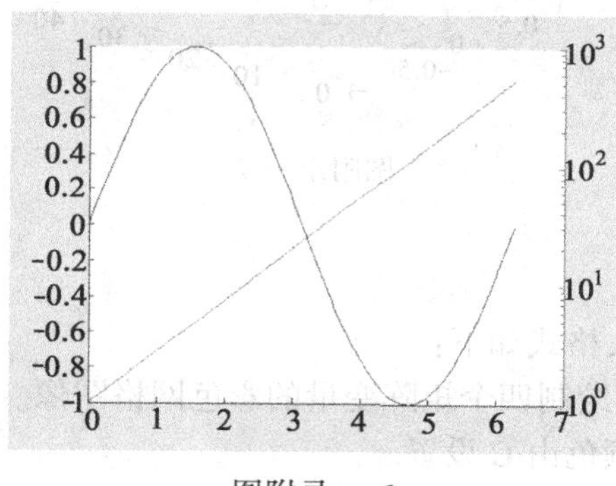

图附录一-6

⑥ 简单非线性二维图形

are(填充绘图)	bar(条形图)	barth(水平条形图)
comet(彗星图)	errorbar(误差带图)	ezplot(简单绘制极坐标图)
feather(矢量图)	fill(多边形填充)	fplot(函数图绘制)
hist(直方图)	pareto(Pareto 图)	pie(饼状图)
plotmatrix(分散矩阵绘制)		ribbon(三维图的二维条状显示)
scatter(散射图)	stem(离散序列饼状图)	stairs(阶梯图)。

3. 绘制三维图形的函数 plot 3

其格式如下:

★ plot3(X,Y,Z) 绘制向量 X,Y,Z 所表示的点的曲线,其中 X,U,Z 为三个相同维数的向量。

★ plot3(X,Y,Z) 绘制矩阵 X,Y,Z 的列向量的曲线,其中 X,Y,Z 为三个相同阶数的矩阵。

★ plot3(X,Y,Z,S) s 用设置曲线的属性,格式同 plot。

★ plot3(X1,Y1,Z1,S1,X2,Y2,Z2,S2,…)

例如：

```
>>x=0 : pi/50 : 10 * pi;
>>y=sin(X);
>>z=cos(X);
>>plot3(X,Y,Z);
```

绘图结果如图附录一-7 所示。

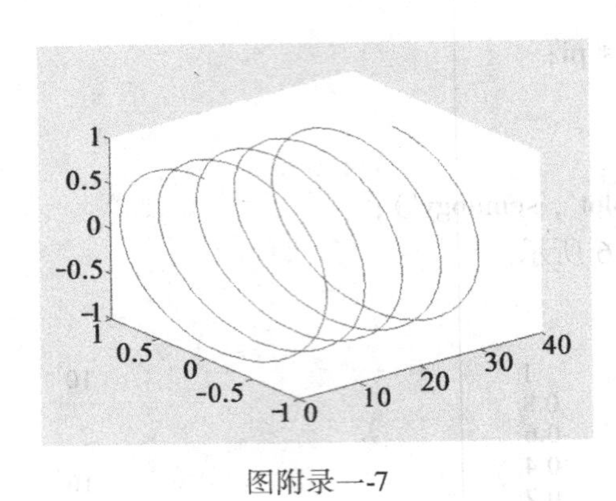

图附录一-7

4. 网图函数

mesh 绘制三维网格图，格式如下：

★ mesh(X,Y,Z,C) 绘制四个矩阵变量的彩色网格图像。观测点可由函数 view 定义，坐标轴可由 axis 函数定义，颜色由 C 设置。

例如：

```
>>X=-8 : 0.5 : 8;
>> Y=X';
>> A=ones(size(Y)) * X;
>> B=Y * ones(size(X));
>>C=sqrt(A.^2+B.^2)+eps;
>> Z=sin(C)./C;
>>mesh(Z);
```

绘图结果如图附录一-8 所示。

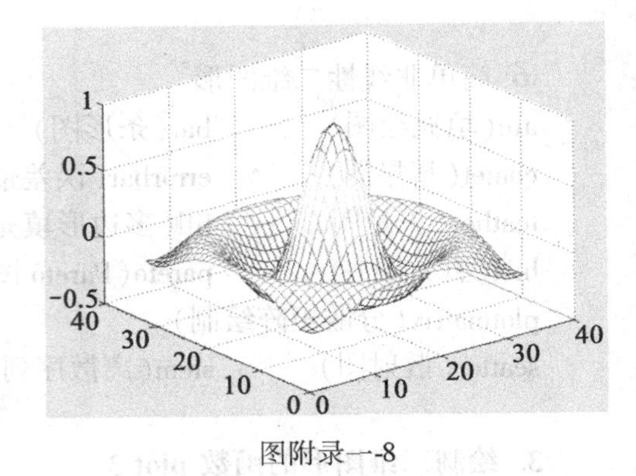

图附录一-8

5. 图像标注

以下函数经常用来进行函数图的标注：

① title 向图像中添加标题，格式如下：

★ title('text')

② xlabel,ylabel,zlabel 为 X,Y,Z 轴添加标签，格式如下：

★ xlabel('text') 为 X 轴添加标签。

★ xlabel('text','Property1',PropertyValue1,'Property2',PropertyValue2,…) 添加标签并设定详细的显示效果值。

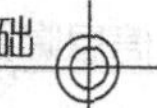

③ text 在图像的指定位置显示文本，格式如下：

★ text(X,Y,'string') 在(X,Y)位置显示'string'文本。

★ text(X,Y,Z,'string') 在(X,Y,Z)位置显示'string'文本。

④ gtext 用鼠标将文本放置在图像中，格式如下：

★ gtext('string')

例如：

```
>> t=0:0.01*pi:2*pi;
>> plot(t,sin(t));
>> title('0 到2π 的正弦曲线','FontSize',16);
>> ylabel('sin(t)','FontSize',14);
>> xlabel('t=0 到 2π','FontSize',14);
>> text(pi,sin(pi),'\bullet\leftarrowsin(t)=0','FontSize',10);
>> gtext('\bullet 最小值 sin(t)=-1');
```

绘图结果如图附录一-9 所示。

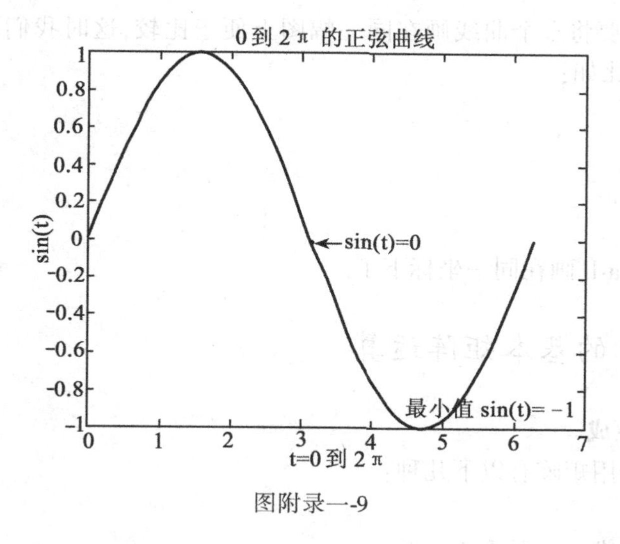

图附录一-9

⑤ legend 向现有的图像中添加图例，格式如下：

★ legend('string1', 'string2', 'string3',…)

例如：

```
>>b = bar(rand(10,5),'stacked'); colormap(summer); hold on
>>x = plot(1:10,5*rand(10,1),'marker','square','markersize',12,…
    'markeredgecolor','y','markerfacecolor',[.6 0 .6],…
    'linestyle','-','color','r','linewidth',2); hold off
>>legend([b,x],'Carrots','Peas','Peppers','Green Beans',…
    'Cucumbers','Eggplant')
```

绘图结果如图附录一-10 所示。

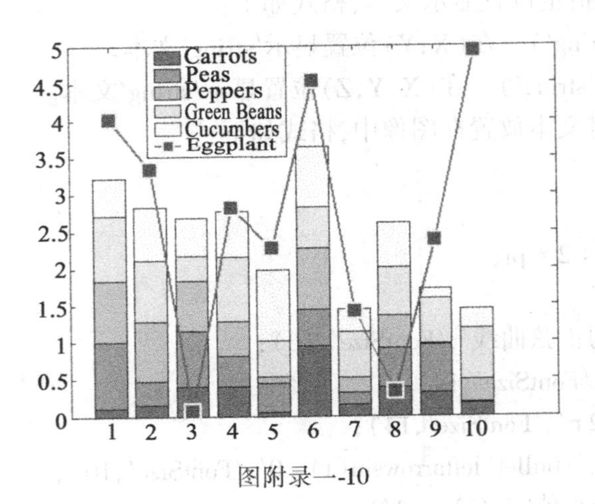

图附录一-10

6. 多图重叠

有的时候我们需要将多个曲线画在同一幅图上便于比较,这时我们可以使用 hold on 和 hold off 函数来完成,比如:

```
>>plot(x,y);
>>hold on ;
>>plot(a,b);
>>hold off;
```

就将曲线 x-y 和 a-b 画在同一坐标下了。

四、MATLAB 的基本矩阵运算

1. 常用矩阵的生成

MATLAB 中的常用矩阵有以下几种:

1)全 0 矩阵

X=zeros(n):生成 n×n 的全 0 矩阵。

X=zeros(m,n):生成 m×n 的全 0 矩阵。

X=zeros([m,n]):生成 m×n 的全 0 矩阵。

X=zeros(x1,x2,x3,…):生成 x1×x2×x3×…的全 0 矩阵。

X=zeros(size(Y)):生成与矩阵 Y 大小相同的全 0 矩阵。

2)全 1 矩阵

生成全 1 矩阵的函数是 ones,函数格式与生成全 0 矩阵完全相同。

3)单位矩阵

X=eye(n):生成 n×n 的单位矩阵。

X=eye(m,n):生成 m×n 的单位矩阵。

X=eye([m,n]):生成 m×n 的单位矩阵。

X=eye(size(Y)):生成与矩阵 Y 大小相同的单位矩阵。

4)均匀分布的随机矩阵

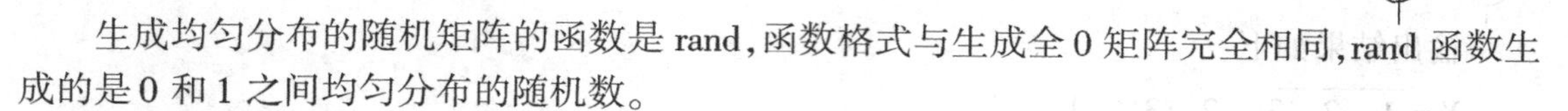

生成均匀分布的随机矩阵的函数是 rand,函数格式与生成全 0 矩阵完全相同,rand 函数生成的是 0 和 1 之间均匀分布的随机数。

5)正态分布的随机矩阵

生成正态分布的随机矩阵的函数是 randn,函数格式与生成全 0 矩阵完全相同,randn 函数生成的是-1 和 1 之间均匀分布的随机数。

2. 简单矩阵的生成

MATLAB 生成简单矩阵一般有以下几种方式:

1)直接输入矩阵元素

一般较小的简单矩阵经常用这种方式生成,需要遵循的基本原则如下:

- 矩阵每一行中的元素必须用空格或逗号分开;
- 在矩阵中,采用分号或回车表明每一行的结束;
- 整个输入矩阵必须包含在方括号中。

例如:生成一个 3×3 的矩阵只输入:X=[1, 2, 3;4, 5 ,6;7 ,8, 9]

或输入:

```
X=[1  2  3
   4  5  6
   7  8  9]
```

2)从外部数据文件调入矩阵元素

用 MATLAB 生成的矩阵存储成二进制文件或包含数值数据的文本文件可以生成矩阵。在文本文件中,矩阵必须排成一个数据表,数据之间用空格分隔,文件的每行包含矩阵的一行,并且每一行元素的个数必须相等。用这种方法可以没有限制地生成和保存矩阵的大小,还可以将其他程序生成的矩阵直接调入 MATLAB 中进行处理。

例如:一个名为 xx. dat 的文件,包含以下数据:

```
1  2  3
4  5  6
7  8  9
```

用以下语句将此文件调入工作空间并生成显示变量 xx:

```
>>load xx. dat
>>xx
```

输入结果如下:

```
xx= 1  2  3
    4  5  6
    7  8  9
```

3)利用小矩阵生成大矩阵

可将一个小矩阵看做一个元素来生成大矩阵。

例如:用小矩阵 X 生成大矩阵 Y。

```
X= 1  2  3
   4  5  6
   7  8  9
Y=[X   X+1,X+2   X-1]
```

输出结果如下:

```
Y = [1  2  3]  2  3   4
    [4  5  6]  5  6   7
    [7  8  9]  8  9  10
     3  4  5  [0  1  2]
     6  7  8  [3  4  5]
     9 10 11  [6  7  8]
```

五、MATLAB 的文件处理

1. 打开和关闭文件

1) 打开文件

函数:fopen

功能:打开一个文件或者获得打开文件的消息。

格式:

★ frr=fopen(filename,permission) 使用指定的模式打开指定的文件,并返回文件的标识符(frr)。permission 指定的打开模式有:R(只读),R+(读写),w(删除已存在文件的内容或创建一个新文件,并在写模式下打开该文件),w+(删除已存在文件的内容或创建一个新文件,并在读写模式下打开该文件),W(无自动刷新的写模式),a(写模式下创建并打开一个新文件或打开一个已存在文件添加到指定文件的末尾),a+(读写模式下创建并打开一个新文件或打开一个已存在文件添加到指定文件的末尾),A(无自动刷新的添加模式)。

★ [frr,message]=fopen(filename,permission,format) 使用指定的模式打开指定的文件,并返回文件的标识符和信息,用户可以使用 format 指定数字格式。

★ frr=fopen('all') 返回一个包含所有打开文件的标识符的行向量。

★ [filename,permission,format]=fopen(fid) 返回指定文件的全文件名、模式和格式。如果指定的文件名是无效的,该命令将返回一个全为空的行向量。

在缺省状态下,用户使用 fopen 命令时,文件一般以二进制模式打开。

2)关闭文件

函数:fclose

功能:关闭一个或多个打开的文件。

格式:

★ data=fclose(frr) 关闭指定的文件,并对操作结果返回一个值。该值为 0,关闭指定文件成功;该值为 1,关闭指定文件失败。

★ data=fclose(all) 关闭所有打开的文件,不包括基本的输入、输出及错误处理文件。

2. 无格式输入、输出

1)读二进制数据

函数:fread

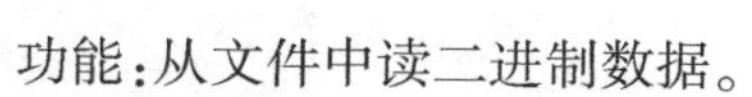

功能：从文件中读二进制数据。

格式：

★ [X,count]=fread(frr,size,precision) 从指定文件中读取二进制数据并写入矩阵 X 中。输出参数 count 返回元素成功读取的次数，size 决定要读取多少数据。count 和 size 都是可选参数，如果 size 没有被指定，fread 命令将一直读取到指定文件的结尾。size 可以选 N(读取 n 个元素)，Inf(读取到指定文件的结尾)，[m,n](读取 m×n 个元素)。如果 fread 已经读到指定文件的结尾，且当前的输入流没有包含足够的二进制数据来构成一个完整的矩阵，该命令将使用 0 填充空位。

★ [X,count]=fread(frr,size,precision,skip) 可选参数 skip 用于指定每个精度值被读取后跳过的字节数。precision 控制每个读取值的精度位数，以及把这些数据转换成字符、整数或浮点数，缺省值为 uchar(8 位无符号字符)。

2)把二进制数据写入文件

函数：fwrite

功能：把二进制数据写入文件。

格式：

★ count=fwrite(frr,X,precision) 把矩阵 X 中的所有元素写入到指定文件中，并把 MATLAB 值转换成指定数值精度。数据将被按列顺序写入到文件，count 中将记录被成功写入的元素的数目。

★ count=fwrite(frr,X,precision,skip) 可选参数 skip 用于指定每个精度值被写入前跳过的字节数。

六、本书用到的其他 MATLAB 函数(按字母索引)

A

abs

功能：求绝对值或幅值。

格式：

★ Y = abs(X) 计算 X 每个对应元素的绝对值。当 X 为复数时，返回复数的复数模(幅值)，即 abs(x)= sqrt(real(X).^2 + imag(X).^2)，当 X 为字符串时，abs(X)得到字符串各个字符的 ASCII 码。

例如：

```
>>X= abs(-5);
```

执行结果：

X=5

angle

功能：求相角。

格式：

★ P = angle(Z) 求复矢量或复矩阵 Z 的相角(以弧度为单位)，相角介于$-\pi$和π之间。

例如：

```
>> Z = [ 1 - 1i   2 + 1i   3 - 1i   4 + 1i
         1 + 2i   2 - 2i   3 + 2i   4 - 2i
         1 - 3i   2 + 3i   3 - 3i   4 + 3i
         1 + 4i   2 - 4i   3 + 4i   4 - 4i ]
>> P = angle(Z)
```

执行结果：

```
P   =-0.7854    0.4636   -0.3218    0.2450
      1.1071   -0.7854    0.5880   -0.4636
     -1.2490    0.9828   -0.7854    0.6435
      1.3258   -1.1071    0.9273   -0.7854
```

appcoef

功能：提取一维小波变换低频系数。

格式：

★ A=appcoef(C,L,'wname',N) [C,L]为小波分解结构，wname 为小波函数，N 为尺度。计算尺度 N(必须是一个正整数且 0≤N≤length(L)-2)时的一维分解低频系数。

★ A=appcoef(C,L',wname') 提取最后一尺度即尺度 N=length(L)-2 时的小波变换低频系数。

★ A=appcoef(C,L,L_0_R,H_i_R)

A=appcoef(C,L,L_0_R,H_i_R,N) 用滤波器进行信号低频系数的提取。返回系数 A 是一个向量，其中 L_0_R 是低通滤波器，H_i_R 是高通滤波器。

appcoef2

功能：提取二维小波变换低频系数。用法同上。

axes

功能：在任意区域建立坐标轴。

axis

功能：设置坐标轴的缩放比例并且显示。

格式：

★ axis(str) 字符串 str 不同，执行结果也不同，如 manual(固定坐标轴刻度)、auto(把坐标轴刻度重新设置为默认状态值)、equal(设置 x 轴和 y 轴为同样的刻度增量)。

★ axis(v) 根据向量 v 设置坐标轴刻度，使 min=v1，xmax=v2，ymin=v3，ymax=v4，对于三维图像还有 zmin=v5，zmax=v6。

★ axis(axis) 固定坐标轴刻度，使 MATLAB 在原图上增加图像时不能改变刻度。

B

bitand

功能：按位与运算。

格式：

★ C=bitand(A,B) 返回 A 和 B 按位与的结果。A,B 的数值必须为 0 到最大值(8 位整数的最大值是 255，即 2^8-1)之间的非负整数。

bitor

功能：按位或运算。

格式：同 bitand。

bitshift

功能：数据移位操作。

格式：

★ C=bitshift(A,K,N) 返回数据 A 的每单元移 K 位的结果，K 为正数表示左移，K 为负数表示右移。N 为规定的溢出位数，N 缺省为 53。

blkproc

功能：对图像进行不同的块处理。

格式：

★ B=blkproc(A,[m n],fun) 应用函数 fun 对图像 A 的不同 m×n 块进行处理，必要时用 0 元素对 A 进行填充。fun 可以是一个内联函数，是一个包含函数名字的字符串或是一个表达式串。Y = fun(X)，fun 对 m×n 阶 X 块进行处理，返回一个矩阵、向量或是标量 Y，并不要求 Y 与 X 大小相同，但只有当 Y 与 X 的大小相同时，B 与 A 的大小相同。

★ B=blkproc(A,[m n],fun,P1,P2,…) 传递附加参数 P1,P2,…至 fun。

★ B=blkproc(A,[m n],[mborder nborder],fun,…) 定义块周围的重叠边界。blkproc 对原 m×n 阶块进行扩展，上下各扩展 mborder 行，左右各扩展 nborder 列，结果块的大小为（m+2 * mborder)×(n+2 * nborder)。必要时在 A 的边界补 0 元素。fun 函数对扩展后的块进行运算。

★ B= blkproc(A,'indexed',…) 将 A 作为一个索引图像处理，若 A 为 uint8 或 uint16 类型，则补 0 元素；若 A 为双精度浮点型，则补 1 元素。

例如：

```
>>I=imread('alumgrns.tif');
>>fun=inline('std2(s) * ones(size(X))');
>>I2=blkproc(I,[8 8],'std2(X) * ones(size(X))');
>>imshow(I);
>>figure, imshow(I2,[]);
```

执行结果如图附录一-11 所示。

原 alumgrns 图像

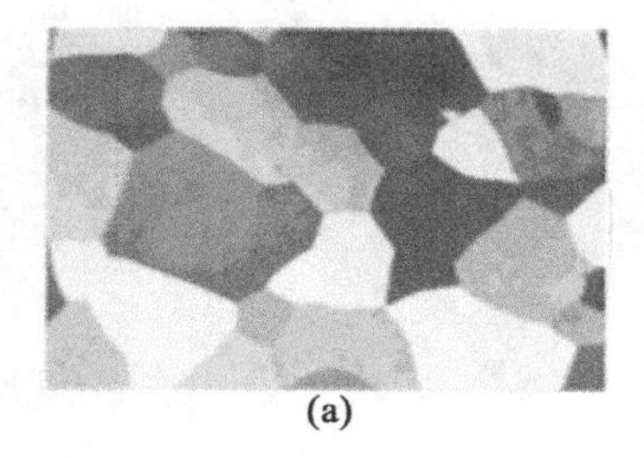

(a)

用 fun 函数对每块处理后的图像

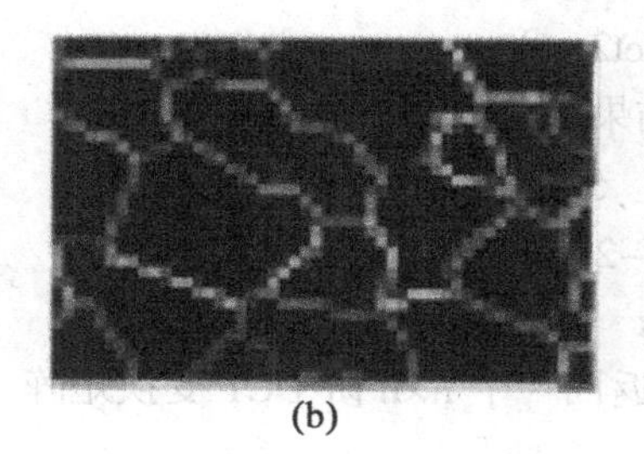

(b)

图附录一-11

使用 blkproc 函数对图像中 8×8 的块进行处理，用该块的标准差来设置该块的像素值。

C

ceil

功能:向正无穷大方向取整。

格式:

★ ceil(X) 向 X 的正无穷大方向取整。

conv2

功能:计算平面二维卷积。

格式:

★ C=conv2(A,B) 计算两个矩阵的二维卷积。如果 A,B 其中一个是二维 FIR 滤波器的冲击响应,则执行的结果就等于另一个矩阵被二维滤波的结果。

corr2

功能:计算两个维数和阶数均相同的矩阵的相关系数。

D

dct

功能:计算向量或矩阵的一维离散余弦变换(DCT)。

格式:

★ y=DCT(X) 计算向量 X 的离散余弦变换,结果向量 Y 与 X 大小相同,Y 中含有 DCT 系数。若 X 为矩阵,则对其各列进行 DCT 运算。

★ y=DCT(X,N) 计算向量 X 的离散余弦变换,并在变换前对 X 补 0 或截去多余元素,使 X 长度为 N。

dct2

功能:计算向量或矩阵的二维离散余弦变换(DCT)。

格式:

★ B=dct2(A) 计算矩阵 A 的二维 DCT,矩阵 B 与矩阵 A 大小相同,B 中包含 DCT 系数。

★ B=dct2(A,m,n)

B=dct2(A,[m n]) 通过补 0 或截去多余元素使 A 成为 m×n 阶矩阵,然后计算 DCT。

例如:

```
>>x=[1 2;3 4];
>>y=dct2(x);
```

执行结果:

```
  y=   5      -1
      -2       0
```

dctmtx

功能:返回一个 n×n 阶 DCT 变换矩阵。

格式:

★ *D* = dctmtx(n)

例如:

```
>>D=dctmtx(2);
```

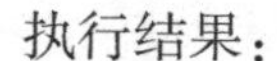

执行结果:

生成一个 2×2 阶 DCT 矩阵。

$D=$ 0.7071 0.7071
  0.7071 -0.7071

detcoef

功能:提取一维小波变换的高频系数。

格式:

★ D=detcoef(C,L,N) 提取尺度为 N(N 为正整数,且 0≤N≤length(L)-2),分解结构为[C,L]一维分解高频系数。

★ D=detcoef(C,L) 提取最后一尺度 N=length(L)-2 的一维分解高频系数,返回向量 D 的长度为 length(L)/2^N。

ddencmp

功能:获取在消噪或压缩过程中的默认阈值(软或硬)、熵标准。

格式:

★ [THR,SORH,KEEPAPP,CRIT]=ddencmp(IN1,IN2,X) 根据输入向量或矩阵 X,返回消噪或压缩的默认值。其中 X 为一维(向量)或二维(矩阵)信号;IN1 是消噪或压缩选择,'den'表示消噪,'cmp'表示压缩;IN2 是小波或小波包的选择,'wv'表示小波,'wp'表示小波包;THR 为返回的阈值;SORH 为软阈值或硬阈值的选择参数,'s'表示软阈值,'h'表示硬阈值;KEEPAPP 表示保存低频信号;CRIT(只在小波包分析时用)是熵标准的选择。

★ [THR,SORH,KEEPAPP] = DDENCMP(IN1,'wv',X) 有三个输出变量的小波分析的情况。

★ [THR,SORH,KEEPAPP,CRIT] = DDENCMP(IN1,'wp',X) 有四个输出变量的小波包分析的情况。

diag

功能:将一个向量变成对角矩阵。

格式:

★ X = diag(v,k) k 是一个参数,k=0 返回主对角矩阵。

★ X = diag(v)

disp

功能:显示数组。

格式:

★ disp(X) 无数组名无分号显示数组,不能显示空数组。当 X 是字符串时,显示 X 的内容。

double

功能:转换为双精度。

格式:

★ double(X) 将 X 转换为双精度值。若 X 已经是双精度数组,函数将不起作用。若 for,if 或 while 循环语句中的表达式不是双精度值,则 double 函数将其转换为双精度值。

E

error

功能:显示出错信息并且中断函数调用。

格式:

★ error('MSGID', 'MSG')

★ error('MSGID', 'MSG', A, …)

★ error('MSG')

F

fft

功能:计算一维快速 Fourier 变换(FFT)

格式:

★ F=fft(X) 计算向量 X 的离散 Fourier 变换。若 X 为矩阵,则返回矩阵每列的 Fourier 变换。结果向量的第一个元素是直流分量,大小等于待交换向量各元素之和。

★ F=fft(X,n) 计算 n 点 FFT。若 X 长度小于 n,则在其后补 0 元素,直到元素个数为 n;若 X 长度大于 n,则 X 被截成长度为 n;若 X 为矩阵,则列的长度按上述方法调整。

★ F=fft(X,[ ],dim)

F=fft(X,n,dim) fft 函数对数组的 dim 维进行 FFT 计算。

例如:

```
>>x=[1,2,3,4];
>>f=fft(x);
```

执行结果:

```
f=10 -2 + 2i      -2      -2 - 2i
```

fft2

功能:计算二维离散 FFT。

格式:

★ F=fft2(X) 计算矩阵 X 的二维 FFT,F 与 X 的大小一致。

★ F=FFT2(X,m,n) 计算矩阵 X 的二维 FFT,并且截去或补充 0 元素,使 X 成为 m×n 阶矩阵,然后再对其进行二维 FFT 计算,结果为 m×n 阶。

例如:

```
>>x=[1 2;3 4];
>>f2=fft2(x);
```

执行结果:

```
f2=  10    -2
     -4     0
```

fftshift

功能:直流分量移到频谱中心。

格式:

★ fftshift(X) 若 X 为向量,则 fftshift 将其左、右半部互换,若 X 为矩阵,则交换 X 的 1,3 象限和 2,4 象限。对多维阵列,fftshift 对每一维的两个"半空间"进行交换。fftshift 常用于 FFT 结果的可视化。

例如：

```
>>x=[1 2;3 4];
>>f2=fft2(X);
>>f=fftshift(f2);
```

执行结果：

```
f2=  10   -2
     -4    0
f =   0   -4
     -2   10
```

flipud

功能：将向量降序排列。

格式：

★ B = flipud(A)

filter2

功能：完成二维滤波。

格式：

★ Y = filter2(h,X) 将X利用h的冲击响应完成二维滤波。Y的尺寸与X相同。

★ Y = filter2(h,X,shape) shape是一个如下的字符串：

'full'：返回完整滤波结果。在这种情况下Y比X大。

'same'(default)：同前一种格式。

'valid'：只计算有关联的部分而不计算边缘补0的部分。在这种情况下Y比X小。

find

功能：按要求搜索相应的内容。

floor

功能：向负无穷大方向取整。

格式：

★ floor(X) 向X的负无穷大方向取整。

fsamp2

功能：根据在笛卡儿平面上定义的各点的频率响应设计一个FIR滤波器。

格式：

★ filtercoefficients =fsamp2(frequencyresponse) 其中frequencyresponse是所输入的频率响应。如果frequencyresponse是m * n的，返回的滤波器系数相应地也是m * n大小。

fspecial

功能：创建一个特殊的二维滤波器。

格式：

★ h = fspecial(type,parameters) type是一个如下的字符串：

'gaussian'：高斯低通滤波器；

'sobel'：Sobel水平边缘增强滤波器；

'prewitt'：prewitt水平边缘增强滤波器；

'laplacian'：拉普拉斯滤波器；

'average':均值滤波器。

G

getframe

功能:返回一个运动图像的帧。

I

idct

功能:计算离散反余弦变换。

格式:

★ X=idct(Y) 若 Y 为矩阵,则对每列求逆 DCT。

★ X=idct(Y,n) 在变换前对 Y 进行补 0 或截去多余元素,使 Y 长度为 n。

idct2

功能:计算二维反 DCT。

格式:

★ Y=idct2(X)

★ Y=idct2(X,[m,n])

Y=idct2(X,m,n) 通过补 0 或截去元素,调整 X 大小为 m×n 阶矩阵,再计算二维逆 DCT。

例如:

```
>>x2=[5 -1;-2 0];
>>y=idct2(x2);
```

执行结果:

```
y= 1   2
   3   4
```

ifft

功能:计算一维 FFT 的逆变换。

格式:

★ F=ifft(X) 返回向量 X 的逆 FFT,若 X 为矩阵,则返回矩阵每列的逆 FFT。

★ F=ifft(X,n) 返回向量 X 的 n 点逆 FFT。

★ F=ifft(X,[ ],dim)

F=ifft(X,n,dim) 返回 X 的 dim 维逆 FFT。

对于任意 X,ifft(fft(X))=X+舍入误差,若 X 为实数,则 ifft(fft(X))的结果可能有一个小虚部。

例如:

```
>>F=[ 10 -2 + 2i      -2      -2 - 2i ];
>>X=ifft(f);
```

执行结果:

```
X= 1   2   3   4
```

ifft2

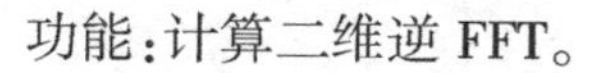

功能:计算二维逆 FFT。

格式:

★ F=ifft2(X) 求矩阵 X 的二维逆 FFT。

★ F=ifft2(X,m,n) 求矩阵 X 的 m×n 阶逆 FFT。通过补 0 或截去元素,调整 X 大小为 m×n 阶矩阵,再计算其二维逆 FFT,结果为 m×n 阶。

例如:

```
>>f2=[ 10 -2 ;-4 0 ]
>>X=ifft2(f2);
```

执行结果:

```
X= 1   2
   3   4
```

imcrop

功能:图像剪裁函数。

imnoise

功能:图像加噪函数。

imread

功能:从图形文件中读取图像数据。

格式:

★ A = imread(filename,fmt) 读取 filename 指定的灰度图像或是真彩色图像到矩阵 A。如果是灰度图形,则 A 是二维矩阵,如果是 RGB 图像,则 A 是三维矩阵。filename 为指定读取的图形文件名的字符串,fmt 指定读取图形文件格式的字符串。如果文件不在当前路径或 MATLAB 路径,则必须在 filename 中指出文件的完整路径。图形文件的格式常用的有以下几种:'bmp'(Windows 位图文件)、'gif'(可交换的图形文件)、'hdf'(层次数据格式图像文件)、'jpg' 或 'jpeg'(联合图像专家组)、'pcx'(Windows 画笔图像文件)、'tif' 或 'tiff'(标签图像文件)、'xwd'(X Windows 图像格式文件)。

★ [X,map] = imread(filename,fmt) 读取 filename 指定的索引图像到 X 并且生成颜色矩阵 map,map 中的值在 0~1 之间。

★ [...] = imread(filename) 不指定文件格式,由 MATLAB 从文件的内容自动推断出文件的格式。

★ [...] = imread(...,idx) 从多图像的 TIFF 格式文件中读取一幅图像。idx 为整数值,表示图像在文件中的次序,缺省表示读取第一幅图像。

★ [...] = imread(...,ref) 从多图像的 HDF 格式文件中读取一个图像。ref 为整数值,表示标识图像参考值,缺省表示读取文件的第一幅图像。

例如:

```
>>X=imread('c:\\woman.bmp','bmp');
```

执行结果:

Name	Size	Bytes	Class
X	256×256	65536	uint8 array

imresize

功能:图像大小改变函数。

imrotate

功能:图像旋转函数。

imshow

功能:显示图像。

格式:

★ imshow(I,n) 使用 n 个灰度级显示灰度图像 I。若 n 缺省,则使用 256 级灰度(24 位显示)或 64 级灰度(其他)显示图像。

★ imshow(I,[low high]) 指定灰度级范围[low high],显示灰度图像 I。灰度级小于等于 low 的像素点显示为黑,大于等于 high 的像素点显示为白。当[low high]部分为空时,I 中的最小值显示为黑,最大值显示为白。

★ imshow(BW) 显示二值图像,0 显示为黑,1 显示为白。

★ imshow(X,map) 显示索引图像 X,颜色矩阵为 map。

★ imshow(RGB) 显示真彩色图像 RGB。

★ imshow(…,display-option) 如果 display_option 是 'truesize',则显示图像的原始大小,如果 display_option 是'notruesize',则显示为压缩形式。

★ imshow(X,Y,A,…) 使用两元素向量 X,Y 建立一个非缺省的空间坐标系,定义了图像的 XData 和 YData。

★ imshow filename 显示 filename 所指的图形文件中的图像,imshow 函数调用 imread 函数从文件中读图像,但图像数据并不存储在 MATLAB 工作空间中,文件必须在当前路径或是在 MATLAB 路径中。

★ h=imshow(…) 返回由 imshow 产生的图像对象句柄。

imwrite

功能:将图像写入图像文件。

格式:

★ imwrite(A,filename,fmt) 将变量 A 中的图像按 fmt 指定的保存格式写入 filename 指定的文件中。若 A 是一个无符号 8 位整数表示的灰度图像或真彩图像,imwrite 将直接将数组 A 中的值写入文件。若 A 为双精度浮点数,则首先使用uint8(round(255 * A))自动将数组中的值变换为无符号 8 位整数,即将[0,1]内的浮点数变换为[0,255]内 8 位整数,然后写入 file。

★ imwrite(X,map,filename,fmt) 若变量 A 中的图像按 fmt 指定的保存格式写入 filename 指定的文件中,且 A 是一个无符号 8 位整数表示的灰度图像或真彩图像,imwrite 将直接将数组 A 中的值写入文件。若 A 为双精度浮点数,则首先使用uint8(X-1)自动将数组中的值变换为无符号 8 位整数,然后写入文件。map 必须是有效的 MATLAB 调色板,即由双精度浮点数构成。imwrite 自动用 uint8(round(255 * map))将[0,1]内的浮点数变换为[0,255]内 8 位整数,然后写入 file。

★ imwrite(…,filename) 根据 filename 的扩展名推断图像文件格式,将图像写入文件中,扩展名必须是合法的图像格式文件扩展名。

★ imwrite(…,Param1,Val1,Param2,Val2,…) Param 是参数,Val 是参数值。imwrite 函数指定控制输出文件特性参数,参数必须是 HDF,JPEG 和 TIFF 文件所支持的。

J

jet

功能:HSV 颜色模型下的变量函数,提供颜色数量。

L

length

功能:返回一个向量的长度。

log

功能:取对数。

格式:

★ log(A) 求 A 的每个元素的对数。

M

median

功能:求向量或矩阵的中值。

格式:

★ Y=median(X) 若 X 是向量,则返回向量中大小正好在中间的元素的值,如果向量中元素的个数为偶数则返回中间大小的两个数的平均值;若 X 为矩阵,则返回一个向量 Y,它包含矩阵每一列的中值。

medfilt2

功能:完成二维中值滤波。

mod

功能:求模。

格式:

★ M=mod(X,Y) 返回 X 除以 Y 的余数。

N

norm

功能:求矩阵或向量的范数。

格式:

★ norm(X) 返回 X 的最大奇异值,相当于 max(svd(X))。

★ norm(X,inf) 相当于 max(sum(abs(X')))。

★ norm(X,'fro') 相当于 sqrt(sum(diag(X' * X)))。

normplot

功能:绘制正态分布概率坐标图。

Q

qr

功能:完成矩阵的 QR 分解。

R

randint

功能:生成随机整数。

real

功能:获得复数实部。

reshape

功能:改变矩阵的维数。

格式:

★ reshape(A,m,n) 将 A 中元素按列重新排列成一个 m×n 的矩阵,其中 m,n 的积必须和 A 的行数与列数之积相等。

rgb2ycbcr

功能:将 rgb 颜色模型转换为 ycbcr 颜色模型。

round

功能:四舍五入到整数。

格式:

★ round(X)

S

size

功能:返回一个矩阵尺寸。

格式:

★ [M,N]=size(A) M,N 分别是 A 的行列阶数。当 A 是一个 RGB 图像矩阵时,N 是其实际列数的 3 倍。

sort

功能:完成矩阵或向量从小到大的排序。

格式:

★ B = sort(A) 若 A 是一个向量则完成各元素的升序排列,若 A 是一个矩阵则按照列完成升序排列。

spectrum

功能:求信号的功率谱密度。

sqrt

功能:求平方根。

格式:

★ sqrt(A) 求 A 的每个元素的平方根。

subplot

功能:在同一个图像窗口中绘制几个图像。

格式:

★ subplot(m,n,p) 将图像窗口分割成 m 行 n 列,并设置 p 所指定的窗口为当前窗口,子窗口按从左到右,从上到下进行编号。m,n,p 缺省则等价于 subplot(1,1,1)。在 MATLAB 6.0 以上版本中也可以写为 subplot(mnp)。

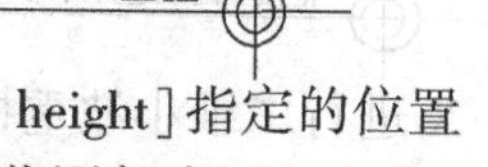

★ subplot('position',[left bottom width height]) 按 [left bottom width height]指定的位置和大小创建一个图像子窗口,[left bottom width height]中4个参数的取值范围都在0.0~1.0之间。

svd

功能:完成矩阵的SVD分解。

T

title

功能:在图像窗口顶端的中间位置输出字符串作为标题。

格式:

★ title('txt')

trace

功能:求对角矩阵的对角元之和。

格式:

★ sum = trace(A)

trapz

功能:利用积分计算曲边梯形的面积。

格式:

★ s=trapz(X,Y) 计算由离散的两个向量X,Y所绘制的二维曲线与坐标轴所围成的曲边梯形的面积。

W

wavedec

功能:多尺度一维小波分解。

格式:

★ [C,L]=wavedec(X,N, 'wname') 使用小波函数wname对信号X进行一维多尺度分解,N为尺度(严格正整数)。

★ [C,L] = wavedec(X,N,Lo_D,Hi_D) 使用分解滤波器对信号X进行一维多尺度分解。

wavedec2

功能:多尺度二维小波分解。

格式:

★ [C,S] = wavedec2(X,N,'wname') 使用小波函数wname对信号X进行二维多尺度分解。

★ [C,S] = wavedec2(X,N,Lo_D,Hi_D) 使用分解滤波器对信号X进行二维多尺度分解。

waverec2

功能:多尺度二维小波重构。

格式:

★ X = waverec2(C,S,'wname') 使用wname小波函数在小波分解结构[C,S]上对信号

X 进行二维小波重构。与 X=appcoef2(C,S,'wname',0)具有等价性,是 wavedec2 函数的逆函数。

wdencmp

功能:用小波进行信号的消噪或压缩。详见第三章。

wrcoef

功能:对一维小波系数进行单支重构。

格式:

★ X = wrcoef('type',C,L,'wname',N)

★ X = wrcoef('type',C,L,Lo_R,Hi_R,N)

★ X = wrcoef('type',C,L,'wname')

★ X = wrcoef('type',C,L,Lo_R,Hi_R)

该函数对一维信号的分解结构[C,L]用指定的小波函数或重构滤波器进行重构。当 type=a时,对信号的低频部分进行重构,此时 N 可以为 0;当 type=d 时,对信号的高频部分进行重构,此时 N 为严格的正整数。

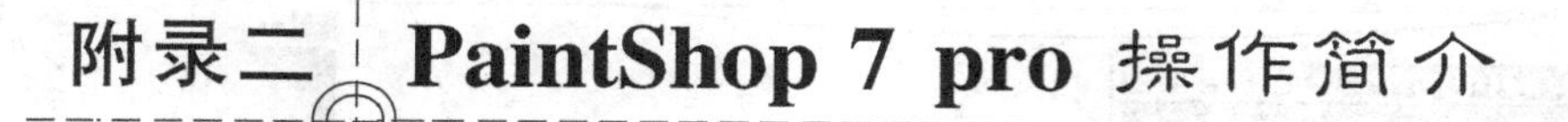

附录二　PaintShop 7 pro 操作简介

在图像载体的信息隐藏领域,我们经常要对数字图像做各种各样的处理。尽管我们可以利用 MATLAB 等软件自己编写出这些图像处理的代码,但有时为了操作的方便或大批量处理的需要,往往也要借助一些图像处理软件来直接完成图像处理实验。图像处理软件比较多,比较有名的有诸如 PhotoShop,PaintShop,ACDsee 以及国产的豪杰大眼睛等。其中在信息隐藏领域使用较多的就是 PaintShop。

PaintShop 是 JASC 公司出品的一款优秀的自由软件,它拥有以下特点:

①多任务特性。可以同时运行多个 PaintShop 程序,只要内存允许,个数不受限制;

②友好的界面。打开 PaintShop 就可以感觉到这一点,众多的工具条和属性设置对话框都是可定制的。所有的菜单项都有一个小图标形象地说明该菜单的作用,可以使用快捷键打开或隐藏浮动面板;

③优秀的层面板控制。PaintShop 中的层可以说是图像处理软件中最好的,甚至可以按照隶属关系来分类组织和管理层。当把鼠标定位在某个层上时,鼠标下面出现该层的预览图像。每个层的右边是它的透明属性设定;

④中文支持良好。所有的中文字体名称都可以自动检测并正确显示,而且 PaintShop 还能配合 Windows 的多国语言给以支持。在程序中的对象名称、图层名称等可以用中文来标记,并且中文显示也非常美观;

⑤特效。PaintShop7 提供了 11 大类,共计 97 种特效制作;

⑥特效浏览器;

⑦众多的图像文件格式支持。PaintShop7 支持 43 种流行的图像格式;

⑧内置截图功能,将捕获图像直接引入加以编辑。有 5 种截图方式可以供选择,可以定义热键按钮,还可以进行批量截图;

⑨内置图像浏览器,查找图片简单迅速;

⑩支持柯达等 10 种数码相机,所拍照片可以直接引入加以编辑。

⑪图像格式批量转换,快速将多个不同格式的图像文件转换为另一种图片格式。支持转换 13 种图像格式。

支持 PaintShop 下载的网站很多,在有些网站上已经推出了汉化版的 PaintShop,使得操作更为方便直观。下面以 PaintShop7 为例,结合信息隐藏有关实验,对其作一个简单的介绍。

图附录二-1 是 PaintShop7 汉化版的主界面。界面分为七大部分:系统工具条、绘图工具条、工作区、色彩面板、状态栏以及工具属性面板和层控制面板(图上未显示)。在信息隐藏实验中,我们使用 PaintShop 主要是利用它的图像效果处理来完成对隐蔽载体或加有水印的图像的攻击测试。这些操作主要集中在系统工具条的"图像"、"效果"和"颜色"等几个子选项中,其中又以"效果"选项为主。图附录二-2、图附录二-3、图附录二-4 分别是这几个选项的展开示意图。

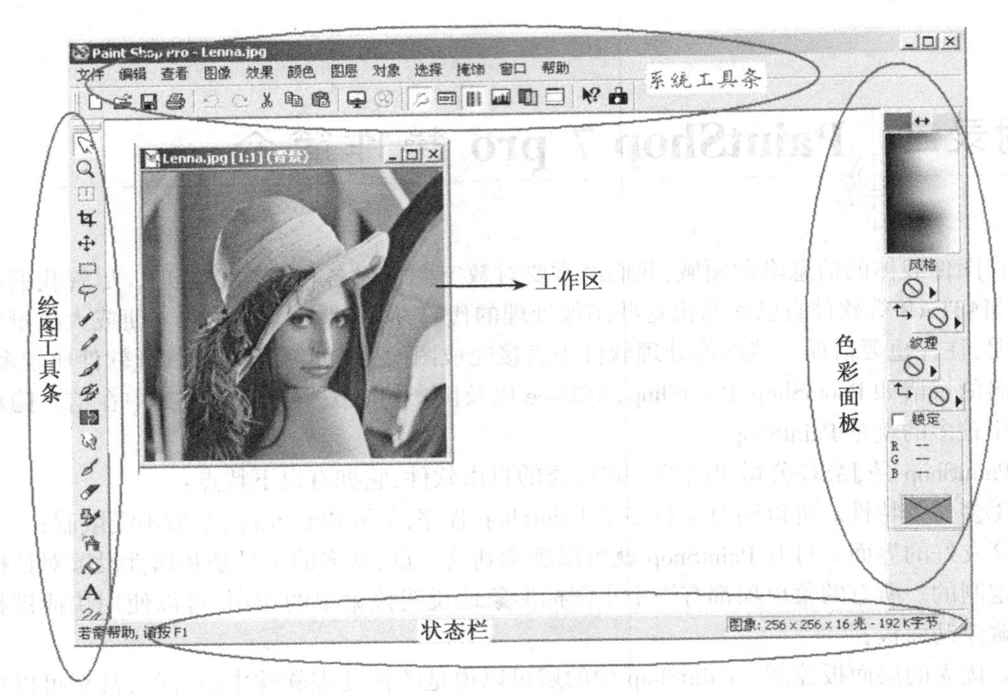

图附录二-1 PaintShop 主界面

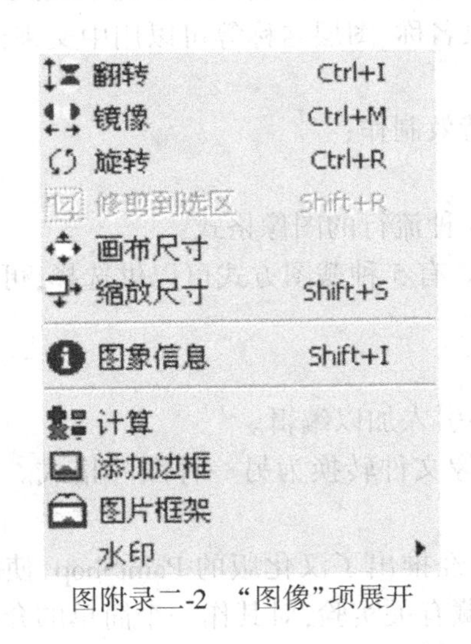

图附录二-2 “图像”项展开

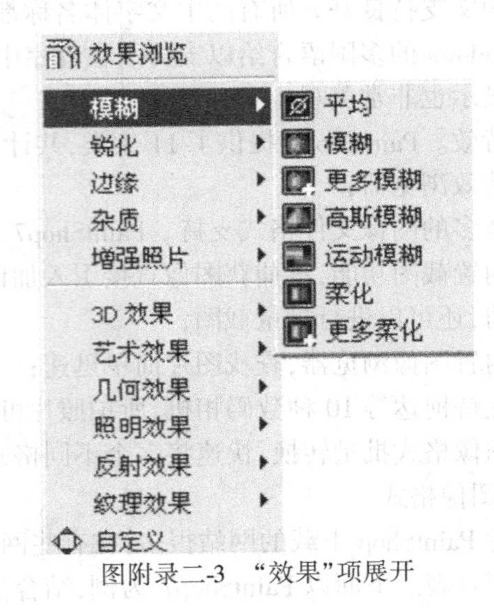

图附录二-3 “效果”项展开

在“图像”选项中，我们常用的就是对工作区的图像进行旋转操作。旋转可以向各个方向不同角度进行。图附录二-5 是旋转操作的对话框。图附录二-6 是利用 PaintShop 将 lenna 向左旋转 45 度的效果图。

PaintShop7 提供了 11 大类，共计 97 种特效制作。不过遗憾的是目前它还不能支持外挂特效插件。这里我们不能一一讲解它们的效果，就选一些和第九章水印测试基准中有关的特

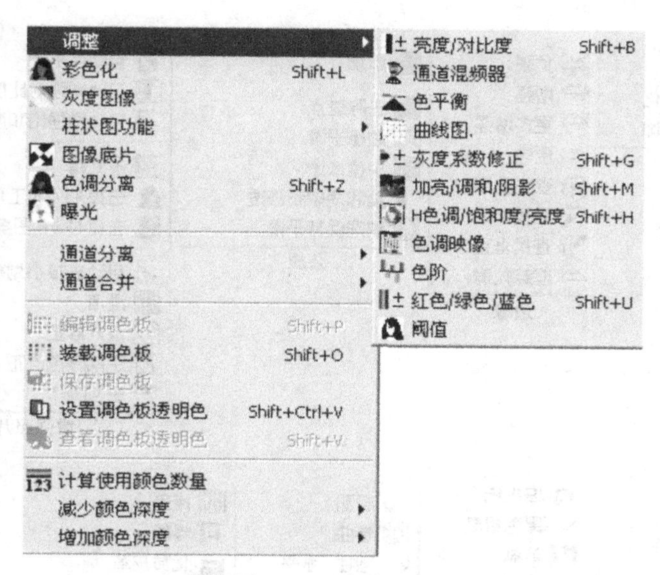

图附录二-4 “颜色”项展开

效加以介绍。图附录二-7 是“效果”选项一些主要子项的展开图。

在“颜色”选项中，可以利用它完成对图像的亮度调整、RGB 色彩分离、绘制灰度直方图等有用的操作。

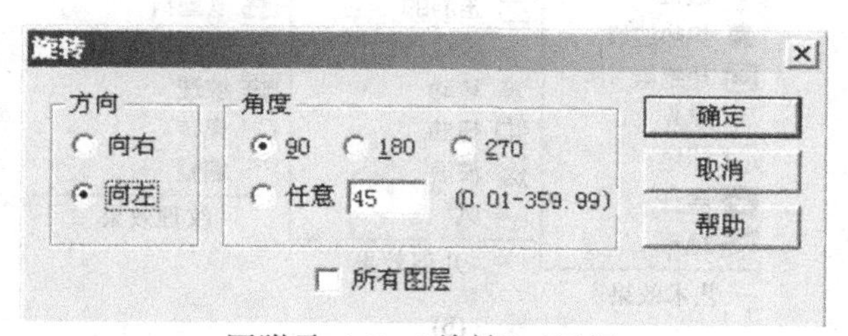

图附录二-5 “旋转”对话框

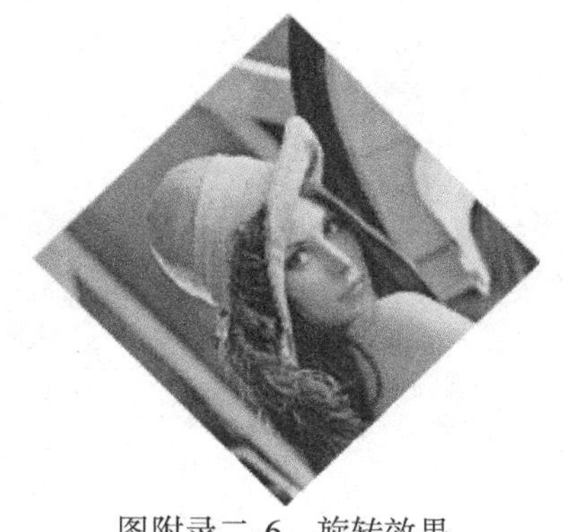

图附录二-6 旋转效果

限于篇幅，我们就不一一展开了。总之，用 PaintShop 完成一些图像的基本操作是非常容易的。

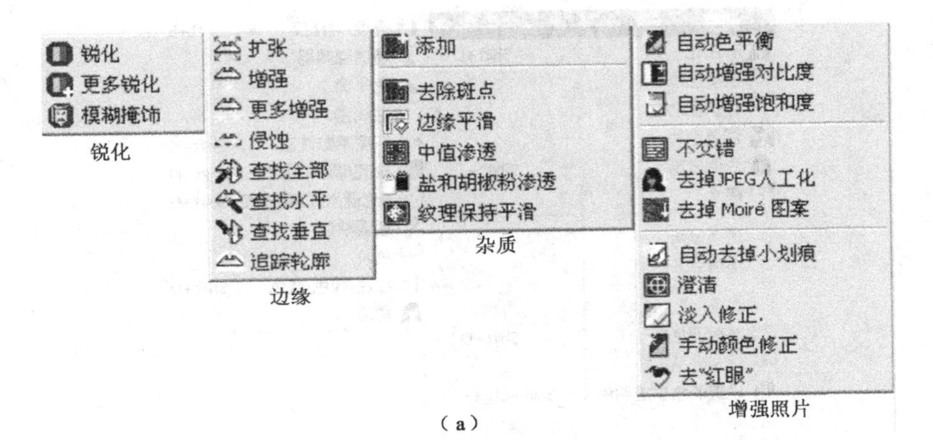

（a）

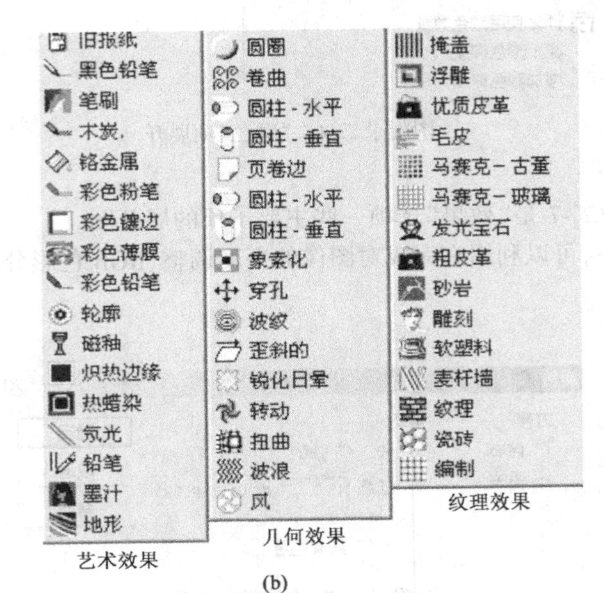

(b)

图附录二-7 “效果”的各子项展开

附录三 MD5 部分源代码

由于 MD5 有一定的代码量,下面我们仅给出 MD5 关键部分的代码,供大家参考。代码用 C 语言编写。

1. 编写头文件 md5.h

```
#ifndef PROTOTYPES
#define PROTOTYPES 0
#endif
typedef unsigned char *POINTER;/*定义几个类型,指针、16 位字和 32 位字*/
typedef unsigned short int UINT2;
typedef unsigned long int UINT4;
#if PROTOTYPES
#define PROTO_LIST(list) list
#else
#define PROTO_LIST(list) ()
#endif
typedef struct   /*定义一种 MD5 函数中的结构*/
  {
  UINT4 state[4];   /*缓冲区 A,B,C,D */
  UINT4 count[2];   /* 填充报文的后 64 位, mod 2^64 */
  unsigned char buffer[64];   /* 分组报文存放区 */
} MD5_CTX;
void MD5Init PROTO_LIST ((MD5_CTX *));
void MD5Update PROTO_LIST ((MD5_CTX *, unsigned char *, unsigned int));
void MD5Final PROTO_LIST ((unsigned char [16], MD5_CTX *));
```

2. MD5 函数的预处理部分

```
#include <md5.h>
/*预处理表 2.5*/
#define S11 7
#define S12 12
#define S13 17
#define S14 22
#define S21 5
```

高等学校信息安全专业『十二五』规划教材

```
#define S22 9
#define S23 14
#define S24 20
#define S31 4
#define S32 11
#define S33 16
#define S34 23
#define S41 6
#define S42 10
#define S43 15
#define S44 21
/*以下函数实体见 MD5 压缩函数*/
static void MD5Transform PROTO_LIST ((UINT4 [4], unsigned char [64]));
/*以下函数实体见预处理部分的几个函数实体*/
static void Encode PROTO_LIST ((unsigned char *, UINT4 *, unsigned int));
static void Decode PROTO_LIST ((UINT4 *, unsigned char *, unsigned int));
static void MD5_memcpy PROTO_LIST ((POINTER, POINTER, unsigned int));
static void MD5_memset PROTO_LIST ((POINTER, int, unsigned int));
/*预定义填充区*/
static unsigned char PADDING[64] = {
  0x80, 0, 0, 0, 0, 0, 0, 0, 0, 0, 0, 0, 0, 0, 0, 0, 0, 0, 0, 0, 0,
  0, 0, 0, 0, 0, 0, 0, 0, 0, 0, 0, 0, 0, 0, 0, 0, 0, 0, 0, 0, 0, 0,
  0, 0, 0, 0, 0, 0, 0, 0, 0, 0, 0, 0, 0, 0, 0, 0, 0, 0, 0};
/*预处理逻辑函数 f,g,h,i*/
#define F(x, y, z) (((x) & (y)) | ((~x) & (z)))
#define G(x, y, z) (((x) & (z)) | ((y) & (~z)))
#define H(x, y, z) ((x) ^ (y) ^ (z))
#define I(x, y, z) ((y) ^ ((x) | (~z)))
/*预处理循环左移的规则 */
#define ROTATE_LEFT(x,n) (((x) << (n)) | ((x) >> (32-(n))))
/*预处理压缩函数中每轮的迭代算法*/
#define FF(a, b, c, d, x, s, ac) { \
(a) += F ((b), (c), (d)) + (x) + (UINT4)(ac); \
(a) = ROTATE_LEFT ((a), (s)); \
(a) += (b); \}
#define GG(a, b, c, d, x, s, ac) { \
(a) += G ((b), (c), (d)) + (x) + (UINT4)(ac); \
(a) = ROTATE_LEFT ((a), (s)); \
(a) += (b); \}
#define HH(a, b, c, d, x, s, ac) { \
```

```
(a) += H ((b), (c), (d)) + (x) + (UINT4)(ac); \
(a) = ROTATE_LEFT ((a), (s)); \
(a) += (b); \ }
#define II(a, b, c, d, x, s, ac) { \
(a) += I ((b), (c), (d)) + (x) + (UINT4)(ac); \
(a) = ROTATE_LEFT ((a), (s)); \
(a) += (b); \ }
```

3. 初始化缓冲区

```
void MD5Init (context)
MD5_CTX  * context;    /* 使用md5.h中定义的结构 */
{
    context->count[0] = context->count[1] = 0;    /* 清最低64位为0 */
    /* 存放缓冲区初始值 */
    context->state[0] = 0x67452301;
    context->state[1] = 0xefcdab89;
    context->state[2] = 0x98badcfe;
    context->state[3] = 0x10325476;
}
```

4. 报文填充

```
void MD5Update (context, input, inputLen)
MD5_CTX  * context;              /* 使用md5.h中定义的结构 */
unsigned char * input;           /* 填充区 */
unsigned int inputLen;           /* 填充区长度 */
{
unsigned int i, index, partLen;
/* count[0]是报文长度的低32位,右移3位得到相应的字节数,生成报文mod 64BYTE
的结果 */
index = (unsigned int)((context->count[0] >> 3) & 0x3F);
/* 计算报文bit数存入count区 */
if ((context->count[0] += ((UINT4)inputLen << 3))< ((UINT4)inputLen << 3))    /
* count[0]有进位 */
context->count[1]++;
context->count[1] += ((UINT4)inputLen >> 29); /* 写入真实的count[1]的值 */
/* 计算需要填充的字节数,index的单位是字节,64表示64BYTEs=512bits */
partLen = 64 - index;
if (inputLen >= partLen)
{
    MD5_memcpy((POINTER)&context->buffer[index], (POINTER)input, partLen);
```

```
        MD5Transform (context->state, context->buffer);
        for (i = partLen; i + 63 < inputLen; i += 64)
            MD5Transform (context->state, &input[i]);
        index = 0;
    }
    else
    i = 0;
    /* 报文填充 */
    MD5_memcpy ((POINTER)&context->buffer[index], (POINTER)&input[i], inputLen-i);
    }
    void MD5Final (digest, context) /*计算 inputlen 和 input[i] */
    unsigned char digest[16];        /* 与报文摘要(hash 码)区,即缓冲区对应 */
    MD5_CTX *context;
    {
      unsigned char bits[8];
      unsigned int index, padLen;
      /* 存储 bit 数 */
      Encode (bits, context->count, 8);
      /* 计算 448mod 512 的结果,单位 BYTE,传入 MD5Update 函数 */
      /* padlen 为要写 0 的字节数(包括 1bit 的 1) */
      /* index 为在最后一组中原始报文占用的字节数 */
      index = (unsigned int)((context->count[0] >> 3) & 0x3f);
      padLen = (index < 56) ? (56 - index) : (120 - index);
      MD5Update (context, PADDING, padLen);
      /* 填充原始的报文长度在后 64 位 */
      MD5Update (context, bits, 8);
      /* 存储缓冲区 */
      Encode (digest, context->state, 16);
      MD5_memset ((POINTER)context, 0, sizeof (*context));
    }
```

5. MD5 压缩函数

```
static void MD5Transform (state, block)
UINT4 state[4];
unsigned char block[64];
{
    UINT4 a = state[0], b = state[1], c = state[2], d = state[3], x[16];
    Decode (x, block, 64);
/* 第一轮 */
    FF (a, b, c, d, x[0], S11, 0xd76aa478);    /* 第 1 次迭代 */
```

```
    FF (d, a, b, c, x[1], S12, 0xe8c7b756);      /* 2 */
    FF (c, d, a, b, x[2], S13, 0x242070db);      /* 3 */
    FF (b, c, d, a, x[3], S14, 0xc1bdceee);      /* 4 */
    FF (a, b, c, d, x[4], S11, 0xf57c0faf);      /* 5 */
    FF (d, a, b, c, x[5], S12, 0x4787c62a);      /* 6 */
    FF (c, d, a, b, x[6], S13, 0xa8304613);      /* 7 */
    FF (b, c, d, a, x[7], S14, 0xfd469501);      /* 8 */
    FF (a, b, c, d, x[8], S11, 0x698098d8);      /* 9 */
    FF (d, a, b, c, x[9], S12, 0x8b44f7af);      /* 10 */
    FF (c, d, a, b, x[0], S13, 0xffff5bb1);      /* 11 */
    FF (b, c, d, a, x[11], S14, 0x895cd7be);     /* 12 */
    FF (a, b, c, d, x[12], S11, 0x6b901122);     /* 13 */
    FF (d, a, b, c, x[13], S12, 0xfd987193);     /* 14 */
    FF (c, d, a, b, x[14], S13, 0xa679438e);     /* 15 */
    FF (b, c, d, a, x[15], S14, 0x49b40821);     /* 16 */
/*第二轮*/
    GG (a, b, c, d, x[1], S21, 0xf61e2562);      /* 17 */
    GG (d, a, b, c, x[6], S22, 0xc040b340);      /* 18 */
    GG (c, d, a, b, x[11], S23, 0x265e5a51);     /* 19 */
    GG (b, c, d, a, x[0], S24, 0xe9b6c7aa);      /* 20 */
    GG (a, b, c, d, x[5], S21, 0xd62f105d);      /* 21 */
    GG (d, a, b, c, x[10], S22, 0x2441453);      /* 22 */
    GG (c, d, a, b, x[15], S23, 0xd8a1e681);     /* 23 */
    GG (b, c, d, a, x[4], S24, 0xe7d3fbc8);      /* 24 */
    GG (a, b, c, d, x[9], S21, 0x21e1cde6);      /* 25 */
    GG (d, a, b, c, x[14], S22, 0xc33707d6);     /* 26 */
    GG (c, d, a, b, x[3], S23, 0xf4d50d87);      /* 27 */
    GG (b, c, d, a, x[8], S24, 0x455a14ed);      /* 28 */
    GG (a, b, c, d, x[13], S21, 0xa9e3e905);     /* 29 */
    GG (d, a, b, c, x[2], S22, 0xfcefa3f8);      /* 30 */
    GG (c, d, a, b, x[7], S23, 0x676f02d9);      /* 31 */
    GG (b, c, d, a, x[12], S24, 0x8d2a4c8a);     /* 32 */
/*第三轮*/
    HH (a, b, c, d, x[5], S31, 0xfffa3942);      /* 33 */
    HH (d, a, b, c, x[8], S32, 0x8771f681);      /* 34 */
    HH (c, d, a, b, x[11], S33, 0x6d9d6122);     /* 35 */
    HH (b, c, d, a, x[14], S34, 0xfde5380c);     /* 36 */
    HH (a, b, c, d, x[1], S31, 0xa4beea44);      /* 37 */
    HH (d, a, b, c, x[4], S32, 0x4bdecfa9);      /* 38 */
    HH (c, d, a, b, x[7], S33, 0xf6bb4b60);      /* 39 */
```

```
    HH (b, c, d, a, x[10], S34, 0xbebfbc70);      /* 40 */
    HH (a, b, c, d, x[13], S31, 0x289b7ec6);      /* 41 */
    HH (d, a, b, c, x[0], S32, 0xeaa127fa);       /* 42 */
    HH (c, d, a, b, x[3], S33, 0xd4ef3085);       /* 43 */
    HH (b, c, d, a, x[6], S34, 0x4881d05);        /* 44 */
    HH (a, b, c, d, x[9], S31, 0xd9d4d039);       /* 45 */
    HH (d, a, b, c, x[12], S32, 0xe6db99e5);      /* 46 */
    HH (c, d, a, b, x[15], S33, 0x1fa27cf8);      /* 47 */
    HH (b, c, d, a, x[2], S34, 0xc4ac5665);       /* 48 */
    /*第四轮*/
    II (a, b, c, d, x[0], S41, 0xf4292244);       /* 49 */
    II (d, a, b, c, x[7], S42, 0x432aff97);       /* 50 */
    II (c, d, a, b, x[14], S43, 0xab9423a7);      /* 51 */
    II (b, c, d, a, x[5], S44, 0xfc93a039);       /* 52 */
    II (a, b, c, d, x[12], S41, 0x655b59c3);      /* 53 */
    II (d, a, b, c, x[3], S42, 0x8f0ccc92);       /* 54 */
    II (c, d, a, b, x[10], S43, 0xffeff47d);      /* 55 */
    II (b, c, d, a, x[1], S44, 0x85845dd1);       /* 56 */
    II (a, b, c, d, x[8], S41, 0x6fa87e4f);       /* 57 */
    II (d, a, b, c, x[15], S42, 0xfe2ce6e0);      /* 58 */
    II (c, d, a, b, x[6], S43, 0xa3014314);       /* 59 */
    II (b, c, d, a, x[13], S44, 0x4e0811a1);      /* 60 */
    II (a, b, c, d, x[4], S41, 0xf7537e82);       /* 61 */
    II (d, a, b, c, x[11], S42, 0xbd3af235);      /* 62 */
    II (c, d, a, b, x[2], S43, 0x2ad7d2bb);       /* 63 */
    II (b, c, d, a, x[9], S44, 0xeb86d391);       /* 64 */
    state[0] += a;
    state[1] += b;
    state[2] += c;
    state[3] += d;
    MD5_memset ((POINTER)x, 0, sizeof (x));
}
```

6. 预处理部分的几个函数实体

```
/*本函数输入一个32位数，得到一个8位字符，len为4的倍数 */
static void Encode (output, input, len)
unsigned char *output;
UINT4 *input;
unsigned int len;
{
```

```
    unsigned int i, j;
    for (i = 0, j = 0; j < len; i++, j += 4)
    {
    output[j] = (unsigned char)(input[i] & 0xff);
    output[j+1] = (unsigned char)((input[i] >> 8) & 0xff);
    output[j+2] = (unsigned char)((input[i] >> 16) & 0xff);
    output[j+3] = (unsigned char)((input[i] >> 24) & 0xff);
    }
}
/* 本函数是 Encode 的逆函数 */
static void Decode (output, input, len)
UINT4 *output;
unsigned char *input;
unsigned int len;
{
   unsigned int i, j;
   for (i = 0, j = 0; j < len; i++, j += 4)
      output[i] = ((UINT4)input[j]) | (((UINT4)input[j+1]) << 8) |
                  (((UINT4)input[j+2]) << 16) | (((UINT4)input[j+3]) << 24);
}
static void MD5_memcpy (output, input, len)
POINTER output;
POINTER input;
unsigned int len;
{
   unsigned int i;
   for (i = 0; i < len; i++)
   output[i] = input[i];
}
static void MD5_memset (output, value, len)
POINTER output;
int value;
unsigned int len;
{
   unsigned int i;
   for (i = 0; i < len; i++)
   ((char *)output)[i] = (char)value;
}
```

附录四 二选一迫选实验

请从以下10组图像中找出每组中你认为感知质量差的图像：

(1)

(2)

-one-

(1)

(2)

-two-

(1)

(2)

-three-

(1)

(2)

-four-

(1)

(2)

-five-

(1)

(2)

-six-

(1)

(2)

-seven-

(1) (2)

-eight-

(1) (2)

-nine-

(1) (2)

-ten-

* 以上10组图像中,加有水印的图像序号依次为:(2)、(2)、(1)、(2)、(1)、(1)、(1)、(2)、(1)、(2)。

附录四　表4-1　　二选一迫选实验的统计表

组	选左图的人数	选右图的人数
one		

续表

组	选左图的人数	选右图的人数
two		
three		
four		
five		
six		
seven		
eight		
nine		
ten		

附录五 Stirmark 操作指南

一、Stirmark 是什么

Stirmark 是一个水印技术的测试工具,给定嵌入水印的图像,Stirmark 生成一定数量的修改图像,这些被修改的图像被用来验证水印是否能被检测出。Stirmark 也提出了一个过程来联合不同的检测结果和计算在 0 和 1 之间的一个全面的分数。Stirmark 是一个在数字水印研究领域中非常有名的测试工具。Fabien Petitcols 在剑桥大学读博士期间研发了 Stirmark 在 1997 年第一次公布后,Stirmark 在数字水印领域引起了广泛的兴趣,现在变成了最广泛使用的数字水印技术评测工具。Stirmark 可以从多方面测试水印算法的鲁棒性,用于测试的攻击手段包括线性滤波、非线性滤波、剪切/拼接攻击、同步性破坏攻击等。许多公开发表的数字水印方面的论文都以 Stirmark 的攻击结果作为衡量水印算法好坏的标准。

在 Stirmark Version 4.0 中包括以下图像操作:

①剪切(Cropping);

②水平翻转(Flip);

③旋转(Rotation);

④旋转-尺度(Rotation-Scale);

⑤FMLR,锐化,Gaussian 滤波(FMLR,Sharpening,Gaussian Filtering);

⑥随机几何变形(Random Bending);

⑦线性变换(Linear Transformations);

⑧各个方向按比例变换(Aspect Ratio);

⑨尺度变换(Scale Changes);

⑩线性移除(Line Removal);

⑪颜色缩减(Colour Reduction);

⑫JPEG 压缩(JPEG Compression)。

在 1997 年 11 月,发布了 Stirmark 的第一个版本,它是简单的健壮性检测图像水印算法的通用工具,对不同的水印算法介绍了随机双线性几何失真。以后的一些版本继续提高原来的攻击,而且还介绍了更多的测试。在 1999 年 1 月讨论了迫切的需要:对水印系统公正评价过程,并且第一个测试基准随着 Stirmark 3.1 的发布而变成可能。通过扩展评测轮廓快速水印库,这项工作的自然扩展是一项自动的独立的公共服务,这就是 Stirmark Benchmark Service 项目的目标。

Stirmark Benchmark 4.0 采用了新的 Stirmark 评测基准引擎,使得人们能容易地将其插入自己的水印软件,进行性能评测。同时, Stirmark Benchmark 4.0 清楚地分开引擎的不同组件,

这样便于大家能编码自己的攻击检测程序。

下载地址：

最新版本 Stirmark Benchmark 4.0：

http://www.petitcoals.net/fabien/software/StirMarkBenchmark_4_0_129.zip

前一版本 Stirmark Benchmark 3.1：

http://www.cl.cam.ac.uk/~fapp2/watermarking/stirmark/

二、Stirmark 操作步骤

Stirmark 操作步骤十分简单，我们就以 Stirmark Benchmark 4.0 版本为例来介绍。首先在前面给出的地址下载.zip 文件（如图附录五-1 所示），然后解压缩得到以下几个文件夹（Bin，Media，Profiles，Sources）和说明文档如图附录五-2 所示。

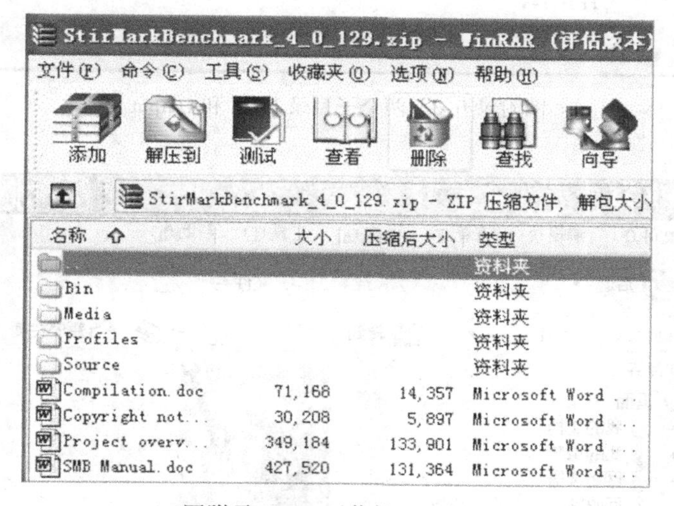

图附录五-1　下载的.zip 文件

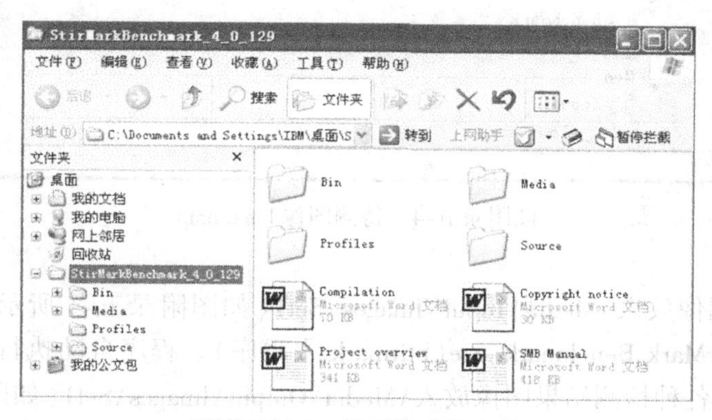

图附录五-2　解压缩后的文件

打开 Media 文件夹，其中有两个子目录 Input 和 Output（如图附录五-3 所示）。

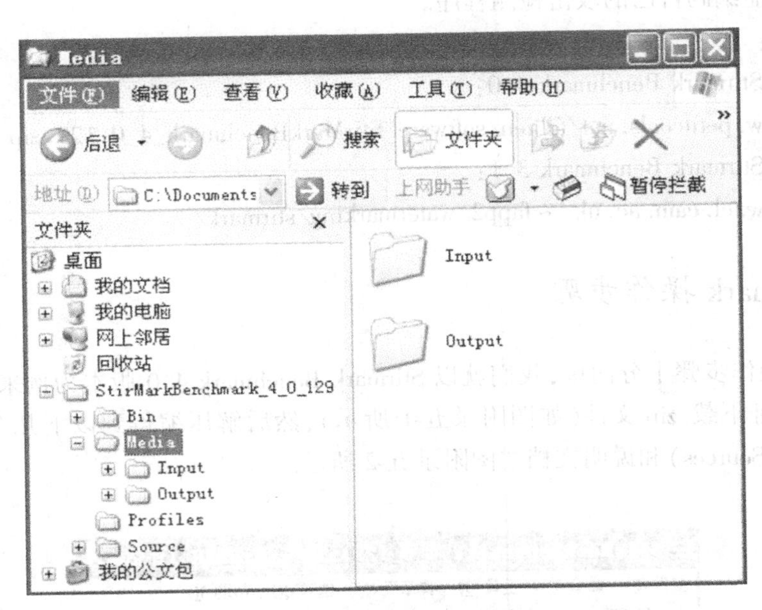

图附录五-3　两个子目录 Input 和 Output

图附录五-4　待测图像 lena. bmp

将待检测的图像放入\Media\Input\Images\Set1(如图附录五-4 所示)中,再双击\Bin\Benchmark 中的 StirMark Benchmark. exe(Stirmark 主程序)。程序自动执行(如图附录五-5 所示),将待测图像的各种检测结果图像放入\Media\Output\Images\Set1(如图附录五-6、图附录五-7 所示)。

```
C:\Documents and Settings\IBM\桌面\StirMarkBenchmark_4_...
    Test_ConvFilter
    Test_SelfSimilarities
    Test_RemoveLines
    Test_Cropping
    Test_Rescale
    Test_Rotation
    Test_RotationCrop
    Test_RotationScale
    Test_Affine
    Test_SmallRandomDistortions
    Test_LatestSmallRandomDistortions

Starting benchmark...

Applying Test_PSNR to [Images/Set1/Lena.bmp] ...
Applying Test_EmbedTime to [Images/Set1/Lena.bmp] ...
Applying Test_AddNoise to [Images/Set1/Lena.bmp] ...
Applying Test_JPEG to [Images/Set1/Lena.bmp] ...
Applying Test_MedianCut to [Images/Set1/Lena.bmp] ...
Applying Test_ConvFilter to [Images/Set1/Lena.bmp] ...
Applying Test_SelfSimilarities to [Images/Set1/Lena.bmp] ...
```

图附录五-5　Stirmark 主程序运行界面

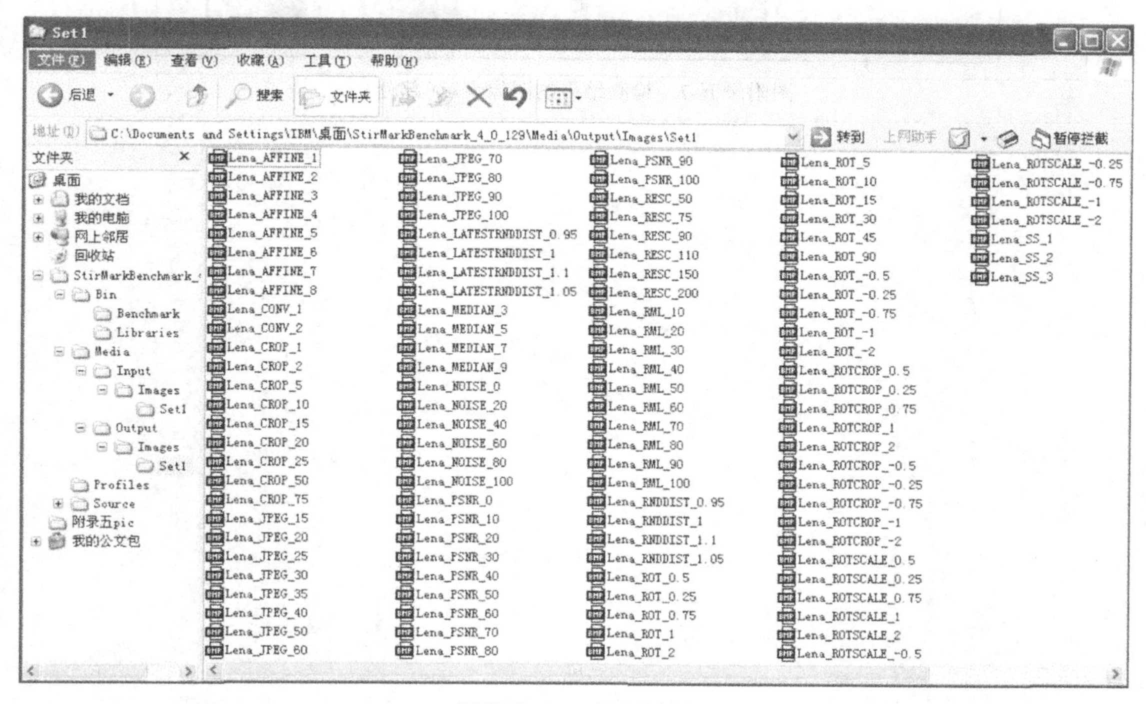

图附录五-6　检测结果

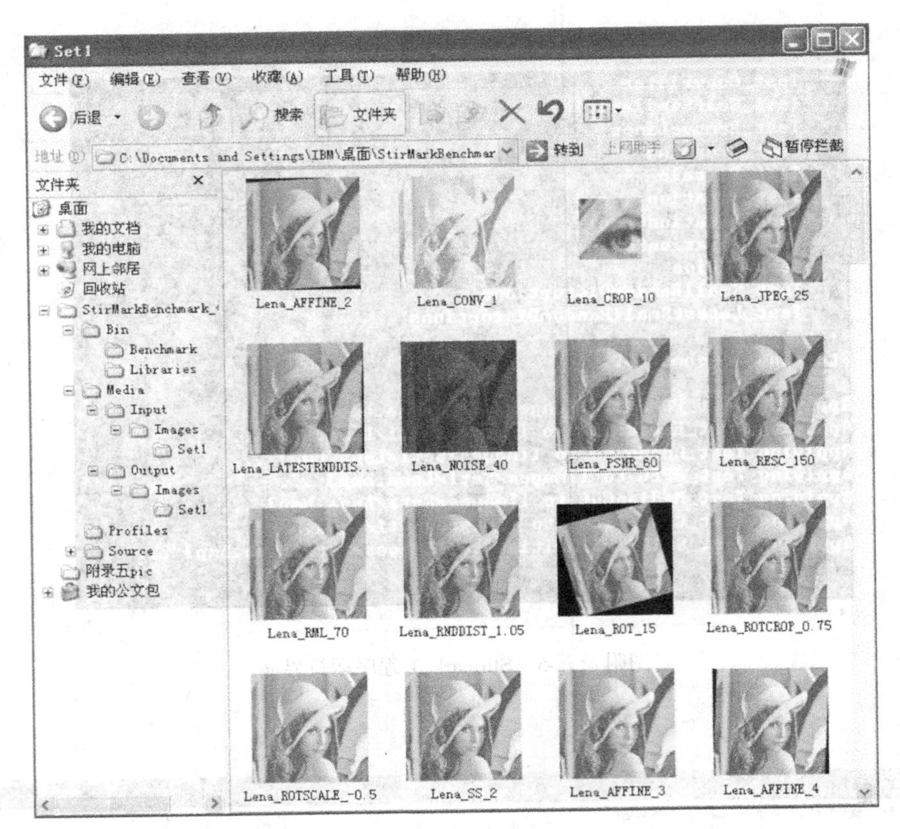

图附录五-7　检测结果的图像表示(部分)

附录六　DEW 算法参考源码

一、DEW 视频水印算法

```
// DCTCoefficientRemoval.cpp: implementation of the DCTCoefficientRemoval class.
//
//////////////////////////////////////////


#include "stdafx.h"
#include "..\..\MPEGWatermarks.h"
#include "DCTCoefficientRemoval.h"

#ifdef _DEBUG
#undef THIS_FILE
static char THIS_FILE[] = __FILE__;
#define new DEBUG_NEW
#endif

//////////////////////////////////////////
// Construction/Destruction
//////////////////////////////////////////

DCTCoefficientRemoval::DCTCoefficientRemoval(Parameter *Parameter, Table *table)
{
    dctalgorithm= new DCTAlgorithm (Parameter, table);
    start_block=0;
    newtable= table;
    DieParameter= Parameter;
}

DCTCoefficientRemoval::~DCTCoefficientRemoval()
{
    delete (dctalgorithm);
}
```

```
void DCTCoefficientRemoval::Embed(Collect *collect, Input *input, VisualModel *visualmodel, char *watermarkdata)
{

    int check_count_gop;
    int bit;
    int *BlockSequence;
    int gesamt_blocks;
    int *Engine_Ea;
    int *Engine_Eb;
    int cutoffpoint;
    int horizontal, vertical;
    int langelaarblockposition;
    int langelaarblocknumber= 0;

    //zwei: define two arrays
    Engine_Ea= new int[64];
    Engine_Eb= new int[64];

    //zwei: set arrays with empty
    set_Engine(Engine_Ea, Engine_Eb);

    //2. calculate mimimal used gop for customer vector
    check_count_gop= dctalgorithm->check_count_structure(collect, input, watermarkdata);

    //3. check the result for minimal used gop
    if (! check_count_gop)
    {
        if (DieParameter->picture_data != NULL)
            fclose (DieParameter->picture_data);
        ::PostMessage(DieParameter->hWndStatus, WM_THREAD_DESTROYED, 0, 0);
        AfxEndThread(1, true);
    }

    //4. get bitvalue
    //zwei: for example, 'A' (DEC is 48; bit value is 110000. Each frame corresponds one bit.
    bit= dctalgorithm->get_bitvalue(collect, input, watermarkdata);

    //zwei: calculate 8x8 block number.
```

```
gesamt_blocks = dctalgorithm->get_gesamtblocks(collect, collect->MBAmax);//每个宏块包含4个亮度块
//zwei: desgin a permutation blocks sequence.
BlockSequence = dctalgorithm->generateBlockSequence(collect, gesamt_blocks);

//zwei: calculate horizontal (16 step) and vertical (32 step);
horizontal = (collect->horizontal_size/8) * 2;
vertical = collect->vertical_size/32;

if (collect->picture_coding_type = = I_TYPE)
{
    for (int i = 0; i<vertical; i = i+1)
    {
        for (int j = 0; j<horizontal; j = j+8)
        {
            //zwei: calculate block posititon
            langelaarblockposition = 2 * i * horizontal+j;
            //zwei: calculate energy of A area.
            calculate_engine_a(collect, Engine_Ea, BlockSequence, horizontal, vertical, langelaarblockposition, langelaarblocknumber);

            //zwei: calculate energy of B area.
            calculate_engine_b(collect, Engine_Eb, BlockSequence, horizontal, vertical, langelaarblockposition, langelaarblocknumber);

            //zwei: calculate the index position (cutoffpoint) based on threshold (DieParameter->Difference, e.g., 100000)
            cutoffpoint = get_cutoffpoint_embed(Engine_Ea, Engine_Eb, DieParameter->Difference);

            if (WRITE_ENGINE)       write_engine(Engine_Ea, Engine_Eb);

            //zwei: set both array with empty.
            set_Engine(Engine_Ea, Engine_Eb);

            if (cutoffpoint >= DieParameter->MinimumCutoffpoint)
            {
            //zwei: based on 'bit' value, remove low coefficients from cutoffpoint (index).
                delete_DCT_values(collect, BlockSequence, langelaarblockposition, cutoffpoint, horizontal, vertical, bit-48);
```

```
                }
                langelaarblocknumber += 1;
            }
        }
    }

    free (BlockSequence);
    delete (Engine_Ea);
    delete (Engine_Eb);
}

//zwei: calculate engine of above 16 8x8 DCT blocks.
void DCTCoefficientRemoval::calculate_engine_a(Collect * collect, int * Engine_Ea, int *
BlockSequence, int horizontal, int vertical, int langelaarblockposition, int langelaarblocknumber)
{
    int macroblocknumber;
    int blocknumber;
    int begin_position;
    for (int h=0; h<64; h++)//zwei: there are 64 value in each 8x8 DCT blocks
    {
        for (int i=0; i<2; i++)//zwei: there are 2 rows' 8x8 DCT blocks
        {
            for (int j=0; j<4; j++) //zwei: there are 4 columns' 8x8 DCT blocks
            {
                begin_position= langelaarblockposition;
                macroblocknumber= BlockSequence[begin_position+i * 4+j]/4;
                blocknumber= BlockSequence[begin_position+i * 4+j]%4;
                for (int k=h; k<64; k++)
                {
                //zwei: calculate power.
                Engine_Ea[h]+=(collect->picture.macroblock__block[macroblocknumber]
                [blocknumber][newtable->scan[collect->ld->alternate_scan][k]] * collect
                ->picture.macroblock__block[macroblocknumber][blocknumber][newtable-
                >scan[collect->ld->alternate_scan][k]]);
                }
            }
        }
    }
```

```
}

//zwei: the same with calculate_engine_a function
void DCTCoefficientRemoval::calculate_engine_b(Collect * collect, int * Engine_Eb, int *
BlockSequence, int horizontal, int vertical, int langelaarblockposition, int langelaarblocknumber)
{
    int macroblocknumber;
    int blocknumber;
    int begin_position;

    for (int h=0; h<64; h++) //计算以 h 为临界序号的高频能量值
    {
        for (int i=0; i<2; i++)
        {
            for (int j=0; j<4; j++)
            {
                begin_position= langelaarblockposition+ horizontal;
                macroblocknumber= BlockSequence[begin_position+i * 4+j]/4;
                blocknumber= BlockSequence[begin_position+i * 4+j]%4;
                for (int k=h; k<64; k++)
                {
                    Engine_Eb[h] +=
                    (collect->picture. macroblock__block[macroblocknumber][blocknum-
                    ber][newtable->scan[collect->ld->alternate_scan][k]] * collect->
                    picture. macroblock__block[macroblocknumber][blocknumber][newtable
                    ->scan[collect->ld->alternate_scan][k]]);
                }
            }
        }
    }

}
//zwei: obtain the index (cutoffpoint) based on Engines and Difference (threshold)
int DCTCoefficientRemoval::get_cutoffpoint_embed(int * Engine_Ea, int * Engine_Eb, int
Difference)
{
    int cutoffpoint= 0;

    for (int i=0; i<64; i++)
    {
```

```
        if ((Engine_Ea[i]>Difference) && (Engine_Eb[i]>Difference))      cutoffpoint = i;
        else                    break;
    }
    return cutoffpoint;
}


//zwei: obtain the index (cutoffpoint) based on Engines and Difference (threshold)
int DCTCoefficientRemoval::get_cutoffpoint_retrieve(int * Engine_Ea, int * Engine_Eb, int
Difference)
{
    int cutoffpoint= 0;

    for (int i=63; i>=0; i--)
    {
        if ((Engine_Ea[i]<Difference) || (Engine_Eb[i]<Difference))cutoffpoint = i;
        else            break;
    }
    return cutoffpoint;
}

void DCTCoefficientRemoval::write_value(int macroblock, int cutoff_point, int engine)
{
    FILE * datei;

    datei= fopen("wert.txt","a+");
    fprintf(datei,"\nMacroblock Nr. %d,      cutoff_point=%d,
    Engine= %d",macroblock,cutoff_point,engine);
    fclose(datei);
}

void DCTCoefficientRemoval::write_engine(int * Engine_Ea, int * Engine_Eb)
{
    FILE * datei;

    datei= fopen("engine.txt","a+");
    for (int i=0; i<64; i++)
    {
        fprintf(datei,"Engine_a[%d] = %d \t\t Engine_b[%d] = %d", i, Engine_Ea[i],
i, Engine_Eb[i]);
```

```
        fprintf(datei," \n");
    }

    fclose(datei);

}

void DCTCoefficientRemoval::set_Engine(int *Engine_Ea, int *Engine_Eb)
{
    for (int i=0; i<64; i++)
    {
        Engine_Ea[i] = 0;
        Engine_Eb[i] = 0;
    }
}

void DCTCoefficientRemoval::delete_DCT_values(Collect *collect, int *BlockSequence, int
langelaarblockposition, int cutoffpoint, int horizontal, int vertical, int bit)
{
    int macroblocknumber;
    int blocknumber;
    int begin_position;
    //cutoffpoint= 64;
    if (bit==0)                    //B 区域的高频能量系数清零
    {
        for (int i=0; i<2; i++)
        {
            for (int j=0; j<4; j++)
            {
                begin_position= langelaarblockposition+ horizontal;
                macroblocknumber= BlockSequence[begin_position+i*4+j]/4;
                blocknumber= BlockSequence[begin_position+i*4+j]%4;
                for (int k=cutoffpoint; k<64; k++)
                {
                    collect->picture.macroblock__block[macroblocknumber][blocknumber]
                    [newtable->scan[collect->ld->alternate_scan][k]]= 0;

                }
            }
```

```
            }
        }
        else                    //A 区域的高频能量系数清零
        {
            for (int i=0; i<2; i++)
            {
                for (int j=0; j<4; j++)
                {
                    begin_position= langelaarblockposition;
                    macroblocknumber= BlockSequence[begin_position+i *4+j]/4;
                    blocknumber= BlockSequence[begin_position+i *4+j]%4;
                    for (int k=cutoffpoint+1; k<64; k++)
                    {
                        collect->picture.macroblock__block[macroblocknumber][blocknumber]
                        [newtable->scan[collect->ld->alternate_scan][k]]= 0;

                    }
                }
            }
        }


}

//zwei: the function is the same with embed function.
int DCTCoefficientRemoval::Retrieve(Collect * collect, Input * input, VisualModel * visualmod-
el)
{

    int gesamt_blocks;
    int horizontal, vertical, langelaarblockposition, langelaarblocknumber, cutoffpoint;
    int Bit_0, Bit_1, bit;
    int * Engine_Ea, * Engine_Eb;
    int * BlockSequence;

    Engine_Ea= new int[64];
    Engine_Eb= new int[64];

    set_Engine(Engine_Ea, Engine_Eb);
```

```
    gesamt_blocks = dctalgorithm->get_gesamtblocks(collect, collect->MBAmax);//in every macroblock 4 luminanceblocks

    BlockSequence = dctalgorithm->generateBlockSequence(collect, gesamt_blocks);

    horizontal = (collect->horizontal_size/8) * 2;
    vertical = collect->vertical_size/32;

    if (collect->picture_coding_type==I_TYPE)
    {
        Bit_0 = Bit_1 = 0;
        for (int i=0; i<vertical; i=i+1)
        {
            for (int j=0; j<horizontal; j=j+8)
            {
                langelaarblockposition = 2 * i * horizontal+j;            //Beginn eines neuen Langelaarblockbereiches
                calculate_engine_a(collect, Engine_Ea, BlockSequence, horizontal, vertical, langelaarblockposition, langelaarblocknumber);
                calculate_engine_b(collect, Engine_Eb, BlockSequence, horizontal, vertical, langelaarblockposition, langelaarblocknumber);

                cutoffpoint = get_cutoffpoint_retrieve(Engine_Ea, Engine_Eb, DieParameter->Difference);
                if (WRITE_ENGINE)    write_engine(Engine_Ea, Engine_Eb);
                if (cutoffpoint >= DieParameter->MinimumCutoffpoint)
                {
                    //retrieve the watermark information
                    bit = get_watermarkbit(cutoffpoint, Engine_Ea, Engine_Eb);
                    if (! bit)    Bit_0 ++;
                    else          Bit_1 ++;
                }
                set_Engine(Engine_Ea, Engine_Eb);
                langelaarblocknumber += 1;
            }
        }
    }

    if (Bit_1>Bit_0)    bit = 1;
    else                bit = 0;
```

```
    free (BlockSequence);
    delete (Engine_Ea);
    delete (Engine_Eb);

    return bit;
}

//zwei: this is statistics to decide bit value.
int DCTCoefficientRemoval::get_watermarkbit(int cutoffpoint, int * Engine_Ea, int * Engine_Eb)
{
    int bit;
    int bit_0=0;
    int bit_1=0;
    for (int i=cutoffpoint+1; i<64; i++)
    {
        if (Engine_Ea[i]<Engine_Eb[i])              bit_1+= 1;
        else if (Engine_Ea[i]>Engine_Eb[i])         bit_0+= 1;
    }

    if (bit_1>bit_0)          bit= 1;
    else if (bit_1<bit_0)     bit= 0;
    else                      bit= 2;

    return bit;
}
```

二、视频置乱算法源码参考

```
/ ************* BlockSequence 置乱 **************************** /

int hor = collect->horizontal_size/8;//块的列数
int ver = collect->vertical_size/8   ;//块的行数
int blonum = gesamt_blocks+1;
int macroblocknumber,blocknumber;
int h = 0;
//申请一个动态二维数组
int ** p;
p = new int * [blonum];
for(int i = 0; i<blonum; i++)
```

```
{
    p[i] = new int[64];
}
//初始化数组
for(i = 0; i<blonum; i++)
{
    for(int j = 0; j<64; j++)
    {
        p[i][j] = 0;
    }
}

if (collect->picture_coding_type==I_TYPE)//I类型帧
{
    //提取置乱的DCT系数(以子块为单位),保存在**p中
    for (i=0; i<ver; i=i+1)
    {
        for (int j=0; j<hor; j=j+1)
        {
            langelaarblockposition = i*hor+j;//块的位置
            macroblocknumber = BlockSequence[langelaarblockposition]/4;
            blocknumber= BlockSequence[langelaarblockposition]%4;
            if(h<blonum)
            {
                for (int k=0; k<64; k++)
                {
                    p[h][k] = collect->picture.macroblock__block[macroblocknum-
                    ber]

                    [blocknumber][newtable->scan[collect->ld->alternate_scan]
                    [k]];

                }
                h++;
            }
            else break;
        }
    }
    //将置乱后的DCT系数,赋给原I帧
    h = 0;
```

```
for (i=0; i<ver; i=i+1)
{
    for (int j=0; j<hor; j=j+1)
    {
        langelaarblockposition = i * hor+j;//块的位置
        macroblocknumber = langelaarblockposition/4;
        blocknumber= langelaarblockposition%4;
        if(h<blonum)
        {
            for (int k=0; k<64; k++)
            {
                collect->picture. macroblock__block[macroblocknumber]
                [blocknumber][newtable->scan[collect->ld->alternate_scan]
                [k]] = p[h][k];
            }
            h++;
        }
        else break;
    }
}
//释放内存
for(int i = 0; i<blonum; i++)
{
    delete [] p[i];
}
}
```

参 考 文 献

[1] 王丽娜,张焕国．信息隐藏技术与应用．武汉:武汉大学出版社,2003
[2] 张焕国,刘玉珍．密码学引论．武汉:武汉大学出版社,2003
[3] [美]Ingernar J. Cox, Matthew L. Miller, Jeffrey A. Bloom 著,王颖,黄志蓓等译．数字水印．北京:电子工业出版社,2003
[4] [日]谷口庆治编,朱虹等译．数字图像处理(基础篇)．北京:科学出版社,2002
[5] [法]Stephane mallat 著,杨力华等译．信号处理的小波导引．北京:机械工业出版社,2002
[6] [美]Donald H, M. Pauline B 著,蔡士杰等译．计算机图形学(第二版)．北京:电子工业出版社,2002
[7] 李建平,唐远炎．小波分析方法的应用．重庆:重庆大学出版社,1999
[8] 周民强．实变函数论．北京:北京大学出版社,2001
[9] 王绵森,马知恩．工科数学分析基础(下)．北京:高等教育出版社,1998
[10] 同济大学数学教研室．工程数学线性代数(第三版)．北京:高等教育出版社,1999
[11] 王式安．数理统计．北京:北京理工大学出版社,1995
[12] 吕金虎,陆君安,陈士华．混沌时间序列分析及其应用．武汉:武汉大学出版社,2002
[13] 郝伯林．从抛物线谈起——混沌动力学引论．上海:上海科技教育出版社,1993
[14] 刘振华,尹萍．信息隐藏技术及其应用．北京:科学出版社,2002
[15] 潭浩强．C 程序设计题解与上机指导(第二版)．北京:清华大学出版社,2000
[16] 游璞,于国萍．光学．北京:高等教育出版社,2002
[17] 胡昌华,张军波．基于 MATLAB 的系统分析设计——小波分析．西安:西安电子科技大学出版社,1999
[18] 王晓丹,吴崇明．基于 MATLAB 的系统分析设计——图像处理．西安:西安电子科技大学出版社,1999
[19] 飞思科技产品研发中心．MATLAB 6.5 辅助小波分析与应用．北京:电子科技出版社,2003
[20] 徐飞,施晓红．MATLAB 应用图像处理．西安:西安电子科技大学出版社,2002
[21] [美]John G. Proakis, Masouds 著,刘树棠译．现代通信系统——使用 MATLAB．西安:西安交通大学出版社,2001
[22] 王沫然．MATLAB 6.0 与科学计算．北京:电子工业出版社,2001
[23] 杨烩荣．BMP 图像文件的信息隐藏技术及其实现．信息技术,2001,9:49 ~ 51
[24] 林国顺,陈佳．一种随机数发生器新算法的研究．大连海事大学学报,1995,21(3):85 ~ 86
[25] 蔡坤宝,冯明志等．均匀分布随机数的一种综合评估法．重庆大学学报(自然科学版),

1997,20(4):70 ~ 75

[26] 李存华．伪随机数及其生成．淮海工学院学报(自然科学报),1997,6(2):10 ~ 17

[27] 周燕,冯天祥．关于一种新的随机数组合发生器的研究．华北水利水电学院学报,2000,21(2):75 ~ 77

[28] 杨自强,魏公毅．常见随机数发生器的缺陷及组合随机数发生器的理论与实践. 数理统计与管理,2001,20(1):45 ~ 50

[29] 刘九芬,黄达人等．数字水印中的双正交小波基．中山大学学报(自然科学版),2002,41(4):1 ~ 5

[30] 杨尚英,朱虹,李永盛．一种数字图像的信息伪装技术．信息隐藏全国学术研讨会(CIHW2000/2001)论文集．西安:西安电子科技大学出版社,2001,170 ~ 174

[31] 张华熊,仇佩亮,孙健．一种新的空间域图像伪装技术．信息隐藏全国学术研讨会(CIHW2000/2001)论文集．西安:西安电子科技大学出版社,2001,175 ~ 179

[32] 倪蓉蓉,阮秋琦．一种基于幻方和 DCT 的文字信息隐藏算法．信息隐藏全国学术研讨会(CIHW2000/2001)论文集．西安:西安电子科技大学出版社,2001,13 ~ 22

[33] 任智斌,隋永新等．以图像为载体的最大意义位(MSB)信息隐藏技术的研究．光学精密工程,2002,10(2):182-185

[34] Kankanhalli M S, Rajmohan, Ramakrishnan K R. Content based watermarking of images. Proceedings of the 6th A CM international conference on multimedia, 1998, 61 ~ 70

[35] 曹圣群,黄普明,鞠德航．HVS 模型及其在静止图像压缩质量评价中的应用．中国图像图形学报,2003,8A(4):379 ~ 386

[36] 黄华,齐春等．一种新的文本数字水印标记策略和检测方法．西安交通大学学报,2002,36(2):165 ~ 168

[37] 黄华,齐春等．文本数字水印．中文信息学报,2001,15(5):52 ~ 56

[38] Adam L, Lt Arnold B, John V. On a wavelet-based method of watermarking digital images. Research Paper. Department of mathematics Syracuse University, Multi-sensor exploitation branch Air Force Research Lab, 1998

[39] Kutter M, Petitcolas F A P. A fair benchmark for image watermarking systems. Electronic Imaging'99. Security and Watermarking of Multimedia Contents, 1999, 3657:1 ~ 14

[40] Solachidis V, Tefas A. A benchmarking protocol for watermarking methods. Proceedings of the IEEE International Conference on Image Processing, ICIP'01, 2001:1023 ~ 1026

[41] 张焕国,郝彦军,王丽娜．数字水印、密码学比较研究．计算机工程与应用,2003,9:63 ~ 66

[42] 吴高洪,章毓晋,林行刚．分割双纹理图像的最佳 Gabor 滤波器设计方法．电子学报,2001,29(1):48 ~ 49

[43] 郭立,陆大虎,朱俊株．基于 Gabor 多通道滤波和 Hopfield 神经网络的纹理图像分割．计算机工程与应用,2000,6:39 ~ 40

[44] Lambrecht C J B, Verscheure O. Perceptual quality measure using a spatio-temporal model of the Human Visual System. Proceedings of SPIE. 1996, 2668:450 ~ 461

[45] 张克坚,杨振华．应用 ROC 曲线图评价检验项目的临床准确性(上、下)．江西医学检验,1999,17(2):66 ~ 68,17(3):189 ~ 191

[46] Daugman J G. Complete discrete 2-D Gabor transforms by neural networks for image analysis and compression. IEEE Transactions on acoustics, speech and signal processing, 1998, 36(7): 1169 ~ 1179
[47] Niranjan D V, Kite T D, Geisler W S, et al. Image quality assessment based on a degradation model. IEEE Transactions on image processing, 2000, 9(4): 636 ~ 649
[48] Mayache A, Eude T, Cherifi H. A comparison of image quality models and metrics based on human visual sensitivity. IEEE Transactions on image processing, 1998, 3(10): 409 ~ 413
[49] Mitsa T, Varkur K L. Evaluation of contrast sensitivity functions for the formulation of quality measures incorporated in halftoning algorithms. IEEE Transactions on acoustics, speech and signal processing, 1992, 3(3): 313 ~ 316
[50] Migahara M, Kotani K, Algazi V. Objective picture quality scale (PQS) for image coding. IEEE Transactions on communications, 1998, 46(9): 1216
[51] Andrea B, Ismail D. Study of MPEG-2 coding performance based on a perceptual qyality metric. Proceedings of 1996 Picture Coding Symposium, 1996, 1: 263 ~ 268
[52] Farrokhnia F, Jain A K. A multi-channel filtering approach to texture segmentation. Computer Vision and Pattern Recognition, 1991. Proceedings CVPR'91, IEEE Computer Society Conference, 1991, 364 ~ 370
[53] 刘彤,裘正定. 图像数字水印的攻击与评估. 信息与控制, 2001, 30(5): 477 ~ 480
[54] http://www.mathworks.com/
[55] http://www.zhghf.com/
[56] http://watermarking.unige.ch/Checkmark/
[57] http://ltswww.epfl.ch/
[58] http://www.watermarkingworld.org/
[59] G. C. Langelaar, R. L. Lagendijk, and J. Biemond. Real-time labeling of MPEG-2 compressed video. J. Visual Commun. Image Representation, vol. 9, no. 4, Dec. 1998: 256-270
[60] Hartung, F., and B. Girod. Digital Watermarking of MPEG-2 Coded Video in the Bit stream Domain. Proceeding of the IEEE international conference on Acoustics, Speech, and Signal Processing, Vol. 4, Munich Germany, Apri. 1997: 2621 ~ 2624
[61] A. Hanjalic, G. C. Langelar, P. M. B. van Roosmalen, J. Biemond and R. L Lagendijk. Image and Video Databases: Restoration, Watermarking and Retrieval (Advances in Image Communications, vol. 8) New York: Elsevier Science, 2000
[62] 赵耀,基于小波变换的抵抗几何攻击的鲁棒视频水印,中国科学 E 辑, 2006, 36(2): 137 ~ 152
[63] 牛夏牧. 基于时间轴上模板的动态图像数字水印处理技术. 电子学报, 2004, (32)8: 1236 ~ 1238
[64] 苏育挺, 张春田. 一种自适应视频水印检测算法. 通信学报, 2003, (24)5: 14 ~ 20
[65] 李晓强, 薛向阳. 基于多通道的彩色图像水印方案. 计算机学报, 2004, (27)9: 1238 ~ 1244
[66] 俞能海, 赵卓, 曹楠楠, 刘政凯. 一种新颖的基于非压缩数字视频的水印盲检测算法. 电路与系统学报, 2003; 8(3): 60 ~ 65

[67]孙建德，刘琚. 基于独立分量分析的盲视频水印方案. 电子学报. 2004,(32)9:1507～1510

[68]肖自美，黄继武，刘红梅. 一种小波变换域的自适应视频水印算法. 电子学报，2001，29(12)：1656～1660

[69]梁华庆，王磊，双凯，杨义先. 一种在原始视频帧中嵌入的鲁棒的数字水印. 电子与信息学报，2003,(25)9：1281～1284

[70]叶登攀，戴跃伟，王执铨. 视频水印技术及其发展现状. 计算机工程与应用，2005，41(1)：14～18

[71] Yuewei Dai，Stefan Thiemert，Martin Steinebach. Feature-based watermarking scheme for MPEG-I/II video authentication. In Proceeding of SPIE，2004，Vol. 5306:325～335

[72]C. -Y. Lin and S. -F. Chang. Generating Robust Digital Signature for Image/Video Authentication. Multimedia and Security Workshop at ACM Multimedia 98，Bristol，UK，Sep 1998

[73]C. -Y. Lin，S. -F. Chang. Issues and Solutions for Authenticating MPEG Video. SPIE International Conf. on Security and Watermarking of Multimedia Contents，vol. 3657，No. 06，EI '99，San Jose，USA，Jan 1999，3657：54～65

[74]A. Hanjalic，G. C. Langelar，P. M. B. van Roosmalen，J. Biemond and R. L Lagendijk. Image and Video Databases：Restoration，Watermarking and Retrieval（Advances in Image Communications，vol. 8）New York：Elsevier Science，2000

[75]F. Hartung and B. Girod. Digital watermarking of raw and compressed video. Proc. SPIE：Digital compression Technologies and systems for Video Communication，Oct. 1996，Vol. 2952:205～213

[76]M. D. Swanson，B. Zhu，B. Chau，and A. H. Tewfik. Object-based transparent video watermarking. IEEE Workshop in Multimedia Signal Processing，1997:369～374

[77]C. -Y. Lin and S. -F. Chang. Generating Robust Digital Signature for Image/Video Authentication. Multimedia and Security Workshop at ACM Multimedia 98，Bristol，UK，Sep 1998

[78]C. -Y. Lin，S. -F. Chang. Issues and Solutions for Authenticating MPEG Video. SPIE International Conf. on Security and Watermarking of Multimedia Contents，vol. 3657，No. 06，EI'99，San Jose，USA，Jan 1999，3657：54～65